科学出版社"十四五"普通高等教育本科规划教材
普通高等教育网络空间安全系列教材

信息安全技术

杜学绘　任志宇　主编

科学出版社
北京

内 容 简 介

随着网络安全和信息技术的快速发展,以及万物互联时代的到来,信息安全技术既与人、机、物、信息系统密切相关,也需要与时俱进才能应对日益严峻的网络安全威胁。本书作者从二十余年的信息安全教学实践与科研经历出发,以追根求源、科学务实的态度,从信息安全基础、信任管理技术、网络安全互联技术、系统安全技术、应用安全技术、新型信息安全技术等六个维度,厘清信息安全的发展脉络,构建信息安全技术体系,关注信息安全技术最新发展。

本书理论结合实际、内容丰富、深入浅出、特点鲜明。本书可以作为计算机、通信、信息安全、网络空间安全等专业的本科生和研究生的教材,也可以作为广大教学、科研和工程技术人员的参考书。

图书在版编目(CIP)数据

信息安全技术 / 杜学绘,任志宇主编. — 北京:科学出版社,2022.3
科学出版社"十四五"普通高等教育本科规划教材·普通高等教育网络空间安全系列教材
ISBN 978-7-03-071515-9

Ⅰ. ①信… Ⅱ. ①杜… ②任… Ⅲ. ①信息安全－安全技术－高等学校－教材 Ⅳ. ①TP309

中国版本图书馆 CIP 数据核字(2022)第 027040 号

责任编辑:于海云 / 责任校对:王萌萌
责任印制:张 伟 / 封面设计:迷底书装

科 学 出 版 社 出版
北京东黄城根北街 16 号
邮政编码:100717
http://www.sciencep.com

北京九州迅驰传媒文化有限公司 印刷
科学出版社发行 各地新华书店经销
*
2022 年 3 月第 一 版 开本:787×1092 1/16
2023 年 2 月第二次印刷 印张:18 3/4
字数:445 000

定价:69.00 元
(如有印装质量问题,我社负责调换)

前　言

近年来，随着信息技术的发展、网络空间安全态势的日益复杂，对信息安全技术学习、研究与应用的需求更加强烈。云计算、大数据、人工智能等技术的发展提升了信息生产效率，是生产力和生产要素的革命；区块链的发展是生产关系的革命；物联网技术的发展促进了车联网、医疗网等的深入应用。这些技术的发展与应用给信息安全技术提出了更新的挑战。网络空间面临的安全威胁不断升级，来自互联网的攻击方式更加多样化、隐蔽化，信息系统常会遭到 APT、DDoS 等攻击，面临病毒侵入、设备被控、数据被窃及业务致瘫等安全威胁，影响电子政务、电子商务、关键信息基础设施的正常运行。新的安全技术不断涌现，零信任架构的提出将身份认证延伸到人、机、物等信息系统各主体单元，边缘计算与隐私计算的提出也给信息的使用、控制带来了新需求。信息安全不是绝对安全，而是一个不断发展变化的动态过程，既需要保护、检测，又需要感知、响应与策略联动。信息安全具有木桶效应，需要以体系化思维进行全面的安全防护。网络空间对于人类社会各种组织和交流形式的普遍渗透使得政府、企业的关系面临着重大变革，信息与信息系统安全尤为重要，没有信息安全就没有国家安全，政府、企事业单位等均急切需要新型信息安全技术人才投入信息系统安全建设中。

本书作者团队从 2000 年开始从事信息安全专业建设、信息安全技术教学、信息安全科研工作，在该领域持续耕耘二十余年，建设了我国第一个信息安全本科专业，对"信息安全技术"课程进行了多轮改革与实践，理论教学与课程实验并重，取得了良好的教学效果。同时，作者团队承担了国家 973 计划前期研究、国家 863 计划、国家发展改革委信息安全专项、国家标准、国家重点研发计划等多个国家重点科研课题，研制了安全 VPN 系统、认证服务器、授权管理服务器、访问控制中间件等系列产品，具有很强的技术研发、科研攻关与体系化安全方案设计能力。基于我们在此领域的长期技术积累与工程实践，本书内容集作者团队专业领域所长，以满足我国高等学校和研究机构培养高素质信息安全人才的需求。

本书具有以下几个特点：一是作者均来自教学科研一线，他们将丰富的科研经验引入本书中，符合国家网络空间安全建设的需求。二是本书内容在信息安全专业经过十余年授课，具有很强的可操作性、普适性。三是以 IATF 信息安全保障为本书的大纲展开内容的组织，内容丰富、体系性强。四是本书既强调基本理论和技术的成熟性，又强调理论的先进性与最新的科研成果，二者互为补充。五是本书既有理论知识，又通过大量案例的引入，使读者更易理解，也增强了本书的实用性。

本书共分 6 篇 19 章。第 1 篇是信息安全基础，包括第 1、2 章。第 1 章概述（杜学绘、王娜撰写），介绍网络空间与信息安全之间的关系，定义信息安全的概念，介绍信息安全三维空间、基于 TCP/IP 的安全体系结构、PDR 信息安全模型、信息技术保障框架、信息安全等级保护与信息安全防御实施原则，奠定信息安全技术基础。第 2 章密码在信息安全中的应用（张东巍、单棣斌、杨智撰写），介绍安全保密系统模型、密码算法的种类与应用场合、密钥管理方式，给出密码算法应用方式与密码算法接口编写方法，为密码算法在信息安全中的应用作好铺垫。第 2 篇为信任管理技术，包括第 3～6 章。第 3 章身份认证技术（杨智撰写），内容包括身份认证概述、一次性口令认证、基于共享密钥的认证、基于公钥体制的认证、基于生物特征的身份认证等部分，对其协议设计、应用场合与优缺点进行阐述。第 4 章授权管理与访问控制技术（任志宇撰写），内容包括概述、自主访问控制、强制访问控制、基于角色的访问控制、基于属性的访问控制等部分，对授权与访问控制的关系、访问控制的发展历程，以及主要的访问控制模型与技术进行充分介绍。第 5 章信任体系基础设施（任志宇撰写），主要内容包括公开密钥基础设施、授权管理基础设施两大部分，介绍基础设施的组成结构、信任模型与关键技术。第 6 章信任管理实例（单棣斌撰写），包括单点登录概念、统一身份认证系统实例、授权系统实例，深入分析单点登录的优势、实现模式与工作流程，给出开源的信任管理实例。第 3 篇为网络安全互联技术，包括第 7～11 章。第 7 章防火墙技术（张东巍撰写），包括概述、包过滤技术、应用代理和电路级网关、NAT 技术、Linux 防火墙应用等内容，分类介绍防火墙技术的基本原理、应用场合与防护实例，以 Linux 为例给出了防火墙的构建方法。第 8 章虚拟专用网技术（曹利峰撰写），包括概述、虚拟专用网工作原理、IPsec VPN 技术、SSL VPN 技术和 VPN 的典型应用方案等内容，介绍 VPN 的基本概念与工作原理，分析 IPsec 与 SSL 的协议体系、协议组成、工作模式与应用场合，给出两种 VPN 的典型案例。第 9 章数据安全交换技术（孙奕撰写），介绍数据安全交换的产生背景与发展趋势，分析基于电路开关的交换技术、双协议转换技术、单向光交换技术的基本原理和优缺点，给出可信可控数据安全交换技术的基本流程、体系架构与交换模式。第 10 章入侵检测技术（王文娟撰写），介绍入侵检测系统的作用、模型、类型与部署方法，给出入侵检测分析技术的主要方法与评价指标，对入侵防御系统的部署方法与发展进行展望。第 11 章入侵诱骗技术（王文娟撰写），概述入侵诱骗的概念与系统构成，分析了入侵诱骗关键机制，给出入侵诱骗的两个实例。第 4 篇是系统安全技术，包括第 12～14 章，第 12 章操作系统安全技术（杨智撰写），介绍操作系统通用安全机制，对 Windows 系统安全、Linux 系统安全、Android 系统安全进行详细阐述，给出具体实施方法。第 13 章数据库安全技术（魏浩、杨艳、任志宇撰写），从数据库安全需求出发，介绍数据库访问控制、数据库加密技术、数据库可用性增强技术与其他数据库安全技术。第 14 章恶意代码防范技术（张东巍撰写），介绍恶意代码的基本概念、特征与分类、基本逻辑结构，给出常见恶意代码的基本原理，在此基础上，介绍恶意代码检测与防范方法。第 5 篇为应用安全技术，包括第 15、16 章。第 15 章电子邮件安全技术（杨艳撰写），介绍电子邮件安全需求、安全电子邮件标准，分别对 PGP 与 S/MIME 的功能、安全机制与关键技术进行介绍。第 16 章 Web 传输安全技术（单棣斌撰写），从 Web 传输安全需求分析、Web 消息传输安全防护、Web 传输安全密钥分发、Web 传输安全协议应用四个方面进行介绍。第 6 篇为新型信息安全技术，包括第 17～19 章。第 17 章云计算安全技术（杨智撰写），分析云计算特点与安全威胁，介绍云计算安全框架体系，以及云计算安全相关技术。第 18 章大数据安全（王娜、王文娟、杨艳撰写），分析大数据特点与安全需求，介绍大数据安全技术框架，从大数据信任管理与访问控制、大数据属性加密、大数据安全监管等三个方面分析大数据安全关键技术。第 19 章区块链技术（王娜、刘敖迪撰写），从区块链概念、框架、平台、应用等方面对区块链进行概述，从区块链式结构、共识机制、链上脚本等方面阐述区块链关键技术，给出区块链在身份认证、访问控制、数据保护等领域的安全应用。全书由杜学绘统一策划与设计，并做最后的校对、完善与统稿。

　　在本书的写作过程中，得到了信息工程大学网络安全技术团队与信息系统安全教研室全体人员的鼓励、支持和帮助。网络安全技术团队成立以来，承担了多项国家和省部级重点课题，锤炼了一批优秀信息安全技术人才，书中的案例大多是由科研项目研究成果而来。在此，特别感谢团队负责人陈性元教授和张红旗教授等带领团队所做的大量开创性工作、取得的优秀教学科研成果，这也是成就本书的基础与前提。

　　本书是作者团队在信息安全领域辛勤耕耘二十余年的成果结晶，希望本书的出版能够为我国信息安全人才的培养、信息安全技术的发展略尽绵薄之力！

　　由于作者水平与时间的限制，书中难免存在不足之处，敬请广大读者不吝赐教。

杜学绘

2021 年 2 月

目 录

第1篇 信息安全基础

第2篇 信任管理技术

第3篇　网络安全互联技术

第4篇　系统安全技术

第5篇 应用安全技术

第6篇 新型信息安全技术

第1篇 信息安全基础

信息技术和信息的开发应用已渗透到国家政治、经济、军事和社会生活的各个方面，成为生产力的重要因素。网络与信息安全既是传统通信保密的延续，又是网络互联时代出现的新概念。随着信息技术的发展，网络与信息安全概念的外延不断扩大、内涵不断丰富。网络与信息安全关乎国家与军事安全。本篇分为两章。

第1章概述。该章旨在揭示信息安全的基本概念、内涵与体系结构。首先描述网络空间与信息安全的关系，给出信息安全的概念，并从不同角度阐述信息安全体系结构；然后给出典型信息安全模型与技术框架，以期读者对信息安全技术体系框架有一个客观上的认识。

第2章密码在信息安全中的应用。密码是信息安全的基础，该章旨在提示密码在信息安全应用中的地位与作用。首先阐述密码在信息安全中的核心地位，给出密码算法的基本种类，对关键密钥管理进行详细描述；然后从传输、存储等安全保护角度给出密码算法的应用示例，让读者对密码在信息安全中的应用方式有一个粗略的了解。

第1章 概   述

随着网络技术的快速发展和网络覆盖速度的快速提高，软件漏洞、黑客入侵、病毒木马、恶意攻击等问题频频爆发，随之而来的新的信息安全问题不容忽视。本章理清信息安全与网络空间安全的关系，给出信息安全的概念及其基本属性，从协议层次出发构建安全体系结构，从防护-检测-响应角度阐述信息安全模型，以信息保障技术框架为例构建信息系统安全建设方案，为后续各章奠定理论基础。

1.1 网络空间与信息安全

1.1.1 网络空间及网络空间安全

随着全球社会信息化的深入发展和持续推进，相比物理的现实社会，网络空间中的数字社会在各个领域所占的比重越来越大，有的已经超过了半数，信息技术已持续深入渗透到经济、文化、科研、教育和社会生活等各领域，网络进入了人们的日常生活和社会管理体系，极大地改变了人类生存和社会生产组织模式。在信息时代，信息网络已开始向全球的各个角落辐射，其触角正在以其"超领土"的虚拟存在，全面伸向现实世界的政治、经济、军事、文化和社会生活等各领域，以互联网为基本架构的网络空间已成为继陆、海、空、天之后的第五空间，承载大量政治、经济、军事、文化、外交、科技等活动信息的巨大空间，以及各个传统空间的主控枢纽。

何为网络空间？基于不同应用需求及研究领域，网络空间被赋予了不同的内涵和外延。抽象地看，网络空间运行体系的组成要素可分为 4 种类型：载体、资源、主体和操作。其中，网络空间载体是网络空间的软硬件设施，是提供信息通信的系统层面的集合；网络空间资源是在网络空间中流转的数据内容，包括人类用户及机器用户能够理解、识别和处理的信息与信号状态；网络空间主体是互联网用户，包括传统互联网中的人类用户以及未来物联网中的机器和设备用户；网络空间操作是对网络资源的创造、存储、改变、使用、传输、展示等活动。

综合以上要素，网络空间可被定义为构建在信息通信技术基础设施之上的虚拟空间，用以支撑人们在该空间中开展各类与信息通信技术相关的活动。其中，信息通信技术基础设施包括互联网、各种通信系统与电信网、各种传播系统与广电网、各种计算机系统、各类关键工业设施中的嵌入式处理器和控制器。信息通信技术活动包括人们对信息的创造、保存、改变、传输、使用、展示等操作过程，及其所带来的对政治、经济、文化、社会、军事等方面的影响。其中，"载体"和"信息"在技术层面反映出"Cyber"的属性，而"用户"和"操作"是在社会层面反映出"Space"的属性，从而形成网络空间——Cyberspace。

近年来，随着网络技术的快速发展和网络覆盖速度的快速提高，软件漏洞、黑客入侵、病毒木马、恶意攻击等问题频频爆发，网络空间安全形势越来越严峻，针对网络空间四要素（载体、资源、主体和操作）的各类安全事件频发，网络空间在给人们带来更加便捷生活和工作方式的同时，也带来了越来越多令人不安的威胁和恐慌。习近平指出："没有网络安全就没有国家安全。"各国均高度重视网络空间的安全问题。

何为网络空间安全？网络空间安全由信息安全、计算机安全、网络安全等概念发展而来，其关注对象包括因特网、电信网、计算机系统以及嵌入式处理器和控制器等的安全问题，并将安全的范围拓展至网络空间中所形成的一切安全问题，涉及网络政治、网络经济、网络文化、网络社会、网络外交、网络军事等领域，具备综合性和全球性的新特点。

1.1.2　信息安全与网络空间安全的关系

信息安全的实践在世界各国早已出现，但一直到了 20 世纪 40 年代，通信保密才进入学术界的视野。20 世纪 50 年代，科技文献中开始出现"信息安全"用词，至 20 世纪 90 年代，"信息安全"一词陆续出现在各国和地区的政策文献中，相关的学术研究文献也逐步增加。进入 21 世后，"信息安全"成为各国安全领域聚焦的重点。既有理论的研究，也有国家秘密、商业秘密和个人隐私保护的探讨；既有国家战略的策划，也有信息安全内容的管理；既有信息安全技术标准的制定，也有国际行为准则的起草。信息安全已成为全球总体安全和综合安全最重要的非传统安全领域之一。

互联网的发展使得信息安全向网络空间安全聚焦。20 世纪 60 年代，互联网发端之际，美国国防部高级研究计划署便将位于不同研究机构和大学的四台主要计算机连接起来，形成互联。20 世纪 70 年代，这样的互联进一步扩展至英国和挪威，逐步形成了互联网。1994 年 4 月，中国北京中关村的教育与科研示范网通过美国公司接入互联网国际专线，由此确立了全功能互联网国家的地位。随着互联网在全世界的普及与应用，信息安全也更多地聚焦于网络数字世界。

　　网络空间安全涵盖了传统的信息安全或网络安全的内容，但其侧重点是与陆、海、空、天等并行的空间概念，反映的安全问题具有跨时空、多层次、立体化、广渗透、深融合的新形态，而且具有军事背景和对抗性质。

　　网络空间安全学科是综合了数学、通信、计算机、电子、物理、军事、管理、法律和教育等学科发展演绎而形成的新兴交叉学科，研究对象是空间中安全主体、客体及其相互作用构成的复杂动力系统，理论基础是数学(主要是代数、数论、概率统计、组合数学、逻辑学以及博弈论等)、SCI(信息论、控制论和系统论)、计算理论(主要是可计算性理论和计算复杂性理论等)，方法论基础是系统工程观点和复杂系统理论(包括理论分析、仿真计算和实验分析三个核心内容)。在技术层面上，网络空间安全主要研究网络空间的信息获取、信息存储、信息传输以及信息处理中的信息安全保障问题。可见，网络空间安全的核心内涵仍是信息安全，没有信息安全就没有网络空间安全。

　　目前，网络空间安全已经成为国家安全的核心组成部分，并在经济和社会发展的关键环节和基础保障方面发挥日益重要的作用。近年来，国际网络空间安全发展呈现出以下特点：

　　(1)各国积极推进网络顶层设计、密集出台国家网络安全战略。世界各国在充分认识到网络空间的地位价值后，纷纷出台战略政策文件，引领督导本国网络空间全面发展。自从 2000年俄罗斯出台《国家信息安全学说》、2003 年美国制定《确保网络空间安全的国家战略》以来，世界上已有 64 个国家制定了网络安全国家战略，绝大多数国家的网络安全战略均在 2010年之后密集出台。我国也于 2016 年 12 月 27 日发布了《国家网络空间安全战略》，其阐明了我国关于网络空间发展和安全的重大立场，以指导我国网络安全工作，维护国家在网络空间的主权、安全和发展利益。

　　(2)各国更加重视数据安全治理。数据已经成为重要的战略资产，各国高度关注频繁发生的大规模数据泄露事件背后折射出的网络窃密隐患，纷纷构建更强的加密手段和保护措施，提升数据的保密性与可靠性。一是进一步完善数据安全保护法律法规。例如，2018年 3 月，美国总统签署《澄清境外数据合法使用法案》，使得美国执法机构更易跨境调取其公民的海外信息，从而避开他国的隐私保护法和法律制度，以方便调查各类违规事件。2018 年 5 月，欧盟《通用数据保护条例》正式生效，该条例旨在保证构成关键基础设施的电力、水供应、医疗卫生以及运输等各个行业数据传输的安全性，号称"史上最严"用户数据保护条例。二是加紧研究数据跨境流动规则。例如，2019 年 7 月，日本与欧盟达成协议，将实现双方数据自由流动；2019 年 10 月，欧盟议会通过《非个人数据自由流动条例》，消除欧盟成员国数据本地化的限制。三是大力推进数据安全执法检测。2018 年 1月，美国联邦贸易委员会对智能玩具制造商伟易达电子有限公司处以 65 万美元罚款，因其安全漏洞导致数百万家长和孩子的数据遭曝光。2019 年 7 月，英国信息监管局依据《通用数据保护条例》对英国航空公司处以 1.8338 亿英镑处罚，因其网站遭到攻击导致 50 万名客户的数据泄露。

　　(3)突出关注基础设施安全防护，维护关乎国计民生的关键基础网络和信息系统安全。各国网络空间安全更加聚焦于关键基础网络设施的安全保护。例如，2018 年 4 月，美国国家标准与技术研究院(NIST)发布《提升关键基础设施网络安全的框架》，该框架侧重于对美国至关重要的行业(能源、银行、通信和国防工业等)提供保护指南；美国成立了新的国家风险管理中心，旨在帮助关键基础设施企业评估网络威胁及引发的网络风险，并致力打击入侵破坏金融、能源及医疗系统的黑客行为。

(4) 网络攻防技术装备持续推陈出新，攻防态势较量呈现胶着状态。例如，以色列研究一种名为"蚊子"(MOSQUITO)的新型攻击技术，它可利用扬声器、头戴式耳机或耳塞提取物理隔离计算机的数据。俄罗斯总统的高级 IT 顾问赫尔曼·克里姆科表示俄罗斯成功研发了封闭互联网系统，是专为俄罗斯军方和其他政府官员搭建的内部网络，可确保在战时军方和政府的正常运转。美国国防部高级研究计划局(DARPA)委托网络安全公司 Packet Forensics 开发僵尸网络识别系统，该系统可自动定位并识别隐藏的网络僵尸，在黑客利用僵尸网络攻击网站、企业甚至整个国家之前将其摧毁。

(5) 新型信息技术创新取得重大进展，逐渐与网络安全领域深度融合。云计算、大数据、人工智能、区块链、生物基因等技术持续创新发展，逐步应用于网络空间，带动新一轮网络安全技术的发展。例如，美国国家安全局(NSA)宣布全面采用云计算技术，建立"情报联盟政府云"，将其收集、分析和存储的大部分监控任务数据转移至机密的云计算环境中。俄罗斯国防部研究实验室宣布计划发展区块链记账系统技术，以提升军事网络的安全认证能力。美国国防部以及欧洲能源局也都曾发布信息称，将要开发基于区块链技术的创新系统，提高军队网络安全态势并改善后勤保障能力。日本防卫省决定从2021 年起，在自卫队信息通信系统中引入人工智能技术，利用其深度学习能力快速找到以往攻击行为的共同点和特殊性，提升未知病毒检测、网络攻击预测等方面的能力，保护政府部门网络安全。

1.2　信息安全概念

1.2.1　信息安全定义

国际标准化组织(ISO)对信息安全的定义是：在技术上和管理上为数据处理系统建立的安全保护，保护计算机硬件、软件和数据不因偶然和恶意的原因而遭到破坏、更改和泄露。

IETF RFC 4949 对信息安全的定义是：实现或保障信息系统(包括计算机系统和通信系统)中安全服务的措施。根据 IETF RFC 4949 的定义，信息安全包括计算机安全和通信系统安全，并且定义计算机安全是：实现和确保计算机系统中安全服务的措施，特别是确保访问控制服务的措施；通信系统安全是：实现和确保通信系统中安全服务的措施，特别是提供数据保密性、数据完整性和认证通信实体的措施。

美国《联邦信息安全管理法案》(FISMA)、NIST (NIST SP 800-12 Rev. 1)、美国国家安全委员会(CNSS) (CNSS Instruction No. 4009)对信息安全的定义是：保护信息和信息系统不被未授权的访问、使用、泄露、中断、修改或破坏，为信息和信息系统提供完整性、保密性和可用性。

我国的《中华人民共和国网络安全法》对网络安全的定义是：网络安全是指通过采取必要措施，防范对网络的攻击、侵入、干扰、破坏和非法使用以及意外事故，使网络处于稳定可靠运行的状态，以及保障网络数据的完整性、保密性、可用性的能力。其中，网络是指由计算机或者其他信息终端及相关设备组成的按照一定的规则和程序对信息进行收集、存储、传输、交换、处理的系统。

在信息时代，信息安全的目标是确保在计算机网络系统中获取、处理、存储、传输和利用的信息内容的安全，保证在不同物理位置、逻辑区域、存储和传输介质，处于动态和静态不同状态中的信息的保密性、完整性、可用性、可控性和抗抵赖性，是与人、网络、环境有关的技术和管理规程的有机集合。其中，人是指信息系统的主体，包括各类用户、支持人员、技术管理和行政管理人员；网络是指以计算机、网络互联设备、传输介质及其操作系统、通信协议和应用程序所构成的物理和逻辑体系；环境是指系统稳定和可靠运行所需要的保障系统，包括建筑物、机房、动力保障、备份和应急与恢复系统。

1.2.2　信息安全基本属性

信息安全是信息系统安全、信息自身安全和信息行为安全的总和，目的是保护信息和信息系统免遭偶发的或有意的非授权泄露、修改、破坏或丧失处理信息的能力，实质是保护信息的安全性，即保密性、完整性、可用性、可控性、不可否认性。

(1)保密性。指信息不泄露给非授权实体并供其利用的特性。

(2)完整性。指信息在存储和传输过程中未经授权不能被改变的特性。

(3)可用性。指信息能够被授权实体访问并按要求使用，信息系统能以人们所接受的质量水平持续运行，为人们提供有效的信息服务的特性。

(4)可控性。指授权实体可以控制信息系统和信息使用的特性。

(5)不可否认性。指对出现的信息安全纠纷提供调查的依据和手段的特性，又称为抗抵赖性。

在诸多信息安全的属性中，保密性、完整性、可用性、可控性和不可否认性属于基本属性，互不蕴含。此外，还有更多的属性也用于描述信息安全的不同的特征，如实用性、合法性、唯一性、特殊性、占有性、可追溯性、生存性、稳定性、可靠性等，它们属于上述五个基本属性的某个侧面的突出反映，可归结为五性之中。信息安全的五个基本属性可以反映出信息安全的基本概貌，也是信息安全的核心属性。

面向信息安全的作用点不同，不同的应用会从不同的层面来关注信息安全的属性。面向数据的安全概念主要涉及保护信息的保密性、完整性、可用性和不可否认性；面向使用者的安全概念主要涉及认证、授权、访问控制、抗抵赖和可服务性，以及基于内容的个人隐私、知识产权等的保护；而面向管理者的安全概念，除上述内容，还应包括可控性。

1.2.3　信息安全的演变与时代特征

从古代烽火传信到今天的通信网络，只要存在信息交流，就存在信息的欺骗、破坏、窃取。信息安全到目前为止经历了通信保密、信息安全和信息保障三个阶段。伴随着信息安全的发展，信息安全技术也逐渐复杂化、多样化。

1. 通信保密(COMSEC)阶段

通信保密作为首先认识的安全需求，古已有之，目前仍是信息安全的基石。20 世纪初期，通信技术尚不发达,当时主要采用电话、电报、传真等端到端通信手段。这个阶段的安全需求主要是端到端信息交换过程中的保密性问题,主要采用密码技术对传输的数据进行加密。本阶段的标志性事件是1949年,香农发表论文《保密系统的通信理论》(*Communication Theory of Secrecy Systems*),提出了著名的香农保密通信模型,明确了密码设计者需要考虑的问题,并用信息论阐述了通信保密的原则,为对称密码体制建立了理论基础,从此密码学发展成为一门科学。

2. 信息安全(INFOSEC)阶段

20世纪下半叶开始,半导体和集成电路技术飞速发展,推动了计算机软硬件的发展,到了20世纪70年代,又出现了计算机网络的雏形,随后,计算机和网络技术的应用进入了实用化与规模化阶段。在这个阶段,保护信息在计算机和网络的存储、处理与传输过程中不被未经授权者插入、删除、修改,计算机系统能够被用户正常使用,也逐渐成为重要的安全需求。由此,进入以保密性、完整性和可用性为目标的信息安全阶段。

本阶段的标志性事件包括:①1976年,美国斯坦福大学教授迪菲和赫尔曼发表了《密码学的新方向》(*New Directions in Cryptography*)一文,标志着密码学由对称密码体制进入公钥密码体制,奠定了现代密码学的基础;②1977年,美国国家标准局公布了国家数据加密标准(Data Encryption Standard,DES),标志着适用于计算机系统的商用密码的建立;③1985年,美国国防部公布可信计算机系统评价准则(Trusted Computer System Evaluation Criteria,TCSEC,俗称橘皮书),标志着可信计算机系统等级化要求的形成以及计算机系统安全评估的第一个正式标准的建立;④1993年6月,美国政府和加拿大及欧共体共同起草《信息技术安全性通用评估准则》(*The Common Criteria for Information Technology Security Evaluation*),形成了一个更全面的信息技术安全性评估框架,用来评估信息系统与信息产品的安全性。

3. 信息保障(IA)阶段

20世纪90年代,互联网技术得到了飞速发展,信息无论对内还是对外都得到极大的开放,由此产生的信息安全问题已不再局限于传统的保密性、完整性和可用性,人们使用信息和信息系统的可控性与需要承担的责任成为重要问题,可控性、不可否认性、真实性、可追溯性等概念应运而生。同时,随着商业模式的引入、互联网在全球范围内的广泛部署应用,互联网安全问题日益突出,各种安全事件频发,单纯的信息保护已经无法解决日益严重的安全问题。因此,美国国防部于20世纪90年代率先提出了信息保障(Information Assurance,IA)的概念,并得到世界范围的广泛认可,标志着信息安全进入了一个新阶段。本阶段的标志性事件是1998年10月,美国国家安全局发布了信息保障技术框架(Information Assurance Technical Framework,IATF)。

信息保障是指采用可提供保密性、完整性、可用性、可控性和不可否认性服务的安全机制来保护信息与信息系统,并且,除了保护机制外,还应该提供攻击检测工具和程序,以使信息系统能够快速响应攻击,并从攻击中恢复。信息保障把原来的信息安全概念扩展为"保护、检测、响应和恢复"等动态环节,强调多层次防御策略,在注重技术防护的同时,突出人的因素和安全管理的作用。提出信息保障的三要素包括人、技术和管理。其中,人是信息安全保障的第一要素，信息系统是由人建立、为人服务、受人行为影响的，保障信息安全也要依靠安全意识强并经过专业教育和培训的信息安全专业人才。技术是信息安全保障的核心，信息安全保障应承认信息系统漏洞的客观存在，能够正视安全威胁和攻击，综合分析安全风险，依靠先进的安全技术，实施适度的安全防护。管理是实施信息安全保障的保证，信息安全保障要以完善的法律、法规来规范信息系统和信息的安全利用。每一个信息使用者都应以国家利益为重、公共利益优先、促进信息共享、尊重道德隐私、承担社会责任，要加强信息安全政策的指导，全面协调技术应用、社会管理、科技创新和产业发展。

综上，信息安全具有整体性、动态性和相对性的特点。信息安全不是一个孤立静止的概念，而是一个多层面、多因素、动态的概念，其内涵将随着人类信息技术的发展而不断发展。

1.3　安全体系结构

1.3.1　信息系统安全空间

网络间、系统间的信息安全交互与共享是网络空间的必然操作，为保证互联互通互操作，必然要构建一致的信息安全体系，而构建一致的信息安全体系的前提是安全单元的表达具有一致性。

信息安全由若干安全单元组成，每个安全实体对应一个或若干个安全单元，每个安全单元又包含了多个特性。从信息系统的特性理解安全单元，通常考察其三个主要特性：安全特性、结构特性和保护对象。信息系统安全单元的集合用三维安全空间表示，即信息系统三维安全空间，如图 1-1 所示。

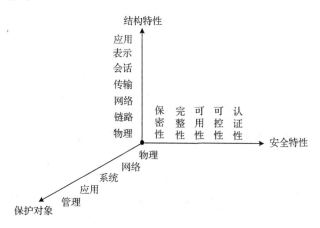

图 1-1　信息系统三维安全空间

安全特性是指该安全单元能解决什么安全威胁，提供什么安全服务，包括保密性、完整性、可用性、可控性与认证等服务。

结构特性是指该安全单元在网络互联协议中解决什么样的互联问题。不失一般性，用 OSI/ISO 参考模型的协议层次来描述一个安全单元的结构特性。自下向上可分为物理、链路、网络、传输、会话、表示、应用 7 个层次，表示该安全单元解决哪个层次的安全问题。

保护对象是指该安全单元解决什么样系统环境的安全问题，要保护的目标对象。系统所处的环境包括物理环境、网络环境、系统环境、应用环境、管理环境等内容。一个安全单元可能要保护一个或多个系统环境，安全单元处于不同的环境，其安全解决方案也不尽相同。

网络结构特性、安全特性、保护对象应用到一起会产生信息系统所需要的安全空间，信息系统三维安全空间描述了一个安全单元处于什么环境、要保护的目标对象，作用于网络互联协议中的哪个层次，抵御什么安全威胁、提供什么安全服务。

1.3.2 ISO/OSI 安全体系结构

1. 体系结构框架

《信息处理系统 开放系统互连基本参考模型 第 2 部分：安全体系结构》（GB/T 9387.2—1995），等同于国际标准化组织的 ISO 7498-2 标准，给出了基于 ISO/OSI 参考模型的安全体系结构，它对具体网络环境的信息安全体系结构具有重要的指导意义。基本内容是：为了保证异构计算机上进程之间远距离交换信息的安全，定义了系统应该提供的五类服务，以及支持安全服务的八种安全机制，并根据具体系统适当地应用于 OSI 模型的七层协议中。图 1-2 给出了 ISO 7498-2 标准中 OSI 参考模型协议层次、安全服务与安全机制之间的三维空间关系。

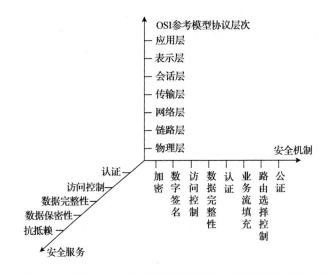

图 1-2　ISO 7498-2 标准中 OSI 参考模型协议层次、安全服务与安全机制关系

2. 安全服务

按 ISO 7498-2 标准，适用于网络通信环境的安全服务有认证服务、访问控制服务、数据完整性服务、数据保密性服务和抗抵赖服务等。

1) 认证服务

认证服务提供通信对等实体和数据源的认证。对等实体认证，用于两个开放系统同层实体之间建立连接或数据传输阶段，对对方实体(用户或进程)的合法性、真实性进行确认，防止实体身份假冒。认证可以是单向或双向的。数据源认证服务，用于对数据单元的来源提供确认，证明某数据与某实体有着静态不可分的关系。

2) 访问控制服务

访问控制服务用于防止未授权实体非法使用系统资源。这种保护可应用于对资源的各种不同类型的访问(例如，使用通信资源、读/写或删除信息资源、处理资源的操作等)或对某个资源的所有访问。

3) 数据完整性服务

数据完整性服务用于防止非法实体对数据的修改、插入、删除或重放等篡改操作。数据完整性服务包括带恢复的连接完整性、不带恢复的连接完整性、选择字段的连接完整性、无连接完整性和选择字段无连接完整性等，以满足不同用户、不同场合对数据完整性服务的不同要求。

4) 数据保密性服务

数据保密性服务用于防止数据非授权的泄露。它分为数据保密性和通信业务流保密性。其中，数据保密性包括连接保密性、无连接保密性和选择字段保密性；通信业务流保密性用于防止通过观察、分析通信业务流而导致的数据非授权泄露。

5) 抗抵赖服务

抗抵赖服务也称不可否认服务，分为两种形式：一是为数据的接收者提供数据的原发证明，以防止发送方在发送数据后否认自己发送过此数据；二是为数据的发送者提供数据的交付证明，以防止接收方在收到数据后否认收到过此数据或伪造接收数据。抗抵赖服务在电子商务、电子政务、电子银行中尤为重要。

3. 安全机制

按 ISO 7498-2 标准，适合于数据通信环境的安全机制有加密、数字签名、访问控制、数据完整性、认证、业务流填充、路由选择控制和公证等机制。

1) 加密机制

加密机制是基础和核心的安全机制，其基本理论和技术是密码学。加密是把可以理解的明文消息，利用密码算法进行变换，生成不可理解的密文的过程。解密是加密的逆操作。加密既能为文件、数据库(Data base，DB)等数据提供保密性，也能为通信流数据提供保密性，并且还广泛应用于其他安全机制和服务中。

加密机制的实现必须要有密钥管理机制的配合。密钥是密码算法中的可变参数。"一切秘密寓于密钥之中"是现代密码学的名言，它意味着，在理论上除了密钥需要保密外，密码算法甚至是可公开的，加密的安全性依赖于密钥的安全性。可见，保守密钥秘密对于加密机制具有重要意义。

2) 数字签名机制

数字签名是附加在数据单元上的数据，或是对数据单元所做的密码变换，这种数据或变换允许数据单元的接收者用以确认数据单元的来源和完整性，并防止数据被人(如接收者)伪造或抵赖。

数字签名机制的本质特征是该签名只能使用签名者的私有信息产生。因此，当签名得到验证后，它能在事后的任何时候向可信第三方证明，只有私有信息的唯一拥有者才能产生这个签名。数字签名是确保数据真实性的基本方法。利用此机制可以有效应对伪造、冒充和篡改等安全问题。

3) 访问控制机制

访问控制机制是实施对资源访问或操作加以限制的策略。这种策略把对资源的访问限于被授权的实体。为了决定和实施一个实体的访问权，访问控制机制可以使用该实体已鉴别的身份，或有关该实体的信息。如果这个实体试图使用非授权资源，或以不正当方式使用授权资源，那么访问控制机制将拒绝这一企图，也可产生一个报警信号或记录用于对该事件的安全审计。

4) 数据完整性机制

数据完整性包括数据单元的完整性和数据单元序列的完整性。

保证数据单元完整性的过程是发送实体首先生成数据单元的一个认证信息，这个信息是数据单元本身的函数，如分组校验码或密码校验值，发送实体将数据单元和认证信息一起发送给接收实体，接收实体收到后，根据数据单元和与发送实体相同的函数也生成一个认证信息，并与收到的认证信息比较，从而确定该数据单元在传输过程中是否被篡改。

对于面向连接的数据传输，要保证数据单元序列的完整性，以防止乱序、数据的丢失、重放、插入和篡改。保证数据单元序列的完整性，需要在数据单元完整性机制的基础上增加明确的排序方式，如顺序号、时间戳或密码链等。对于无连接的数据传输，要防止数据单元的重放，可通过增加时间标记的方法实现。

5) 认证机制

认证机制是通过信息交换来确定实体身份的一种机制。认证机制包括基于认证信息(如口令)的认证、基于密码学的认证和基于生物特征或持有物(如指纹、身份卡等)的认证。

6) 业务流填充机制

业务流填充机制是一种对抗通信业务流分析的机制。通过伪造通信业务或填充协议数据单元至固定长度等方法，为通信业务流分析提供有限的保护。

7) 路由选择控制机制

路由选择控制机制通过动态或预定地选择路由，使敏感数据只在具有适当保护级别的子网、中继站或链路上传输来实施保护。带有某些安全标记的数据可能被安全策略禁止通过某些子网、中继站或链路。通信发起者可以指定路由选择说明，请求回避某些特定的子网、中继站或链路。

8) 公证机制

有关在两个或多个实体之间通信的数据的性质(如完整性、数据源、时间和目的地等)借助公证人利用公证机制来提供保证。公证人为通信实体所信任，并掌握必要信息，以一种可证实方式提供所需保证。每个通信实例可使用数字签名、加密和完整性机制来适应公证人提供的公证服务。当公证机制被使用时，数据就在参与通信的实体间经由受保护的通信实例和公证方进行通信。

4. 安全服务与安全机制的关系

安全机制提供安全服务，以满足安全需求，抵御安全威胁。安全机制是安全服务的基础，必须以安全的机制做保证，才可能提供可靠的安全服务。ISO 7498-2 标准说明了实现各类安全服务应该采用的安全机制。一般来说，一种安全服务可以通过某种安全机制单独提供，也可以通过多种安全机制联合提供，取决于该服务的目的以及使用的方法。

安全机制与安全服务的对应关系如表 1-1 所示。

表 1-1 安全机制与安全服务对应关系表

安全服务	安全机制							
	加密	数字签名	访问控制	数据完整性	认证	业务流填充	路由选择控制	公证
认证服务	Y	Y	—	—	Y	—	—	—
访问控制服务	—	—	Y	—	—	—	—	—
数据保密性服务	Y	—	—	—	—	Y	Y	—
数据完整性服务	Y	Y	—	Y	—	—	—	—
抗抵赖服务	—	Y	—	Y	—	—	—	Y

1.3.3 TCP/IP 安全体系

TCP/IP 协议体系是实际运行的网络互联协议，互联网、大多数局域网与专用网络，均采用 TCP/IP 协议作为其网络安全互联协议。根据作用于 TCP/IP 协议体系各个层次上的安全协议构建的集合，构建了 TCP/IP 安全体系框架，如图 1-3 所示。

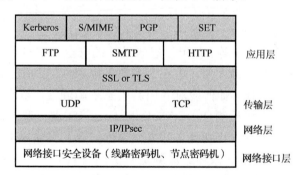

图 1-3 TCP/IP 安全体系框架

网络接口层，其安全单元主要是线路密码机、节点密码机等类型，作用于网络接口层上的安全单元，具有两个优点：一是独立于上层协议，为上层协议提供无缝安全服务，透明性好。二是能够通过硬件实现，效率高。但是，因在该层次实现的安全单元与物理设备紧密相关，所以实现起来困难，难以标准化，且无法实现复杂的安全服务，一般仅实现较为专业的安全功能。以与网络通信紧密相关的安全设备为例，其实现原理为：信源—加密—编码—调制—通信传输—解调—解码—解密—信宿。可以看出，它与编码、调制密切相关，难以实现更为复杂的安全功能，但可以为上层应用提供更加透明化的安全服务。

网络层协议主要是 IP 协议，所提供的安全协议主要为 IPsec 协议，基于 IPsec 协议为网络层提供安全服务，对应的主要安全单元为 IP-VPN 网关、IP-VPN 终端安全套件等。因其工作在网络 IP 层，独立于上层应用协议，可以为上层应用协议提供无缝的安全服务，能够提供安全服务的粒度为：源 IP 地址、目标 IP 地址、所承载的传输层协议(TCP 或 UDP)、端口号。同时，也能够实现和物理设备的无关性，既可实现端-端的安全，也能实现点-点的安全。也因工作在操作系统核心层，安全单元实现的难度比较大。

传输层协议包括 TCP 协议与 UDP 协议，作用于传输层的主要安全协议为 SSL(Secure Sockets Layer，安全套接层)协议与 TSL 协议，其安全单元独立于上层应用协议，能够为上层应用协议无缝提供安全服务。因工作在传输层，可有效解决端到端的安全问题，其解决的问题具有更强的针对性，能够更好地提供 B/S 模式下更细粒度的应用安全保护。

应用层协议包括 FTP、HTTP、SMTP 等协议，作用其上的安全协议主要包括 Kerberos、S/MIME、PGP、SET 等协议，因与应用层协议密切相关，其安全单元可以提供更具应用针对性的安全功能，容易访问与用户、应用相关的个性化数据，可以提供更加复杂、特殊的安全服务，且安全功能扩展相对简单，能够实现更细粒度的安全服务，如基于角色的应用访问控制、电子邮件安全系统等。但是，相对于更下层的协议，其透明性差，安全体系的部署对现有的应用影响很大，且每个应用都有自己的安全体系，将使整个信息系统的安全体系很难保持一致。

1.4　信息安全模型与技术框架

1.4.1　PDR 模型

传统信息安全基于静态、被动防护的思想，集中在系统本身的加固和防护上，如采用安全级别高的操作系统与数据库，在网络边界处设置防火墙，在信息传输和存储方面采用加密技术，使用集中的身份认证等。基于该思想设计的安全方案可以预先避免攻击发生条件的产生，让入侵者无法顺利地入侵，防止大多数入侵事件的发生。但是，安全是一个动态的过程，入侵手段不断变化，如何应对利用新的系统脆弱性、新攻击手段的入侵，是信息安全必须面对的问题。入侵检测(Intrusion Detection，ID)是一种主动防御技术，它能够有效、实时地检测出入侵事件，特别是未知入侵事件，并及时做出响应、阻断入侵，避免或降低入侵对系统造成的影响和破坏。检测是防护的有效补充，并且基于检测结果可弥补防护漏洞，提高防护水平。从而，信息系统安全构成了一个由防护-检测-响应组成的动态循环，该循环是系统安全性不断提高的过程,诞生了基于动态、主动防御思想的 PDR 模型。

1. PDR 模型的定义

PDR 模型指由防护(Protection)、检测(Detection)、响应(Response)组成的动态安全模型，如图 1-4 所示。

由于所有与信息安全相关的活动(如攻击、防护、检测)等都要消耗时间，那么可以用时间来衡量 PDR 模型的安全性和安全能力。假设 P_t 表示系统为防护安全目标设置各种防护的防护时间或在该防护方式下入侵者攻击目标所花的时间，D_t 表示入侵者开始入侵到系统能检测到入侵行为的时间，R_t 表示系统针对入侵做出响应的时间，基于 PDR 模型的信息系统的安全目标可由下式表示：

$$P_t > D_t + R_t$$

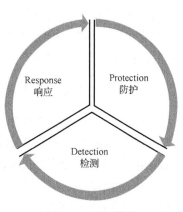

图 1-4　PDR 模型

基于 PDR 模型的信息系统的安全目标就是尽可能地提高系统的防护时间 P_t，降低检测时间 D_t 和响应时间 R_t。

1) 防护技术

针对目标已知的系统脆弱性和安全威胁，可采用防护措施。常用的防护技术包括：①信息保密技术，用于信息的加密保护、识别和确认，包括存储加密、传输加密、信息隐藏技术。②物理安全防护技术，用于保护信息系统免遭人为的或自然的损害，包括环境安全、设备安全和媒介安全等。③访问控制技术，用于限制主体对客体的访问能力和范围，保证信息资源受控合法使用，包括自主访问控制、强制访问控制和基于角色的访问控制等。④网络安全技术，保护网络系统的硬件、软件、数据及其服务的安全，包括身份认证、安全隔离、防火墙和虚拟专用网等。⑤操作系统安全技术，用于保护操作系统不受破坏和攻击，为用户提供安全可靠的服务。⑥数据库安全技术，用于保护数据库不致因非法的存取和更新而引起信息泄露或受损。⑦防病毒技术，用于发现病毒入侵、阻止病毒的传播和破坏、恢复受影响的计算机系统和数据，包括病毒检测、病毒清除和病毒预防等。

2) 检测技术

检测包括检查系统存在的可能供入侵者利用的脆弱性，对入侵者入侵行为的及时发觉等。常用的检测技术包括：①漏洞扫描，用于发现信息系统安全隐患。②入侵检测，实现对入侵行为的预警、非授权行为和合法用户违规操作的检测和告警。③抗攻击测试，模拟黑客攻击，检验系统抗攻击水平。④安全审计技术，审计系统中的事件，便于事后追踪。

3) 响应技术

响应是对危及安全的事件、行为、过程及时做出相应处理，主要包括漏洞修补、报警、中止服务等技术。

2. P2DR 模型

P2DR 模型在 PDR 模型基础上，增加了安全策略(Policy)，即在安全策略指导下，实施防护、检测和响应的安全模型，如图 1-5 所示。其中，安全策略是整个 P2DR 模型的核心，描述了信息安全管理过程中必须遵守的规则，所有的防护、检测和响应都应依据安全策略实施。P2DR 模型强调了信息安全管理在信息安全中的重要性。制定安全策略时，需要全面分析、评估信息系统面临的安全风险，确定信息系统的安全目标，明确需要保护的资源和要达到的安全级别，以及可采取的各种安全、管理技术和措施。安全策略一旦制定完成，就应该成为整个信息系统安全行为的准则。除安全策略的制定之外，还应包括安全策略的实施和检查等，技术与管理相结合，用以保障信息系统的安全、稳定运行。

　　3．信息安全防御模型

　　信息安全防御模型(图 1-6)包括风险分析(Risk Analysis)、安全防护(Security Protection)、监测预警(Detection and Warning)、响应/恢复(Response and Recovery)、事件管理(Incident Management)和安全策略(Security Policy)。

　　风险分析是信息安全防御的第一个环节。通过威胁分析、脆弱性评估等，评估、分析信息系统面临的安全风险，为安全策略的制定和后续安全措施的采用提供指导。安全防护是信息安全防御的第二个环节，是保护信息系统安全的第一道防线，其基本原理是在风险分析的基础上，采用加密、认证、访问控制等静态防护措施来保护信息系统的安全。监测预警是静态安全防护的重要补充，其主要功能是对信息系统实施严密监控，实时监测信息系统的关键、核心部件的状态，在发现攻击和潜在威胁后及时预警，以便迅速采取措施，降低攻击对信息系统造成的破坏。响应/恢复指在发生攻击事件后，及时采取有效措施，快速响应、主动防御，对入侵者实施定位、追踪等以阻断、反制攻击，并把系统快速恢复到正常状态。事件管理指建立安全管理职责和程序，在安全事件发生后，总结安全事件发生的原因，确定攻击来源，评估攻击损失，明确安全事件责任及制定相应的安全管理补救措施等。安全策略是安全技术正确实施的保证，它描述了信息系统中哪些资源要得到保护，以及如何实施保护等。信息安全防御的各环节形成了一个动态的安全水平螺旋上升的信息安全防御体系。

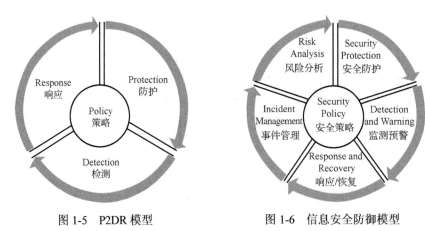

图 1-5　P2DR 模型　　　　　　　图 1-6　信息安全防御模型

1.4.2　IATF 信息保障技术框架

　　信息保障技术框架(Information Assurance Technical Framework，IATF)，是美国国家安全局于 1998 年 10 月发布的一份技术指南。目前最新版本是在 2002 年 9 月发布的 IATF3.1。虽然 IATF 没有纳入标准化的轨道，但是其思想得到了广泛的认可和应用。

　　IATF 详细阐述了对信息系统实施安全保障应遵循的信息保障策略，称为纵深防御策略(Defense in Depth)，它指出纵深防御策略在技术上的体现是针对安全威胁的多层保护，以使攻破一层或一类保护措施的攻击行为无法破坏整个信息基础设施或信息系统,从而实现对信息系统的安全保障。IATF 定义了四个保护域,也称为信息保障框架域,分别是本地计算环境、飞地边界、网络与基础设施和支撑性基础设施,信息保障技术框架范围如图 1-7 所示。

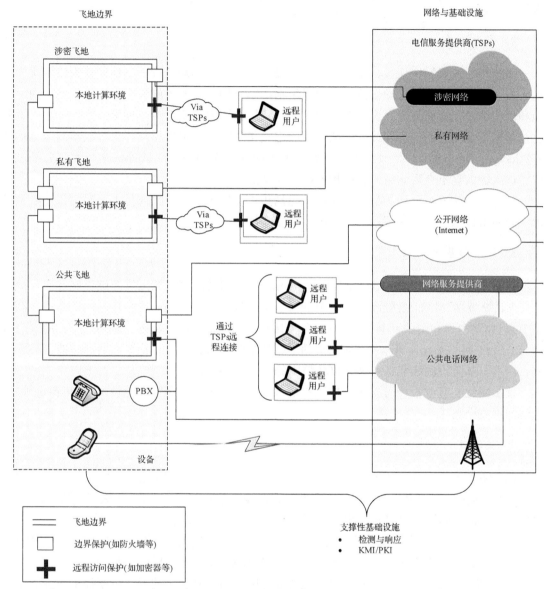

图 1-7 信息保障技术框架范围

1. 本地计算环境

本地计算环境(Local Computing Environments)包括服务器、客户机及其上运行的应用程序。一般地,服务器指安装有应用程序、网络、Web 服务、文件与通信等服务功能的服务器;客户机指由终端用户使用的带外设的台式机与笔记本;运行在客户机与服务器上的应用程序包括操作系统、电子邮件、Web 浏览、文件传输、数据库、病毒扫描、审计及基于主机的入侵检测等应用程序。

对本地计算环境实施保护是防止内部人员恶意攻击的首道防线，也是防止外部人员穿越系统保护边界进行攻击的最后防线。保护本地计算环境可采用的信息安全技术包括操作系统安全技术、数据库安全技术、应用系统安全技术、主机入侵检测、防病毒技术和主机扫描技术等。

2. 飞地边界

飞地指通过局域网连接、采用单一安全策略、不考虑物理位置的本地计算设备的集合。由于安全策略独立于所处理信息的类型或级别，单一物理设备可能位于不同的飞地之内。本地和远程组件在访问某个飞地内的资源时必须满足该飞地的安全策略要求。绝大多数飞地具有与其他飞地相连的外部连接，飞地和其所连接飞地的级别可以相同，也可以不同。飞地边界(Enclave Boundaries)是信息进入或离开飞地的点，飞地边界应该确保离开的信息经过授权、进入的信息不会影响组织和机构的操作与资源。

保护飞地边界可采用的信息安全技术包括防火墙技术、边界隔离技术、网络入侵检测技术、防病毒技术、网络漏洞扫描技术和多级安全技术等。

3. 网络与基础设施

网络与基础设施(Networks and Infrastructures)，即传输网络和网络基础设施实现飞地互联，包括城域网(MAN)、校园网(CAN)和各类局域网(LAN)。传输网络包括网络节点和在网络节点(如路由器和网关)间传输信息的各类传输链路(如卫星、微波、其他广播频率(RF)频谱与光纤)，网络基础设施指提供网络管理、域名服务和目录服务等重要网络服务的各类服务器。网络与基础设施还包括本地计算环境中的相应网络组件。

保护网络与基础设施可采用的信息安全技术包括骨干网可用性保障技术(如热备份等)、无线网络安全技术和VPN技术等。

4. 支撑性基础设施

纵深防御策略的基本原理之一是能够提供对于计算机入侵与攻击的防护，对渗透防护措施攻击的实时检测、处理和快速恢复。支撑性基础设施(Supporting Infrastructures)是能够为本地计算环境、飞地边界、网络与基础设施中的计算机、服务器、应用等信息系统提供这类安全服务的一套相互关联的基础设施。支撑性基础设施包括KMI(Key Management Infrastructures，密钥管理基础设施)/PKI(Public Key Infrastructures，公钥基础设施)和检测与响应基础设施。

KMI/PKI为保护本地计算环境、飞地边界、网络与基础设施的安全机制提供所需的密钥管理基础服务，以安全地生成、分发和管理对称密钥与公钥证书。KMI/PKI必须具有良好的互操作性，并与各安全域所建立的安全策略保持一致。

检测与响应基础设施要能够迅速检测并响应入侵行为，同时提供对某次异常事件的全局态势展示，使分析员能够识别潜在的入侵行为模式或新的发展趋势。在多数机构中，一般采用分层体系架构实现，本地检测中心仅监视本地系统运行，并将结果发送到上级检测中心，上级检测中心完成全局的态势展示与综合分析。除了入侵检测与监视软件等技术解决方案外，检测与响应基础设施还包括训练有素的专业人员，即计算机应急响应小组(Computer Emergence Response Team，CERT)。

1.4.3 信息系统等级保护

1. 信息系统五级保护

1897 年，意大利经济学家帕累托发现了"二八原理"，即经济学上的"80/20 效率法则"，关键的往往是少数，在信息安全领域也是如此。将重要信息系统先定级，再保护，这就是等级保护最初的起因。信息系统等级保护，就是根据信息系统在国家安全、经济建设、社会生活中的重要程度，信息系统遭到破坏后对国家安全、社会秩序、公共利益以及公民、法人和其他组织的合法权益的危害程度等因素将信息系统划分为不同等级，不同等级实施不同保护和管理方法。

等级保护是我国信息安全的一项基本制度、策略与方法，我国出台了一系列的法规、标准与制度。1994 年，国务院发布了第 147 号令，【2003】27 号文件列入 9 项重点工作之一，之后陆续出台了一系列文件，推进了等级保护工作的开展。等级保护的安全保护基本要求如表 1-2 所示。

表 1-2　等级保护的五级要求

安全等级	等级名称	基本描述	安全保护要求
第一级	自主保护级	在系统遭到破坏后，对履行政务职能的政务机构、机构财产、人员造成的负面影响较小，如小型私营企业、中小学、乡镇、县级单位一般信息系统	自主定级自主保护
第二级	指导保护级	在系统遭到破坏后，对履行政务职能的政务机构、机构财产、人员造成的负面影响达到中等程度，如县级单位重要信息系统、地市级以上国家机关、企事业单位内部	在主管部门的指导下，按照国家标准自主进行保护
第三级	监督保护级	适用于处理重要政务信息和提供重要政务服务的电子政务系统，系统遭到破坏后对国家安全造成一定程度的损害，如海关、广电、民航、证券这些重要行业的信息系统	在主管部门的监督下，按国家标准严格落实各项措施进行保护
第四级	强制保护级	适用于涉及国家安全、社会秩序、经济建设和公共利益的重要电子政务系统，系统遭到破坏后对国家安全造成较大损害，如全国银行、铁路、电力、电信等重要行业，涉及国计民生的核心系统	在主管部门的强制监督和检查下，按国家标准严格落实各项措施进行保护
第五级	专控保护级	适用于关系国家安全、社会秩序、经济建设和公共利益的核心系统，系统遭到破坏后对国家安全造成严重损害。适用于国家重要领域、重要部门中的极端重要系统	根据安全需求，由主管部门和运营单位对电子政务系统进行专门控制和保护

近年来，随着信息技术的发展和网络安全形势的变化，等级保护 1.0 要求已无法有效应对新的安全风险和新技术应用所带来的新威胁，等级保护 1.0 被动防御为主的防御无法满足当前发展要求，因此急需建立一套主动防御体系。等级保护 2.0 全称为网络安全等级保护 2.0 制度，它在等级保护 1.0 时代标准的基础上，注重主动防御，从被动防御到事前、事中、事后全流程的安全可信、动态感知和全面审计，实现了对传统信息系统、基础信息网络、云计算、大数据、物联网、移动互联网和工业控制信息系统等级保护对象的全覆盖。

等级保护 2.0 在等级保护 1.0 基础上进行了优化，同时对云计算、物联网、移动互联网、工业控制、大数据新技术提出了新的安全扩展要求。使用新技术的信息系统需要同时满足"通用要求+扩展要求"。且针对新的安全形势提出了新的安全要求,覆盖更加全面,安全防护能力有很大提升。通用要求方面,等级保护 2.0 标准的核心是优化,删除了过时的测评项,对测评项进行合理改写,新增对新型网络攻击行为防护和个人信息保护等要求,调整了标准结构,将安全管理中心从管理层面提升至技术层面。扩展要求方面,扩展了云计算、物联网、移动互联网、工业控制、大数据等安全要求。

2. 信息系统等级保护实施的关键要求

根据信息系统的等级不同,国家标准 GB 17859—1999 给出了五级保护的基本技术要求,构成每一级的计算机信息系统可信计算基。

第一级,自主保护级。一级的计算机系统可根据防护客户与数据信息,使客户具有自主安全保护的能力。对用户实施访问控制,即为用户提供可行的手段,保护客户和客户信息,防止其他用户对信息的不法读写能力与毁坏。一般适用于中小型私营企业、个人公司、中小学校、城镇隶属信息管理系统、县市级企业信息管理系统。

第二级,指导保护级,从技术维度看,又称为系统审计保护级。与用户自主保护级相比,本级的计算机信息系统可信计算基实施了粒度更细的自主访问控制,它通过登录规程、审计安全性相关事件和隔离资源,使用户对自己的行为负责。

第三级,监督保护级,从技术维度看,又称为安全标记保护级。本级的计算机信息系统可信计算基具有系统审计保护级的所有功能。此外,还提供有关安全策略模型、数据标记以及主体对客体强制访问控制的非形式化描述;具有准确地标记输出信息的能力;消除通过测试发现的任何错误。

第四级,强制保护级,从技术维度看,又称为结构化保护级。本级的计算机信息系统可信计算基建立于一个明确定义的形式化安全策略模型之上,它要求将第三级系统中的自主和强制访问控制扩展到所有主体与客体。此外,还要考虑隐蔽通道。本级的计算机信息系统可信计算基必须结构化为关键保护元素和非关键保护元素。计算机信息系统可信计算基的接口也必须明确定义,使其设计与实现能经受更充分的测试和更完整的复审。加强了鉴别机制;支持系统管理员和操作员的职能;提供可信设施管理;增强了配置管理控制。系统具有相当的抗渗透能力。

第五级,专控保护级,从技术维度看,又称为安全验证保护级。本级的计算机信息系统可信计算基满足访问监控器需求。访问监控器仲裁主体对客体的全部访问。访问监控器本身是抗篡改的;必须足够小,能够分析和测试。为了满足访问监控器的需求,计算机信息系统可信计算基在其构造时,排除对实施安全策略来说并非必要的代码;在设计和实现时,从系统工程角度将其复杂性降到最低程度。支持安全管理员职能;扩充审计机制,当发生与安全相关的事件时,发出信号;提供系统恢复机制。系统具有很高的抗渗透能力。

3. 三级信息系统安全体系设计

本书以三级信息系统为例进行信息安全体系设计。三级是安全标记保护级,实施的关键点是基于标记的强制访问控制,它作用于计算环境、网络通信、区域边界,加上包括策略管理、审计管理、系统管理等安全管理方法,构建了一个管理中心下的三重安全防护体系,如图 1-8 所示。

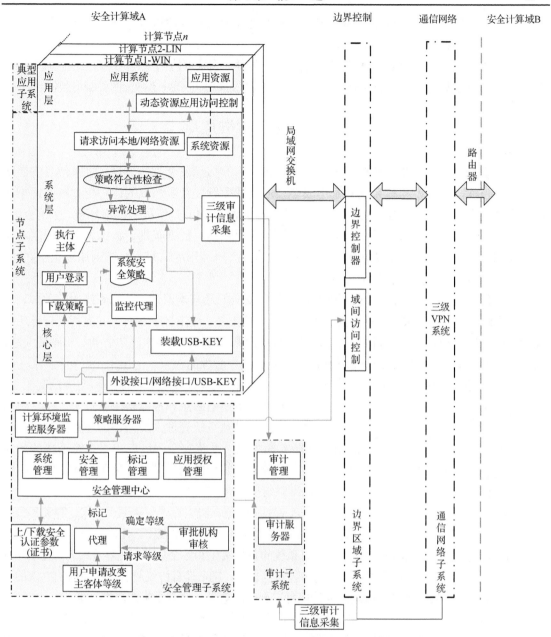

图 1-8　三级信息系统安全体系框架图

安全管理中心负责对计算环境、网络通信、区域边界进行安全标记管理、策略管理、系统管理、审计管理，对安全标记进行生成、协商、修改、撤销等全生命周期的安全标记管理。

在计算环境中，主体是用户、进程，客体是运行在计算环境上的系统与应用，包括文件、数据、进程、数据库、应用系统等。在用户身份认证的基础上，通过安全参考监视器，对主体针对客体的访问进行强制访问控制。策略的正常执行或者异常处理均进行基于用户的安全审计，方便事后追责。

在网络的区域边界，主体是访问者，客体是被访问者，对象均是网络数据流，实施区域边界级强制访问控制的实体是区域边界防护网关，在对主体和客体进行统一标识与管理的基础上，区域边界防护网关按照主体与客体的权限进行策略符合性检查，若安全标记策略符合访问要求，则允许通过，否则进行安全审计并丢弃。

网络通信是指在不同网络区域间进行信息安全传输，它处理的仍然是网络数据流，其访问控制对象是不同区域间流出、流入的数据，依据不同区域的要求进行基于标记的强制访问控制。

1.5　信息安全防御原则

信息安全防御原则是规范信息安全体系设计、指导信息安全系统建设、进行信息安全防御的主要依据。信息安全体系结构是由安全技术及其配置以及所涉及的运行与管理共同构成的安全性集中解决方案。信息系统安全体系的建设需要考虑的是所处的网络环境、应用范围、处理的数据、应用的对象等因素，因网络环境、应用范围、数据级别、数据大小、应用对象等的不同，信息安全解决方案也具有不同的安全需求，所应用的信息安全防御原则也不相同。信息安全防御原则主要包括如下内容：

(1)最小特权原则。最小特权原则是信息系统安全的最基本原则。信息系统中的主体、客体是基本组成部分，权限是主体对客体的操作能力的集合。使主体仅具有其完成特定任务所必需的权限，而没有任何其他权限，这就是最小特权原则。例如，现实生活中会计与出纳的关系，为防止权限滥用，会计仅具有记账的权限，不具备资金管理的权限，而出纳正好相反。

(2)建立阻塞点原则。阻塞点是信息系统中可以被系统管理员进行监控和连接控制的点。信息系统中阻塞点包括网络阻塞点、并口阻塞点、串口阻塞点和控制台阻塞点等。建立阻塞点原则，就是在网络系统对外连接通道内，建立可以被系统管理人员监控的连接控制点。

(3)监测和消除最弱点连接原则。根据木桶原理，系统安全强度取决于系统连接的最薄弱环节的安全态势。此时，就需要找到信息系统安全的最薄弱环节，并采用相应的安全防范措施，增强该薄弱点的安全防护能力，提高系统的整体安全性。

(4)纵深防御原则。信息安全防护技术包括密码服务、密钥管理、认证、授权、容灾备份与故障恢复、恶意代码防范、入侵检测等，但在要求比较高的信息系统中，任何一种单一的技术都无法满足其安全需求。而需要综合考虑信息系统的各种实体和各个环节，统筹兼顾人、技术和管理这三个主要核心因素，建立相互支撑的多种安全机制，建立具有协议层次和纵向结构层次的完备体系，从而最大限度地降低风险，提升信息安全保障效果，这就是纵深防御原则。

(5)多样化防御原则。一个很复杂的信息系统可能由不同的信息系统组成，这些信息系统的重要程度不同、信息系统的等级不同，需要通过使用大量不同类型、不同等级的系统提供多样化的安全保护，即多样化防御原则。

(6)分类防护分域控制原则。信息分类防护，即根据信息的类别及其重要程度，宜采取不同的保护措施。分域控制，即根据系统和数据的重要程度，采用系统分域存储、接入控制和域间安全交换等安全措施，使同一个系统中不同用户能够接入不同等级的安全区域。

(7)动态化防御原则。信息安全注定是一个动态的、持续发展变化的过程，贯穿整个信息安全的生命周期，随着安全需求和系统脆弱性的时间空间分布变化、威胁程度的提高和对信息安全认知的深化等，应及时地对现有的安全策略和保护措施进行检查、修改和调整，以提升信息系统安全防护能力，持续维护信息安全体系的有效性。

上述信息安全防御原则可以视信息系统的状态，单一使用，也可组合使用。

第 2 章　密码在信息安全中的应用

密码学是信息安全的重要理论基础，信息安全技术的实现离不开密码技术的支撑。以 VPN 技术为例，对称密码算法用于 VPN 隧道模块中的机密性保护，哈希算法用于 VPN 隧道模块中的完整性保护，公钥签名算法用于 VPN 安全关联（Securith Association，SA）构建中的实体认证与密钥协商。密码是信息安全技术的支撑，也是信息安全机制安全性的重要保证。

2.1　安全保密系统模型

密码学（Cryptography）早期的基本目标是使得通信双方能够在不安全信道中，以一种令敌人很难获取原文的方式进行数据传输。这种不安全信道在现实世界中普遍存在，比如计算机网络和移动通信网络。从 20 世纪 70 年代开始，诸如数字签名和设计容错协议等内容也成为密码学的研究范围。目前，密码学已成为信息安全技术的重要支撑。在密码学中，原始的可理解的消息或数据称为明文；加密后的消息或数据称为密文；从明文到密文的转换过程称为加密，而从密文到明文的转换过程称为解密。研究各种加密方案的技术称为密码编码。在不知道全部加密过程内容的条件下对消息进行解密的技术称为密码分析。

简单地说，加密过程包含加密算法 E，算法有两个输入，原文 p 和加密密钥 ke，输出为密文 c，加密可以记为 $c = E_{ke}(p)$。解密过程包含解密算法 D，算法有两个输入，密文 c 和解密密钥 kd，输出为明文 p，解密可以记为 $p = D_{kd}(c)$。

当密钥 ke = kd 时，加密和解密使用相同的密钥，加密原文的一方必须和将要解密该密文的另一方分享加密密钥，这种密码体制称为对称密码体制，也称为单钥密码体制。当密钥 ke ≠ kd 时，加密和解密使用不同的密钥，对于任意加密密钥 ke，都存在相应的解密密钥 kd 与之相匹配，加密密钥 ke 不必保密，也称为公钥，而解密密钥 kd 必须保密，也称为私钥，这种密码体制称为公钥密码体制，也称为非对称密码体制。

接下来用数学方式描述密码体制，一个密码体制可以定义为一个 5 元组 (P,C,K,E,D)，其中，P 表示所有可能的明文组成的集合，C 表示所有可能的密文组成的集合，K 表示所有可能的加密密钥 ke 和解密密钥 kd 组成的密钥空间，E 表示加密算法集合，D 表示解密算法集合。其中，对任意密钥 $ke, kd \in K$，都存在一个加密算法 $e_{ke} \in E$ 和相应的解密算法 $d_{kd} \in D$，并且对于每一个 $e_{ke}: P \rightarrow C$ 和其相应的 $d_{ke}: C \rightarrow P$ 来说，满足对于任意明文 $x \in P$，均有 $d_{kd}(e_{ke}(x)) = x$。图 2-1 给出了基于上述密码体制的安全保密系统模型。

Kerckhoffs 于 1883 年提出了设计密码需要具备的条件列表，其中一条随着密码学的发展已经被广泛认可和接受，即算法、密钥长度以及可用明文的获知是现代密码分析的标准假设。

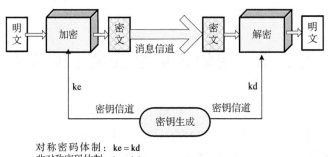

对称密码体制：ke = kd
非对称密码体制：ke ≠ kd

图 2-1　安全保密系统模型

2.2　密码算法的种类

2.2.1　对称密码算法

对称密码算法分为序列密码和分组密码两种，本节主要介绍序列密码和分组密码的基本原理与典型算法。

1. 序列密码

序列密码也称为流密码(Stream Ciphers)，简单的流密码是其密钥流直接由种子密钥使用某种算法生成，密钥流和明文流相互独立，也称为"同步"流密码。

一个典型的流密码每次加密一个字节的明文，流密码也可以设计为每次对一个比特或者多于一个字节的单元进行加密。图 2-2 给出了一个典型的以字节为单元的序列密码结构图。在该结构中，密钥被输入一个伪随机数发生器，并输出一个随机的 8 位二进制数作为密钥，与明文流中的每一个字节按位异或运算，得到密文字节。例如，若伪随机数发生器产生一个 8 位密钥 11001110，而明文字节为 10001011，则得到的密文为 01000101(11001110 ⊕ 10001011)，解密时需要相同的密钥。

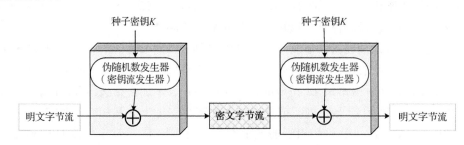

图 2-2　序列密码结构

常用序列密码包括 RSA 数据安全公司的 RC4 算法、IBM 的 SEAL 算法，以及 GSM 中的 A5 算法等。

2. 分组密码

分组密码是现代对称密码机制中的一种主要实现方式,加密时它将明文按照固定长度进行分组,对每一个分组进行加密处理,输出相对应等长的密文分组。古典密码中的代换和置换操作在分组密码中仍然发挥着重要作用,许多分组密码算法都采用 Feistel 密码结构。分组密码与序列密码都需要通信双方共享密码。一般来讲,分组密码的应用范围比序列密码要广泛,很多基于对称密码体制的网络安全应用都使用分组密码。公开的典型分组密码算法包括数据加密标准 DES、3DES,高级加密标准 AES、IDEA 等。

工作模式是一项增强密码算法安全性或者使算法适应具体应用的技术。根据应用需求的多样性,需要不同的分组密码工作模式来适应不同的实际应用环境。NIST SP800-38A 定义了五种工作模式。这五种工作模式覆盖了大量使用分组密码的应用,可用于包括 3DES 和 AES 在内的任何分组密码算法,即电码本(Electronic Codebook,ECB)模式、密码分组链接(Cipher Block Chaining,CBC)模式、输出反馈(Output Feedback,OFB)模式、密文反馈(Ciphertext Feedback,CFB)模式和计数器模式(Counter Mode,CTR)。IEEE 存储安全工作组(P1619)在标准 IEEE Std 1617—2007 中提出了一种新的分组密码工作模式 XTS-AES。

2.2.2　公钥密码

公钥密码是为解决传统密码中的两个重要的困难问题而提出来的。第一个是对称密码体制中的密钥分配问题,公钥密码的发明人之一 Whitfield Diffie 认为,使用对称密码进行密钥分配时,如果用户利用密钥分配中心 KDC 共享他们的加密密钥,这些密钥就可能因为 KDC 被侵犯而泄露。第二个问题是数字签名问题,密码学不仅仅用于数据的加/解密,而且广泛用于商业和个人交流,那么电子文件能否像手写签名一样,能够实现数字签名,同时确保数字签名来自某个特定的人,并且双方对此没有异议?

1976 年,斯坦福大学的 Diffie 和 Hellman 针对上述两个问题提出了一种方法,这种方法与以往所有的密码体制有着根本区别,是密码学发展中的一次伟大变革,这就是由 Diffie 和 Hellman 首次提出的公钥密码体制。

公钥密码实质上是使用单向陷门函数(Trapdoor One-way Function)这一具有非对称性质的数学变换来实现的。公钥密码体制使用两个不同的密钥,分别称为公钥和私钥。私钥需要保密,而公钥需要发布,仅知道算法和公钥来确定私钥在计算上是不可行的。常用的公钥密码算法包括基于大整数因子分解困难问题的 RSA 密码算法和 Rabin 算法,以及基于离散对数困难问题的 ElGamal 算法等。

公钥密码体制应用于数据机密性保护时,发送者使用接收者的公钥加密数据,接收者使用自己的私钥解密数据,加/解密操作适用于短数据类型。加密机制如图 2-3 所示。

将公钥密码应用于数字签名与防抵赖的环境时,发送者用自己的私钥对数据进行加密/签名,接收者用发送者的公钥进行验证。公钥密码机制——认证服务如图 2-4 所示。

公钥密码还可以同时应用于数据的机密性保护和认证服务,如图 2-5 所示。

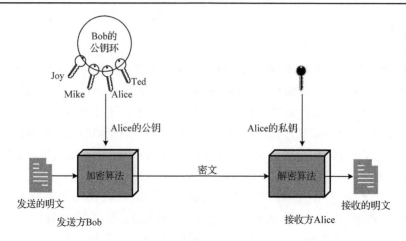

图 2-3　公钥密码体制用于机密性保护

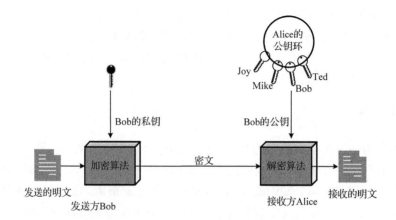

图 2-4　公钥密码机制——认证服务

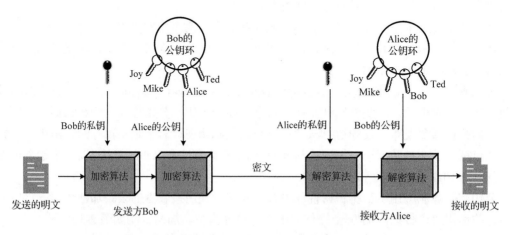

图 2-5　公钥密码机制——机密性保护和认证服务

公钥密码算法有很多，这里分别简要介绍基于大整数因子分解问题和有限域离散对数问题的两个典型公钥密码算法。

1. Rabin 公钥密码

Rabin 公钥密码算法的安全性是基于大整数因子分解问题的，它提供了一个可证明安全的公钥密码体制，算法的加密效率比 RSA 算法高，适用于某些特定应用，如便携装置的加密处理，该算法也是 WWW 访问中经常使用的传输层安全(Transport Layer Security，TLS)协议支持的公钥加密算法。另外，Rabin 公钥密码算法也可以用来构造能够抵抗适应性选择密文攻击的 Rabin-OAEP 加密方案。

2. ElGamal 公钥密码

ElGamal 公钥密码的安全性是基于有限域的离散对数问题，NIST 发布的数字签名标准DSS 中规范的 DSA 是 ElGamal 签名算法和 Schnorr 签名算法，DSA 也是电子邮件安全协议PGP 和 S/MIME 推荐的数字签名算法之一。ElGamal 算法也是开源软件库 OpenSSL 支持的公钥加密和数字签名算法。

2.2.3　散列函数

散列函数也称为单向杂凑算法、Hash 函数，在现代密码学应用中扮演重要角色。散列函数可以为数据完整性提供保障。

散列函数通常用于构造数据的短"指纹"，也称为消息摘要或散列值。设散列函数 h 将输入的可变长度的数据块 x 变换为固定长度的摘要，摘要定义为 $y = h(x)$。假定 y 存储在安全区域，x 存储在不安全区域，如果 x 被改变为 x'，则 x' 的摘要 $y' = h(x')$，如果 $y' \neq y$，则可以容易地验证 x 是否被修改。

Hash 函数在应用中分为不带密钥的 Hash 函数和带密钥的 Hash 函数，一个带密钥的 Hash函数定义为满足下列条件的四元组 (X,Y,K,H)：

X 是所有消息的集合；

Y 是所有的消息摘要组成的有限集合；

K 是密钥空间，是所有密钥组成的有限集合；对每个 $k \in K$，存在一个 Hash 函数 $h_k \in H$，$h_k : X \to Y$。

对于不带密钥的 Hash 函数的定义，我们可以把其简单地看作只有一个密钥的 Hash 函数，即 $|K| = 1$。

带密钥的 Hash 函数常被用于生成消息认证码(MAC)，即对消息进行数据源认证和完整性认证，消息及其消息摘要可以在不安全信道上传输；不带密钥的 Hash 函数常用于生成消息检测码(MDC)，即对消息进行单一的完整性检测，这种情况下需要保证消息摘要的可靠性。目前构造消息认证码主要有两种方式：一种是基于 Hash 函数构造 MAC，即 HMAC(RFC 2104)，HMAC 的安全性接近或等同于所嵌入的 Hash 函数的安全性；另一种是基于 CBC 工作模式的分组密码构造 MAC，即 CBC-MAC(FIPS PUB 113、ANSI X9.17)，CBC-MAC 方式目前应用广泛，无线局域网 IEEE 802.11i 中 AES-CCMP 协议就是采用了基于 AES 算法的CBC-MAC 方式来对数据完整性进行保护的。

Hash 函数的应用主要体现在消息认证和数字签名等方面，典型 Hash 函数包括 SHA、MD5 和 RIPEMD-160 等。

2.2.4 数字签名

日常生活中，我们离不开传统的手写签名，一个附加在文件上的传统的手写签名用来确定需要对该文件负有责任的个体，如写信、从银行取款、签署合同等。数字签名是一种以电子形式存储的签名方式，和传统手写签名一样，它面临两个关键问题：一是签名生成，即数字签名必须与所签署文件"绑定"在一起，不能轻易地分开；二是签名验证，即签名能够通过公开的验证算法得到确定性的证明，证明该签名和所签署文件的一致性。

数字签名方案包含签名算法和验证算法。例如，Alice 利用一种使用私钥 k 的签名算法 sig_k 来对消息 x 签名，生成相应的签名 $\text{sig}_k(x)$，该签名可以用公开的验证算法 ver_k 来验证，给定一个已签名消息 (x,y)，验证算法根据相关密钥信息来判断签名 y 与信息 x 是否一致，即签名的真或假。

一个数字签名方案是一个满足下列条件的 5 元组 (P,A,K,S,V)。P 表示待签名的消息组成的集合，A 表示所有可能的签名组成的集合，K 表示签名所用的密钥空间。对每一个密钥 $k \in K$，存在一种签名算法 $\text{sig}_k \in S$ 和相应的验证算法 $\text{ver}_k \in V$。

对任意待签名消息 $x \in P$ 和签名 $y \in A$，每个函数变换 $\text{sig}_k : P \to A$ 和 $\text{ver}_k : P \times A \to \{\text{true, false}\}$ 满足下列条件：

$$\text{ver}_k(x,y) = \begin{cases} \text{true}, & y = \text{sig}_k(x) \\ \text{false}, & y \neq \text{sig}_k(x) \end{cases}$$

典型数字签名算法包括 RSA 签名、ElGamal 签名和 Lamport 签名等算法，安全的数字签名方案总是和安全散列函数结合使用。NIST 于 1991 年发布联邦信息处理标准 FIPS 186（即数字签名标准 DSS），2013 年该标准更新为 FIPS 186-4，同时规范了基于 RSA 和椭圆曲线密码的数字签名算法。

在数字签名应用中，假设 Alice 想要发送消息给 Bob，该消息不需要保密，但需要向 Bob 证实是自己发送的。为了实现这个目标，Alice 首先使用散列函数生成该消息的散列值，然后通过数字签名算法，输入签名密钥和该散列值等参数，生成该消息的固定长度的签名。Alice 将签名附在消息后面，发送给 Bob，Bob 收到消息及其签名后，首先使用相同的散列函数计算该消息的散列值，然后通过数字签名验证算法，输入 Alice 的公钥，以及消息的散列值等参数，输出该消息的签名是"真"或"假"。如果签名为"真"，Bob 相信该消息是由 Alice 生成的，假设除了 Alice 本人外，其他实体没有 Alice 的私钥，因此其他实体无法伪造 Alice 的数字签名。另外，Bob 也能判断该消息在传输中的完整性是否遭到破坏。

2.3 密钥管理

2.3.1 密钥生存周期

密码学中著名的 Kerckhoffs 假设提出，密码分析者掌握密码体制除特定密钥以外的一切知识，包括密码算法的全部细节以及任意数量的明文/密文对。根据该假设，密码体制的安全性取决于密码系统所使用的密钥的安全性。因此，密钥管理是保证密码系统安全性的关键要素。

　　密钥管理是指根据安全策略对密钥材料进行生成、注册、认证、注销、分发、安装、存储、存档、撤销、派生和销毁的管理与使用。这里密钥材料是指建立和维护密钥关系所需的数据。密钥管理的目标是对密钥管理服务的安全管理和使用，密钥管理过程依赖于底层的加密机制、密钥的预期用途和使用中的安全策略。

　　密钥的生存周期是指使用该密钥的时间期限。之所以要设定密钥的生存周期，是因为同一密钥使用过多，会增加入侵者收集密文的数量，从而增加密钥泄露的概率。此外，设置密钥的生存周期，可以强制用户在适当的时候更换密钥，从而降低密钥泄露的风险，并且将因可能的密钥泄露而导致的安全风险限制在一定的期限内。

　　关于密钥生存周期的划分，有多种不同的划分方法。例如，标准 ISO/IEC 11770-1 (2010) 将其划分为待激活、激活、次激活 3 个状态，状态之间有 5 种转换方式；标准 NIST.SP.800-57 将密钥的生存周期划分为预激活、激活、挂起、无效、非法、销毁等 6 个状态，状态之间存在 15 种转换方式；而我国信息安全标准 GB/T 17901.1—2020 对密钥生命周期的划分，基本采纳了 ISO/IEC 11770-1 (2010) 中的方法。

　　根据标准 ISO/IEC 11770-1 (2010) 的定义，一个密钥将经历一系列状态，这些状态确定了其生存期。有三种主要状态：

　　(1)待激活。在待激活状态，密钥已产生，但尚未激活使用。

　　(2)激活。在激活状态，密钥用于加密数据、解密或验证数据。

　　(3)次激活。在该状态，密钥仅用于解密或验证。

　　若已知某个密钥已受威胁，应立刻变为次激活状态，即除了解密或验证数据外，不应用于其他用途。特别需要指出的是，被盗用的密钥不能被再次激活。当密钥确定受到非授权访问或控制时，可认为该密钥受到威胁。

　　图 2-6 给出了一个密钥生存周期的一般模型，它描述了密钥生存周期的三种状态，以及它们之间的转换关系。当一个密钥从一个状态转到另一个状态时，它将经历下列某一种转换。

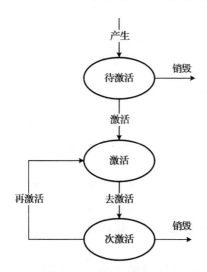

图 2-6　密钥生存周期模型

　　密钥状态的转换是通过密钥管理服务实现的。密钥管理服务包括密钥的产生、注册、认证、注销、分发、安装、存储、存档、撤销、衍生以及销毁等服务。

2.3.2　密钥分发

密钥是密码系统中的关键数据，生成的密钥要经过安全的途径分发到终端用户。如果密钥分发过程不严密，必然会造成严重的安全漏洞，因此，密钥分发过程中要竭力保护待分配密钥的保密性、完整性、可用性、可控性和可鉴别性。在特殊情况下，还要保证通信双方的抗抵赖性。此外，密钥分发过程中还需要注意两个问题：第一，大规模网络环境下密钥的自动分发机制，以提高系统的效率；第二，尽可能减少系统中驻留的密钥量，以降低密钥管理的工作负荷及密钥泄露的风险。

根据密码体制的不同，密钥分发主要分为对称密钥分发和公钥分发两类，密钥分发过程需要通过密钥分发协议进行安全保护。

2.4　密码算法运用

2.4.1　国产密码算法

为了保障商用密码安全，国家商用密码管理办公室制定了一系列密码标准，包括 SSF33、SM1（SCB2）、SM2、SM3、SM4、SM7、SM9、祖冲之密码算法等。其中 SSF33、SM1、SM4、SM7、祖冲之密码是对称算法；SM2、SM9 是非对称算法；SM3 是哈希算法。目前已经公布算法文本的包括祖冲之序列密码算法、SM2 椭圆曲线公钥密码算法、SM3 密码杂凑算法、SM4 分组密码算法等。

1. SM1 对称密码

SM1 算法是分组密码算法，分组长度为 128 位，密钥长度都为 128bit，算法安全保密强度及相关软硬件实现性能与 AES 相当，算法不公开，仅以 IP 核的形式存在于芯片中。

采用该算法已经研制了系列芯片、智能 IC 卡、智能密码钥匙、加密卡、加密机等安全产品，广泛应用于电子政务、电子商务及国民经济的各个应用领域。

2. SM2 椭圆曲线公钥密码算法

SM2 算法就是 ECC 椭圆曲线密码机制，但在签名、密钥交换方面不同于 ECDSA、ECDH 等国际标准，而是采取了更为安全的机制。另外，SM2 推荐了一条 256 位的曲线作为标准曲线。

ECC 椭圆曲线密码体制 Koblitz 和 Miller 在 1985 年各自引入密码学。椭圆曲线的 Weierstrass 方程为 $y^2 + a_1xy + a_3y = x^3 + a_2x^2 + a_4x + a_6$，其上面的所有点和无穷远点构成一个加法交换群，其中无穷远点是加法零元。此群的加法法则可以由弦切法给出，具体如图 2-7 所示。

图 2-7 左图中是两个不同点 P 和 Q 的加法，右图为相同的点 P 和 P 的加法。弦切法便可以给出椭圆曲线上的加法方程。多倍点运算是指：给定一点 P 和一个整数 k，计算 kP，即 k 个 P 点的和。椭圆曲线上的离散对数问题为：给定点 P 和 kP，计算整数 k。椭圆曲线密码体制的安全性便是建立在椭圆曲线离散对数问题之上的。

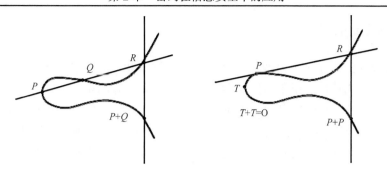

图 2-7　椭圆曲线算法规则

SM2 标准包括总则、数字签名算法、密钥交换协议、公钥加密算法四个部分，并在每个部分的附录详细说明了实现的相关细节及示例。

SM2 算法主要考虑素域 F_p 和 F_{2^m} 上的椭圆曲线，主要包括：一是介绍了这两类域的表示、运算，以及域上的椭圆曲线的点的表示、运算和多倍点计算算法等；二是介绍了编程语言中的数据转换，包括整数和字节串、字节串和比特串、域元素和比特串、域元素和整数、点和字节串之间的数据转换规则等；三是详细说明了有限域上椭圆曲线的参数生成以及验证，椭圆曲线的参数包括有限域的选取、椭圆曲线方程参数、椭圆曲线群基点的选取等，并给出了选取的标准以便于验证；四是给出了椭圆曲线上密钥对的生成以及公钥的验证，用户的密钥对为 (s, sP)，其中 s 为用户的私钥，sP 为用户的公钥，由于离散对数问题从 sP 难以得到 s，并针对素域和二元扩域给出了密钥对生成细节和验证方式。

SM2 算法在总则的基础上给出了数字签名算法(包括数字签名生成算法和验证算法)，密钥交换协议以及公钥加密算法(包括加密算法和解密算法)，并在每个部分给出了算法描述、算法流程和相关示例。数字签名算法适用于商用中的数字签名和验证，可满足多种密码应用中的身份认证和数据完整性、真实性的安全需求。密钥交换协议适用于商用密码应用中的密钥交换，可满足通信双方经过两次或可选三次信息传递过程，计算获取一个由双方共同决定的共享密钥(会话密钥)。公钥加密算法适用于国家商用密码应用中的消息加/解密，消息发送者可以利用接收者的公钥对消息进行加密，接收者用对应的私钥进行解密，获取消息。

数字签名算法、密钥交换协议以及公钥加密算法都使用了国家密码管理局批准的 SM3 密码杂凑算法和随机数发生器。数字签名算法、密钥交换协议以及公钥加密算法根据总则来选取有限域和椭圆曲线、生成密钥对，具体算法、流程和示例见 SM2 标准。

SM2 性能更优、更安全：密码复杂度高、处理速度快、机器性能消耗更小。SM2 算法和 RSA 算法比较如表 2-1 所示。

表 2-1　SM2 算法和 RSA 算法比较

项目	SM2 算法	RSA 算法
算法结构	基本椭圆曲线(ECC)	基于特殊的可逆模幂运算
计算复杂度	完全指数级	亚指数级
存储空间	192～256bit	2048～4096bit
密钥生成速度	较 RSA 算法快百倍以上	慢
解密加密速度	较快	一般

3. SM3 杂凑算法

SM3 杂凑算法给出了杂凑函数的计算方法和计算步骤，并给出了运算示例，也在 SM2、SM9 标准中使用。此算法适用于商用密码应用中的数字签名和验证、消息认证码的生成与验证以及随机数的生成，可满足多种密码应用的安全需求。此算法对输入长度小于 2^{64} 的比特消息，经过填充和迭代压缩，生成长度为 256bit 的杂凑值，其中使用了异或、模、模加、移位、与、或、非等运算，由填充、迭代过程、消息扩展和压缩函数所构成。具体算法及运算示例见 SM3 标准。

4. SM4 对称算法

此算法是一个分组算法，主要用于无线局域网产品。该算法数据分组长度为 128bit，密钥长度为 128bit。SM4 对称算法以字节(8 位)和字(32 位)作为单位进行数据处理，加密算法与密钥扩展算法均采取 32 轮迭代结构。SM4 对称算法是对合运算，因此解密算法与加密算法的结构相同，只是轮密钥的使用顺序相反，解密轮密钥是加密轮密钥的逆序。具体算法流程如图 2-8 所示。

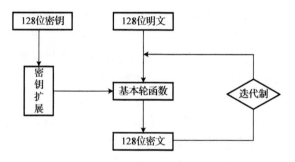

图 2-8　SM4 对称算法流程

SM4 对称算法的基本内容包括以下几方面。

(1)基本运算。SM4 对称算法使用模 2 加和循环移位作为基本运算。基本密码部件：SM4 对称算法使用了 S 盒、非线性变换 τ、线性变换部件 L、合成变换 T 基本密码部件。

(2)轮函数。SM4 对称算法采用对基本轮函数进行迭代的结构。利用上述基本密码部件，便可构成轮函数。SM4 对称算法的轮函数是一种以字为处理单位的密码函数。

(3)加密算法。SM4 对称算法是一种分组算法。数据分组长度为 128bit，密钥长度为 128bit。加密算法采用 32 轮迭代结构，每轮使用一个轮密钥。

(4)解密算法。SM4 对称算法是对合运算，因此解密算法与加密算法的结构相同，只是轮密钥的使用顺序相反，解密轮密钥是加密轮密钥的逆序。

(5)密钥扩展算法。SM4 对称算法使用 128 位的加密密钥，并采用 32 轮迭代加密结构，每一轮加密使用一个 32 位的轮密钥，共使用 32 个轮密钥。因此需要使用密钥扩展算法，从加密密钥产生出 32 个轮密钥，SM4 对称算法的具体描述和示例见 SM4 标准。

SM4 对称算法设计简洁，经过我国专业密码机构的充分分析测试，能有效抵抗差分攻击、线性攻击等典型攻击。

5. SM7 对称算法

SM7 对称算法是一种分组密码算法，分组长度为 128bit，密钥长度为 128bit。SM7 的算法文本目前没有公开发布。SM7 适用于非接 IC 卡应用，包括身份识别类应用(门禁卡、工作证、参赛证)，票务类应用(大型赛事门票、展会门票)，支付与通卡类应用(积分消费卡、校园一卡通、企业一卡通、公交一卡通)。

6. SM9 非对称算法

SM9 是基于双线性对的标识密码算法，与 SM2 标准类似，对应标准包含五部分：总则、数字签名算法、密钥交换协议、密钥封装机制和公钥加密算法、参数定义。在这些算法中使用了椭圆曲线上的双线性对这个工具，不同于传统意义上的 SM2 算法，可以实现基于身份的密码运算，也就是公钥与用户的身份信息即标识相关，从而比传统意义上的公钥密码体制有更多优点，省去了证书管理等。

密码中双线性对 $G_1 \times G_2 \rightarrow G_T$ 满足如下条件。

(1)双线性。对任意的 $P \in G_1 G$，$Q \in G_2$，以及 $a, b \in Z_n$，有 $e(aP, bQ)=e(P,Q)ab$。

(2)非退化性。$e(P,Q) \neq 1$，其中 P 为 G_1 的生成元，Q 为 G_2 的生成元。

(3)可计算性。存在有效的算法计算 $e(P,Q)$。

其中，G_1、G_2 为椭圆曲线上的加法群，而 G_T 为有限域的乘法群。在椭圆曲线对中，根据 G_1 与 G_2 是否关系，以及椭圆曲线上的自同态，可以将对分成三种类型，需要考虑在超奇异椭圆曲线、常椭圆曲线上来选取对。常用的对有 Weil 对、Tate 对、Ate 对及最优对等。基于对的标识密码算法建立一些对的难解问题，如双线性 Diffie-Hellman 问题、双线性逆 DH 问题等。椭圆曲线上的双线性对为 $e: E(F_{q^k})[r] \times E(F_{q^k})/rE(F_{q^k}) \rightarrow F_{q^k}^*$。其中，$k$ 为 $E(F_{q^k})$ 的嵌入次数。双线性对的双线性的性质是基于对的标识密码算法的基础。

SM2 中的总则部分同样适用于 SM9，由于 SM9 总则中添加了适用于对的相关理论和实现基础。椭圆曲线双线性对定义和计算在扩域上进行，总则中给出了扩域的表示和运算，考虑 F_{p^m} 和 F_{3^m} 上的椭圆曲线。数据类型转换同样包括整数与字节串、比特串和字节串、字节串和域元素、点和字节串之间的转换等。其中，字节串和域元素之间的数据类型转换涉及扩域。系统参数的生成比 SM2 复杂，涉及对的相关参数，验证也相对复杂。并在 SM2 的附录 B 里面详细地描述了计算对的算法——Miller 算法，并给出了 Tate 对、Ate 对的计算，以及适合这些对的椭圆曲线的生成。

在 SM2 的总则中给出的选取的椭圆曲线以及非线性对的基础上，可设定系统参数组和系统主密钥，以及产生用户密钥。用户密钥由系统的主密钥和用户标识共同产生。

SM9 给出了数字签名算法(包括数字签名生成算法、数字签名验证算法)，密钥交换协议，以及密钥封装机制和公钥加密算法(包括密钥封装算法、加密和解密算法)。数字签名算法适用于接收者通过签名者的标识验证数据的完整性和数据发送者的身份，也适用于第三方确定签名及所签数据的真实性。密钥交换协议可以使通信双方通过双方的标识和自身的私钥经过两次或者可选三次信息传递过程，计算获取一个由双方共同决定的共享秘密密钥。密钥封装机制和公钥加密算法中，利用密钥封装机制可以封装密钥给特定的实体。公钥加密和解密算法即基于标识的非对称秘密算法，该算法使消息发送者可以利用接收者的标识对消息进行加密，唯有接收者可以用相应的私钥对该密文进行解密，从而获取消息。基于对的算法中同样使用了国家密码管理局批准的 SM3 杂凑算法和随机数发生器，密钥封装机制和公钥加密算法中使用了国家密码管理局批准的对称密码算法和消息认证码函数。基于对的数字签名算法、密钥交换协议、密钥封装机制和公钥加密算法的具体算法、流程图和示例见 SM9 标准。

7. 祖冲之对称算法

祖冲之密码算法(ZUC)的名字源于我国古代数学家祖冲之，祖冲之算法集是由我国学者自主设计的加密和完整性算法，是一种序列密码，是主要运用于第四代移动通信 4G 网络 LTE 中的国际标准密码算法。它是两个新的 LTE 算法的核心，这两个 LTE 算法分别是加密算法 128-EEA3 和完整性算法 128-EIA3。ZUC 算法由 3 个基本部分组成，包括比特重组、非线性函数 F 与线性反馈移位寄存器(LFSR)等。

2.4.2　密码算法实现方式

密码算法的实现通常分为软件和硬件两种实现方式，可以通过密码软件包、密码芯片等方式，对密码算法的实现过程进行封装，为上层应用程序提供调用接口。

1. 软件方式

随着密码算法实现技术的成熟和开源项目的飞速发展，出现了一系列密码算法软件包，以加密算法库的形式为密码算法应用提供编程接口和规范。

例如，OpenSSL 由 SSLeay 发展而来，可免费使用，它支持 SSL 协议、TLS 协议的实现，同时又是一个通用的密码算法库。CryptLib 使用 C 语言设计，跨平台、文档丰富、易用性较好。Crypto++使用 C++语言设计，可免费使用。Cryptix 使用 Java 语言实现，功能较为全面，但接口复杂。OpenPGP SDK 使用 C 语言提供开源代码库，实现了 OpenPGP 开发接口，支持各种密码算法的实现与调用。微软的 CryptoAPI，对微软产品的密码算法应用提供公共支持，提供各类密码算法的实现和标准调用接口，而其密钥算法实现模块既支持软件方式，也支持硬件方式。

在日常应用中，加密软件的使用非常广泛。常见的加密软件有：WinRAR 作为压缩工具同时支持加密功能；EFS 加密文件系统是 Windows 操作系统自带的加密软件；Microsoft Word 软件支持加密保护功能，通过安全选项选择加密算法；PGP 邮件安全软件可对各类文件、磁盘加密。

2. 硬件方式

通过硬件方式实现密码算法，目前最常用的就是密码芯片方式，产品形式上丰富多样，包括嵌入式芯片、IC 卡芯片、终端加密卡、USB 终端密码机、USB Key 电子认证钥匙、加密存储卡、加密读写器、蓝牙加密卡、高频读写器芯片等多种方式。

硬件加密的优点主要包括以下三个方面。

(1)加密速度快。相比软件实现方式，采用硬件实现加/解密速度较快。加密算法含有很多对明文位的复杂运算，如 DES 和 RSA，大都是位串操作，而不是计算机中的标准操作，它们在微处理器上的效率很低,尽管有些密码设计者不断尝试使算法更适合软件实现,但采用专用加密硬件实现在速度上具有优势。此外,加密通常是一项计算密集型任务,所以占用计算机的主处理器是低效的。将加密转移到另一个芯片上,即使那个芯片只是另一个处理器,也会使整个系统更快。

(2)硬件安全性好。软件实现缺少物理保护,入侵者可以通过各种调试软件工具,毫无觉察地篡改算法。硬件加密设备可以被安全地封装以防止入侵修改。特殊用途的超大规模集成电路芯片可以涂上一层化学物质,任何试图进入芯片内部的行为都会破坏芯片的逻辑,导致存储的数据自行擦除。例如,美国的 Clipper 和 Capstone 芯片均有防窜扰设计,且可以设计得使外部入侵者无法读出内部密钥。此外,硬件实现可进行电磁屏蔽设计,可防止电磁辐射泄漏(Electronic Radiation)。

(3)硬件易于安装。许多加密应用与普通计算机无关,如用户希望加密他们的电话会话、传真或数据链路。将专用加密硬件放在电话、传真机和调制解调器中比放在微处理器或软件中便宜得多。即使加密数据来自计算机时,安装一个专用加密设备也比修改计算机系统软件更容易。

3. 实现方式对比

软件实现方式在通用计算机上完成数据的加/解密操作,具有很强的灵活性。密码算法基本上均可用软件编程来实现,在同一台计算机上运行不同的密码软件程序就可实现不同的密码算法。但通用计算机的体系结构不是专为密码算法特别定制的,因此其运算速度并不快。从安全性角度考虑,对于软件实现方式,由于入侵者可以在使用者毫不知情的情况下,利用各种工具非法跟踪、分析、篡改算法,甚至非法复制密钥文件,使得算法和密钥完全暴露。

而硬件实现方式是针对具体的密码算法来设计的专用硬件电路芯片,可使硬件电路结构与算法结构充分匹配,因此其最大的优点就是运算速度快、性能好。对于硬件实现方式,分析者可利用诸如能量攻击、时间攻击、可见光及声学分析法等攻击手段对其构成威胁。

密码算法的两种实现方式对比如表 2-2 所示。

表 2-2　密码算法实现方式对比

项目	软件方式	硬件方式
实现方法	软件代码编程实现	硬件电路芯片等
可实现算法	各种可编程实现的密码算法	针对具体的密码算法来设计的专用硬件电路芯片
运算速度	通用处理器执行密码运算,效率较低	硬件电路结构与算法结构能充分匹配,因此其最大的优点就是运算速度快、性能好
灵活性	实现方法较为灵活	灵活性受限
安全威胁	软件实现本身易受非法跟踪、分析、篡改攻击	分析者可利用诸如能量攻击、时间攻击、可见光及声学分析法等攻击手段对其构成威胁

此外,密码芯片的电路结构一般是专为某一种或某几种密码算法定制的,所以其灵活性受到限制。随着可重构技术的发展,密码算法实现的灵活性和方便性不断提高,密码算法可重构设计与实现成为研究热点,并在未来的密码算法实现中发挥重要作用。

4. 实现方法举例

以微软的 CryptoAPI 为例，介绍一下密码算法的实现方式和调用方法。CryptoAPI 采用分层思想进行设计，其服务体系分为三层，如图 2-9 所示。

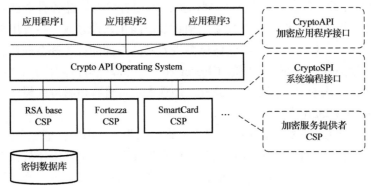

图 2-9　微软 CryptoAPI 的服务分层体系示意图

(1) 最底层是加密服务提供层，即具体的一个 CSP (Cryptographic Service Provider)，它是加密服务提供机构提供的独立模块，负责真正的数据加密工作，包括使用不同的加密和签名算法产生密钥，交换密钥、进行数据加密以及产生数据摘要、数字化签名，它独立于应用层和操作系统，其通过 SPI 编程接口与操作系统层进行交互；有些 CSP 使用特殊硬件一起承担加密工作，而有些则通过 RPC 分散其功能，以达到更为安全的目的。

(2) 中间层，即操作系统(OS)层，在此是指具体的 Windows 操作平台，在 CSP 体系中为应用层提供统一的 API 接口，为加密服务提供层提供系统编程接口，即 CryptoSPI 接口，操作系统层为应用层隔离了底层 CSP 和具体加密实现细节。中间层还负责一定的管理功能，包括定期验证 CSP 等。

(3) 应用层，也就是任意用户进程或线程具体通过调用操作系统层提供的 CryptoAPI 使用加密服务的应用程序。

根据 CSP 服务分层体系，应用程序不需要关心底层 CSP 的具体实现细节，只需要利用统一的 API 接口进行编程，而由操作系统通过统一的 SPI 接口来与具体的 CSP 进行交互，CSP 遵循服务编程接口 SPI 实现对称密码算法、公钥密码算法、哈希算法等。

CSP 物理上一般由动态链接库和签名文件组成。签名文件保证提供者经过了认证，操作系统能识别 CSP，操作系统可利用其定期验证 CSP，保证其未被篡改。还可以使用辅助的 DLL 实现 CSP，辅助的 DLL 不是 CSP 的一部分，但是包含 CSP 调用的函数，辅助的 DLL 也必须被签名，并且签名文件必须可用，每个 DLL 在装载库之前被验证签名。每个 CSP 都有一个名字和一个类型，每种类型支持相应的对称加密算法、签名算法、密钥交换算法、Hash 算法。若有硬件实现，则 CSP 还包括硬件装置。

CSP 逻辑上主要由以下部分组成，如图 2-10 所示。

(1) 微软提供的 SPI 接口函数实现。在微软提供的 SPI 接口中包括一系列基本密码系统函数，由应用程序通过 CryptoAPI 调

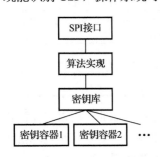

图 2-10　CSP 组成示意图

用，CSP 必须支持这些函数以提供基本的功能。

（2）算法实现。如果是纯软件实现的 CSP 与用存储型的 USB Key 实现的 CSP，这些函数在 CSP 的 DLL 或辅助 DLL 中实现；如果是带硬件设备实现的 CSP，并且用加密型的 USB Key，CSP 的动态库是一个框架，一般的函数实现是在 CSP 的动态库中，而主要函数的核心是在硬件中实现的。

（3）CSP 的密钥库及密钥容器。每一个加密服务提供程序都有一个独立的密钥库，它是一个 CSP 内部数据库，此数据库包含一个和多个分属于每个独立用户的容器，每个容器都用一个独立的标识符进行标识。不同的密钥容器内存放不同用户的签名密钥对与交换密钥对以及 X.509 数字证书。带硬件实现的 CSP、CSP 的密钥库及密钥容器放在硬件存储器中，纯软件实现的 CSP 是放在文件中的。

以数据加密为例，调用 CryptoAPI 实现加密功能的流程如图 2-11 所示。从流程上讲，程序开始后，一是初始化明文、密文、密钥、CSP 的句柄等变量；二是初始化 CSP；三是产生会话密钥，可利用用户口令生成会话密钥，创建一个 Hash 对象，通过口令计算 Hash 值，利用 Hash 值生成会话密钥；四是调用 CryptEncrypt 这个接口函数，对明文加密，将其变换成密文；五是程序结束前销毁会话密钥、Hash 对象。

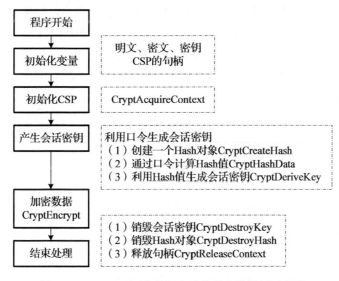

图 2-11　CryptoAPI 实现加密功能的方法举例示意图

2.4.3　密码算法应用示例

1. 示例 1——保密通信

为了解决网络保密通信问题，网络安全专家进行了深入的研究和大量的实践，目前已经形成了多种网络安全通信协议，并成为国际标准，比较著名的有 SSL、IPsec、L2TP 等。这些协议的流行，为密码应用于网络保密通信，提供了巨大的推动力。

密码应用于网络通信环境的方式和具体的网络体系结构是分不开的。从理论上来说，加密模块（可以是软件模块也可以是硬件设备）可置于网络体系结构的任何层。如果在较低层加密，就称为链路加密(Link Encryption)，通过特定数据连接的任何数据都要被加密。如果加密发生在较高的层，就称为端-端加密(End-to-End Encryption)。

1) 链路加密

链路加密方式一般工作在物理层、链路层，其工作原理如图 2-12 所示。

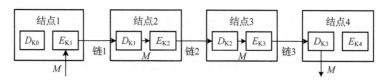

图 2-12　链路加密方式工作原理

在链路加密方式中，通过链路的所有消息都会被加密。这种类型的加密是非常有效的，密码分析者得不到任何关于所传输消息的信息。入侵者无法知道谁正在和谁通话、发送什么消息、发送的消息有多长、消息的源与目的等数据流信息，从而可以实现整个信息流的保密。使用链路加密方式的密码系统中，仅要求邻接结点之间的密钥相同且保密就可以了，因而密钥的产生、分发、更新、撤销等密钥管理工作仅限于链结点之间。

链路加密最大的问题是网络中每个链路都必须进行加密操作，如果有一处没有加密，就会危及整个网络的安全，如果网络规模很大，这类加密的开销就会变得很大。此外，在链路加密中，传输的保密信息在结点的内部是以明文的形式存在的，如果有一个结点被入侵者所控制，就会危及整个网络的安全，因此，必须保护网络中每个相关的结点的安全。链路加密方式的优缺点如表 2-3 所示。

表 2-3　链路加密方式的优缺点

优点	(1) 易操作，对用户透明 (2) 通过链路传输的所有数据都被加密，从而支持信息流保密，抗流量分析 (3) 密钥管理容易 (4) 加密是在线、实时的，可以实现硬件高速加密
缺点	(1) 每个链路都需要加密，网络规模越大，开销越大 (2) 中间结点可能会成为系统安全的瓶颈

2) 端-端加密

端-端加密是由同一数据流的两个终端系统实现加/解密操作的。在 TCP/IP 网络体系结构中，端-端加密方式通常将加密模块置于终端系统的网络层、传输层或应用层。发送端加密模块必须根据协议理解数据并只对必要的部分数据进行加密处理，然后和路由信息重新结合，最后送到下一层进行传输，且解密操作仅在接收端发生。端-端加密方式工作原理如图 2-13 所示。

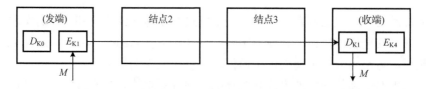

图 2-13　端-端加密方式工作原理

在端-端加密方式中，如果加密模块工作于应用层等高层，则它可以独立于通信网的结构，还可以离线完成，从而并不扰乱通信线路上的编码规范。但是，在线环境中，它必须和相应层的软件相互作用，而这些软件因计算机体系结构的不同而不同，因而必须针对不同的计算机系统，通过软件自身或特殊的硬件实现加密，这可能会为端-端系统带来兼容性问题。

在端-端加密方式中，加密数据传输对中间结点是透明的，并且加密数据在传输过程中一直保持被加密状态，直到最终的收端系统才能解开数据。因而，这种处理方式避免了链路加密方式所引起的一些安全问题。在早期的端-端加密系统中，加密操作是完全离线完成的，这种方式的安全性虽然很高，但并不适用于自动化系统。

端-端加密存在的主要问题是路由信息未被加密，从而允许入侵者进行流量分析。流量分析主要分析数据从哪里来、到哪里去、什么时候发送、传送多长时间、发送频率、是否与其他事件(如重要会议等)有关。密码分析者可能会通过流量分析推导或猜测出一些有用的信息，而并不需要知道通信的内容，这就有可能危及信息系统的安全。在使用端-端加密方式的保密通信系统中，任意两个终端系统都可能需要一对密钥，会使密钥管理工作变得复杂。此外，由于每个特殊的网络通信系统都有其自身的协议，因此，制造端-端加密硬件设备或编制端-端加密软件模块都比较困难。端-端加密方式的优缺点如表 2-4 所示。

表 2-4　端-端加密方式的优缺点

优点	保密强度高
缺点	路由信息未被加密，流量分析是可能的 需要更复杂的密钥管理系统

3) 加密方式比较

链路加密和端-端加密各有优缺点，其比较如表 2-5 所示。

表 2-5　链路加密和端-端加密比较

项目	链路加密	端-端加密
主机内部安全	在发送主机暴露部分数据 在中间结点暴露部分数据	在发送主机保护数据 在中间结点保护数据
使用规则	发送主机使用 对用户不可见 主机管理员选择加密 所有用户共用一个设备 能在软/硬件中执行 所有数据加密或所有数据不加密	用户应用使用 用户应用加密 用户选择加密 每个用户选择设备 一般由软件执行，有时需要用户扩展硬件执行 用户可选加密数据项
实现注意事项	每一对相邻结点需要一个密钥 每一个结点都需要加密硬件或软件 提供结点验证	每对用户需要一个密钥 每一台末端主机都需要硬件加密设备或软件加密模块 提供用户验证

在保密通信的具体实现中，可结合链路加密和端-端加密这两种加密方式，构建一种安全强度更高的网络保密通信解决方案。通过加密每条链路可有效防止入侵者进行流量分析攻击，而端-端加密又减少了网络节点中明文数据处理所带来的威胁。此外，这两种加密方式的密钥

管理可以完全分开,网络管理员仅关心链路所使用的密钥,而每个用户只负责端-端加密所需要的密钥。当然,综合方案也加大了系统开销和设备负担。

　　2. 示例 2——加密存储

　　数据加密存储是密码的基本应用之一。密文的保密性仅取决于密钥,如果加密数据的密钥丢失,则存储的密文就永远也无法解开,因此,数据加密存储中,需要特别关注数据加密密钥的存储和保密问题,这一点有别于网络保密通信中所使用的会话密钥。网络保密通信中的会话密钥仅使用一次就会自动销毁,生存期非常短暂,而用于数据加密存储的数据加密密钥生存期可能长达数年,直到被加密存储的数据销毁为止。在现代计算机中,通过硬盘存取数据已经变得非常普遍,因而加密保护硬盘上的数据显得非常必要。目前,有两种硬盘数据加密存取保护方案,即文件级加密和驱动器级加密。

　　1) 文件级加密

　　文件级加密指的是硬盘上的每个文件被单独加密,为了使用密文文件,必须先解密、再使用,然后重新加密。在一个大的硬盘驱动器中,存在大量的文件,如果对每个文件使用相同的密钥,不仅给密码分析者提供了大量用于分析的密文,便于其进行唯密文攻击,也无法实现通过密钥来控制多个用户对硬盘驱动器中不同文件的访问行为和访问权限;如果每个文件使用不同的密钥,则用户不得不管理好所有的密钥,这给用户的工作带来巨大的负担。为了解决这一问题,可以使用如下方案。

　　每个用户仅需要分配并记住一个独立密钥,称为该用户的用户密钥,作为用户访问硬盘密文数据的依据。每个文件使用不同的独立随机密钥加密,称为文件密钥。某一用户对某个文件进行加密,使用该用户的用户密钥加密文件密钥,并附加上和用户绑定的特定信息,随之绑定到密文文件中。如果用户需要访问某个密文文件,则他需要使用自己的用户密钥,解开和该密文文件绑定的文件密钥,并顺利地利用文件密钥存取密文文件。

　　2) 驱动器级加密

　　驱动器级加密指的是对逻辑驱动器上所有的数据进行加密。如果实现得好,它可以提供比文件级加密更好的安全性。但由于驱动器加密需要处理一些诸如驱动器的安装、文件新扇区的划分、文件旧扇区的反复使用、逻辑磁盘上数据的随机存取和更新请求等,它比文件级加密要复杂得多,因此,其性能和效率要低于文件级加密方式。

　　文件级加密和驱动器级加密都各有特点,如表 2-6 所示。现在比较通行的做法是将两者结合起来,利用虚拟磁盘技术,将某些文件虚拟成一个逻辑驱动器,并在存取这一虚拟逻辑驱动器时实现数据的加/解密,这样,计算机系统就可以像使用普通的加密磁盘一样使用这一虚拟逻辑驱动器了。

　　针对计算机数据的加密存储主要关注以下几个方面。

　　(1) I/O 设备的速度要求快速的加/解密操作,这可能需要高速的硬件加密设备和特殊的高速加密算法支持。

　　(2) 需要长期、安全、高效的密钥储存和管理机制。

　　(3) 不同的人可能需要存取被加密数据文件的不同部分,造成密钥管理复杂。

　　(4) 数据库记录或字段加密存储有着特殊的要求。数据库的读取对象常常是表中的记录,为了存取单个记录而解密整个数据库显然是不可取的，而独立地加密各个记录又容易受到记录重放、恶意篡改等形式的攻击，因此，在数据库加密中，需要进行特别的处理。

表 2-6　文件级加密和驱动器级加密特点比较

项目	文件级加密	驱动器级加密
优点	易实现、易使用 具有较大灵活性 相对较小的性能损失 用户可以在不同机器间移动文件 用户可以对文件做备份	临时文件、工作文件都存储在安全驱动器中 可实现透明加密
安全问题	安全设计不足的程序可能会造成潜在泄露风险	复杂的实现使出现安全漏洞的概率增大 如果驱动器级加密的密钥泄露，则整个磁盘都可能被泄露

第2篇　信任管理技术

网络信任问题是信息安全的核心问题。电子军务、军事指挥、联合作战等网络应用的日益广泛，对各种实体间建立信任的需求越来越迫切，需要通过建立网络信任体系来维护网络空间的社会秩序。本篇内容围绕信息体系构建所需的关键技术展开讨论，主要分为以下几章：

第3章身份认证技术。身份认证是通过技术手段确认信息系统中主、客体真实身份的过程和方法，身份认证技术是信息系统安全的第一道防线。本章首先介绍身份认证的组成和分类，之后重点介绍几种常见认证技术，如一次性口令认证、基于共享密钥的认证、基于公钥证书的认证和基于生物特征的身份认证等。

第4章授权管理与访问控制技术。授权管理与访问控制是解决访问者合理使用网络信息资源的过程和方法，目标是限制系统内用户的访问行为，防止对任何资源进行非授权的访问。接着介绍几种常用的访问控制技术及其应用场合，包括自主访问控制、强制访问控制、基于角色的访问控制和基于属性的访问控制。

第5章信任体系基础设施。信任体系的构建离不开各类基础设施的建设。该章重点介绍公开密钥基础设施(PKI)和授权管理基础设施(Privilege Management Infrastructure, PMI)。PKI主要负责向用户发放公钥证书，通过公钥证书来证明用户的身份；PMI负责对用户进行授权并对权限进行管理，用以证明这个用户有什么权限，能干什么。

第6章信任管理实例。首先介绍单点登录的概念和常见实现模式，并给出开放环境下几类典型的信任体系构建方案。

第3章　身份认证技术

现实社会中为了防止身份欺诈，常常需要证明个人的身份，网络空间的虚拟化和自由性，使得网络身份不可信、身份假冒问题更加严重。身份认证是防止敌手对信息系统进行主动攻击的一种技术，是证实主体的真实身份与其所声称的身份是否相符的过程，身份认证是信息系统安全的第一道防线，是访问控制的基础。本章首先介绍身份认证的组成和分类，然后介绍了几种常见认证技术，包括一次性口令认证、基于共享密钥的认证、基于公钥证书的认证和基于生物特征的身份认证。

3.1　身份认证概述

3.1.1　身份认证系统的组成及要求

身份认证系统是实施身份认证的软硬件设备，一般由示证、验证、入侵者、调解者三方组成。出示证件的人，称作示证者 P(Prover)，又称作申请者(Claimant)，它提出某种访问要求；验证者 V(Verifier)，检验示证者提出的证件的正确性和合法性，决定是否满足其访问要求；第二方是攻击者，可以窃听和伪装示证者骗取验证者的信息。认证系统在必要时也会有第四方，即可信赖者参与调解纠纷，如图 3-1 所示。此类技术被称为身份证明技术，又称作识别(Identification)、实体认证(Entity Authentication)、身份证实(Identity Verification)等。实体认证通常证实实体本身，而消息认证通常证实消息的合法性和完整性。消息认证本身不提供时间性，而实体认证一般都是实时的。

为有效地实施实体认证或消息认证，对身份认证系统具有如下要求。

(1)验证者有极大化的概率正确识别合法示证者。

(2)不具有可传递性(Transferablity)。验证者 V 不可能重用示证者 P 提供给他的信息来伪装成示证者而成功地骗取其他人的验证，从而得到信任。

(3)入侵者伪装示证者欺骗验证者成功的概率要小到可以忽略的程度，特别是要能抗唯密文攻击，即能抵抗入侵者在截获到示证者和验证者多次通信的情况下，伪装示证者欺骗验证者的行为。

(4)计算有效性。为实现身份认证所需的计算量要小。

(5)通信有效性。为实现身份认证所需通信次数和数据量要小。

(6)秘密参数能安全存储。

(7)交互识别，有些应用中要求双方能互相进行身份认证。

(8)第三方的实时参与，如在线公钥检索服务。

(9)第三方的可信赖性。

(10)可证明安全性。

(7)～(10)是在一些特殊场景下部分身份认证系统所提出的要求。

身份认证可以依靠下述三种基本途径之一或它们的组合实现，根据安全水平、系统通过率、用户可接受性、成本等因素，可以选择适当的组合，进行身份认证。身份认证的基本途径如图 3-2 所示。

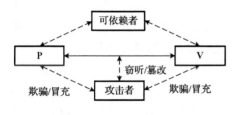

图 3-1　身份认证系统组成

图 3-2　身份认证的基本途径

(1)所知(Knowledge)。个人所知道的或所掌握的知识，如密码、口令等。

(2)所有(Possesses)。个人所具有的东西，如身份证、护照、信用卡、钥匙等。

(3)个人特征(Characteristics)。如指纹、笔迹、声纹、手型、脸型、血型、视网膜、虹膜、DNA 以及个人一些动作方面的特征等。

身份认证系统的服务质量指标有两个：一是合法用户遭拒绝的概率，即拒绝率(False Rejection Rate，FRR)或虚报率(Ⅰ型错误率)；二是非法用户伪造身份成功的概率，即漏报率

(False Acceptance Rate，FAR)（Ⅱ型错误率）。为了保证系统有良好的服务质量，要求其Ⅰ型错误率要足够小；为保证系统的安全性，要求其Ⅱ型错误率足够小。这两个指标常常是相悖的，要根据不同的用途进行适当的折中选择，如为了安全(降低 FAR)，则要牺牲一点服务质量(增大 FRR)。在身份认证系统设计中，除了安全性，还要考虑经济性和用户的方便性等因素。

3.1.2　身份认证技术的分类

目前，实现身份认证的技术主要包括口令认证、密码学认证和生物特征识别三大类。

口令认证中，认证系统通过比较用户输入的口令和系统内部存储的口令是否一致来判断用户的身份，它的实现简单灵活，是最常见的一种认证方式。但是口令容易泄露、口令以明文形式传输、口令须存储在认证系统中等问题，使得简单口令认证被称为是"低质量的秘密"。

密码技术至今是信息机密性、完整性和不可否认性保障的主要机制。基于密码学的身份认证协议规定了通信双方为了进行身份认证、建立会话密钥所需进行交换的消息格式和流程，这些协议建立在密码学基础上，需要能够抵抗口令猜测、地址假冒、中间人攻击、重放攻击等常见网络攻击。最常用的密码学认证协议有一次性口令认证、基于共享密钥的认证、基于公钥证书的认证、零知识证明和标识认证等。

一次性口令认证的目的是解决静态口令在传输过程中容易被窃听等问题，它在登录过程中加入了不确定因素，使用户每次登录系统时传送的口令都不同，从而进一步提高了系统的安全性。

共享密钥认证机制假设认证双方共享一个对称密钥，通常采用挑战-应答的方法实现认证，示证者通过加密或解密验证者挑战并应答来表示他知道该共享密钥。

基于公钥证书的认证引入了可信第三方——认证机构(Certificate Authority，CA)，以解决公钥认证时公钥的可靠获取问题。

在基于标识的认证中，它的公钥认证框架又称为基于非目录的公钥认证框架。它对证书的公钥认证框架进行了简化，其基本思想是：如果一个主体的公钥本身与该主体的身份信息如名字、电子邮件和邮政地址等附属信息紧密联系起来，那么，在本质上就不需要认证该主体的公钥，这与目前的邮政系统的工作方式相似。假设邮件的递交没有问题，如果你知道某人的邮件地址，你就能把消息发送给他。Shamir 首次提出了基于身份的公钥密码体制，该体制大大减小了密钥认证系统的复杂度。

零知识证明技术可使信息的拥有者无须泄露任何信息，就能够向验证者或其他第三方证明它拥有该信息。

生物特征识别利用个人的生理特征来实现。生物特征具有不可复制性的特点，使得它非常适用于"当面验证"，如银行系统与顾客直接进行交易，顾客是示证者，银行成为验证者。而在不能进行"当面验证"的网络世界中，如顾客与顾客交易，因为网上传递过程所有生物特征均变成逻辑值，失去了生物特征本来的特性——不可复制性，使得生物特征识别方法失去了它的认证优势。

3.2　一次性口令认证

3.2.1　简单口令认证

传统的简单口令认证机制中,在用户注册阶段,用户提交用户名和口令给认证服务器,服务器存储了口令的散列值;在用户登录时,用户提交用户名和口令的散列值到服务器,认证服务器通过判断它与自己存储的口令散列值是否相同进行用户验证,如图 3-3 所示。这种认证方式简单易行,但安全性完全依赖于用户口令的安全性,一旦口令泄露,那么合法用户就会被冒充。

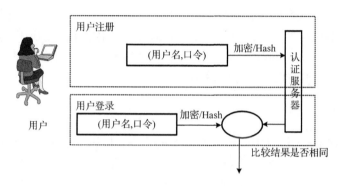

图 3-3　简单口令认证原理

这种机制下的口令往往是不安全的,归纳起来有以下几种安全缺陷:

(1)用户访问系统时输入的口令,有可能被其他人非法偷窥得到。

(2)口令在传输过程中,可能被他人截获,受到第三方重放攻击。入侵者无须知道口令,只需要重放用户先前发送的登录信息即可。

(3)在认证服务端存储的所有用户的口令是以文件存储的,有可能被入侵者利用系统的漏洞所窃取,入侵者在获取存储在认证数据库中的口令哈希值后,实施彩虹表攻击。在这种攻击中,入侵者在获知采用的哈希算法和用户口令的哈希值后,可预先计算出口令及其哈希值对照表,进行匹配操作。入侵者需要提前生成特定哈希算法彩虹表,如 MD5、LM Hash等彩虹表,主流的彩虹表都在 100GB 以上,彩虹表可从网上下载,也可自己生成。Windows口令认证机制极易受到此类攻击。

(4)用户往往选择容易记忆的口令,比如自己的生日等,其极易被入侵者猜测而受到攻击,常见的有字典攻击和穷举尝试攻击方法。行业调查发现,网上最常用的口令是"123456",并且 5000 个常用口令被 20%的用户在线使用。在穷举尝试(Brute Force,暴力破解)攻击时,一般从长度为 1 的口令开始,按长度递增进行攻击。如果每一秒检测 1000 个口令,则 86%的口令可以在一周内破译出来,由于人们常选择简单易记的口令,穷举攻击的成功率很高。在更高级的僵尸网络攻击中,僵尸程序控制大量主机,并通过一对多的命令与控制信道组成僵尸网络,利用该网络进行口令的分布式并行破解运算,成功率更高。

为避免口令猜测攻击,主要的解决方法:一是用户提高口令强度,如长度不能低于最小值,复杂性上包括口令需要是英文、数字、标点的组合,及时更换口令等;二是针对每一个用户引入不同的盐值，盐值是由计算机产生的随机字符串，它和用户的口令一起进行哈希运算，得出口令的散列值。它的优点是增加了彩虹表攻击口令破解难度，可避免不同用户使用相同口令造成的口令暴露，也可避免同一用户在不同机器上使用相同口令造成的口令暴露。

但是，从本质上看，传统的口令认证机制是一种弱认证机制，已经无法满足目前的网络安全需求，需要新的身份认证机制，一次性口令就是在这种背景下产生的。为解决静态口令的诸多问题，一次性口令(One-time Password，OTP)认证在登录过程中加入了不确定因素，使用户每次登录系统时传送的口令都不相同，从而提高系统的安全性。主要包括时间同步、事件同步和挑战/应答等认证机制。

3.2.2 基于事件同步的一次性口令认证

基于事件同步的一次性口令认证机制由美国科学家 Leslie Lamport 提出，又称 Lamport 方式。事件同步机制以事件(次数 N)作为变量，以生成一次性口令的逆序方式使用口令，认证用户需要进行多次散列函数运算。S/KEY 是首次基于一次性口令思想开发的身份认证系统，现已成为 RFC 标准协议，见 RFC 1760。

1. S/KEY 原理

哈希链算法在 S/KEY 协议中起着非常重要的作用，其基本原理是：在初始化阶段选取一个口令 pw 和一个数 n，及一个哈希函数 f，计算 $y = f^n(\text{pw})$，把 y 和 n 的值存到服务器上。初次登录时，用户端计算 $y' = f^{n-1}(\text{pw})$ 的值，服务器计算 $z = f(y')$ 的值并同服务器上相应的值 y 进行比较。如果 $z = y$，则验证成功，然后用 y' 的值取代服务器上 y 的值，且将 n 的值减1，下次登录时用户端计算 $y'' = f^{n-2}(\text{pw})$ 的值，依次类推，直到 $n = 1$。通过哈希链算法，用户每次登录到服务器端的口令均不同。这种方案易于实现，无需特殊硬件的支持。

S/KEY 系统的组成一般包括两部分，即服务器和客户端。服务器端程序用于产生挑战(Challenge)信息，随后检验客户端的一次性口令应答(Response)的正确性。客户端程序则用于产生对应于挑战的一次性口令应答。

服务器的挑战信息由迭代值 IC 和种子 Seed 两部分组成。IC 为 1～100 的一个数，每使用一次后减 1，其初值在初始化时决定。Seed 由两个字母和 5 个数字组成，如挑战信息 "04 dz22302" 表示 IC 为 04，Seed 为 "dz22302"。客户端收到挑战后，要将秘密口令和 Seed "dz22302" 链接后，做 4 次哈希运算。

S/KEY 定义的 Hash 函数有三个标准接口，即 MD4、MD5 和 SHA。安全的 Hash 函数 f 具有这样的属性：它们接收一个变长的输入，产生一个固定长的输出，一次性口令系统再将此输出折叠成 64 位，64 位也是一次性口令(OTP)的长度。

此 64 位的 OTP 可以被转换为一个由 6 个英文单词组成的短语，每个单词包括 1～4 个字母，取自一个词典(共 2048 个单词)，每个单词编码长为 11 位，所有的一次性口令可以被编码，此编码余下的 2 位(11×6–64=2)用于存储校验和。密钥的 64 位被分解成许多位对，这些位对再进行求和，和的最低两位被编码为 6 词序列的最后两位，所有的 OTP 产生器必须计算出校验和，并且所有的 OTP 服务器必须能将校验和作为 OTP 的一部分进行检验。Bellcore 的 S/KEY 一次性口令系统的 OTP 产生如图 3-4 所示。

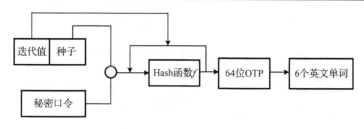

图 3-4　S/KEY 工作原理

服务器系统有一个用户数据库,它含有用户上次成功认证的 OTP 或一个刚初始化的用户的首个 OTP。为认证此用户,服务器将接收到的 OTP 解码为 64 位的密钥(key),然后将 key 再用 Hash 函数运算一次,若运算结果与先前存储的 OTP 相同,则认证成功,并将此 OTP 存储以作下次使用。因为使用的是单向的 Hash 函数,故不可能基于已用过的 OTP 来产生新的 OTP。每次认证成功后迭代值 IC 的值减 1,以使用户和登录程序同步。

2. S/KEY 的优缺点

S/KEY 系统中,用户的秘密口令不在网上传输,也不存储在服务器及客户端的任何地方,只有使用者本人知道,故此秘密口令不会被窃取,而 OTP 即使在网络传输过程中被捕获,也无法再次使用。它的实现简单、成本不高,用户使用也很方便。但是,S/KEY 系统中,当用户登录一定次数后,必须重新初始化口令序列。为了防止重放攻击,系统认证服务器有唯一性,如果用户在多个主机上拥有账户,就必须拥有多个账户,因此它并不适合于分布式认证场景。

此外,一次性口令认证是一种单向认证,不能保证认证服务器的真实性。在 S/KEY 系统中,种子和迭代值均采用明文传输,黑客可利用小数攻击来获取一系列口令冒充合法用户。即当用户向服务器请求认证时,黑客截取服务器传来的种子和迭代值,并修改迭代值为较小值,假冒服务器,将得到的种子和较小的迭代值发给用户。用户利用种子和迭代值计算一次性口令,黑客再次截取用户传来的一次性口令,并利用已知的单向哈希函数依次计算较大迭代值的一次性口令,就可获得该用户后继的一系列口令,进而在一段时间内冒充合法用户而不被察觉。小数攻击示意如图 3-5 所示。

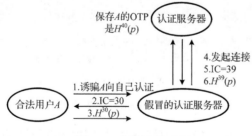

图 3-5　小数攻击示意

内置时钟、种子密钥和加密算法组成,客户端定时生成一个动态口令。服务器根据种子密钥副本和当前时间计算期望值,对用户进行验证。RSA 实验室研制了基于时间同步的动态密码认证系统 RSA SecurID。RSA SecurID 工作原理如图 3-6 所示。

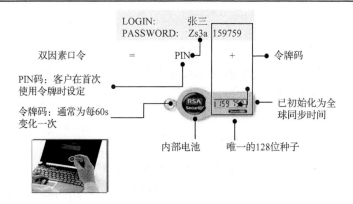

图 3-6　RSA SecurID 工作原理

　　假设令牌的用户(账号)名是张三,张三在初次使用 RSA 令牌的时候,系统会提醒张三设定一个需要记忆的 PIN 码。张三将 PIN 码设为"Zs3a"。当他使用 RSA 的令牌去登录系统的时候,他需要输入完整的口令,这个口令由他根据记忆输出的"Zs3a"和当前时刻令牌上所显示的数字"159759"这两部分构成,即"Zs3a159759",这就是一个完整的双因素口令。由于令牌码每 60s 变换一次,因此可以确保张三每次输入的口令都不一样。当然用作加密的种子安全是一个潜在问题。2011 年,RSA 承认其数据被偷,4000 万 SecureID token 需要被更新。

3.2.3　基于挑战/应答的一次性口令认证

　　基于挑战/应答的一次性口令认证的基本原理是,验证者首先发给示证者一个挑战,并要求示证者在响应包中包含对这个挑战值进行事先约定的计算后的结果。挑战的形式可以多种多样,如口令卡方式中,认证服务方分配给用户的实体卡上印有一次性口令表,针对不同挑战,对应不同的口令,用户可以查表得出口令,当然安全前提是卡不能丢失;在图像网格方式中,原始口令可被编码为不同的动植物组合,挑战是带了编号的动植物卡片集合,响应是表示原始口令的动植物组合的编号序列。基于挑战/应答的一次性口令认证如图 3-7 所示。

电子银行口令卡正面
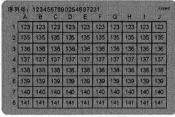
电子银行口令卡背面

图 3-7　基于挑战/应答的一次性口令认证实现

　　基于密码学的握手认证协议(Chap 协议)被广泛应用于互联网接入认证,如图 3-8 所示。该协议会把验证者生成的随机数作为挑战,示证者用约定的 Hash 计算值做应答;验证者根据预期的哈希计算值来检查应答,若匹配,则认证通过,否则连接被终止;经过一定的随机间隔,验证者发送一个新的挑战值给示证者,重复以上步骤,以验证用户的在线状态。

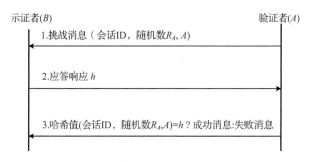

图 3-8　Chap 协议原理

3.3　基于共享密钥的认证

基于对称密码体制下的挑战-应答机制要求示证者和验证者共享对称密钥。对于只有少量用户的封闭系统，每个用户预先分配的密钥的数量还不算太多，但如果在规模较大的系统中，通常需要一个在线的密钥服务器，即可信第三方的支持。本节首先来描述和分析不需要可信第三方的认证方案，以国际标准化组织(ISO)制订的几种认证方案的标准为主。然后介绍需要可信第三方的认证方案，包括 Needham-Schroeder (N-S) 对称密钥协议和广泛应用于分布式环境下的 Kerberos 认证协议。

3.3.1　对称密码体制下的挑战-应答式身份认证

挑战-应答式身份认证协议过程一般如下：首先在第一条消息中，示证者以验证者理解的方式发送自己的标识，然后验证者选择了一个挑战，即以一个大随机数作为第二条消息，以明文形式传送给被示证者，最后示证者用与验证者共享的密钥加密此消息后，把密文作为第三条消息传回。验证者解密密文，通过验证随机数的正确性来确认用户。

以 ISO 9798 标准包含的协议来举例分析，首先描述在 ISO 9798 标准的第 2 部分描述的基于加密/解密的三个认证协议。声称者通过共享的密钥加密一个挑战发给验证方，显示他拥有共享密钥知识来证明他的身份。符号说明：$A \to B$ 表示 A 向 B 发送信息；$E_K(x)$ 表示用认证双方共享的密钥 K 对 x 进行加密、Text1、Text2 等属于可选项；||表示比特链接；R_A、T_A、N_A 分别表示由 A 生成的一次性随机数、时间戳、序列号。

(1) ISO 对称密钥一次传输单向认证。

$A \to B$：$\text{Text2} \| E_K(T_A/N_A \| B \| \text{Text1})$

T_A/N_A 表示可以选择时间戳 T_A 或者序列号 N_A。因使用序列号的开销较大，标准中也已经注明不使用序列号。B 通过接受和解密，验证时间戳 T_A 是否可接受，如果是当前的时间，则接受，否则拒绝。可以阻止对手的消息重放攻击。

(2) ISO 对称密钥二次传输单向认证。

$$B \to A：R_B \| \text{Text1} \qquad ①$$

$$A \to B：\text{Text3} \| E_K(R_B \| B \| \text{Text2}) \qquad ②$$

在接收到消息②后，B 通过解密查看随机数 R_B 是否与消息①中的一致，若一致，则接受

A 的认证，否则拒绝。 R_B 是挑战数据。

(3)ISO 对称密钥三次传输双向认证。

$$B \rightarrow A： \quad R_B, \text{Text1} \qquad \qquad ①$$

$$A \rightarrow B： \quad \text{Text3}, E_K(R_A \parallel R_B \parallel B \parallel \text{Text2}) \qquad ②$$

$$B \rightarrow A： \quad \text{Text5}, E_K(R_B \parallel R_A \parallel \text{Text4}) \qquad ③$$

B 收到消息②时，解密检查 R_B 和消息①中的是否一致，若一致，则接受 A 的认证，同时恢复出 R_A 并把它放在消息③中发给 A。A 收到消息③后，通过解密检查 R_B 是否与消息①中的一致，检查 R_A 是否与消息②中的一致时，解密检查 R_B 和消息①中的是否一致，若一致，则接受 A 的认证，同时恢复出 R_A 并把它放在消息③中发给 A。A 收到消息③后，通过解密检查 R_B 是否与消息①中的一致，检查 R_A 是否与消息②中①中的一致，若一致，则接受 A 的认证，同时恢复出 R_A 并把它放在消息③中发给 A。A 收到消息③后，通过解密检查 R_B 是否与消息①中的一致，检查 R_A 是否与消息②中的一致，若都一致，则接受 B 的认证，否则拒绝。

在基于对称密钥加密的认证协议中，由于加密只能提供消息的保密性，没有提供合适的数据完整性服务，所以在 ISO 9798 标准的第 4 部分又重新给出了基于带密钥的单向函数的认证协议标准。下面是基于密码验证函数(Cryptographic Check Functions，CCF)的身份认证协议。CCF 通常由带密钥的单向函数构成，也可标记为 MAC。

符号说明：

$f_K(X)$ 表示一个带密钥的 Hash 函数，它以输入数据 X 与认证双方 A 和 B 共享的密钥 K 为参数，输出一个相应的 Hash 值。

(1)ISO 基于 CCF 的一次传输单向认证。

$$A \rightarrow B： \quad T_A/N_A \parallel B \parallel \text{Text1} \parallel f_K(T_A/N_A \parallel B \parallel \text{Text1})$$

T_A/N_A 表示可以选择时间戳 T_A 或者序列号 N_A，但标准中已经注明不使用序列号，只使用时间戳。接收到消息后，B 应该使用共享密钥 K、以消息中的 T_A、身份信息 B 以及 Text1 作为输入，使用密码验证函数(CCF)重新构造相应的 Hash 值，如果 B 重构的 Hash 值与接收到的值相等，则接受 A 的认证，否则拒绝。

(2)ISO 基于 CCF 的二次传输单向认证。

$$B \rightarrow A： \quad R_B \parallel \text{Text1} \qquad \qquad ①$$

$$A \rightarrow B： \quad \text{Text2} \parallel f_K(R_B \parallel B \parallel \text{Text2}) \qquad ②$$

B 在接收到消息②后，应该使用共享密钥 K，以消息①中的 R_B、身份信息 B 以及 Text2 作为输入，使用密码验证函数(CCF)重新构造相应的 Hash 值，如果 B 重构的 Hash 值与接收到的值相等，则接受 A 的认证，否则拒绝。

(3)ISO 基于 CCF 的三次传输双向认证。

$$B \rightarrow A： \quad R_B, \text{Text1} \qquad \qquad ①$$

$$A \rightarrow B： \quad \text{Text2}, R_A, f_K(R_A \parallel R_B \parallel B \parallel \text{Text2}) \qquad ②$$

$$B \rightarrow A： \quad \text{Text3}, f_K(R_B \parallel R_A \parallel \text{Text3}) \qquad ③$$

B 收到消息②后，使用共享密钥 K，以消息①中的 R_B、身份信息 B、随机值 R_A 以及 Text2 作为输入，使用密码验证函数 (CCF) 重新构造相应的 Hash 值，如果 B 重构的 Hash 值与接收到的值相等，则接受 A 的认证，否则拒绝。然后，以 R_B 和 R_A、Text3 作为输入，使用 CCF 产生一个新的消息③发给 A。A 收到消息③后，以 R_B 和 R_A、Text3 作为输入，使用 CCF 产生相应 Hash 值，检查是否与收到的一致，若一致，则接受 B 的认证，否则拒绝。

与基于对称密钥的认证协议相比，基于 CCF 的身份认证协议提供了数据完整性服务。如果需要消息的保密性，可以再使用加密机制。

3.3.2　包含可信第三方的基于对称密钥的身份认证

包含可信第三方的基于对称密钥的身份认证方案的思想最初由 Needham 和 Schroeder 提出，目前一个广泛应用于分布式环境下的认证服务协议 Kerberos 就是基于 Needham-Schroeder 对称密钥协议而提出的可信第三方认证服务方案。

1. Needham-Schroeder 对称密钥协议

Needham-Schroeder 对称密钥协议 (NSSK) 的目的是通信双方实现单向认证并分配会话密钥。协议主体包括认证双方 A、B 以及可信第三方，即认证服务器 S。该协议只需要通信的主动方 A 与认证服务器 S 交互。

假设认证过程执行之前，认证方 A、验证方 B 已经分别安全地获得与认证服务器 S 之间的共享密钥 K_{AS} 和 K_{BS}。

符号说明：$E(K_{AS}: X)$ 表示用 A 与 S 之间的共享密钥 K_{AS} 对消息 X 进行加密。","表示比特链接。

$$A \to S：\ A, B, N_A \tag{①}$$

$$S \to A：\ E(K_{AS}: N_A, B, K_{AB}, E(K_{BS}: K_{AB}, A)) \tag{②}$$

$$A \to B：\ E(K_{BS}: K_{AB}, A) \tag{③}$$

$$B \to A：\ E(K_{AB}: N_B) \tag{④}$$

$$A \to B：\ E(K_{AB}: N_B - 1) \tag{⑤}$$

第一步，A 向 S 发送身份信息 A、B 以及临时交互值 N_A，表明 A 要向 B 认证并通信。

第二步，S 生成 AB 之间的会话密钥 K_{AB}，并向 A 发送消息②，消息中包含了用 B 与 S 之间的密钥 K_{BS} 加密的证书 (K_{AB}, A)。

第三步，A 向 B 转发这个证书。

第四步，B 通过解密证书来认证 A 的身份，同时获得与 A 进一步通信的会话密钥 K_{AB}。然后 B 用 K_{AB} 加密自己产生的临时交互值 N_B，发送给 A。

第五步，A 用会话密钥解密消息④，将 $N_B - 1$ 重新加密传递给 B。

第六步，B 验证结果是否正确，若正确，则接受，否则拒绝并中止协议。

本协议最大的缺点是 B 无法知道消息③的新鲜性，即 K_{AB} 是否是最新的，而不是重放的，因为 A 可以重放消息③。所以一旦某一次会话的 K_{AB} 泄露，则任何知道此密钥的敌对者都可以冒充 A，而且以前用此密钥加密的消息都可能被解密泄露，故该协议不具备前向安全性。

2. Kerberos 认证协议

Kerberos 认证协议的基本思想是通过可信第三方进行相互认证，实现客户和服务器之间的会话密钥的交换，以建立安全信道，其基本原理如图 3-9 所示。Windows 2000 使用 Kerberos v5 作为该系统网络认证的基础。Kerberos v5 已成为 Internet 标准草案(RFC 1510)。Kerberos 协议包含很多子协议，其中提供认证功能的主要有三个：

(1)认证服务器交换(AS 交换)。在客户和认证服务器之间运行。

(2)票证授予服务器交换(TGS 交换)。AS 交换后，在客户和 TGS 之间运行。

(3)客户/服务器认证交换。TGS 交换后，在客户和应用服务器之间运行。

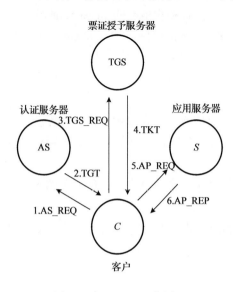

图 3-9　Kerberos 工作原理

AS 和 TGS 合起来统称 KDC(密钥分配中心)。为方便实现用户的单点登录(SSO)，KDC 可分为两个子服务器，用户通过单个 AS 完成登录后，就能够获得多个 TGS 提供的服务，进而获得多个应用服务器提供的服务。单点登录主要发生在一个 Kerberos 域的用户访问其他 Kerberos 域的应用服务器的情况下，跨域访问需要不同域的 TGS 预先建立信任。Kerberos 认证如图 3-9 所示。

下面主要描述三次交换的认证过程以及交换信息。除了第一个交换外，其他两个交换的会话密钥都分别由认证服务器 AS 和票证授予服务器 TGS 预先分配。用户实质上是基于固定口令通过加密消息的方式向认证服务器做认证，再使用有一定时间期限的会话密钥，与 TGS 和应用服务器 S 也通过口令加密消息的方式进行身份认证。其主要过程如下：

(1)用户向 AS 请求一个特殊的许可证 tgt，拥有它表示用户身份已被 Kerberos 服务器确认，该过程要求用户提供用户主体标识 C，并以明文方式传给 AS。

(2)AS 根据主体标识 C，在密钥数据库中检索用户密钥 K_C，选择一个随机加密密钥 $K_{C.\text{ths}}$，得到用 TGS 的密钥 K_{tgs} 加密后的许可证 $T_{C,\text{tgs}}$，包含主体标识、会话密钥、有效时间及当前时间戳信息，将 $K_{C.\text{ths}}$、时间戳、$T_{C,\text{tgs}}$ 用 C 的 K_C 加密并发给用户。

(3)用户用自己的保密密钥解密收到的信息，通过比较解密后所得的时间戳、用户标识而相信被认证，并获得访问 TGS 的许可证 $T_{C,\text{tgs}}$。用户向 TGS 提交 $T_{C,\text{tgs}}$ 和一个新产生的鉴别码 A_C，A_C 包含一个时间戳，并用会话密钥 $K_{C.\text{ths}}$ 加密。

(4)TGS 用自己的密钥 K_{tgs} 解密收到的 $T_{C,\text{tgs}}$，并用得到的会话密钥 $K_{C.\text{ths}}$ 解密 A_C，通过比较时间戳的有效性确定用户的请求是否合法。确认用户合法后，TGS 生成用户要访问的某个应用服务器 S 的许可证 $T_{C,S}$，包含随机会话密钥 $K_{C,S}$、时间戳以及 $T_{C,S}$ 有效生存期。$T_{C,S}$ 用应用服务器的密钥 K_S 加密，将 $T_{C,S}$ 和用 $K_{C.\text{ths}}$ 加密的 $K_{C,S}$、时间戳等信息一起发送给用户 C。

(5)用户用 $K_{C.\text{ths}}$ 解密收到的信息，得到用户与应用服务器之间的会话密钥 $K_{C,S}$。当用户请求应用服务时，提交该服务的许可证 $T_{C,S}$ 及鉴别码 A_C。

(6) S 用自己的密钥 K_S 解密 $T_{C,S}$，得到会话密钥 $K_{C,S}$，通过它解密 A_C，通过比较时间戳的有效性，确认信息是否受到破坏。

至此，用户和应用程序之间共享一个会话密钥 $K_{C,S}$。如果用户要求与应用服务器相互认证，则应用服务器用自己刚得到的时间戳增加一个小增量，加密后发给用户。在许可证的有效时间内，用户可随时用自己持有的许可证申请应用服务，并可用会话密钥加密它们之间的通信。

3.4　基于公钥体制的认证

在公钥认证中，假设实体 A 要认证实体 B，通常有两种方法：方法一是 A 发出一个明文挑战因子(通常是随机数)给 B，B 接收到挑战后，用自己的私钥对明文信息进行变换称为签名，A 接收到签名信息后，利用 B 的公钥对签名信息进行变换(验签名)，以决定 B 身份的合法性。方法二是协议开始时，A 将挑战因子用 B 的公钥加密发给 B，B 用自己的私钥对明文信息进行变换称为解密，B 将解密后的挑战因子发给 A，A 可以决定 B 的合法性，当然，这个过程要保证挑战因子的新鲜性，以防止重放攻击。

3.4.1　N-S 公钥认证协议

下面是 Needham-Schroeder 公钥认证协议的简化版本，它用方法二实现认证，协议过程如下：

$$A \rightarrow B : \{N_A, A\}_{K_B} \qquad \text{①}$$

$$B \rightarrow A : \{N_A, N_B\}_{K_A} \qquad \text{②}$$

$$A \rightarrow B : \{N_B\}_{K_B} \qquad \text{③}$$

协议描述如下：主体 A 向主体 B 发送包含随机数 N_A 和自己身份的消息①，并用 B 的公钥 K_B 加密消息①；B 收到并解密消息①后按协议要求向 A 发送用 A 的公钥 K_A 加密的内含随机数 N_A 和 N_B 的消息②；在协议最后一步，A 向 B 发送经 K_B 加密的 N_B。经过这样一次协议运行，主体 A 和 B 就建立了一个它们之间的共享秘密 $N_B = (K_{AB})$。

但是，入侵者 I 可以通过两次并行运行协议来进行有效的攻击，攻击如下。

第一次运行协议：

　　消息 1.1　　$A \rightarrow I : \{N_A, A\}_{K_i}$

　　　　此时，入侵者 I 开始第二次运行协议：

　　　　　消息 2.1　　$I(A) \rightarrow B : \{N_A, A\}_{K_B}$

　　　　　消息 2.2　　$B \rightarrow I(A) : \{N_A, N_B\}_{K_A}$

　　消息 1.2　　$I \rightarrow A : \{N_A, N_B\}_{K_A}$

　　消息 1.3　　$A \rightarrow I : \{N_B\}_{K_i}$

　　　　　消息 2.3　　$I(A) \rightarrow B : \{N_B\}_{K_B}$

该并行会话攻击是由于同一个协议被同时运行了两次，并且第一次运行中的消息被用作形成第二次运行中的消息。从 1978 年 N-S 公钥认证协议问世以来，到 1996 年发现 NSPK 协议的安全缺陷，已经过去了大约 17 年之久。认证协议设计的困难性和认证协议分析的微妙性，由此可见一斑。改进方法是在消息②加标识 B，这样当 A 收到的消息②中标识 B 与声称者不一致时，即发生错误。

3.4.2 基于证书的认证

基于公钥的身份认证需要事先知道对方的公钥，从安全性、使用的方便程度和可管理程度的角度，需要一个可信的第三方来分发公钥，在出现问题时需要权威中间机构进行仲裁。而在实际的网络环境中，大多采用数字证书(Certificate)的方式来发布公钥。

数字证书是一种特殊格式的数据记录，它用来绑定实体姓名(以及其他有关该实体的属性)和相应公钥。证书由证书权威机构 CA 用自己的私钥进行签名。证书权威机构可以扮演可信第三方的角色，它是大家信任的组织机构。几乎所有的公钥认证系统都采用了证书方式，证书通常存放在目录服务系统中，通信参与方拥有 CA 的公钥，可以从目录服务器获得通信对方的证书，通过验证 CA 签名可以相信证书中列出的是对方的公钥。

数字证书具有可公示、不怕修改、可证明的特点，是一个防篡改的数据集合，用以证实一个公开密钥与某一最终用户之间的捆绑。数字证书提供了一种系统化、可扩展、统一且容易控制的公钥分发方法。

下面是 ISO / IEC 9798-3 所提供的典型公钥认证协议，主要用于实现基于证书的双向实体认证，协议流程如下：

$$B \rightarrow A : r_1 \qquad\qquad ①$$

$$A \rightarrow B : \{r_2, r_1, B\}K_{A^-}, r_2, \text{cert}_A \qquad\qquad ②$$

$$B \rightarrow A : \{r_1, r_2, A\}_{K_{B^-}} \qquad\qquad ③$$

协议说明如下：

(1)验证者 B 选择随机数 r_1 并发送给 A。

(2)证明者 A 选择随机数 r_2，计算签名 $S_A(r_2, r_1, B)$，并连同 r_2 和 A 的公钥证书发送给 B。

(3)验证者 B 从 A 的公钥证书得到 A 的公钥，用它验证 A 的签名。验证成功说明对方是 A。计算签名 $S_B(r_1, r_2, A)$，并连同 B 的公钥证书发送给 A。

(4)证明者 A 从 B 的公钥证书得到 B 的公钥，用它验证 B 对 r_1、r_2、A 的签名，验证成功说明对方是 B。

3.4.3 IBC 认证

基于身份的密码技术(Identity-based Cryptography，IBC)最早由 Shamir 在 1984 年美洲密码学会上提出，试图绕开 PKI 认证框架的束缚。在 IBC 中，不再使用证书，用户的公钥直接取自用户的身份信息(如姓名、邮箱地址等)，用户的私钥由私钥生成器(Private Key Generator，PKG)生成。IBC 很自然地实现了公钥与实体身份的绑定，使得任何两个用户之间能够安全地通信以及在不需要交换公钥的情况下验证对方的签名，并且不需要保存密钥目录。

　　IBC 与 PKI 同属公钥密码体制,但两者有着很大的不同。在 IBC 中,使用主密钥、用户公钥、用户私钥及系统参数,完成数据的加/解密、签名验证等操作。主密钥和系统参数由权威机构 PKG 生成,公钥由身份信息预先产生,私钥由 PKG 根据用户公钥产生。

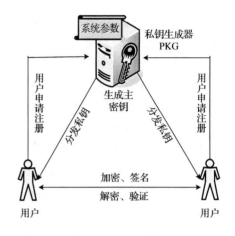

　　根据 IBC 原理构建的 IBC 系统的基本结构如图 3-10 所示,其由 PKG、终端用户实体、一系列认证协议构成,这样的一个环境称为一个 IBC 信任域(或 IBC 域)。当用户向 PKG 注册时,PKG 使用主密钥和用户身份标识生成用户私钥,并通过安全的方式传递给用户,用户获得公/私钥对和所需的系统参数后进行加密、签名等操作。

　　目前,大多数基于身份的密码方案都是基于椭圆曲线上的双线性对来构造的,它的安全性是基于双线性 Diffie-Hellman 困难问题(BDH)来保证。

图 3-10　IBC 系统的基本结构

3.5　基于生物特征的身份认证

　　生物特征识别又称生物测定学(Biometrics),是指利用人类本身所拥有且能标识其身份的生物特征进行身份认证的技术。

　　人类生物特征包括生理和行为特征两类。生理特征与生俱来、独一无二、随身携带,如指纹、虹膜、视网膜、DNA 等;行为特征则是指人类后天养成的习惯性行为特点,如笔迹、声纹、步态等。理论上讲,只要是满足普遍性、唯一性、相对稳定性的人类生物特征,都可以作为个人身份验证的特征。如图 3-11 所示为几种典型的人体生物特征。

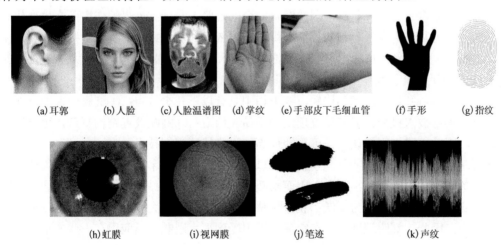

(a)耳郭　　(b)人脸　　(c)人脸温谱图　　(d)掌纹　　(e)手部皮下毛细血管　　(f)手形　　(g)指纹

(h)虹膜　　　　(i)视网膜　　　　(j)笔迹　　　　(k)声纹

图 3-11　几种典型的人体生物特征

3.5.1　指纹识别

生理学研究已经证明，人类都拥有自己独特的、持久不变的指纹（Fingerprint ）。指纹识别技术是最早通过计算机实现的身份认证手段，也是应用最为广泛的生物特征识别技术之一。据考古证实，公元前 7000 年到公元前 6000 年，古中国和古叙利亚就已经使用指纹进行身份鉴别。19 世纪中叶，人们就开始了对指纹在科学意义上的研究，并得出了两个重要的结论：没有任何两个指纹纹线一致；指纹纹线形态终生不变。

指纹识别技术主要包括图像增强、特征提取和细节匹配三个关键环节。指纹图像增强算法多数是基于方向场估计的图像滤波算法；特征提取就是提取指纹的全局和局部特征，如脊、谷和终点等，并进行细化；细节匹配是指纹识别的核心步骤，目前采用最多的是 FBI 提出的细节点坐标模型。将输入指纹与指纹数据库中的指纹模板进行比对，最终得到两个指纹的匹配结果以实现个人身份的鉴别。

指纹识别技术凭借指纹的唯一性、稳定性及再生性而备受关注，目前在刑侦、个人财产保护等领域应用十分广泛。但是，由于每个指纹都存在几个独一无二的可测量的特征点，每个特征点约有 7 个特征，10 个手指至少有近 5000 个特征，因此存储指纹数据库的容量要求足够大；此外，指纹图像的获取大多采用指纹传感器，如果手指上皮肤有伤疤、过于干燥或者湿润，以及指纹传感器灵敏度都将影响指纹获取的质量，最终影响指纹识别的效果。

3.5.2　虹膜识别

虹膜（Iris）识别技术是 20 世纪 90 年代中后期得到迅速发展的一类生物特征识别技术。眼科学家和解剖学家经过大量的实验发现虹膜具有其独特的结构，每个人的虹膜都包含一个独一无二的，基于像冠、水晶体、细丝、斑点、结构、凹点、射线、皱纹和条纹等特征的结构，而且自然界不可能出现完全相同的两个虹膜，因而具有唯一性。发育生物学家通过大量观察发现，发育完的虹膜在人的一生中是稳定不变的，因而具有稳定性。另外，由于虹膜的外部有透明的角膜将其与外界隔离，因此发育完的虹膜不易受到外界的伤害而产生变化。虹膜的上述特点为其作为身份鉴别的特征提供了有力依据。基于虹膜的身份鉴别系统主要由四个部分构成：虹膜图像获取、预处理、虹膜特征提取、匹配与识别。英国剑桥大学的教授 John Daugman 成功研制出了世界上第一个虹膜识别系统。

与其他生物特征识别技术相比较，虹膜识别具有以下几个特点：①虹膜图像通过非接触方式获取，容易被人接受；②虹膜纹理结构不易被伪造；③虹膜纹理结构复杂，可供鉴别的特征数多，因此虹膜识别被认为是可靠性最高的生物特征识别技术。

尽管基于眼虹膜的生物特征识别技术可以获取很高的识别率，但由于虹膜图像获取需要特殊的设备，而且很难实现小型化，因而隐蔽性较差；需要有昂贵的摄像头；摄像头可能会使图像畸变而使得可靠性大为降低；获取眼睛虹膜图像存在较大难度（如黑眼睛）以及普通样本采集量小。因此，虹膜识别技术在实际应用中受到很大限制，只应用在一些安全性要求较高的场合。

3.5.3　人脸温谱图识别

如指纹一样，人脸温谱图（Face Nermogram ）因人而异，纵使是长相非常相似的双胞胎也不会有完全一样的人脸温谱图，因而它具备唯一性；人脸温谱图是由脸部静脉血管分布形成的，可通过热成像技术摄取，即使外科手术也很难改变，因而具有不变性。

由于人脸温谱图的唯一性及不变性，它也被用作身份鉴别的生物特征。先用红外热像仪摄取人脸温谱图，进行适当的编码后存储在脸谱数据库中；需要身份验证时，将待识别人的脸谱图与存储在数据库中的脸谱图进行比对以进行身份确认。

采用人脸温谱图的生物特征识别具有非侵犯性、非接触性，加之热成像设备可以在弱光甚至黑暗的环境下摄取人脸温谱图，因而具有很强的隐蔽性。但是，热成像设备容易受到周围环境温度的影响，且人脸温谱图的质量与成像设备和热源(人体)距离有很大关系，因而制作远距离高灵敏度的红外摄像仪存在较大困难且造价昂贵，所以它的应用受到很大限制。

3.5.4　声纹识别

声纹(Voice Print)是用电声学仪器显示的携带言语信息的声波频谱。人的语言产生是人体语言中枢与发音器官之间一个复杂的生理和物理过程，人们在讲话时使用的器官——舌、牙齿、喉头、肺、鼻腔在尺寸和形态方面都存在较大差异，所以任何两个人的声纹图谱都不可能完全一致。每个人的语音声学特征既有相对稳定性，又有变异性，不是绝对的、一成不变的。这种变异可以来自生理、病理、心理、模拟、伪装，也与环境干扰有关。尽管如此，在一般情况下，声纹的鉴定仍能区别不同的人或法定是同一人的声音，从而可以进行个人身份验证。从 20 世纪 60 年代开始，声纹识别技术就被广泛地进行研究。

目前，声纹识别技术已经应用于刑侦破案、罪犯跟踪、国防监听、财产保护等领域。但由于声纹容易受到周围环境噪声及传输畸变的影响，而且人体在不同生理状态(如感冒等)或假冒发声(声音模仿)等情况下其声纹会存在较大差异，因而识别率明显下降。

随着人工智能技术在图像识别、语音识别等方向的大力应用，基于生物特征的身份认证技术更加实用化，将在我国电子政务、工商、税务等重要领域具有广泛的应用前景。

第4章　授权管理与访问控制技术

访问控制最早是为了满足大型计算机系统安全共享数据的需要而发展起来的。但随着信息技术的发展，访问控制的思想已扩展到现代信息系统的各个领域。访问控制的目标是限制系统内用户的访问行为，防止对任何资源进行非授权的访问。访问控制的实现依赖于授权管理所产生的策略，授权管理是访问控制的前提与条件，访问控制是授权管理的目的与结果。本章首先介绍授权与访问控制的基本概念，接着介绍几种常用的访问控制技术，包括自主访问控制、强制访问控制、基于角色的访问控制和基于属性的访问控制。

4.1　授权管理与访问控制概述

4.1.1　基本原理

访问控制（Access Control）是实现既定安全策略的系统安全技术，目标是防止对任何资源（如计算资源、通信资源或信息资源）进行非授权的访问。通过访问控制服务，可以限制对关键资源的访问，防止非法用户的侵入或者因合法用户的不慎操作所造成的破坏。

在 GB/T 18794.3—2003《信息技术 开放系统互连开放系统安全框架第 3 部分：访问控制框架》的第五章中，定义了访问控制系统设计时所需要的一些基本功能组件，并且描述了各功能组件之间的通信状态，如图 4-1 所示。

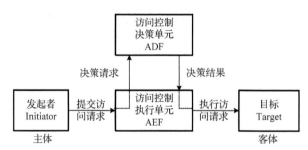

图 4-1　访问控制系统示意图

访问控制功能组件包括了下列四个部分：发起者（Initiator）、目标（Target）、访问控制执行功能（Access Control Enforcement Function，AEF）、访问控制决策功能（Access Control Decision Function，ADF）。

1. 访问控制功能组件的含义

发起者：访问或试图访问目标的用户或基于计算机的实体，是信息系统中系统资源的使用者，是访问控制系统中的主体。

目标：被发起者所访问或试图访问的基于计算机或通信的实体，是访问控制系统中的客体。

AEF：确保发起者在目标上只能执行由 ADF 确定而允许的访问。当发起者做出在目标上执行特定访问的请求时，AEF 就通知 ADF，需要进行判决以便做出是否访问的决定。

ADF：在信息系统中，ADF 是访问控制的核心。当 ADF 对发起者提出的访问请求进行判决时，所依据的是一套安全访问策略。

2. ADF 判决要素

ADF 在做出判决时，需要根据发起者、目标、访问请求、访问控制规则、上下文信息等要素进行判决，ADF 判决要素及其关系如图 4-2 所示。

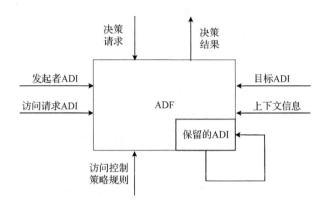

图 4-2　ADF 判决要素及其关系

ADF 判决要素主要包括以下信息。

（1）发起者 ADI。与主体相关的访问控制决策信息（Access Control Decision Information，ADI）。根据采用策略及实现方式的不同，发起者 ADI 的形式也不相同，可能是主体的身份标识、所属组的标识符、主体的权力、角色的标识符、敏感性标记或完整性标记等。

（2）目标 ADI。与客体相关的访问控制决策信息。根据采用策略及实现方式的不同，目标 ADI 的形式也不相同，可能是能够访问该目标的主体（或组、角色等）的标识以及所能进行的操作类型等。

（3）访问请求 ADI。与访问请求相关的访问控制决策信息，包含允许参与访问的发起者和目标。

（4）访问控制策略规则。表示一个安全域中的某种安全需求，是 ADF 行为的一组规则。

（5）上下文信息。用于解释 ADI 或策略的信息。例如，发起者的位置、访问时间或使用的特殊通信路径。

（6）保留的 ADI。当发起者对一个目标所做出的连贯访问请求是相关的时候，需要用到保留的 ADI。例如，在一个应用中打开与对等目标应用进程的连接后，试图用保留的 ADI 执行多次访问。

基于以上输入信息，ADF 可以做出允许或禁止发起者对目标进行访问的判决。该判决被传递给 AEF，然后 AEF 或者允许将访问请求传给目标，或者采用其他适当的动作。

ADF 和 AEF 在实际应用中可以灵活部署。AEF 配置在每个发起者和目标实例之间。ADF 可以和 AEF 部署在同一实体中，也可以分开部署。另外，一个 ADF 组件可为一个或多个 AEF

组件服务,同样。AEF 组件可使用一个或多个 ADF 组件。

综上所述,在访问控制系统中,访问控制的执行功能 AEF 负责对用户访问请求进行控制,在进行控制时, AEF 需要向访问控制决策功能 ADF 提交决策请求，根据返回的决策结果实施控制。ADF 决策的主要依据来自授权管理所制定的策略。

3. 授权管理与访问控制的关系

为描述授权管理与访问控制的关系,区分授权管理与访问控制的概念，保证概念的一致性,本书对授权管理与访问控制进行如下定义。

授权管理: 产生 ADF 所需策略的过程。

访问控制: AEF 对用户的访问进行控制的过程。

授权管理与访问控制的关系如图 4-3 所示。

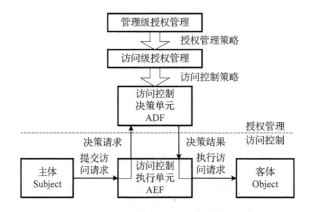

图 4-3　授权管理与访问控制的关系

当系统规模扩展到一定程度时,授权管理工作本身变得越来越繁重。以 RBAC(Role-based Access Control，基于角色的访问控制)为例,在大型 RBAC 系统中, 被管理的用户、角色和权限的数量巨大, 授权管理要素自身的管理变得非常重要。在此前提下, 授权管理演化为两层含义。

(1)访问级授权管理。负责制定访问控制策略，实现访问主体与访问权限之间的关联,用以控制用户对系统的访问行为。

(2)管理级授权管理。负责制定授权管理策略，实现授权管理员与管理要素(主体、客体、角色、属性等)的关联,用来控制授权管理员对管理要素的授权行为。

例如, 在基于角色的授权管理领域, RBAC 经典模型主要负责实现访问级的授权管理,而 RBAC 管理(Administrative RBAC，ARBAC)模型主要负责实现管理级的授权管理。

4.1.2　发展阶段

授权与访问控制的研究起源于 20 世纪 60 年代后期, 早期主要用于集中式系统,尤其是操作系统的安全保护。随着互联网的发展, 以及新型计算模式的出现,授权与访问控制技术也在不断演进。至今为止, 授权管理与访问控制技术的研究与发展大致可分为以下四个阶段。

第一阶段(20 世纪 60 年代): 随着分时操作系统的诞生, 针对操作系统安全问题的研究也逐渐开始，主要解决多用户环境下信息资源管理问题。1969 年，B.W.Lampson 对访问控制给出了数学描述的形式化定义，这也是访问控制首次被抽象成数学模型。他在《动态保护架构》(*Dynamic Protection Structures*) 中提出了主体 (Subject) 和客体 (Object) 两个重要概念，并指出需要用访问矩阵 (Access Matrix) 来描述主体与客体之间的访问关系。

第二阶段 (20 世纪 70 年代)：该阶段代表性的工作是 BLP 模型和 Biba 模型，访问控制系统也主要应用于大型主机系统。BLP 模型主要是解决信息的机密性问题，即信息不能由高安全等级流向低安全等级。而 Biba 模型主要解决应用程序数据的完整性问题，防止用户非授权的分发与篡改。

第三阶段 (20 世纪 80 年代)：随着对计算机的可信要求度提高，研究者提出了更为灵活的访问控制方案，标志性的工作是美国国防部提出的可信计算机系统评估准则 (TCSEC)。根据该标准，依据访问权限管理者角色的不同，将访问控制分为自主访问控制 (Discretionary Access Control，DAC) 和强制访问控制 (Mandatory Access Control，MAC) 两类。

第四阶段 (20 世纪 90 年代)：随着信息系统在企事业单位的大规模应用和互联网的日趋繁荣，DAC 和 MAC 难以处理日益复杂的应用访问需求。20 世纪 80 年代到 20 世纪 90 年代初期，研究者逐渐认识到将角色 (Role) 作为一个管理权限的实体单独抽象出来的好处。1992 年，美国国家标准和技术研究院 (National Institute Standards Technology) 的 David F. Ferraiolo 和 Richard D. Kuhn 合作提出了 RBAC 模型。RBAC 模型能够有效简化授权管理，在管理大型网络应用安全时表现出极大的灵活性，迅速成为最具影响力的访问控制模型。随后，美国 George Mason 大学的 Ravi Sandhu 等对 RBAC 模型进行了深入研究，并提出了 RBAC96 模型。2004 年 2 月，美国国家标准委员会 (ASNI) 和 IT 国际标准委员会 (INCITS) 接纳 RBAC 成为 ANSI INCITS 359—2004 标准。

第五阶段 (20 世纪 90 年代至今)：云计算、大数据、物联网等新一代信息技术的出现，给访问控制技术的应用带来了巨大的挑战，传统的面向封闭环境的访问控制模型如 DAC、MAC、RBAC 等难以直接适用于新型计算环境。具体体现如下：在分布式、大规模环境下，用户、资源等实体分散在不同地理或逻辑域中，实体可能动态加入或退出，权限变动频繁；访问行为的多样性使得控制过程变得复杂，仅考虑静态已分配权限不能满足控制需求，还要考虑时间、地理等因素的影响。因此，传统的基于身份和规则的授权管理方式无法满足需求。为了解决以上问题，陆续推出了多种访问控制模型。例如，针对时间约束所提出的基于时态特性的访问控制模型，通过分析用户在不同的时间可能有不同的身份，将时态约束引入访问控制系统中，通过时间属性来约束用户的访问操作；基于使用的访问控制模型 Usagecontrol (UCON) 引入执行访问控制所必须满足的约束条件 (如系统负载、访问时间限制等)。基于用户、资源、操作和运行上下文等属性提出了基于属性的访问控制 (Attribute-Based Access Control，ABAC)，ABAC 将主体和客体的属性作为基本的决策要素，灵活利用请求者所具有的属性集合决定是否赋予其访问权限，能够很好地将策略管理和权限判定相分离。

4.2　自主访问控制

4.2.1　DAC 基本原理

自主访问控制，又称为任意访问控制。它是在确认主体身份及所属组的基础上，根据访问者的身份和授权来决定访问模式、对访问进行限定的一种控制策略。自主访问控制最早出现在 20 世纪 70 年代初期的分时系统中，它是多用户环境下系统最常用的一种访问控制技术。

自主访问控制的基本思想是：客体的拥有者全权管理有关该客体的访问授权，有权泄露、修改该客体的有关信息。自主的含义是指被授予某种访问权限的用户能够自己决定是否将访问权限的一部分授予其他用户，或从其他用户收回他所授予的访问权限。主要特点是：资源的所有者将访问权限授予其他用户后，被授权的用户就可以自主地访问资源，或者将权限传递给其他用户。

自主访问控制技术存在的不足主要体现在两个方面：一是资源管理比较分散。用户间的关系不能在系统中体现出来，不易管理；二是信息容易泄露。

DAC 模型最初是以访问控制矩阵的方式实现的。以 DAC 模型的实现方式为基础，很多学者针对 DAC 模型在安全性方面的不足提出了相应的改进措施。在 20 世纪 70 年代末，Harrison 等提出了客体所有者能自主管理其访问权限与安全管理员限制访问权限随意扩散相结合的半自主式的 HRU(Harrison，Ruzzo&Ulman)访问控制模型，并设计了安全管理员管理访问权限扩散的描述语言。HRU 模型提出了管理员可以限制客体访问权限的扩散，但没有对访问权限扩散的程序和内容做出具体的定义。Lipton 等提出了安全策略分类的 Take-Grant 访问控制模型，并说明该模型实现安全策略分类的计算开销是线性的。Sandhu 提出了 SPM(Schematic Protection Model)访问控制模型，将主体和客体分为不同的保护类型，能同时保证模型设计的通用性和模型分析的方便性。1992 年，Sandhu 等为了表示主体需要拥有的访问权限，将 HRU 模型发展为 TAM(Typed Access Matrix)模型，在客体和主体产生时就对访问权限的扩散做了具体的规定。随后，为了描述访问权限需要动态变化的系统安全策略，TAM 发展为 ATAM 模型。上述改进在一定程度上提高了自主访问控制的安全性能，但由于自主访问控制的核心是客体的拥有者控制客体的访问授权，它们不能用于具有较高安全要求的系统。

4.2.2　DAC 的实现方法

1. 访问控制矩阵

实现自主访问控制最直接的方法是利用访问控制矩阵。访问控制矩阵的每一行表示一个主体，每一列表示一个受保护的客体，矩阵中的元素表示主体可对客体进行的访问模式(如读、写、执行、修改、删除等)。

表 4-1 是一个访问控制矩阵的示例，表中的 John、Alice、Bob 是三个主体，客体有 4 个文件和两个账户。需要指出的是 Own 的确切含义可能因不同的系统而异，通常一个文件的 Own 权限表示可以授予(Authorize)或者撤销(Revoke)其他用户对该文件的访问控制权限，例如，John 拥有 File1 的 Own 权限，他就可以授予 Alice 读或者 Bob 读写的权限，也可以撤销给予他们的权限。

访问控制矩阵虽然直观，但是并不是每个主体和客体之间都存在权限关系，相反，实际的系统中虽然可能有很多的主体和客体，但主体和客体之间的权限关系可能并不多，这样就存在很多的空白项。因此，在实现自主访问控制时，通常不是将矩阵整个地保存起来，因为这样做效率会很低。实际的方法是基于矩阵的行(主体)或列(客体)表达访问控制信息，主要包括基于行的自主访问控制、基于列的自主访问控制与授权关系(Authorization Relations)表三种。

表 4-1　访问控制矩阵示例

主体	File1	File2	File3	File4	Account1	Account2
John	Own R W		Own R W		Inquiry Credit	
Alice	R	Own R W	W	R	Inquiry Debit	Inquiry Credit
Bob	R W	R		Own R W		Inquiry Debit

2. 基于行的自主访问控制

基于行的自主访问控制是在每个主体上都附加一个该主体可访问的客体的列表。根据列表的内容不同，又有不同的实现方式，主要有前缀表（Profiles）、口令（Password）和能力表（Capability List）。

利用前缀表实现基于行的自主访问控制时，每个主体都有一个前缀表，其中包括受保护的客体名和主体对它的访问权限。当主体要访问某客体时，自主访问控制机制将检查主体的前缀是否具有它所请求的访问权。在这种方式下，对访问权限的撤销是比较困难的。而删除一个客体则需要判断在哪个主体前缀中有该客体。另外，客体的名称通常毫无规律、难以分类，而要使所有受保护的客体都具有唯一的客体名也非常困难。而对于一个可访问较多客体的主体，它的前缀量是非常大的，因而管理起来相当烦琐。

利用口令机制实现自主访问控制时，每个客体都有一个口令，当主体访问客体时，必须向系统提供该客体的口令。大多数利用口令机制实现访问控制的系统仅允许为一个客体分配一个口令，或者对某一客体的每一种访问模式分配一个口令。利用口令机制实现访问控制比较简单易行，但也存在一些问题。当管理员要撤销某用户对一个客体的访问权限时，只有通过改变该客体的口令才能实现，这同时意味着撤销了所有其他可访问该客体的用户的访问权限。通过对每个客体使用多个口令可以解决这个问题，但当客体很多时，这种管理方式相当麻烦，并且存在安全隐患。

实现基于行的自主访问控制最常用的方法是能力表。能力（Capability）决定用户是否可以对客体进行访问以及进行何种模式的访问，拥有相应能力的主体可以控制给定的模式访问客体。

如图 4-4 所示，在访问能力表中，由于它着眼于某一主体的访问权限，以主体的出发点描述控制信息，因此很容易获得一个主体的所有权限，但如果要求获得对某一特定客体有特定权限的所有主体就比较困难。而且，当一个客体被删除之后，系统必须从每个用户的表上清除该客体相应的条目。

在 20 世纪 70 年代，很多基于访问能力表的计算机系统被开发出来，但在商业上并不成功。在一个安全系统中，正是客体本身需要得到可靠的保护，访问控制服务也应该能够控制可访问某一客体的主体集合，能够授予或取消主体的访问权限，于是出现了以客体为出发点的实现方式，即基于列的自主访问控制。

3. 基于列的自主访问控制

在基于列的自主访问控制中，每个客体都附加一个可访问它的主体的明细表。基于列的自主访问控制最常用的实现方式是访问控制表（Access Control List，ACL）。

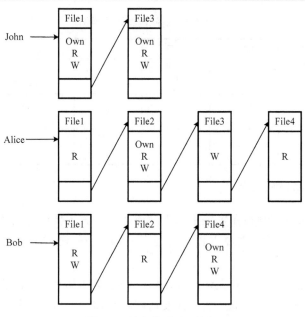

图 4-4　访问能力表示例

ACL 是基于列的自主访问控制采用最多的一种方式。它可以对某一特定资源指定任意一个用户的访问权限，还可以将有相同权限的用户分组，并授予组的访问权。访问控制表的示例如图 4-5 所示。

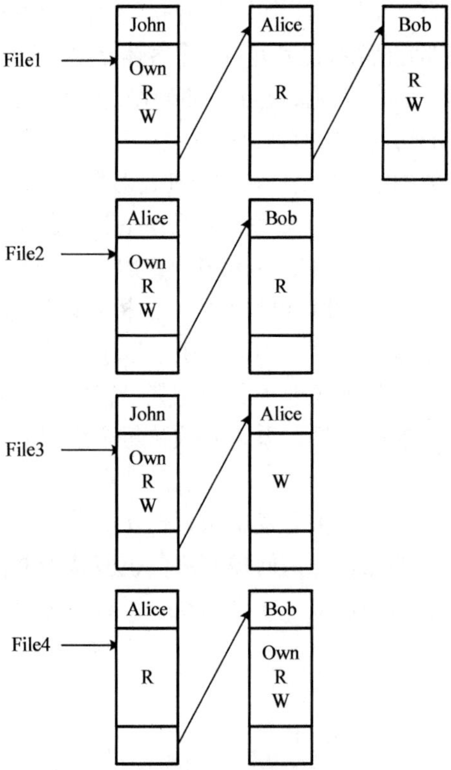

ACL 的优点在于它的表述直观、易于理解，而且比较容易查出对某一特定资源拥有访问权限的所有用户，有效地实施授权管理。在一些实际应用中，还对 ACL 做了扩展，从而进一步控制用户的合法访问时间、是否需要审计等。

尽管 ACL 灵活方便，但将它应用到网络规模较大、需求复杂的企业内部网络时，ACL 需对每个资源指定可以访问的用户或组以及相应的权限，ACL 访问控制的授权管理费力、烦琐，且容易出错。主要表现在两个方面：一是当网络中资源很多时，需要在 ACL 中设定大量的表项，当用户的职位、职责发生变化时，为反映这些变化，管理员需要修改用户对所有资源的访问权限。二是在许多组织中，服务器一般是彼此独立的，各自设置自己的 ACL，为了实现整个组织范围内的一致的控制政策，需要各管理部门的密切合作，致使对它的授权变得复杂而难以操作。

图 4-5　访问控制表示例

4. 授权关系表

授权关系表是一种既不对应行也不对应列的实现方式。授权关系表中的每一行(或者说元组)就是访问矩阵中的一个非空元素,是某一个主体对应于某一个客体的访问权限信息,如表 4-2 所示。如果授权关系表按主体排序,查询时就可以得到能力表的效率;如果按客体排序,查询时就可以得到访问控制表的效率。授权关系表的实现通常需要关系型数据库的支持。

表 4-2　授权关系表示例

主体	访问权限	客体	主体	访问权限	客体
John	Own	File1	Alice	W	File2
John	R	File1	Alice	W	File3
John	W	File1	Alice	R	File4
John	Own	File3	Bob	R	File1
John	R	File3	Bob	W	File1
John	W	File3	Bob	R	File2
Alice	R	File1	Bob	Own	File4
Alice	Own	File2	Bob	R	File4
Alice	R	File2	Bob	W	File4

虽然授权关系表需要更多的存储空间,但借助数据库的查询能力,可以实现权限信息的高效查询。安全数据库系统(Database System,DBS)通常采用授权关系表来实现其访问控制安全机制。

4.3　强制访问控制

4.3.1　MAC 基本原理

DAC 中,主体可以直接或间接地将权限传给其他主体,管理员难以知晓哪些用户对哪些资源有访问权限,不利于实现统一的全局访问控制。此外,在许多组织中,用户对他所能访问的资源并不具有所有权,组织本身才是系统中资源的真正所有者,各组织一般希望访问控制与授权机制的实现结果能与组织内部的管理策略相一致,并且由管理部门统一实施访问控制,不允许用户自主地处理。显然,自主访问控制已不能适应这些需求。

为了实现比 DAC 更为严格的访问控制策略,美国政府和军方开发了各种各样的访问控制模型,随后逐渐形成强制访问控制模型,并得到广泛的商业关注和应用。顾名思义,强制访问控制是"强加"给访问主体的,即系统强制主体服从访问控制政策。

强制访问控制的基本思想是:系统对访问主体和受控对象实行强制访问控制,系统事先给访问主体和受控对象分配不同的安全属性,在实施访问控制时,系统先对访问主体和受控对象的安全属性进行比较,再决定访问主体能否访问该受控对象。这些安全属性是不能改变的,它是由管理部门(如安全管理员)自动地按照严格的规则来设置的,不像访问控制表那样可以由用户直接或间接地修改。当主体对客体进行访问时,根据主体的安全属性和访问方式,比较进程的安全属性和客体的安全属性，从而确定是否允许主体的访问请求。

强制访问控制适用于具有严格管理层级的应用当中，如军事部门、政府部门等。强制访问控制通过梯度安全属性实现信息的单向流动，具有较高的安全性。

MAC 的不足主要表现在两个方面。在应用方面，由于它使用不够灵活，应用的领域比较窄，一般只用于军方等具有明显安全等级的行业或领域。在管理能力方面，MAC 对授权的可管理性考虑不足，可管理性不够强。

强制访问控制和自主访问控制是两种不同类型的访问控制机制，它们常结合起来使用。仅当主体能够同时通过自主访问控制和强制访问控制检查时，它才能访问一个客体。利用自主访问控制，用户可以有效地保护自己的资源，防止其他用户的非法获取；而利用强制访问控制则可提供更强有力的安全保护，使用户不能通过意外事件和有意识的误操作逃避安全控制。

4.3.2　BLP 模型

强制访问控制机制最典型的例子是 Bell-Lapadula 模型，它是由 David Bell 和 Leonard Lapadula 于 1973 年提出，简称 BLP 模型。BLP 是模拟符合军事安全策略的计算机操作的模型，是最早最常使用的一种模型，已实际应用于许多安全操作系统的开发中。BLP 模型是一个严格形式化的安全模型，其安全性得到了形式化的证明。

在 BLP 模型中，所有的主体和客体都赋予一个安全级，并且此安全级只能由安全管理员赋值，普通用户不能改变。BLP 模型较为复杂，本书仅对模型进行概要描述。

主、客体的安全级由两方面内容构成。

(1)保密级别。又称敏感级别，可以分为绝密级、机密级、秘密级、无密级等。

(2)范畴集。指根据组织系统中人员的不同职能而划分的不同领域，如人事处、财务处等。

安全级包括一个保密级别和任意多个范畴集。安全级通常写成保密级别后跟随范畴集的形式，用 (L,C) 表示，L 表示保密级别，C 表示范畴集，如(机密，{人事处，财务处})。范畴集可以为空。

在安全级中，保密级别是线性排列的。例如，公开<秘密<机密<绝密；范畴集则是互相独立和无序的，两个范畴集之间的关系是包含、被包含或无关。综合保密级别和范畴集两个因素，两个安全级之间的关系有如下几种。

(1)第一安全级支配第二安全级。第一安全级的级别不小于第二安全级的级别，第一安全级的范畴集包含第二安全级的范畴集。

(2)第一安全级支配于第二安全级或第二安全级支配第一安全级。第二安全级的级别不小于第一安全级的级别，第二安全级的范畴集包含每安全级的范畴集。

(3)第一安全级等于第二安全级。第一安全级的级别等于第二安全级的级别，第一安全级的范畴集等于第二安全级的范畴集。

(4)两个安全集无关。第一安全级的范畴集不包含第二安全级的范畴集，同时第二安全级的范畴集不包含第一安全级的范畴集。

"支配"在此处表示一种偏序关系，类似于"大于或等于"的含义，用 dom 表示。安全级 $(L,C)\,\mathrm{dom}\,(L',C')$，当且仅当 $L \geqslant L'$ 且 $C \supseteq C'$。

在 BLP 模型中，我们用 λ 表示主体或客体的安全级，当主体访问客体时，需要满足如下两条规则(在此模型中写不包括读)。

(1)简单安全性。主体 s 能够读客体 o，当且仅当 $\lambda(s)\,\mathrm{dom}\,\lambda(o)$，且 s 对 o 具有自主型读权限。

(2)*-特性。主体 s 能够写客体 o，当且仅当 $\lambda(o)\,\mathrm{dom}\,\lambda(s)$，且 s 对 o 具有自主型写权限。

简单安全性规则要求一个主体对客体进行读访问的必要条件是主体的安全级支配客体的安全级，即主体的保密级别不小于客体的保密级别，主体的范畴集合包含客体的全部范畴。即主体只能向下读，不能向上读。

*-特性规则要求一个主体对客体进行写访问的必要条件是客体的安全级别支配主体的安全级，即客体的保密级别不小于主体的保密级别，客体的范畴集合包含主体的全部范畴。即主体只能向上写，不能向下写。这里的写是追加的意思，即允许主体把信息追加到它不能读的文件末尾。

上述两条规则可以简化为以下两条原则。

(1)下读。主体只能读取比自身安全级更低或相等的客体。

(2)上写。主体只能向安全级更高或者相等的客体写入。

"下读上写"保证了信息的单向流动。为了更好地说明信息的流向，我们忽略范畴集，仅考虑安全级中的保密级别，主体与客体之间的访问关系如图 4-6 所示。其中安全级 1 到安全级 4 分别代表绝密级、机密级、秘密级和无密级。R 和 W 分别代表读和写操作。从图 4-6 中可以看出，信息只能向高安全级的方向流动，因此避免了在自主访问控制机制中的敏感信息泄露。

图 4-6　BLP 模型中主体与客体的访问关系

BLP 模型通过状态机形式化描述了信息系统状态及置换之间的约束关系，并可证明系统安全性，但是，该模型在具体实现中存在灵活性差、适应性差以及忽略了完整性保护等问题。BLP 模型是以保护信息的机密性为目标的，信息只能由低安全级流向高安全级，低级别的实体可以任意写高级别的客体，导致低安全级的信息破坏高安全级信息的完整性，因此，BLP 模型不能保证客体的完整性。另外，在下读上写的规则约束下，高安全级别所有者拥有的文件不能被低安全级别的人访问，当级别不同的可信任实体需要相互通信时，需要安全管理员对一些客体的安全级别进行调整，才能保证高安全级别的实体与低安全级别的实体相互通信，模型的灵活性不够。

4.3.3　Biba 模型

BLP 模型只解决了信息的保密问题，在完整性方面存在一定的缺陷，没有采取有效的措施来制约对信息的非授权修改。1977 年，Biba 等提出了与 BLP 模型相反的模型，称为 Biba 模型，用以防止非法修改数据。可以说，Biba 模型是 BLP 模型的一个副本。它是涉及计算机系统完整性的第一个模型。

Biba 模型模仿 BLP 模型的安全级别，定义了信息完整性级别。一般而言，完整性级别并不是安全级别，在完整性模型中隐含地融入了"信任"这个概念，用来衡量完整性级别的术语是"可信度"。

(1)对于主体来说，程序的完整性级别越高，其可靠性就越高。

(2)对于客体来说，高完整性级别的数据比低完整性级别的数据具有更高的精确性和可靠性。

我们用 ω 表示主体或客体的完整性级别，当主体访问客体时，需要满足如下两条规则。

(1)简单完整性：主体 s 能够读客体 o，当且仅当 $\omega(o)\,\mathrm{dom}\,\omega(s)$，且 s 对 o 具有自主型读权限。

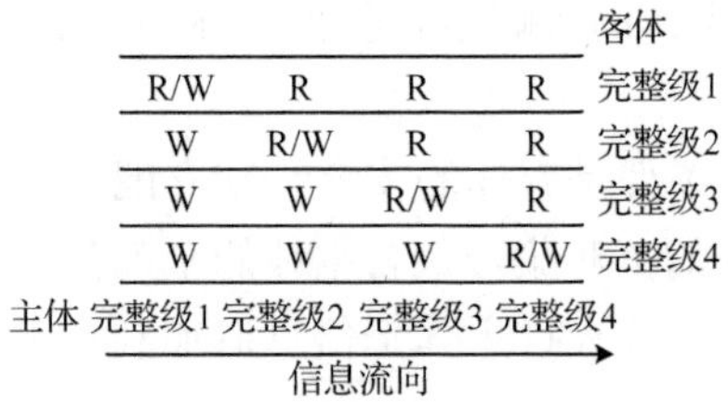

				客体
R/W	R	R	R	完整级1
W	R/W	R	R	完整级2
W	W	R/W	R	完整级3
W	W	W	R/W	完整级4

主体 完整级1 完整级2 完整级3 完整级4
信息流向 →

图 4-7　Biba 模型中主体与客体的访问关系

(2)*-特性：主体 s 能够写客体 o，当且仅当 $\omega(s)\,\mathrm{dom}\,\omega(o)$，且 s 对 o 具有自主型写权限。

上面的两条规则限制了不可靠信息在系统内的活动。主体与客体的访问关系如图 4-7 所示。

Biba 模型保证了系统的完整性，但是可能有不信任实体故意泄露高安全级别的信息。因此可以把 BLP 模型和 Biba 模型结合起来。对于普通的实体采用 BLP 模型，对于可信任的实体采用 Biba 模型。在原理上认为这种结合是简单的，但由于许多应用的内在复杂性，人们不得不通过设置更多的范畴来满足这些复杂应用在机密性和完整性方面的需求，当保密性和完整性都受到充分重视的时候，很容易出现主体不能访问任何数据的局面。由于上述原因，Biba 模型仅在 Multics 和 VAX 等少数几个系统中实现。

4.4　基于角色的访问控制

4.4.1　RBAC 基本思想

随着信息技术的发展，应用系统所面临的一个难题就是如何对日益复杂的数据资源进行安全管理。传统的访问控制技术都是由主体和访问权限直接发生关系，在实际应用中，当主体和客体的数目都非常巨大的情况下，传统访问控制技术已远远不能胜任复杂的授权管理的要求。

20 世纪 70 年代的软件应用中就出现了角色的概念。但直到 20 世纪 90 年代，基于角色的访问控制模型才逐渐发展起来。RBAC 起源于一系列广泛应用的操作系统和数据管理系统中的成熟理念，包括 UNIX 中群组的概念、数据管理系统的特权群组概念以及一些早期研究者对于职责分离概念的研究。

1992 年，美国国家标准与技术研究所(NIST)的 David Ferraiolo 和 Rick Kuhn 在综合大量的实际研究之后，率先提出基于角色的访问控制模型框架，并给出了 RBAC 模型的一种形式化定义。该模型第一次引入角色的概念并给出其基本语义，指出 RBAC 模型实现了最小权限原则和职责分离原则。该模型给出了一种集中式管理的 RBAC 管理方案。

Ravi Sandhu 等于 1996 年提出了著名的 RBAC96 模型，将传统的 RBAC 模型根据不同需要拆分成四种模型，并给出了形式化定义，极大地提高了模型的灵活性和可用性。1997 年，Ravi Sandhu 等进一步提出了一种分布式 RBAC 管理模型 ARBAC97，实现了在 RBAC 模型基础上的分布式管理。这两个模型成为 RBAC 的经典模型，绝大多数基于角色的访问控制研究都以这两个模型作为出发点。

2001 年，David Ferraiolo、Ravi Sandhu 等联合拟定了 RBAC 模型的美国国家标准草案，力图统一不同模型中的术语，并对所有 RBAC 的基本操作给出伪码定义。2004 年，RBAC 成为美国国家标准（NIST RBAC），标志着 RBAC 概念和实践的成熟。4.4.2 小节将详细介绍 NIST RBAC 模型。

RBAC 的核心思想就是将访问权限与角色相联系，通过给用户分配合适的角色，让用户与访问权限相关联。角色是根据企业内为完成各种不同的任务需要而设置的，根据用户在企业中的职权和责任来设定他们的角色。用户可以在角色间进行转换，系统可以添加、删除角色，还可以对角色的权限进行添加、删除。通过应用 RBAC 可以将安全性放在一个接近组织结构的自然层面上进行管理。因此，在 RBAC 中，可以根据组织结构中不同的职能岗位划分角色，资源访问权限被封装在角色中，用户通过赋予的角色间接地访问系统资源，并对系统资源进行指定权限范围内的操作。

RBAC 基本模型如图 4-8 所示。它包含 3 个实体：用户（User）、角色（Role）和权限（Privilege）。

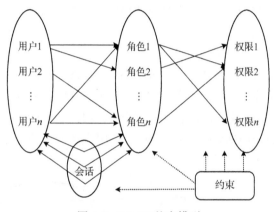

图 4-8　RBAC 基本模型

（1）用户是对数据对象进行操作的主体，可以是人或计算机等。

（2）权限表示对系统中的客体进行特定模式访问的操作权限，即对某一数据对象的可操作权限。对数据库系统而言，数据对象可以是表、视图、字段、记录，相应的操作有读、插入、删除和修改等。一项权限就是可以对某一个数据对象进行某一种特定操作的权限。

（3）角色一般对应于组织中某一特定的职能岗位，具有处理某些事物的权限。以学校为例，角色可以是院长、部长、科长、教员、学员等，这与实际生活中的角色很相像。在一个 RBAC 模型中，一个用户可以被赋予多个角色，一个角色也可以对应多个用户，这些角色是根据系统的具体实现来定义的，角色作为中间桥梁把用户和权限联系起来。同一个角色可以拥有多个权限，一个权限也可以被多个角色所拥有。一个角色与若干个权限关联可以看作该角色拥有的一组权限集合，与用户关联也可以看作若干具有相同身份的用户集合。

除了以上介绍的三个实体以外，在 RBAC 基本模型中还包含会话和约束这两个概念。

（1）会话是一个动态的概念，一次会话是用户的一个活跃进程，代表用户与系统进行的一次交互。用户与会话是一对多关系，一个用户可同时打开多个会话。RBAC 中，登录到系统中的用户可以根据需要在会话中动态激活适当的角色，避免用户因权限过大而无意中危害系统安全。

(2)约束施加于单个角色之上或多个角色之间，用来表达权限执行的条件。根据不同的应用场景，约束可以有多种形式。基数约束是一种常见的约束，例如，角色基数约束用于限制可被赋予某特定角色的用户数目。职责分离也是一种约束，例如，银行的出纳和会计通常不能被授予同一个用户，我们称这两个角色之间存在互斥关系，为避免利益冲突，可以在用户、角色分配阶段加以限制，使同一个用户不能同时拥有具有互斥关系的角色。

4.4.2 NIST RBAC 模型

本节主要介绍 2004 年推出的 NIST RBAC 模型，该模型定义了 RBAC 的通用术语和模型构件，并界定了标准所讨论的 RBAC 领域范围，包括四个部分：核心 RBAC(Core RBAC)、层次 RBAC(Hierarchal RBAC)、静态职责分离(Static Separation of Duty)和动态职责分离(Dynamic Separation of Duty)。这四部分别描述了 RBAC 系统某一方面的特征。在构造实际 RBAC 系统时，核心 RBAC 构件是必选的，其他构件都是可选的。

1. 核心 RBAC

核心 RBAC 是任何 RBAC 系统都必须具备的基本需求，包括五个基本要素集：用户、角色、对象(OBS)、操作(OPS)和访问权限(PRMS)。在 RBAC 系统中用户被委派一定的角色，每一角色被授予一定的访问权限，这样用户通过其担任的角色获得相关的访问权限，核心 RBAC 还引入会话(Session)的概念，会话是指一个用户与一个角色子集间的映射关系。核心 RBAC 的结构如图 4-9 所示。

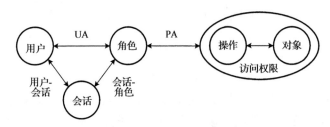

图 4-9 核心 RBAC 的结构

图 4-9 中描述了用户-角色委派(UA)关系和权限-角色委派(PA)关系，它们之间均为多对多的关系，这与实际组织中的成员、岗位与责权结构关系是一致的。例如，一个用户可以拥有一个或多个角色，而一个角色也可以被分配给一个或多个用户。因此，一个角色可以访问一个或多个资源，而一个资源也可以被一个或多个角色访问。

会话是用户到角色的映射，当一个用户建立一个会话时，用户就激活分配给他的角色子集。一个用户可以建立多个会话，一个会话只有一个用户参与。因此，每个会话都与某一个用户相关联，每个用户又与一个或多个会话相关联。

在 NIST RBAC 建议标准中，访问权限仅限于对数据和资源对象的访问，不包括对系统要素自身的访问控制。对系统要素的访问被认为是系统管理员的权限(如修改系统的用户、角色、访问权限的形式、UA 关系、PA 关系等)。

2. 层次 RBAC

层次 RBAC 在核心 RBAC 基础上引入角色层次，构建了层次 RBAC 结构，如图 4-10 所示。

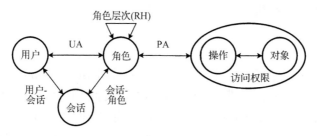

图 4-10　层次 RBAC 的结构

由于实际组织中角色上下级关系常常存在某些限制，NIST RBAC 标准将角色层次区分为通用角色层次和限制角色层次。通用角色层次规定角色层次可以是任意的半序关系，包括角色权限和用户成员的多继承概念。限制角色层次要求在角色层次上施加某种限制，通常是为了简化角色层次结构，如构建角色层次使之成为树形结构等。

通用角色层次支持多继承的概念，提供了从多个角色继承权限，以及从多个角色继承用户成员的能力。多继承提供了重要的分层特性：①可以从多个低等级（权限较少）的角色中构造新的角色和关系，这种新的角色和关系是组织或商业机构中需要的某个角色。②多继承提供了统一的用户/角色分配关系和角色之间的继承关系。

层次 RBAC 要求支持角色间的层次关系。在角色的层次结构中存在两种继承关系：访问权限的继承关系与用户的继承关系。

(1)权限继承关系是指若角色 R1 继承角色 R2，那么角色 R1 自动拥有角色 R2 的所有权限。权限继承关系在一定程度上反映了一个组织内部的权利和责任关系，方便了系统的权限管理。

(2)用户继承关系是指如果角色 R1 继承角色 R2，那么即使没有把角色 R2 分配给用户 U，拥有角色 R1 的用户 U 也会自动隐含地拥有角色 R2。虽然用户继承关系不对应现实社会中的权利和责任关系，但体现了信息系统安全中最重要的管理原则，即最小特权原则。

尽管这两种继承关系的目的不同，二者的表现形式也有所区别，但是它们具有相同的实质：拥有高级角色的用户具有更多的权限。通过权限继承获得的权限和通过角色继承获得的权限在使用时没有区别。角色的层次关系是 RBAC 技术用于信息系统中重点需要考虑的问题，构造合理的角色层次关系对于解决权限管理的实际问题具有非常重要的意义，主要体现在以下几点：

(1)角色之间的层次关系是对应用领域中工作职位间关系的一个非常形象的模拟，使得授权管理工作变得更加直观。尽量模拟应用领域的组织结构和其中的权限管理一直是 RBAC 技术追求的目标，构造角色层次关系是其中的一个主要体现。

(2)构造合适的角色层次关系在很大程度上方便了系统的权限管理。

(3)能够满足某些特殊安全管理的需要，比如满足层次化管理的需要或者满足最小特权原则。

最小权限原则(Least Privilege Policy)是指用户所拥有的权限不能超过他执行工作时所需

的权限。RBAC 通过角色层次可支持最小权限原则,一个拥有高级角色的用户可以根据自己的实际需要,尽可能地以拥有权限最少的某低级角色登录系统,一方面能够减少因用户执行的误操作而对系统安全带来的危害;另一方面在出现安全意外时(如系统已被木马程序控制)也能最大限度地减少安全损失。

3. 有约束的 RBAC

有约束的 RBAC 规定在 RBAC 模型上实施职责分离(Separation of Duty,SoD)机制。职责分离是实际组织中用于防止其成员获得超越自身职责范围的权限的一种利益冲突策略。实际组织中的岗位职责有可能是互相排斥的,解决这种利益冲突的办法是让不同的角色/用户承担互斥的职责以阻止非法操作。NIST RBAC 标准引入两种职责分离机制:静态职责分离(Static Separation of Duty,SSD)和动态职责分离(Dynamic Separation of Duty,DSD)。

1)静态职责分离

在一个基于角色的系统中,如果一个用户被委派到几个互相冲突的角色上,就会产生利益冲突问题,预防的策略之一就是进行静态职责分离。静态职责分离要求在用户-角色委派时实施约束。NIST RBAC 标准规定的静态约束机制仅限于角色集上的约束关系,特别是 UA 关系。静态职责分离用于解决角色集中潜在的利益冲突,强化了对用户角色委派关系的限制,使得一个用户不能被分配两个互斥的角色。它要求 UA 上的 SSD 关系带有两个参数:一是包含两个或两个以上的角色子集,二是大于 1 的基数,任何用户在此角色集中被委派的角色数不得超过基数。因而 SSD 约束可视作一个对偶 (role_set, n),表示任何用户在某角色子集中被委派的角色数必须小于 n。

由于层次 RBAC 中的继承关系的存在,SSD 必须考虑继承关系的影响,必须确保用户-角色的继承不会破坏 SSD 关系。层次结构中的 SSD 关系如图 4-11 所示。

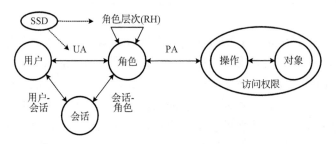

图 4-11　静态职责分离

尽管 SSD 足以解决权限的利益冲突问题,但是在某些组织中 SSD 可能过于严格。例如,有些部门,由于人员较少,允许用户的角色集中存在互斥角色,但必须限制用户在某一时刻只能使用其中的一个角色。这种情况下,就需要引入动态职责分离解决这个问题。

2)动态职责分离

NIST RBAC 中的 DSD 是会话与角色集间的一种约束机制,如图 4-12 所示。DSD 约束可以视作一个对偶 (role_set, n),表示任何用户在某角色子集中能同时激活的角色数必须小于 n。

与 SSD 类似,DSD 也用于限制可提供给用户的访问权限,但二者的作用与机制不同。SSD 定义和限制用户的整体权限空间,解决的是用户角色委派时潜在的利益冲突问题。而

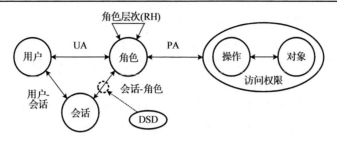

图 4-12　动态职责分离

DSD 对用户会话中可激活的角色进行约束，通过限制用户权限空间中访问权限的可用性，解决访问过程中的利益冲突问题。

DSD 扩充了最小权限原则，在 DSD 中，一个用户在不同环境下具有不同的权限级别，DSD 确保进行某种操作时所必需的权限不会在这种操作结束之后继续存在，这种机制称作"信任的实时撤销"（Timely Revocation of Trust）。

在 DSD 中，用户可以被委派两个或更多的角色，而且这些角色可以是潜在互斥的，DSD 可以限制这些角色不能在同一个会话中被激活，因此不会发生利益冲突。这样，DSD 机制为动态地撤销权限提供了可操作性。

总体上看，NIST RBAC 标准充分地支持了安全三原则：最小权限原则、职责分离原则和数据抽象原则。但它仅仅规范了 RBAC 系统中具有共性的一些基本特征，在实际工程中还需要在此基础上适当扩充其他安全机制。

4.5　基于属性的访问控制

随着大数据时代的到来，用户、资源等实体数据规模变大而且变化频繁，采用传统的访问控制方法难以应对大规模、动态、细粒度的访问控制需求。此时，基于属性的访问控制 ABAC（Attribute Based Access Control）应运而生。

ABAC 把实体属性概念贯穿于访问控制策略、模型和实现机制三个层次，把与访问控制相关的时间、实体位置、实体行为、访问历史等信息当作主体、客体、权限和环境的属性来统一建模，通过定义属性之间的关系描述复杂的授权和访问控制约束，能够灵活地表达细粒度、复杂的授权和访问控制策略，从而增强访问控制系统的灵活性和可扩展性。

属性描述了相关实体（如主体、客体、权限、环境）的特征，ABAC 中的属性包括主体属性、客体属性、权限属性以及环境属性。

（1）主体和主体属性。主体是可对资源进行操作和访问的实体，身份、年龄、性别、地址、IP 地址等都属于主体属性。

（2）客体和客体属性。客体是可被主体操作和访问的实体，如一个 Web 服务就是一种客体。Web 服务的输入以及输出参数、响应时间、成本、所提供服务的可靠性以及安全性都属于客体属性。

（3）权限及权限属性。权限是对客体资源进行各类操作的权力。例如，针对文件或数据库的读、写、新建、删除等操作都属于权限属性。

（4）环境属性。环境属性是对主体访问客体时的环境或上下文进行描述的一组属性，如访问日期、访问时间、系统的安全状态、网络的安全级别等。

　　属性是 ABAC 的核心概念。根据前面的定义，ABAC 中的属性可以通过一个四元组 (S, O, P, E) 表示，其中 S、O、P、E 分别是由主体属性、客体属性、权限属性和环境属性确定的主体、客体、权限和环境集合。

　　ABAC 原理示意图如图 4-13 所示。策略执行点(Policy Enforcement Point，PEP)、策略决策点(Policy Decision Point，PDP)、策略信息点(Policy Information Point，PIP)和策略管理点(Policy Administration Point，PAP)四个服务节点用于策略的检索与管理，以及属性的检索和评估。当这些节点处于一种环境中时，它们必须协同工作以完成访问控制决策的过程，其具体定义和功能如下。

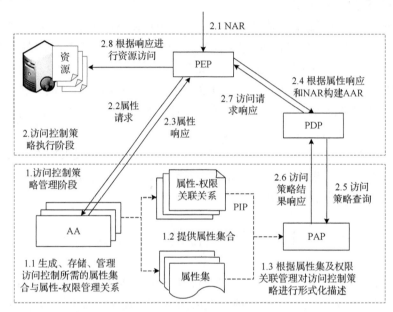

图 4-13　ABAC 原理示意图

　　PEP：完成主体对客体请求消息的发送以及策略决策结果的执行。

　　PDP：通过 PIP 获取主体属性、客体属性以及环境属性，然后通过 PAP 获取相应的策略，进行访问控制决策结果的计算，根据决策结果判断主体是否有访问客体的权限。

　　PIP：用来从属性库和环境条件库中获得所需的主体属性，客体属性以及环境属性。将其发送给策略决策点进行访问控制决策。

　　PAP：对策略库中的策略进行管理，如定义各个策略的优先级以及解决策略之间的冲突等。

　　从 ABAC 的访问控制过程可知，ABAC 模型的授权方式是基于属性授权，而不是基于身份授权的。ABAC 在网络环境中具有很多优势：①该模型基于属性授权，不需要明确主体的具体身份，可以实现匿名性访问，更好地保护用户隐私；②该模型相对于传统的访问控制模型具有更强的灵活性，可以制定更为灵活复杂的访问控制策略，可对用户进行细粒度授权；③该模型可基于实体属性进行动态授权，而不必像传统访问控制模型那样必须对主体权限进行静态指派，模型的动态性更强，模型在保证信息安全性的前提下能更好地应用于跨域系统中。

第 5 章　信任体系基础设施

5.1　公开密钥基础设施

5.1.1　PKI 概述

Whitfield Diffie 和 Martin Hellman 在 1976 年提出了公钥密码算法的设计思想，发送者用公钥加密，接收者用私钥解密。公钥一般是公开的，不必担心窃听，私钥则不存在传输的问题，解决了对称密码中难以解决的密钥配送问题。1978 年，Ron Rivest、Adi Shamir 和 Leonard Adleman 提出了 RSA 算法，使得公钥密码算法变得现实可用。但是，在非对称密码算法中，接收者依然无法判断收到的公钥是否合法，有可能受到中间人假冒攻击。

公钥密码本身不具有可识别能力，无法防御中间人攻击。于是，需要借助可信的第三方对公钥进行签名，从而确认公钥没有被篡改。加了可信第三方数字签名的公钥称为公钥证书，利用公钥证书可以有效地防御中间人攻击。对于公钥证书的管理，则需要依赖 PKI 来提供。

国际电信联盟(International Telecommunication Union，ITU)对公钥基础设施的定义是：公钥基础设施是一个包含硬件、软件、人员、策略和规程的集合，用来实现基于公钥密码体制的密钥和证书的生产、管理、存储、分发和撤销等功能。简单来说，PKI 是一种遵循国际标准，利用公钥加密技术提供安全基础平台的规范和技术，是能够为网络上的各种应用提供密码服务和信息机制的一种基本解决方案。

PKI 的实质是为了在不可信的网络中解决公钥分发问题，从而在网络中建立信任基础。为了使用户在不可信的网络中得到真实可信的公钥，同时避免集中存放密钥所产生的瓶颈问题，PKI 引入了数字证书的概念。数字证书通过将用户的身份信息与公钥进行绑定而产生。通过数字证书，用户在方便、快捷、安全地获取公钥的同时，也可以验证此公钥的真实性。

PKI 作为通用的提供安全服务的基础设施，能为系统中不同的用户提供多种安全服务。在 PKI 体系中，其主要提供如下四种服务，包括认证、完整性、保密性和不可否认性。

1. 认证

采用 PKI 进行认证的优势是十分明显的，既不需要事先建立共享密钥，又不必在网上传递口令或者指纹等敏感信息。PKI 提供的认证服务与其他机制所提供的认证相比，具有以下优点：

(1)使用 PKI 的认证可以进行实体强鉴别。

(2)实体可用自己的签名私钥向本地或远程环境的实体认证自己的身份，实现了网络环境身份鉴别。

(3)签名可以用于数据来源鉴别。即实体用自己的私钥对一段特殊数据进行签名，允许第三方证明该实体确实产生或拥有这些数据。

2. 完整性

PKI 中的完整性服务是通过对数据的消息摘要和数字签名来实现的，完全能满足数据完整性的要求。

3. 保密性

PKI 的保密性服务是一个框架结构，通过它能够完成算法的协商和密钥交换，而这些对参与通信的所有实体是完全透明的。

4. 不可否认性

不可否认性可以很好地防止抵赖现象的发生，这样就使得发送方对其签署的文件负有全权责任。不可否认性通常不会作为一个独立的 PKI 服务而存在，而是和认证、保密性与完整性紧密联系在一起。

5.1.2 PKI 的组成结构

PKI 系统一般包含认证机构(Certification Authority，CA)、注册机构(Registration Authority，RA)、证书库、PKI 安全策略、用户等基本成分，如图 5-1 所示。

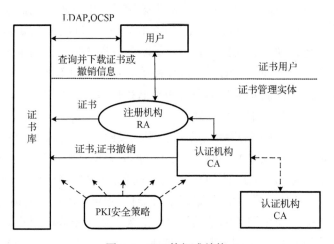

图 5-1　PKI 的组成结构

1. 认证机构

CA 是 PKI 的核心机构。它是数字证书的创建、颁发和管理机构。CA 的主要职责是：审查申请者的申请信息，验证申请者的身份；确保生成数字证书的安全性；支持证书的各种管理服务，包括生成、下发、查询、撤销和更新等。

创建证书时，CA 首先获取用户的请求信息。CA 根据用户的请求信息产生证书，并用自己的私钥对证书进行签名。其他用户、应用程序或实体将使用 CA 的公钥对证书进行验证。

2. 注册机构

RA 是 CA 与用户的接口，是 CA 的证书注册申请和审核批准机构。RA 是保证 PKI 系统安全、灵活必不可少的一部分。

RA 是提供用户注册申请信息的机构，它是用户进入整个 PKI 系统的入口，是整个 PKI 体系最基础的部门，也是最接近用户的部门。当用户向注册机构提交注册申请后，RA 负责收集申请人的各项信息。如果用户类别为单位，需要用户提供组织机构代码证、法人证书、法人身份证、单位印鉴等信息；如果用户类别为个人，则需要提供身份证、住址、联系电话、单位证明等信息。在收集信息的过程中，要保证用户的身份及其提供的信息真实可靠。注册机构的工作是基础，是保障后续各项工作准确开展的前提。信息收集齐全后，注册机构只负责信息的审核，而不对能否给用户颁发证书进行审核，经过 RA 的审核后，RA 会给该用户确定一个唯一的标识，之后就需要向 CA 进行"请示"，请示得到批准后，RA 负责把证书颁发给用户。

3. 证书库

证书是存放证书信息的数据库，是网上的一种公共信息库，负责向所有的终端用户公开数字证书和证书撤销列表(Certificate Revocation List，CRL)。作为证书数据库，既要保证数据的准确性、完整性，也要考虑用户访问数据库的便捷性。

CA 用数据签名可以保证数字证书和证书撤销列表的完整性、准确性。为了满足用户访问的便捷性，通常采用轻量级目录访问协议(Lightweight Directory Access Protocol，LDAP)实现对证书信息的存储与访问。LDAP 作为 X.500 目录的简化版，包含了信息的存储格式，以及对应的检索和操作协议。LDAP 可直接应用于 TCP/IP 协议之上，采用 C/S 工作模式。LDAP 由于其简便易用，得到了广泛应用。

4. 用户

用户包含证书使用者和证书主体两个方面。证书主体是指公钥证书的拥有者；证书使用者是指利用证书进行验证操作的实体。以基于证书的身份认证为例，示证方是证书主体，验证方是证书使用者。

5. PKI 安全策略

PKI 安全策略是一个包含如何在实际应用中实施 PKI 安全操作的详细文档，它阐述了注册方式、认证原则、服务对象、安全程度等信息。

此外，为了使用户能够方便地使用基于证书的加密、数字签名等安全服务，一个完整的 PKI 必须提供良好的应用接口系统，使得各种各样的应用能够以安全、一致、可信的方式与 PKI 交互，确保所建立起来的网络环境的可信性，同时降低管理维护成本。

5.1.3　公钥证书及其生命周期

1. 公钥证书格式

公钥证书类似于现实生活中的个人身份证。身份证将个人的身份信息(姓名、出生年月、地址和其他信息)同个人的可识别特性(免冠照片或者指纹)绑定在一起，由国家权威机关(公安部)签发。公钥证书则是网络实体在计算机网络环境中的"身份证",用来证明某一实体(如人、机器等)的身份以及其公开密钥的合法性,其有效性和合法性由权威机关的签名或签章来保证。

公钥证书是一个经证书授权中心的数字签名,包含公开密钥拥有者信息和公开密钥的文件。最简单的证书包含一个公开密钥、名称以及证书授权中心的数字签名。一般情况下,证书中还包括密钥的有效时间、发证机关的名称、证书序列号等信息。

在网络环境中,应用程序使用的公钥证书一般都来自不同的组织或机构,为了实现交互使用,公钥证书应能被不同的系统识别,这就要求所有的公钥证书都符合一定的格式。因此,国际电信联盟在 1988 年制定了 X.509 标准证书格式。

X.509 公钥证书有三个版本:v1、v2 和 v3。现在使用最多的是 X.509 v3,v3 版本在 v2 的基础上增加了很多可供选择使用的扩展字段。X.509 证书包含证书版本号、证书序列号、证书颁发者名称、证书有效期、主体名称、主体公钥信息、颁发者对证书的数字签名和扩展项。格式如图 5-2 所示。

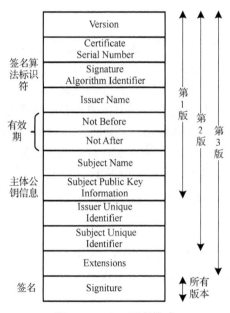

图 5-2　X.509 证书格式

具体各项的含义说明如下。

(1)版本号(Version)。指明证书的版本格式。根据是否使用扩展项,或扩展项的数目来确定版本号。

(2)证书序列号(Certificate Serial Number)。证书颁发机构给每一个证书分配的唯一的整数值。

(3)签名算法标识(Signature Algorithm Identifier)。用来签发证书的算法以及一些与之相关的参数。

(4)颁发机构名称(Issuer Name)。负责生成该证书的 CA 机构的名称,名称应符合 X.500 标准,包括国家、省(自治区、直辖市)、地区、组织机构、单位部门和通用名等。

(5)有效期(Not Before/Not After)。证书的有效时间段,含有两个时间值,指定在某时间前无效和指定在某时间之后无效。

(6)主体名称(Subject Name)。此证书拥有者的名称,该主体也拥有与证书公钥相对应的私钥。

(7)主体公钥信息(Subject Public Key Information)。主体的公开密钥、该密钥使用算法的标识符，以及算法的相关参数。

(8)颁发者唯一标识符(Issuer Unique Identifier)。可选项，一个可选的比特串字段用来唯一证实颁发机构。

(9)主体唯一标识符(Subject Unique Identifier)。可选项，一个可选的比特串字段用来唯一证实主体。

(10)扩展(Extensions)。包含一个或多个扩展字段的集合，扩展仅在 v3 版本中加入。扩展所包含的具体内容可以由各组织或团体根据需要来定义和注册。

(11)签名(Signature)。包含用颁发机构私钥对上述字段的签名值。

当证书撤销时，CA 通常是采用 CRL 机制来实现的。证书撤销列表的格式如图 5-3 所示。证书撤销列表各字段的含义说明如下。

(1)版本号(Version)。指明了 CRL 的版本。

(2)签名算法标识(Signature Algorithm Identifier)。包含算法标识和算法参数，指定证书颁发机构对 CRL 内容进行签名的算法。

(3)颁发机构名称(Issuer Name)。签发机构的 X.500 名字，由国家、省(自治区、直辖市)、地区、组织机构、单位部门和通用名等组成。

(4)本次签发时间(This Update Date)。包含一个时间值，用以表明本 CRL 发布的时间。

(5)下次签发时间(Next Update Date)。包含一个时间值，用以表明下一次 CRL 将要发布的时间。

(6)用户证书序列号/吊销日期(User Certificate Serial Number/Revocation Date)。含有已撤销或挂起的证书列表，包含证书的序列号和证书被撤销的日期及时间。

(7)签名值。证书颁发机构对 CRL 内容的签名值。

2. 公钥证书的生命周期

公钥证书的生命周期包括申请与审核、证书生成、证书发布、证书撤销等几个阶段，如图 5-4 所示。

图 5-3　证书撤销列表的格式

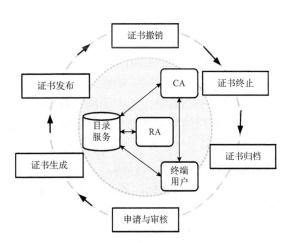

图 5-4　公钥证书的生命周期

1)申请与审核

公钥证书的申请有两种方式：在线申请和离线申请。在线申请就是利用浏览器或其他应用系统通过在线的方式来申请证书，普通用户证书申请一般采用这种方式。离线申请一般通过人工的方式直接到 PKI 的注册机构 RA 或其代理点去办理证书申请手续，通过审核后获取证书，这种方式一般用于比较重要的场合，如服务器证书或商家的证书等。证书申请主要包括以下步骤：

(1)申请人向 RA 提交证书请求。如果该公钥证书的私钥需要备份，则公/私钥对由 CA 产生，在证书请求中只包含申请人的个人信息。如果私钥不需要备份，则公/私钥由用户自己产生，证书请求中除了个人信息外，还要包含公钥信息。

(2)RA 对证书请求进行审核。RA 审核用户的关键资料与证书请求信息是否一致，若审核通过，则向 CA 提交用户的证书申请，该申请需要附加 RA 的签名。

2)证书生成

CA 收到 RA 提供的证书申请，验证该申请的签名，验证通过后，则为用户生成证书。将证书申请中的内容导入证书结构中，生成证书文件，并用自己的私钥对证书进行签名。

3)证书发布

CA 将证书发布到证书库中，证书用户可以在证书库中搜索和下载证书。在证书的有效期内，证书可以被正常使用。

4)证书撤销

当私钥泄露或被怀疑泄露、证书中包含的相关信息改变以及使用中止等，证书就需要被撤销。PKI 主要通过 CRL 机制来实现证书撤销，CA 产生 CRL 后，将其发布到证书库中，证书用户可通过查询证书库了解证书的状态。

5)证书终止

当证书超出有效期后，进入证书终止状态。

6)证书归档

撤销和终止的证书及其私钥通常会进行归档保存。当用户需要解密过去加密的信息时，可以向 PKI 提出申请。

在公钥证书的生命周期中，使用 CRL 也有弊端，主要表现在：一是由于证书认证机构可能不经常签发 CRL，证书撤销列表的更新时间太长、非实时性会造成用户使用上的困扰，业务伙伴可能需要几天的时间才能收到有关撤销证书的通知，从而增加了破坏安全性的可能。二是由于撤销证书的数量很大，所以 CRL 常常会越变越大，当 CRL 体量过于庞大时，CRL 分发会大量消耗网络带宽和客户机处理能力，造成用户难以使用。

对 CRL 体量过大的改进方法是 delta-CRL。delta-CRL 忽略没有发生变化的 CRL，而只存储废除信息，delta-CRL 可以频繁公布，减少把一个已废除证书当作合法证书使用的可能性，可以有效解决 CRL 过大的问题。证书验证系统复制 CRL 保存，以后不断地取回 delta-CRL 来更新本地的 CRL。

5.1.4　PKI 信任模型

信任是 PKI 体系中各方进行安全通信的前提。在 X.509 证书协议中对信任进行了如下定义：一般来说，如果一个实体相信另外一个实体会准确地像它所期望的那样表现，那么该实体信任另一个实体。PKI 信任模型主要解决如何确定信任的起点，以及如何在 PKI 系统中实现信任转移等问题。

PKI 信任模型的建立主要取决于 CA 的体系结构。单个 CA 可以构成最简单的信任模型，所有终端实体信任同一个 CA 的公钥。但现实环境下，不同组织的应用模式存在差异，单个 CA 很难满足多样化的需求，因此，需要构建多级信任模型。

根据信任传递的方式，PKI 的信任模型有多种，有严格层次信任模型、网状信任模型、混合信任模型、桥 CA 信任模型等。信任关系的建立方式通过对证书链（Cert Path）进行验证来实现，证书链是由一系列证书相互连接形成的链条，连接着验证双方，即实际的通信双方，形成一条信任路径，这条链条的起点称为"信任锚"。除了两个端点，这条路径中可以有零个或多个中间点，这些中间点的个数就是中间证书的个数。两个端点之间的证书链不一定是唯一的，当存在多条证书链时，后续通信时就会涉及路径的选择问题。

1. 严格层次信任模型

严格层次信任模型又被称为树状信任模型，其结构如图 5-5 所示。严格层次信任模型像一棵倒立的树，从根 CA（root CA）到终端实体 EE 可以存在多层子 CA，整个结构中的每个实体 EE 都信任自它到根 CA 之间的所有子 CA，包括根 CA，并将根 CA 的证书作为自己的"信任锚"。具体的信任过程，如图 5-5 所示。EE1 与 EE2 因为同属于子 CA1，都拥有子 CA1 的信任证书，都被子 CA1 信任，两者的信任关系就很容易得到验证。EE2 与 EE5 属于同一个信任域，都是以根 CA 作为自己的信任锚，当 EE2 需要认证 EE5 时，信任链的构造是：根 CA→子 CA3→子 CA4→EE5。

树状的层次关系应用广泛，特别是在建设机构内部的 CA 体系时，这种模型优势明显，但由于不同企业很难信任同一个根 CA，所以树状层次结构在机构间不容易得到推广。此外，在树状层次结构模型中由于根 CA 作为整个 PKI 体系中的信任源点，如果根 CA 的安全防线被攻破，那么整个信任模型将陷入瘫痪，所有证书都需要重新签发。

2. 网状信任模型

网状信任模型没有根的概念，因此，没有一个大家都共同信任的根节点。与树状结构中终端实体将根 CA 作为信任锚不同，网状结构中终端实体将为自己颁发证书的 CA 作为自己的信任锚。如图 5-6 所示，以 EE2 与 EE6 的信任锚进行举例说明，为 EE2 颁发证书的是 CA3，为 EE6 颁发证书的是 CA4，EE2 以 CA3 作为自己的信任锚，EE6 以 CA4 作为自己的信任锚。如果 EE2 需要认证 EE6，证书链结构是：CA3→CA1→CA4→EE6 或者是 CA3→CA5→CA4→EE6 等。由此可以看出，网状信任模型不同于严格的层次模型，信任链可能存在多条路径，因此网状信任模型存在信任链的路径选择问题。在网状信任模型中，信任关系可在各节点之间进行传递，弥补了层次结构不适于各机构、各企业之间进行通信的缺点。

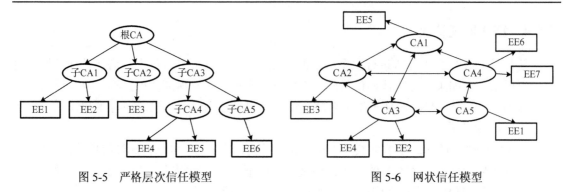

　　　　　图 5-5　严格层次信任模型　　　　　　　　　　　　图 5-6　网状信任模型

3. 混合模型

　　混合模型是指在企业内部采用树状模型，多个企业的根 CA 之间采取网状模型。在多个企业之间建立相互信任关系时，通过每两个企业的根 CA 互签证书实现。可以认为，树状模型是混合模型的一个模块，在模块内部每个终端实体依然是将自己所在信任域的根 CA 作为自己的信任锚；在整个混合模型中存在很多这样以树状模型存在的模块，每个模块都是一个独立的信任域，根 CA 之间则采用网状模型进行交叉认证。

　　在混合模型中，证书链的构造也非常简单明了，同一信任域的证书链的构造就是树状模式下的证书链构造，每个需要被认证的终端实体对应的证书链都是由上至下，有且仅有一条。不同信任域的证书链构造与相同信任域类似，依然是将自己信任域的根 CA 作为证书链的起始点"信任锚"，接下来是需要找到被认证终端实体的根 CA。以图 5-7 中 EE1 与 EE4 的信任锚举例说明，EE1 以根 CA1 作为自己的信任锚，而 EE4 以根 CA2 作为自己的信任锚，如果 EE4 需要认证 EE2，证书链的构造就是根 CA2→根 CA1→子 CA1→子 CA3→EE2，如果子 CA1 与子 CA3 之间也存在交叉认证，证书链的构造是根 CA2→子 CA4→子 CA3→EE2，构造链短了一些。从整个的认证过程可以看出，混合模型中信任域有多个时，认证就可能变得烦琐。

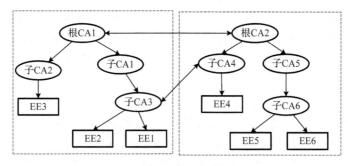

　　　　　　　　　　　　　　图 5-7　混合模型

4. 桥信任模型

　　桥信任模型是目前应用最为广泛的模型。桥信任模型汲取了前三种模型的优点，通过增加一个桥 CA（bridge CA）来弥补混合模型的缺陷，桥 CA 是一个特殊的 CA，它虽然与根 CA 同一个级别，但是不同于根 CA，它不是信任节点，也不属于任何信任域，它是帮助各个域之间建立信任的中介，起到的是桥梁的作用，它需要和所有的域进行交叉认证。从图 5-8 中可以看出，桥信任模型中的信任路径也是有且仅有一条，减少了路径选择的麻烦，后续扩展也很方便。桥信任模型体现了信任传递的思想，在这种模型中，桥 CA 的作用至关重要，必须要由一个大家都信任的第三方来充当。

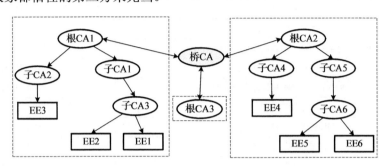

图 5-8　桥信任模型

5.1.5　PKI 标准体系

为确保应用程序能够方便地进行交互，PKI 建立了标准体系，提供了应用程序之间交互时数据语法和语义的共同约定。

1. ITU-T X.509 (10/2016)

ITU-T X.509 是 PKI 体系中最为基础的标准之一，是由 ITU 制定的公钥证书标准。X.509 标准在确保用户名唯一性的基础上，提供了通信实体的鉴别机制，并规定了实体鉴别过程中广泛适用的证书语法和数据接口。

ITU-T X.509 最早发布于 1988 年，发布伊始即与 ISO 9594-8 保持合作同步开发。X.509 的版本变迁非常复杂，2017 年 5 月被发布为 ISO/IEC 9594-8: 2017 8th Edition。ITU-T X.509 的重要贡献是定义了公钥证书的数据格式。在此基础上，定义了公钥证书框架和属性证书（Attribute Certificates，AC)框架，其中包括 CRL 和 PMI 等。

2. PKCS 系列标准

公钥加密标准(Public-Key Cryptography Standards，PKCS)是由 RSA 实验室与其他安全系统开发商共同制定的一系列标准。主要涉及 PKI 体系的加/解密、数字签名、密钥交换、密钥分发等格式及行为，是 RSA 实验室为公开密钥学提供的一个工业标准接口。

3. PKIX 开发的系列标准

为了在 Internet 更好地推广基于 X.509 的 PKI，互联网工程任务组(The Internet Engineering Task Force，IETF)在 1995 年成立了 PKIX 工作组。PKIX 所开发的标准是典型的领域应用，为其他领域应用提供了良好的模板。PKIX 规范依据的是 ITU 制定的 X.509 标准和 RSA 数据安全实验室制定的 PKCS。

IETF 一般以 RFC 的形式发布文档，虽然不是正式标准，但已成为事实上的标准。PKIX 定义了 X.509 证书的生成、发布、获取和在 Internet 上的使用机制，以及怎样实现这些标准的技术架构等，目的是要开发符合互联网标准的、支持互操作的 PKI。

有关 PKIX 标准的收录情况如表 5-1 所示。

表 5-1　PKIX 标准的收录情况

内容	RFC
X.509 v3 的证书格式	RFC 2459
X.509 v2 的证书与证书撤销列表的 LDAP 存储	RFC 2587
X.509 PKI 合格证书格式	RFC 3039
X.509 PKI 证书策略和认证实施框架	RFC 2527
证书管理协议	RFC 2510
在线证书状态通信协议	RFC 2560
证书管理请求格式	RFC 2511
时间戳协议	RFC 3161
使用 FTP 及 HTTP 进行 PKI 传输	RFC 2585

5.2　授权管理基础设施

5.2.1　PMI 概述

在最初的 PKI 体系中，X.509 公钥证书只能被用来传递证书所有者的身份。但在实际应用中，存在一个问题：如果用户数目很多，通过身份验证仅能确定用户身份，却不能区分每个人的权限。

1997 年，ISO/IEC 和 ANSI X9 开发了 X.509 v3 基于公钥证书的目录鉴别协议。在 X.509 v3 公钥证书中允许使用扩展项，可以利用扩展项把任意多的附加信息包括到证书中，证书签发者可以定义自己的扩展格式来满足一些特殊需要。因此，可以利用扩展域实现对证书拥有者的授权，在验证用户身份的同时，实现对用户的访问控制。这种方式实现起来较为简单，但在安全性和灵活性等方面存在一定的问题，主要表现在以下两个方面。

第一，在系统实现中，授权信息和公钥通常由不同的管理人员定义与维护，将权限信息加入 X.509 公钥证书中需要的协同工作比较复杂。将属性信息从身份信息中分离出来，可使授权的过程变得更加合理和有针对性。

第二，X.509 公钥证书的有效期一般比较长，而用户的权限则可能会经常发生变化。证书中最不稳定的内容是属性信息，人的姓名改变频率远远低于职位变化。对角色、权限等信息的增、删、改需要更新或撤销证书，会产生大量的 CRL，对证书管理来说是相当大的负担。

鉴于用 X.509 公钥证书的属性项来实现授权在实际应用中出现的问题，可以把 X.509 证书与它的扩展项分离成两个独立证书，一个包含身份标识，另一个包含属性信息。美国国家标准局(ANSI)X9 委员会针对这样的需求提出了一种被称为属性证书(AC：Attribute Certificate)的改进方案，这一方案已并入 ANSI X9.57 标准和 ITU-T 及 ISO/IEC 有关 X.509 的标准与建议中。目前，X.509 2000 或 X.509 v4(PKI/PMI， ISO/IEC 9594-8)已于 2000 年推出，在 X.509 v4 中增加了属性证书的概念，并首次对 PMI 的概念进行了定义。AC 将一条或多条附加信息绑定给相应的证书所有者，属性证书可能包括成员资源信息、角色信息，以及其他任何与证书所有者的权限或访问控制有关的信息。

使用属性证书可以消除用户的身份和权限周期不同步的问题。如果属性证书被设定成非常短的有效期(如几分钟或数小时)，它们就不必撤销，因时间过期就会失效。采用这种方式可以实现更加细粒度的访问控制。

5.2.2　PMI 的组成与原理

PMI 是一个生成、管理、存储及作废 X.509 属性证书的系统。PMI 实际上是 PKI 标准化过程中提出的一个新的概念，为了使 PKI 更迅速地发展，IETF 将它从 PKI 中分离出来单独制定标准。建立授权管理基础设施 PMI 的目的是向用户和应用程序提供授权管理服务，提供用户身份到应用授权的映射功能，提供与实际应用处理模式相对应的、与具体应用系统开发和管理无关的授权与访问控制机制，简化具体应用系统的开发与维护。

1. PMI 的组成

PMI 包括以下几个部分：信任源点(Source of Authority，SOA)、属性权威(Attribute Authority，AA)、AA 代理(AA Agent)、权限验证者(Privilege Verifier，PV)、权限拥有者(Privilege Assertor，PA)、证书库。PMI 体系结构如图 5-9 所示。

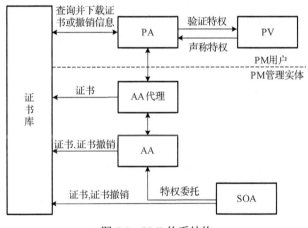

图 5-9　PMI 体系结构

1)信任源点

SOA 是整个授权管理体系的中心业务节点，也是整个 PMI 的最终信任源和最高管理机构。SOA 类似于 PKI 中的根 CA。SOA 是权限的最初签发者，所有权限授予都是从 SOA 开始的。它是属性证书授权链的初始节点，对整个系统权限的分配负有最终责任。SOA 中心的职责主要包括授权管理策略的管理、应用授权受理、下级 AA 的设立审核及管理、授权管理体系业务的规范化等。

2)属性权威

AA 是 PMI 的核心服务节点，是对应于具体应用系统的授权管理分系统，类似于 PKI 中的 CA，负责对最终实体或者其他下级属性权威进行授权。AA 由各应用单位负责建设，并与 SOA 通过业务协议达成相互信任关系，SOA 将一部分属性的管理权交给 AA。AA 的职责主要包括应用授权受理、属性证书的发放和管理，以及下级 AA 或 AA 代理的设立审核和管理。

3) AA 代理

AA 代理是 PMI 的用户代理节点，是与具体应用相关的权限声称者的用户接口，是对应 AA 中心的附属机构，类似于 PKI 中的 RA。AA 代理接受 AA 的直接管理，由各 AA 中心负责建设。AA 代理点的设立和数目由各 AA 根据自身的业务发展需要而定。AA 代理的主要职责包括应用授权服务代理、应用授权审核代理，负责对具体用户进行授权审核，并将属性证书的操作请求提交 AA 进行处理。

4) 权限验证者

PV 是根据 PA 所具备的权限，判断是否允许其访问某一对象的机构。PMI 中的 PV 相当于访问控制框架中的 ADF。

5) 权限拥有者

PA 是提出访问请求的实体，是属性证书的持有者。

6) 证书库

与 PKI 类似，PMI 使用证书库来存储属性证书和属性证书撤销列表。证书库通常采用 LDAP 目录协议提供查询和下载服务。证书库支持分布式存放，SOA 或 AA 签发的属性证书可以利用数据库镜像技术，将其中一部分与本组织有关的证书和证书撤销列表存放到本地，缩短访问证书的时间，提高证书查询效率。

2. 属性证书

属性证书是将属性信息从身份信息中分离出来，形成独立于身份证书的另一种证书结构。通过一个集中权威机构来发放身份证书；另外通过一个局域的、熟知用户属性的组织来发放属性证书。一个人可以拥有来自不同机构的多个属性证书，但每一个都与唯一的身份证书相关联。

属性证书的结构如图 5-10 所示。

版本号	Version
持有者	Holder
签发者	Issuer
签名	Signature
序列号	SerialNumber
有效期	ValidtyPeriod
属性	Attribute
颁发者标识符	IssuerUniqueID
扩展	Extensions
签名值	Signature-Value

图 5-10　属性证书的结构

属性证书中的各个字段的含义如下。

(1) Version。版本号，用于标识不同版本的属性证书，默认为 1。

(2) Holder。持有者，用于标识属性证书持有者的身份。

(3) Issuer。用来标识颁发此属性证书的 AA 的身份。

(4) Signature。表示属性证书签名时所用的加密算法。

(5) SerialNumber。唯一标识该属性证书的序列号。

(6) ValidityPeriod。属性证书的有效期，定义证书的起始时间和终止时间。

(7) Attribute。属性。属性项通常包含与用户权限相关的信息。属性证书组成了一个具有多种潜能的通用机制，分发权限信息只是其用途之一。

(8) IssuerUniqueID。作为 Issuer 项的补充，标识颁发者的身份。

(9) Extensions。扩展项。在不改变证书结构的情况下，允许加入新的字段，由各扩展域选项组成，不同的选项适用于不同性质的属性证书，从而使证书的用途更加广泛，丰富证书的功能。

(10) SignatureValue。签名值。包含用 AA 的私钥对上述字段的签名值。

应用属性证书的最重要收获是在访问控制方面，不再基于用户身份，而是基于其拥有的属性来决定其对某一资源或服务是否拥有访问权，即基于属性的访问控制。

属性证书与身份证书相比较，具有短时效性的特点。在某些场合可以将属性证书的有效期设为数小时甚至几分钟，这样的短时效证书不需要撤销机制，在有效期结束时自动失效。

3. 属性证书的获取方式

获取用户属性证书大致有两种模式：推(Push)模式和拉(Pull)模式。

图 5-11 以用户访问服务器中的应用资源为例。用户通过客户端访问服务器，服务器中的资源是被用户访问的"客体"，用户则是"权限的声明者"，服务器同时也是"权限的仲裁者"。

(1) 推模式。用户的属性证书由客户端"推"给服务器，当用户进行访问时，客户端主动向该应用服务器提交用户的属性证书。

(2) 拉模式。服务器从证书发布者或证书目录服务器"拉取"用户的属性证书，不需要用户自己提交证书。

在一些环境下，比较适合从客户端发送一个属性证书到服务器端，这就意味着客户端和服务器端不需要建立新的连接，也意味着没有给服务器端增加搜索证书的负担，服务器端也只需提取其需要知道的证书，提高了验证效率。推模式特别适合授权信息在客户端域中分配的情况。

拉模式假定服务器自行查找与客户端公钥证书中的身份相应的属性证书。这种方式的前提是属

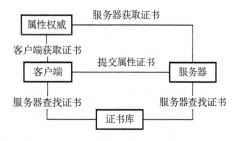

图 5-11　属性证书的应用

性证书必须通过一个目录进行发布，在权限拥有者声明权限时，服务器需要查找目录中的信息进行查找，确认权限拥有者是否拥有该权限。使用拉模式的好处是可以不修改客户端程序，比较适合用户授权信息在服务器域中分配的情形。

第6章 信任管理实例

信任体系构建是信息安全保障体系建设的重要内容，是建立以密码技术为基础，以法律法规、技术标准和基础设施为主要内容，以解决网络应用中身份认证、授权管理和责任认定等为目标的可信体系。了解信任体系构建实例的技术原理与设计方案，对于掌握信任体系的建设方法具有重要意义。本章介绍信任体系构建中单点登录技术的基本概念、实现模式和工作流程，以及统一身份认证系统和授权系统的实例，分析了信任管理系统未来的发展趋势。

6.1 单 点 登 录

6.1.1 单点登录的优势

传统的身份认证机制采用分散的用户管理模式，基于用户名/口令的身份标识分别被每个系统保存，无法相互传递，这就迫使用户必须在每个系统中都有一组独立的用户账号，在进入不同系统时都要重新提交自己的身份标识，每个应用系统也要建立一个为其自身服务的登录系统。在这种架构下，登录系统与应用系统是一一映射的关系，登录系统不具备复用性，每当创建或增加一个新的应用系统时必须为其编写新的登录系统。这样不仅造成了资源浪费，给用户使用和管理带来了不便，也延缓了应用开发进度，降低了开发效率。

同时，传统登录方式中大量的口令密码给用户带来了不小的麻烦，为了记住它们，用户不得不选择一些简单的信息作为口令，安全性大大降低。而对管理者而言，则需要管理维护多个用户数据库，尤其是在用户离开组织时，没人知道一个用户到底在多少地方建立了账户，需要搜索整个系统，并逐一删除，管理难度极大。

为了解决这些问题，需要引入单点登录(Single Sign-on，SSO)机制。单点登录是一种认证与授权机制，就是指用户只需要在网络中主动地进行一次身份认证，随后便可以访问其被授权的所有网络资源，而不需要再次主动参与其他的身份认证过程。这里所指的网络资源可以是打印机或其他硬件设备，也可以是各种应用程序和文档数据等，这些资源可能处于不同的计算机环境中。

在这种架构下，单点登录系统把原来分散的用户管理集中起来，各系统之间依靠相互信赖的关系来进行用户身份的自动认证。登录系统与应用系统之间是一对多的关系，由统一的登录系统管理用户登录信息，实现了信息共享。单点登录机制可以使用户访问应用系统时只进行一次身份认证，随后就可以对所有被授权的系统资源进行无缝的访问，而不需要多次输入自己的认证信息。

SSO 的优势主要表现在：

(1)减少用户在不同系统中登录耗费的时间，减少用户登录出错的可能性。

(2)增加了安全性，系统管理员有了更好的方法管理用户，包括可以通过直接禁止和删除用户来取消该用户对所有系统资源的访问权限。

(3)减少了系统管理员增加、删除用户和修改用户权限的时间。

(4)安全的同时避免了处理和保存多套系统用户的认证信息的问题。

6.1.2　实现模式

单点登录系统实现方法多种多样,常见实现模式主要包括三种:基于经纪人的单点登录(Broker-Based SSO)模式、基于代理的单点登录(Agent-Based SSO)模式、基于网关的单点登录(Gateway-Based SSO)模式。

1. 基于经纪人的单点登录模式

"经纪人"是指一个公共和独立的"第三方"。在一个基于经纪人的单点登录模型中,都有一个集中的认证和用户账号管理服务器,中央认证服务器和中央数据库的使用减少了管理的代价。其工作模式如图 6-1 所示。

基于经纪人的单点登录模式应用较为广泛,Kerberos 系统也是基于经纪人模式的典型实现。每个应用站点都有其各自的密钥,并且在登录服务器上留有所有的密钥副本,由登录服务器统一分发票据,应用站点通过其各自的密钥实现票据认定。此种策略应用范围较广,可以满足企业内部多系统间的交互需求,也可以实现 Web 应用认证。Kerberos 的最大好处是通过对实体和服务的统一管理实现单一注册,Kerberos 协议的基础是信任第三方,如同一个经纪人集中地进行用户认证和发放电子身份凭证,它提供了一种面向开放型网络的身份认证方法。

基于经纪人的单点登录模式实现了用户认证数据的集中管理,使管理更加方便。但是,这种单点登录模式要对服务端进行改造,使其适应单点登录的系统要求,才能实施部署。以Kerberos 系统为例,要想实现各个应用系统之间的单点登录,必须保证登录服务器和各个应用系统全部实现 Kerberos 化,需要按照 Kerberos 系统的架构来改造应用,对现有的应用系统来说,改造的代价过大。

2. 基于代理的单点登录模式

基于代理的解决方案中,包括一个自动为不同的应用程序提供认证功能的代理程序,代理在认证服务器和认证客户端之间充当一个"翻译"的角色。这种方式可以针对不同类型的服务采用不同的方法,在用户登录后,将记录在本地的某个系统的密码发送给该服务,代替用户进行登录,该模式如图 6-2 所示。

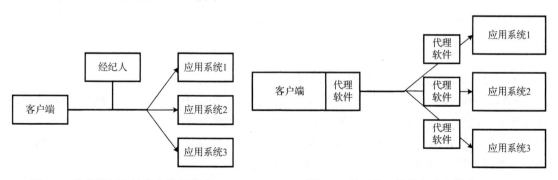

图 6-1　基于经纪人的单点登录模式　　　　　　　　图 6-2　基于代理的单点登录模式

SSH(Secure Shell)是基于代理的单点登录模式的典型应用。SSH 是一个为远程登录会话和其他网络服务提供安全性保护的协议，可对传输的数据进行加密，并实现了密钥交换和客户端认证，能够防止 DNS 和 IP 欺骗。当用户通过 SSH 正确登录后，被认证的身份会加入 SSH 代理程序中，如果该代理程序有新的子连接产生，则继承原有连接中的身份信息，不需要用户再次主动登录。远程系统往往需要一个 SSH 服务器，用于与代理程序进行通信。

基于代理的单点登录模式保证了通道的安全和单点登录，具有比较好的可实施性和灵活性。但是基于代理的单点登录模式有一个非常大的缺陷，就是用户的登录凭证要在本地代理程序中存储，这样增加了口令泄露的危险；另外，在实现单点登录时，每个运行服务的服务器或是客户端的主机都必须有一个安全代理程序在上面运行，这样就增加了兼容现有系统时需要的开发量。

3．基于网关的单点登录模式

基于网关的单点登录提供类似"门"的网关，用以安全地接入可信的网络服务。网关可以是防火墙，或是专门用于通信加密的服务器。所有的客户端都与网关相连接，网关再与各种应用服务器进行连接，网关把外界客户端与内部的服务资源隔离开来。如图 6-3 所示是其中一种解决方案。

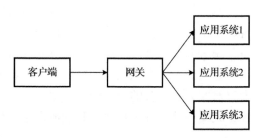

图 6-3　基于网关的单点登录模式

在这种方案中，所有的响应服务都需要在被网关隔离保护的受信任网络区域内进行，网关负责对客户端进行身份认证和访问授权。首先，网关对客户端进行身份验证。为了避免有人假扮网关来欺骗客户端，在初始的认证过程中，客户端可以要求进行互相身份认证，即客户端要向网关证明自己是合法用户，同时网关也要向客户端证明自己是值得信赖的网关。然后，客户端提出自己访问资源的请求，网关通过用户信息数据库查找该用户，如果该用户存在且通过认证，则网关会授权用户使用相应的服务；如果该用户不存在于用户信息数据库，则拒绝其请求。由于在网关后的所有服务资源处在一个可被信赖的网络中，所以各种服务可以用其 IP 地址来表示，这样把用户的身份信息和其有权访问的服务资源的 IP 地址结合起来，便可以实现单点登录。网关只要记住该用户的身份标识，便可以自动让用户访问其有权访问的服务资源，不需要多余的认证过程。

这种方案对企业中现有的网络环境要求比较严格，同时也需要现有的企业应用系统来适应单点登录系统。

6.1.3　工作流程

单点登录系统的一般工作流程如图 6-4 所示。

第(1)～(4)步中，用户第一次访问系统 A，系统 A 校验用户是没有登录的，然后页面跳转到认证系统统一登录页面，用户输入账号和口令。如果认证通过，认证系统为用户生成一个令牌 token(登录成功的凭证信息)，此时的 token 在各个与认证系统建立信任关系的应用系统中均可以使用，须注意 token 是有一定的有效时间的。

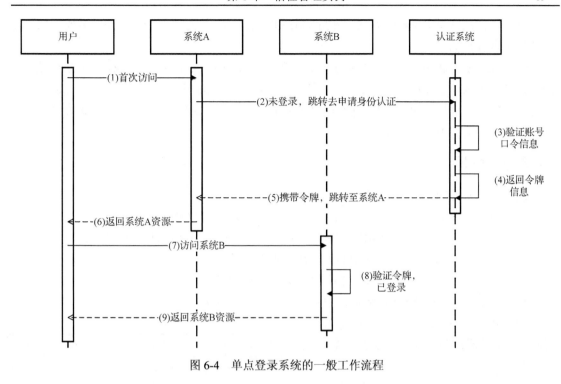

图 6-4　单点登录系统的一般工作流程

第(5)～(6)步，认证系统跳转到系统 A 的页面，同时携带令牌 token，用户在访问资源的时候，系统 A 会进行 token 的校验，此时如果 token 是有效的，则系统 A 根据用户权限返回相应的资源。

第(7)～(9)步，用户访问系统 B，此时如果 token 是有效的，则系统 B 校验用户是已经登录，然后根据用户权限返回相应的资源。

之后，如果长时间没有访问任何一个系统，令牌会因超时而过期，如果用户再次访问系统 A，系统 A 校验 token 已经过期，用户登录状态已经失效，再次跳转到认证系统统一登录页面去认证。

用户退出时，可在系统 A 单击"退出"按钮，系统 A 内部调用认证系统的退出功能，清除会话与令牌。此后，如果用户去访问系统 B，系统 B 校验用户的状态是没有登录。这就实现了登录一次所有权限范围内的系统都可以访问，在任一系统退出，所有系统都退出的功能。

6.2　统一身份认证系统实例

6.2.1　OpenID 概述

OpenID 是一个开放的、去中心化的、以用户为中心的身份识别框架。OpenID 的设计理念是：通过 URI（或者 URL 网址）可以识别一个网站，同理，也可以通过这样的方式来识别一个用户的身份。OpenID 系统的身份认证就是通过 URI 来认证用户身份的。目前绝大部分网站都是通过用户名与口令来登录并认证用户身份的，这就要求用户在每个要使用的网站上注册一个账号。如果使用 OpenID，用户可以在一个提供 OpenID 的网站上注册一个 OpenID，以后就可以使用这个 OpenID 去登录支持 OpenID 的网站，从而实现一处注册、多处使用，进而达到单点登录的目的。

OpenID 包括 OpenID 1.0、OpenID 2.0 和 OpenID Connect 等多个版本。目前最新版本 OpenID Connect 于 2014 年 2 月发布，它实现了与 OAuth 的有机融合，成为 OAuth 2.0 协议之上的一个身份认证层，功能上与 OpenID 2.0 基本相同，本节主要讨论 OpenID 2.0 协议，读者可自行查阅 OpenID Connect 的相关资料。

6.2.2　OpenID 工作机制

OpenID 协议的组成包括三部分。

（1）Relying Party。服务提供者，简称 RP，需要 OP 认证终端用户的身份。

（2）OpenID Provider。OpenID 提供者，简称 OP，对用户身份认证。

（3）End User。终端用户，使用 OP 与 RP 的服务。

OpenID 协议的工作过程主要包括以下步骤，如图 6-5 所示。

（1）终端用户请求登录 RP 网站，用户选择了以 OpenID 方式来登录。

（2）RP 将 OpenID 的登录界面返回给终端用户，请求用户标识，终端用户输入 OpenID。

（3）RP 网站对用户的 OpenID 进行标准化（URL）。

（4）～（5）RP 解析 OpenID，发现 OP 的 URL 和相关协议版本。

（6）～（7）RP 与 OP 间建立一个安全关联。

（8）RP 请求 OP 对用户身份进行认证。

（9）～（10）OP 回应认证请求，可由用户选择允许或拒绝来自 RP 的认证请求，及允许用户选择向 RP 提供的隐私信息。

（11）OP 向 RP 返回认证结果。

（12）RP 对 OP 的认证结果进行验证。

（13）RP 完成对用户的认证。

6.2.3　OpenID 特点分析

OpenID 协议的特点主要包括以下几个方面。

（1）简化注册登录流程。一定程度上避免了重复注册、填写身份资料的烦琐过程，不需要注册邮件确认，登录更快捷。

（2）单点登录功能。一处注册，多处通行。免去记忆大量账号的麻烦，一个

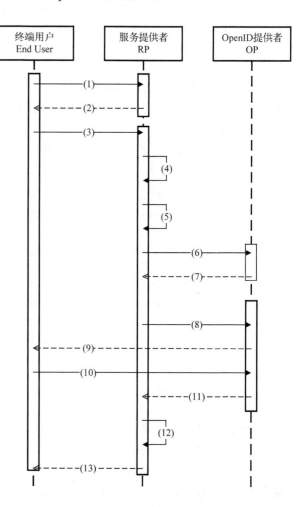

图 6-5　OpenID 协议工作流程

OpenID 就能在任何支持 OpenID 的网站自由登录。

(3)减少口令泄露风险。频繁登录各种网站，容易被垃圾网站暗地里收集用户口令和资料，或者冒充用户身份发送垃圾信息。

(4)用户拥有账号信息控制权。根据对网站的信任程度，用户可以清楚地控制哪些 profile 信息可以被共享，如姓名、地址、电话号码等，用户可以独立地管理和控制其个人标识信息的传播与分发。

6.3　授权系统实例

6.3.1　OAuth 概述

OAuth 是一个关于授权(Authorization)的开放网络标准，在全世界得到广泛应用，目前的版本是 2.0 版。OAuth 协议已经成为开放授权的工业标准协议(IETF RFC 6749)，许多网站采用该协议实现对第三方应用的授权。

在传统的客户端-服务器身份验证模式中，客户端请求服务器上限制访问的资源(受保护资源)时，需要使用资源所有者的凭据在服务器上进行身份验证。例如，某网站 A 需要打印用户储存在网盘 B 中的照片。用户为了使用该服务，必须允许 A 能够读取自己储存在网盘 B 上的照片。传统方法是，用户将自己的用户名和口令告诉 A，A 就可以读取用户的照片了。显然，这种授权方式存在以下安全问题：

(1)授权粒度粗。通过账号授权，网站 A 拥有了用户储存在网盘 B 上所有资料的所有权限(读/写/修改等操作)。

(2)权限撤销问题。用户只有修改口令，才能撤销授予网站 A 的权限。但是这样做，会使得其他所有获得用户授权的第三方应用程序全部失效。

(3)口令泄露风险。只要有一个第三方应用程序被破解，就会导致用户口令泄露，以及所有被密码保护的数据泄露。

OAuth 2.0 允许用户提供一个令牌给第三方网站，一个令牌对应一个特定的第三方网站，同时该令牌只能在特定的时间内访问特定的资源，这种授权无须将用户名和密码提供给该第三方网站。

6.3.2　OAuth 2.0 工作机制

OAuth 2.0 定义了以下四种角色。

资源所有者(Resource Owner)：能够授予访问请求者对受保护资源访问权限的实体。当资源所有者是一个人时，它被称为终端用户。

资源服务器(Resource Server)：托管受保护资源的服务器，能够使用访问令牌接受和响应受保护的资源请求。

客户端(Client)：代表资源所有者并通过其授权发出受保护资源请求的应用程序。术语"客户端"并非特指特定的实现方式(例如，应用程序是否在服务器、台式机或其他设备上执行)。

授权服务器(Authorization Server)：对资源所有者身份验证成功并获得授权之后，向客户端发出访问令牌。授权服务器可以是与资源服务器相同的服务器，也可以是独立的实体。单个授权服务器可以发出多个资源服务器接受的访问令牌。

为解决直接授予第三方应用对资源访问权限时面临的安全问题，OAuth 2.0 引入了授权层，并实现了客户端角色和资源所有者角色的分离。在 OAuth 2.0 中，资源所有者将所属资源托管在资源服务器上，并对其访问权限进行控制，客户端在请求这些资源的访问权限且满足权限时，将被颁发一组访问令牌。OAuth 2.0 中的访问令牌是一个代表特定作用域、生命期以及其他访问属性的字符串，而不是资源所有者的身份凭据，如账号口令。访问令牌由授权服务器在资源所有者认可的情况下颁发给第三方客户端。此时，客户端就可以使用访问令牌访问托管在资源服务器上的受保护资源。

例如，终端用户(资源所有者)可以许可一个打印服务(客户端)访问其存储在图片分享网站(资源服务器)上的受保护图片。终端用户不需要与打印服务分享自己的用户名和口令，而是直接与图片分享网站信任的服务器(授权服务器)进行身份验证，该服务器颁发给打印服务具体的授权凭据(访问令牌)。

OAuth 2.0 协议开始前，客户端要在授权服务器注册，包括指定客户端类型(Web、Mobile、Desktop 应用)，客户端唯一标识 app_id，共享密钥 app_key。OAuth 2.0 协议流程主要包括以下 6 个步骤，如图 6-6 所示。

(1)客户端向资源所有者请求授权。授权请求可直接向资源所有者发起，或通过作为中介的授权服务器间接发起。

(2)资源所有者为客户端发送授权许可。

(3)客户端与授权服务器双向认证并出示授权许可，请求访问令牌。

(4)授权服务器验证客户端身份并验证授权许可，若有效，则颁发访问令牌。

(5)客户端向资源服务器请求受保护资源，并出示访问令牌。

(6)资源服务器验证访问令牌，若有效，则满足该访问请求，发送资源信息。

授权许可是一个代表资源所有者授权(访问受保护资源)的凭据，客户端用它来获取访问令牌。OAuth 2.0 规范定义了四种许可类型：授权码(Authorization Code)、隐式许可(Implicit)、资源所有者密码凭据(Resource Owner Password Credentials)和客户端凭据(Client Credentials)，以及用于定义其他类型的可扩展性机制。其中，授权码是四种类型中功能最完整、流程最严密的方式。

授权码许可类型用于获得访问令牌和刷新令牌，并对可信的客户端进行了优化。由于这是一个基于重定向的流程，客户端必须能够与资源所有者的用户代理(通常是 Web 浏览器)进行交互，并能够接收来自授权服务器的请求(通过重定向)。OAuth 2.0 授权码模式的工作流程示意图如图 6-7 所示。

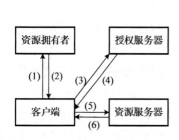

图 6-6　OAuth 2.0 协议流程

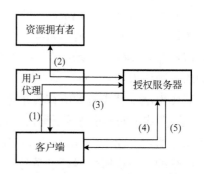

图 6-7　OAuth 2.0 授权码模式工作流程示意图

（1）客户端通过资源所有者的用户代理访问授权服务器启动该流程。客户端请求信息中包括它的客户端标识、请求范围、本地状态和重定向 URI。一旦访问被许可，授权服务器将传送用户代理回到该 URI。

（2）授权服务器通过用户代理验证资源拥有者的身份，并确定资源所有者是否授予或拒绝客户端的访问请求。

（3）如果资源所有者允许访问，则授权服务器使用之前提供的"重定向 URI"将用户代理重定向到客户端。重定向 URI 包括授权码和之前客户端提供的本地状态信息。

（4）客户端通过上一步中收到的授权码，向授权服务器请求访问令牌。当发起请求时，客户端与授权服务器进行身份验证。客户端通过包含授权码的重定向 URI 进行验证。

（5）授权服务器对客户端进行身份验证，验证授权代码，并确保接收的重定向 URI 与在步骤（3）中用于重定向客户端的 URI 相匹配。如果通过，授权服务器响应返回访问令牌与可选的刷新令牌。

第3篇　网络安全互联技术

网络安全问题一直是人们关注的热点问题，直接影响着人们工作、生活、经济等的方方面面。网络安全技术，通过对传输数据安全、网络边界防护、交换数据安全以及攻击检测与防御等手段，防止用户信息泄露、非授权访问以及不可信数据交换，是网络空间安全非常重要的组成部分。本篇重点从边界安全、互联传输安全、可信安全交换以及入侵防御等四个方面，阐述当今网络安全防护的关键技术。

第7章防火墙技术，是网络边界防护的主要技术，本章实例化地阐述防火墙的技术原理及应用方法。

第8章虚拟专用网技术，是网络安全互联、移动安全接入的主要技术，该章将科研成果融入教学内容，形象地阐述虚拟专用网的组成及基本原理，以 IPsec VPN 和 SSL VPN 为例，阐述虚拟专用网的构建方法。

第9章数据安全交换技术，是实现数据交换可信性、可靠性以及安全性的主要技术，该章阐述现有的隔离交换方法，给出可信可控的数据安全交换架构与模式。

第10章入侵检测技术。讨论入侵检测分析方法以及实例系统，以尽快发现、检测出入侵并作出反应，有效弥补静态防护技术的不足，提高系统安全能力。

第11章入侵诱骗技术。研究入侵诱骗机制以及诱骗实例系统，通过诱捕入侵者、分析入侵者攻击途径及攻击方法，达到防御入侵威胁、保护己方网络安全的目的。

第7章　防火墙技术

当主机或局域网终端通过广域网或 Internet 连接外部世界时，防火墙是一种有效的网络防护工具，它在提供网络访问的同时，也保护内网主机和内部网络免受外部的安全威胁。防火墙通常应用在三种场景：一是本地主机和网络之间，二是内部网络与互联网之间，三是内部网络的不同安全域的子网之间。本章描述防火墙的功能和结构，分析防火墙的实现机制和关键技术，展望防火墙的发展趋势。

7.1　防火墙概述

7.1.1　防火墙的概念

防火墙的建筑学概念是指从地基到屋顶构建的石墙或混凝土建筑物，目的是阻止火焰由一个区域向另一个区域蔓延。在交通工具中的应用是作为一道金属绝缘物，把热气或危险的可移动部件与乘客隔离开。网络安全中防火墙的作用也有相似之处，即人们使用专用的设备或软件隔离内部网络与外部网络,阻止基于网络的入侵和威胁,保护内部网络中的设备和敏感信息的安全。

国内外学术界和工业界对防火墙的定义有多种,美国国家安全局制定的《信息保障技术框架》认为防火墙是适用于用户网络边界的安全防护设备。

1994 年,Bellovin 和 Cheswick 在 *Network Firewalls* 一文中定义防火墙为设置在两个网络之间的组件,它依据安全策略只允许授权的信息通过防火墙。1999 年,RFC 2647*Benchmarking Terminology for Firewall Performance* 中定义:防火墙是一个或一组在网络之间强制实施访问控制策略的设备。2014 年,国家标准 GA/T 1177—2014《信息安全技术 第二代防火墙安全技术要求》的定义是:第一代防火墙为一个或一组在不同安全策略的网络或安全域之间实施访问控制的系统,具备包过滤、网络地址转换、状态检测等安全功能。同时定义第二代防火墙是除了具备第一代防火墙的基本功能之外,还具有应用流量识别、应用层访问控制、应用层安全防护、深度内容检测等特征的系统。

本质上,防火墙是一种网络边界访问控制设备,它是置于不同网络安全域之间的一系列软件或硬件的组合,位于不同网络安全域间传输数据的通道上,能根据相关安全策略(包括允许、拒绝、监视、记录等)控制在网络之间或主机与网络之间的通信。

7.1.2　防火墙的功能

防火墙作为访问控制系统,其核心功能包含四类:一是对网络服务进行控制,即控制哪些网络服务的数据流可以通过防火墙,哪些网络服务的数据流禁止通过防火墙等。二是对服务方向进行控制,即控制哪些网络服务在外网,哪些网络服务在内网或DMZ/SSN 区域等。三是对用户进行控制,即控制哪些用户可以使用网络服务,以及哪些网络服务允许使用等。四是对网络行为进行控制,即控制所有具体的网络服务的交互行为是如何实现的。

防火墙功能具体包含包过滤、内容过滤、应用层协议代理、网络地址转换(Network Address Translation,NAT)、审计、用户认证、流量控制、硬件(MAC)地址绑定和负载均衡等。要实现上述功能,防火墙需要满足以下几个重要条件:

(1)内网和外网之间的所有网络数据流必须经过防火墙。

(2)只有符合安全策略的数据流才能通过防火墙。

(3)防火墙自身要能应对渗透免疫。

(4)对网络访问行为进行审计。

(5)Fail-safty,即系统瘫痪时阻止所有流量通过防火墙。

7.1.3　防火墙的策略

防火墙所有规则的实施都需要依据安全策略,防火墙安全策略制定时需要考虑以下内容,这对于制定包括防火墙在内的整体安全防护机制都有着重要作用。

(1)默认策略是允许还是拒绝?默认策略是拒绝时,需要在规则中明确每一个被允许通过的数据包。默认策略是允许时,需要在规则中明确每一个被拒绝通过的数据包。

(2)掌握内网用户打算从外网获取什么样的网络服务,同时,内部网络需要向外网提供什么样的网络服务?

(3)防火墙允许的每一项网络服务是怎么工作的？可能存在的安全隐患有哪些？

(4)哪些用户要使用网络服务？又是谁提供了这些网络服务？

7.1.4　防火墙的类型

按照防护对象，防火墙可以分为桌面或个人计算机防火墙、网络防火墙两类。按照产品类型可以分为软件类防火墙、应用类防火墙和综合类防火墙三类。软件类防火墙安装在通用的操作系统上，使用方便，安全性上要考虑操作系统本身的缺陷，OS 补丁包与防火墙的兼容性等问题；应用类防火墙使用专用硬件和自定义的操作系统，功能比较全面；综合类防火墙使用专用硬件，同时集成了其他安全功能，如 VPN、IDS、邮件过滤，以及"多合一"的接入控制设备，功能更加全面。从防火墙技术的角度又可以分为三类：包过滤防火墙、应用代理防火墙以及电路级网关。下面从技术的角度，进行分类介绍。

1. 包过滤防火墙

包过滤防火墙对收到的 IP 数据包依据一系列规则进行处理，处理结果为转发或丢弃，并有选择地进行日志记录。包过滤的主要检查内容包含 IP 头部信息和 TCP/UDP 头部信息，除此之外，还包括接口、数据流方向(即出包或入包)等。包过滤防火墙不检查 IP 数据包中封装的应用层数据。

还有一类包过滤防火墙称为状态检测防火墙，防火墙除了访问控制规则表外，还有一个防火墙自动产生的状态表。在包过滤的同时，检察数据包之间的关联性以及数据包的状态。状态信息可以包含源地址和目的地址、源端口和目的端口(统称套接字对)、协议类型、连接状态(如 TCP 协议状态)和超时时间等。

2. 应用代理防火墙

应用代理防火墙也称为应用层网关，或应用代理服务器，它工作在 TCP/IP 参考模型中的应用层，扮演着一个消息传递者的角色。它适用于绝大多数网络服务，如 HTTP、FTP 和 SMTP 等。当代理服务器接收到内网用户对外网服务器的访问请求后，会检查该请求是否符合规则，如果规则允许内网用户访问该站点，则代理服务器会像一个普通用户一样向外网服务器发起请求，并接收和转发服务器响应信息给内网用户。

3. 电路级网关

电路级网关本质上是一种代理服务器，它接收客户端连接请求，代理客户端完成网络连接，实现在客户和服务器间中转数据。电路级网关不允许内网主机与外网服务器直接建立 TCP连接，而是由电路级网关建立两个 TCP 连接，假设服务器在外网，则与内网客户端建立一个TCP 连接，与外网服务器建立另一个 TCP 连接。两个连接建立之后，电路级网关就扮演数据中继的角色，在两个 TCP 连接之间快速地转发数据，而不再对每个数据包进行过滤。当然，数据转发的前提条件是允许内网用户与外网服务器进行通信，以此提供网络连接的安全保护。

7.1.5　防火墙的发展

目前，移动办公、云服务、数据中心等业务发展迅速，网络系统面临的安全威胁日益突出，这需要不断更新的防火墙技术来应对新型的威胁。发展中的防火墙应该具备传统企业级防火墙的全部功能，如基础的包过滤、多层状态检测、NAT、VPN 等功能，以及面对一切网络流量时保持高稳定性和可用性。在此之上，防火墙还要具备深度的应用识别和控制、用户控制、终端控制及内容控制、多安全模块智能数据联动和外部安全系统联动等功能。防火墙需要具备 5 个核心要素以对抗新的网络安全威胁。

(1)针对应用、用户、终端及内容的高精度管控。应用识别技术是提高访问控制精细度的关键技术，防火墙的发展趋势就是应用识别与控制能力的逐步提高，持续提升对应用、用户、终端和内容的识别能力，并对加密流量、隧道封装的数据进行识别。新的防火墙应能够控制各类平台化应用的功能，如微信、QQ 的文件传输等，同时还要能够基于用户和终端进行控制，而非传统的 IP 地址，并且能够对某些特定文件的内容进行深入过滤。

(2)多安全模块智能数据联动。对于采用多种手段的复合式攻击，无论事中防御还是事后的溯源，都要求能够将多种安全检测技术融合。其一，有助于数据包仅需一次解码即可匹配所有威胁特征，利于设备性能的提升。其二，对于隐蔽性极强的新型威胁，多安全模块的融合，使得各个安全模块对数据检测过程中产生的信息能够充分关联，彻底改变传统安全设备信息割裂的缺点。

(3)外部安全系统联动。防火墙本地的运算性能和检测能力始终是有限的，下一代防火墙应该具备联动外部安全系统的能力，将云端的海量资源及大数据的高度智能用于判别日趋复杂的威胁。

(4)可视化智能管理。"智能"应该是在多维统计的基础上加以深入的分析，并将结果呈现出来，帮助管理员更加及时地掌握网络现状、风险、事件以及防御效果等，用于支撑安全决策。同时，安全产品的有效性取决于操作安全产品的人员，未来防火墙应当简化配置难度、降低技术门槛并持续提升产品易用性。

(5)高性能处理架构。通过采用高性能处理架构，满足大型数据中心、运营商复杂网络环境的高计算要求，提高应用层数据处理能力，对所有的应用层数据流进行深入分析和威胁检测。

7.2　包过滤技术

1.　包过滤检查规则

使用包过滤技术的防火墙工作在 OSI 模型的网络层上，如图 7-1 所示，依据防火墙包过滤规则对网络数据包进行分析、过滤。具体检查内容如下。

(1)数据包中的协议类型，如 TCP、UDP、ICMP 等。

(2)IP 地址与端口，如源 IP 地址、目的 IP 地址、源端口和目的端口。

(3)TCP 选项，如 SYN、ACK、FIN、RST 等。

(4)协议的数据类型，如 ICMP echo-Requst、ICMP echo- Reply 等。

除此之外，包过滤规则中还可以包括数据包进出的网络接口(如 eth0、eth1 等)，以及链路层 MAC 地址等。

包过滤规则链根据数据流的方向一般分为输入规则链、输出规则链，有些包过滤防火墙中还特别定义了转发规则链，细化了包过滤规则链的管理，如 Linux 防火墙 Netfilter。

包过滤防火墙对于从网络接口上获取的 IP 数据包以及准备发出的数据包，都按照相应规则链中规则的前后顺序进行匹配，对于规则数量比较多，可能存在冲突的情况下，每个规则在相应规则链中的前后顺序很重要。以输入规则链为例，包过滤规则的执行流程如图 7-2 所示。

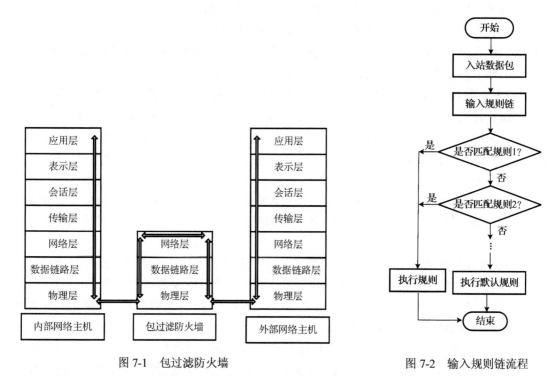

图 7-1　包过滤防火墙　　　　　　　　图 7-2　输入规则链流程

包过滤防火墙工作在网络层，优点在于规则配置简单和易于维护。缺点包含：①包过滤防火墙不检查应用层数据，过滤内容受限。②包过滤防火墙通常没有基于用户的日志，日志功能有限。③一般不支持基于用户身份的接入认证，控制粒度受限。④包过滤防火墙无法满足日益突出的 Web 安全应用需求。

2. 包过滤规则示例

包过滤规则也称为防火墙访问控制列表（ACL），图 7-3 是相应的包过滤防火墙部署示例。

基于以上防火墙部署，这里给出了一个内网用户访问互联网中的 FTP 服务器的包过滤规则示例，如表 7-1 所示。表中前四条规则表示只允许内网用户使用 Internet 中提供的 FTP 服务的 Passive 工作模式，如果互联网中 FTP 服务器仅工作在 Normal 模式，则内网用户无法访问 Internet 中的 FTP 服务。最后一条规则表示默认规则为拒绝一切数据包通过防火墙。

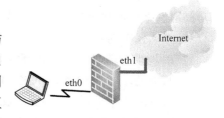

图 7-3　包过滤防火墙部署示例

表 7-1　包过滤规则示例

传输方向	接口	源 IP	目的 IP	源端口	目的端口	协议	ACK	动作
出	eth1	内部	外部	>1023	21	ss	any	允许
入	eth1	外部	内部	21	>1023	TCP	1	允许
出	eth1	内部	外部	>1023	>1023	TCP	any	允许
入	eth1	外部	内部	>1023	>1023	TCP	1	允许
出/入	eth1	any	any	any	any	IP		拒绝

表 7-1 中的 ACK 标志位表示网络服务的方向,ACK=1 表示该流向的数据包不能发送 TCP 连接请求,ACK=any 即不限制 ACK 标志位的值,表示该流向的数据包可以发送 TCP 连接请求。因为 TCP 服务遵循 C/S 工作模式,当 TCP 连接建立时,依据 TCP 标志位 ACK、SYN 等可以限制服务器端和客户端的相对位置。

对网络服务方向的限制是制定防火墙包过滤规则时需要考虑的重要安全因素。对面向连接的 TCP 服务可以限制服务方向,对于无连接的 UDP 或 ICMP 协议数据流也同样可以。

3. 状态检测防火墙

随着包过滤技术在规则链的匹配和系统安全需求的提高,状态检测技术也称为动态包过滤技术逐渐出现。状态检测是指防火墙除了访问控制规则表外,还有一个防火墙自动产生的状态表。在包过滤的同时,检查数据包之间的关联性以及数据包的状态。例如,Linux 防火墙 Netfilter 中的状态包含 NEW 状态(如 TCP 三次握手过程)、ESTABLISHED 状态(如 TCP 连接建立后的通信过程)和 RELATED 状态(如合法通信链路上相应 ICMP 出错报文的传输过程)。表 7-2 是状态检测防火墙的状态表的一个示例。

表 7-2　状态检测防火墙的状态示例

序号	源地址	源端口	目的地址	目的端口	连接状态
1	192.168.0.100	1030	210.9.88.99	80	ESTABLISHED
2	192.168.0.102	1031	213.43.56.234	80	ESTABLISHED
3	192.168.0.102	2386	173.23.66.33	25	ESTABLISHED
4	192.168.1.165	1290	178.34.90.55	80	NEW
5	192.168.1.66	3289	220.12.56.43	21	ESTABLISHED
6	192.168.1.45	8795	210.9.55.112	80	RELATED

状态检测的主要流程一般包括三个阶段:

(1)当用户访问请求到达系统前,状态监视器要抽取有关数据,查询访问规则。

(2)如果数据包符合访问控制规则而被接纳,一方面允许数据包通过,另一方面则认为该连接为合法连接,自动将该连接添加到状态表中。

(3)后续数据包如果属于某合法状态,则直接通过,不再与访问控制规则表进行比较。如果与合法状态不匹配,则依据 ACL 中的包过滤规则进行过滤,然后返回到第 2 阶段。

状态检测防火墙的特性使得它可以实现基于服务的日志。每次 TCP 访问会产生很多数据包，未采用状态检测技术的防火墙所记录的日志是针对每个数据包的，分散地存储在日志文件中，既浪费了系统资源，也不利于事后分析。采用了状态检测技术的防火墙，可以将一次 TCP 访问的所有数据包合并成一条日志，记录这次访问的开始时间、结束时间、双方地址和端口、用户名、硬件地址和流量等数据。

7.3　应用代理和电路级网关

使用应用代理技术的防火墙工作在 OSI 参考模型中的应用层，如图 7-4 所示。目标是可以在应用层上对网络数据包进行深度检查和内容过滤，同时实现基于应用层服务的日志和基于用户的安全审计等功能。

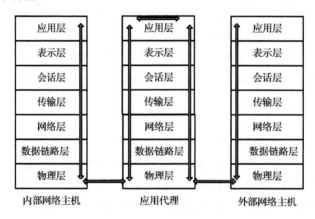

图 7-4　应用代理防火墙

应用代理技术允许防火墙限制对网络协议栈中应用层数据的访问。可以限制用户发送或接收某些特定的内容，如危害社会的言论和不健康内容等，对于每一种应用层网络服务都要对应一个代理进程来进行数据过滤，如图 7-5 所示。

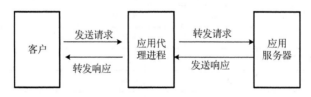

图 7-5　应用代理进程

电路级网关工作在 OSI 参考模型中的传输层，如图 7-6 所示。目标是阻止内网主机与外网主机建立端到端直接的 TCP 连接，电路级网关依据包过滤规则与内网主机和外网主机分别建立 TCP 连接，然后在两端的通信实体之间中继数据，起到包过滤网关的作用。

一个典型实例是 SOCKS，RFC 1928 定义了 SOCKS v5，SOCKS 是一个中继 TCP 会话的协议，使用 1080 端口，允许用户通过防火墙与外网服务器建立 TCP 连接。该协议独立于应用层协议，可以用于许多不同的应用层网络服务，如 WWW、FTP、Telnet、E-mail 等，而且具有较小的计算负载。

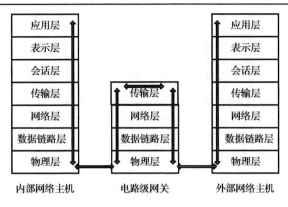

图 7-6　电路级网关

7.4　NAT 技术

NAT 的主要作用包含缓解公网 IPv4 地址不够用问题、隐藏内部网络主机，以及解决内部网络的某些安全路由问题。NAT 的方式主要有三种：静态映射、动态映射和端口地址转换。

1. 静态映射

静态映射是最简单的一种网络地址转换方式，它在 NAT 表中为每一个需要转换的内网地址创建了固定的转换条目，映射了唯一的公网地址，内网 IP 地址与公网 IP 地址一一对应。每当内网主机与外网通信时，由内网到外网的数据的源地址就会转化为对应的公网地址，而由外网到内网的数据的目的地址就会按照 NAT 静态映射表转换为对应的内网地址。静态映射条目实例如表 7-3 所示，表中三个内网 IP 与三个公网 IP 建立静态的一一映射关系。当公网地址够用的情况下，通常采用静态地址映射的方式，实现内网地址到公网地址的映射。

表 7-3　NAT 静态映射表

内网 IP	公网 IP
192.168.1.2	100.0.0.3
192.168.1.3	100.0.0.4
192.168.1.4	100.0.0.5

在如图 7-7 所示的网络环境里，假设防火墙外网口分配了三个公网 IP，静态映射方式按照预先设置的静态映射表（表 7-3），可以同时为三台内网主机进行网络地址转换，当主机 192.168.1.2 访问外网服务器时，防火墙查询静态映射表并将源地址转换为 100.0.0.3，当外网服务器的响应数据返回时，防火墙根据静态映射表将到达 100.0.0.3 的数据包的目的地址转换为 192.168.1.2，然后转发到内网，通信端口一般保持不变。如果有其他内网主机需要与公网主机通信，则需要提前修改静态映射表，例如，在表 7-3 的情况下，192.168.1.26 无法与外网通信。

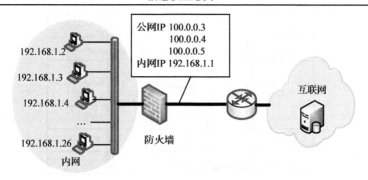

图 7-7　网络拓扑示例

2. 动态映射

相比静态映射方式，在公网地址有限又希望增加内网主机通信数量的情况下，可以采用动态地址映射的方式。它将可用的公网地址集合定义成 NAT 地址池，对于需要与外界进行通信的内网节点，如果还没有建立地址转换条目，防火墙会动态地从 NAT 池中选择未使用的公网地址对内网地址进行转换，同时动态地更新地址映射表。每个转换条目在数据首次到达时动态建立，而在通信终止时会被回收。这样，网络所需的公网地址相比静态映射进一步减少。值得注意的是，当 NAT 池中的公网地址被全部占用以后，新的地址转换申请会被拒绝。所以会使用超时操作选项来回收 NAT 池的公网地址。另外，由于每次的地址转换是动态的，所以同一个内网节点在不同时间段连接时，公网地址可能是不同的。例如，图 7-7 中的防火墙外网口分配了三个公网 IP，即 NAT 地址池中只有三个 IP，当内网主机与外网通信时，防火墙动态更新地址转换表，受公用地址池中 IP 数量的限制，最多可以建立三个内网主机与公网 IP 地址的转换条目，如表 7-4 所示。

表 7-4　NAT 动态映射表

内网 IP	公网 IP
192.168.1.2	100.0.0.3
192.168.1.4	100.0.0.5
192.168.1.26	100.0.0.4

如果公网 IP 地址已经被某个内网主机占用，则只有等待该公网 IP 被防火墙回收后才能使用。对于内网主机并发通信数量多于地址池公网 IP 数量时，该方式无法满足通信需要。

3. 端口地址转换

端口地址转换(Port Address Translation，PAT)是动态映射的一种扩展，当公网地址不够用时，使用 PAT，可以使多个内网主机共享一个公网地址，通过公网地址和端口号来建立内网 IP 与公网 IP 之间的转换条目，这样相比动态映射节省了公网地址空间。NAT 端口地址转换如表 7-5 所示，表中内网 IP 地址加端口作为一个套接字(RFC 793)表示网络上的一个通信端点，它与公网 IP 加端口建立映射，这里防火墙的端口不能重复，否则内网通信端点将不能

区分。防火墙在为内网通信端点建立端口地址转换条目时，会选择未被使用的端口，以保证
内网 IP: Port 与公网 IP: Port 两个集合的一一映射关系。

表 7-5　NAT 端口地址转换表

内网 IP: Port	公网 IP: Port
192.168.1.2: 1037	100.0.0.3: 1458
192.168.1.3: 1677	100.0.0.3: 2200
192.168.1.4: 3856	100.0.0.3: 4902
192.168.1.5: 3943	100.0.0.3: 8501
…	…

我们假设一个网络应用环境来进一步说明端口地址映射的工作机制。例如，在如图 7-8
所示的网络环境中，假设防火墙外网口只有一个公网 IP 地址为 100.0.0.3，内网主机
192.168.1.3:1677 和 192.168.1.2:1037 同时向外网服务器 202.10.10.3:80 发起服务请求，防火墙
通过端口地址转换方式把这两个主机的内网地址都转换成防火墙公网 IP 地址 100.0.0.3，同时
分别使用不同的源端口号 2200、1458，建立 NAT 表，如表 7-5 所示。当外网服务器收到源
地址源端口号为 100.0.0.3:2200 的数据时，响应数据包的目的地址和端口经过防火墙进入内
网，防火墙查询 NAT 表，将目的地址和目的端口号转换为 192.168.1.3:1677；外网服务器对
于源地址源端口号为 100.0.0.3:1458 的数据包，其响应数据包经过防火墙进入内网时，目的
地址和端口被转换为 192.168.1.2:1037。总之，防火墙设定一个或多个可以用作端口地址转换
的公网地址，在内网主机访问外网服务时，端口地址转换方式将把数据包的源私有 IP 地址和
源端口映射到防火墙的公用 IP 地址及其某一个未使用的端口上，在通信连接释放或超过设定
时间后，防火墙回收刚才分配的端口号，以备其他内网主机使用，以此动态地维护端口地址
转换表。

一个普遍应用场景是酒店为用
户提供上网环境，经常采用的就是
PAT 方式。在实际信息系统建设中，
也经常是静态地址映射、动态地址
映射和端口地址转换这三种方式的
不同组合应用。

4. 典型应用

(1) 内网主机访问公网服务器
的应用环境(正向 SNAT 应用)。

防火墙对由内网向公网发送

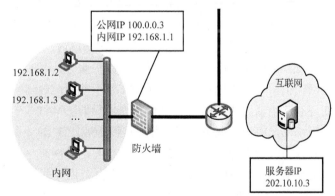

图 7-8　端口地址转换应用

的数据包做源地址转换(SNAT)，替换其源 IP (IP:Port)，实现网络地址转换，满足内网主机访
问外网服务。同时，对由公网返回的数据包做目的地址转换，图 7-8 中的内网主机访问外网
服务就属于这类应用。

(2) 内网私有地址的服务器向公网提供网络服务的应用环境(反向 DNAT 应用)。

为便于公网主机访问内网服务器(如基于互联网电子政务中的企事业应用服务器、E-mail

服务器、DNS 服务器等），防火墙将内网服务器 IP 地址映射为公网地址，对由公网向内网访问的数据包的目的 IP 地址(IP:Port)做目的地址转换(DNAT)，同时，对内网服务器的响应数据包的源地址(IP:Port)做相应地址转换。

在如图 7-9 所示的网络环境中，内网的 192.168.1.3:80 作为 Web 服务器，192.168.1.4:25 作为 SMTP 服务器，对外网用户提供服务，为了保护内网服务器，其安全策略会高于一般内网主机，所以通常将内网服务器部署于一个安全防护级别比较高的区域，该区域也被称为 SSN(Security Servers Networks，安全服务器网络)或 DMZ(De-Militarized Zone，非军事化区域)。公网主机在访问 192.168.1.3 提供的服务时，防火墙需要将内网服务器私有地址和端口 (192.168.1.3:80)静态映射为公网 IP 地址和端口(202.102.3.8:80)。此时，外网主机 202.102.22.40 才能访问内网服务器 192.168.1.3:80。

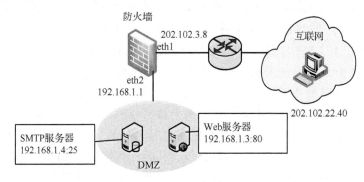

图 7-9　反向 DNAT

(3)内网私有地址的服务器对公网用户提供服务，且内网路由中不允许出现公网 IP 地址，或者内网路由器不转发公网 IP 的应用环境(反向 SNAT 应用)。

在第二种应用即反向 DNAT 应用的基础上，防火墙再将由公网到内网的数据包的源 IP 地址(即公网用户 IP 地址)映射为内网私有 IP 地址，以满足需求。

在如图 7-10 所示的网络环境中，当内网私有地址 192.168.22.3 的服务器对公网用户提供服务，且内网路由中不允许出现公网 IP 地址，或不能因此改变现有路由器路由表时，防火墙首先像反向 DNAT 应用那样，将内网服务器私有地址 192.168.22.3 静态映射为公网 IP 地址 202.12.24.8，其次对由外网进入的所有数据包进行源地址转换，即将公网地址 202.102.22.40 转换为防火墙内网口的私有地址 192.168.1.1，这样，外网主机的服务请求包可以到达内网服务器 192.168.22.3，相应的服务响应包也可以从内网经过 DMZ 路由器传输到防火墙内网

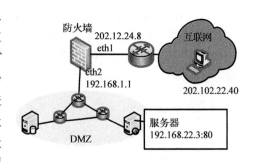

图 7-10　反向 SNAT 应用

口，最后防火墙通过源地址转换和目的地址转换，将 192.168.22.3 -> 192.168.1.1 的数据包转换为 202.12.24.8 -> 202.102.22.40，传输给公网主机。这里省略了端口，并不影响该应用的说明。

7.5 Linux 防火墙应用

7.5.1 Linux 网络防火墙 Netfilter 框架

本节以开源的 Linux 网络防火墙 Netfilter 为例，分别介绍防火墙静态包过滤、状态检测、网络地址转换和远程日志服务的应用。

从 Linux2.4 内核开始采用 Netfilter，它提供了多个表（Tables），每个表由若干链（Chains）组成，而每条链由若干条规则（Rule）组成。我们重点介绍五个规则链的应用：Filter 表中的 INPUT 链、OUTPUT 链和 FORWARD 链，以及 NAT 表中的 POSTROUTING 链和 PREROUTING 链。在 IP 包进入防火墙协议栈网络层的过程中，有五个挂接点（PREROUTING，LOCAL_IN，FORWARD，LOCAL_OUT 和 POSTROUTING），以便于获取数据进行过滤和处理。用户也可以在这五个挂接点上开发自定义的处理函数并编译到内核中，从而不依赖 iptables 工具。图 7-11 显示了数据包流经内核中的 NAT 表和 Filter 表的过程。

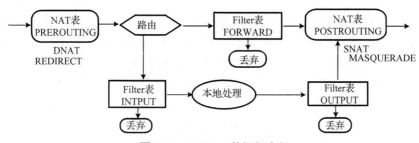

图 7-11 Netfilter 数据包流程

用户通过用户态的工具 iptables 来管理 Linux 防火墙，向内核态的 Netfilter 添加和修改各种规则。其命令基本语法格式为

```
iptables [table] <option> <chain> <matching criteria> <target>
```

为了更好地描述 Netfilter 防火墙的应用，我们假设一个如图 7-12 所示的应用环境，根据给定的通用安全策略，以脚本方式编辑，其中默认策略都是拒绝。

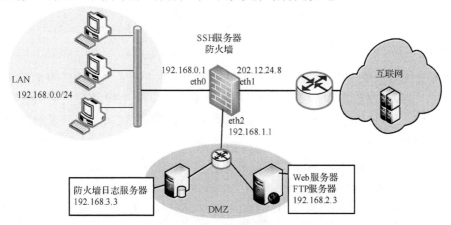

图 7-12 Linux 防火墙应用环境网络拓扑

在开始编写防火墙规则之前，也要注意以下事项：

(1) 对 iptables 的调用应从一个可执行的 shell 脚本开始，而不是直接从命令行执行。

(2) 开始最好从控制台执行 shell 脚本，若从远程终端登录防火墙执行脚本时，注意策略的修改，避免访问被拒绝。

(3) 包过滤规则和 NAT 规则的匹配是按照先后顺序查找并执行的，规则应该遵循"先特殊后一般"的顺序。

(4) 避免使用嵌套过深的自定义规则链。

7.5.2　INPUT 和 OUTPUT 规则链

策略 1：防火墙拒绝内网和公网用户使用 ping 命令测试自身，而允许自身使用 ping 命令测试与其他主机的连通性。目标是提供一定的隐藏性。

静态包过滤规则如下：

```
iptables -A INPUT -p icmp --icmp-type echo-reply -j ACCEPT
iptables -A OUTPUT -p icmp --icmp-type echo-request -j ACCEPT
```

在实际应用中，对于 ICMP 无连接状态的数据包也可以制定相应的状态检测规则。例如，规定一个 ICMP echo 请求是一个 NEW 状态。因此允许 ICMP echo 请求通过 OUTPUT 规则链。当应答返回时，连接状态更新为 ESTABLISHED，因此允许通过 INPUT 规则链。而 INPUT 规则链中不包含 NEW 状态，因此不允许 echo 请求数据包通过 INPUT 规则链，换句话说就是阻止其他主机向本防火墙发送 echo 请求包，允许本防火墙向其他任何主机发送 echo 请求包，同时允许 echo 响应包进入。相关状态检测规则：

```
iptables -A INPUT -p icmp -m state --state ESTABLISHED,RELATED -j ACCEPT
iptables -A OUTPUT -p icmp -m state --state NEW,ESTABLISHED,RELATED -j ACCEPT
```

策略 2：防火墙提供 SSH 服务，允许管理员从内网登录。目标是减少网络服务的开放带来的风险，同时满足管理员远程安全登录。

静态包过滤规则如下：

```
iptables -A INPUT -i eth0 -p tcp --port 1024: -d 192.168.0.1 --dport 23 -j
ACCEPT
iptables -A OUTPUT -o eth0 -p tcp !--syn -s 192.168.0.1 --sport 23 --dport
1024: -j ACCEPT
```

控制服务的方向或应用的请求方是规则编写中的重点。对于面向连接的 TCP 协议来讲，使用参数"! --syn"（非 TCP 连接请求），填写在不允许申请 TCP 连接请求的规则里。如果使用状态检测，则可以使用"NEW"状态，填写在允许申请 TCP 连接请求的规则里。相关状态检测规则如下：

```
iptables -A OUTPUT -o eth0 -p tcp -s 192.168.0.1 --sport 23 --dport 1024: -m
state --state ESTABLISHED,RELATED -j ACCEPT
iptables -A INPUT -i eth0 -p tcp --port 1024: -d 192.168.0.1 --dport 23 -m
state --state NEW,ESTABLISHED,RELATED -j ACCEPT
```

7.5.3　FORWARD 规则链和 NAT 表

Linux 防火墙 Netfilter 完全实现了 NAT 功能。POSTROUTING 链实现目的地址转换（DNAT）功能，PREROUTING 链实现源地址转换 SNAT 和伪装源地址转换 MASQUERADE 功能，MASQUERADE 适用于防火墙外网口 IP 地址是动态分配的环境，无法明确指定要转换的源地址的情况，需要根据实际分配 IP 地址实时转换。

策略 3：内网主机能够使用 ping 命令测试公网主机的连通性，同时访问公网服务器。目标：保证内网主机对公网服务的正常访问。

这里以请求 DNS 和 Web 服务为例，静态包过滤规则：

```
iptables -t nat -A POSTROUTING -s 192.168.0.0/24 -j SNAT --to-source 202.12.24.8
iptables -A FORWARD -i eth0 -o eth1 -p icmp --icmp-type echo-request -j ACCEPT
iptables -A FORWARD -i eth1 -o eth0 -p icmp --icmp-type echo-reply -j ACCEPT
iptables -A FORWARD -i eth0 -o eth1 -p tcp -s 192.168.0.0/24 --sport 1024:
--dport 80 -j ACCEPT
iptables -A FORWARD -i eth1 -o eth0 -p tcp ! --syn --sport 80 -d 192.168.0.0/24
--dport 1024: -j ACCEPT
iptables -A FORWARD -i eth0 -o eth1 -p udp -s 192.168.0.0/24 --sport 1024:
--dport 53 -j ACCEPT
iptables -A FORWARD -i eth1 -o eth0 -p tcp ! --syn --sport 53 -d 192.168.0.0/24
--dport 1024: -j ACCEPT
```

第一条规则的目的是对内网主机进行网络地址转换，采用端口地址转换方式转换为防火墙公网 IP。

为控制网络服务的方向，对非面向连接的 UDP 协议来讲，也可以使用 "NEW" 状态，填写在允许服务请求的规则里，而 "ESTABLISHED，RELATED" 状态，填写在允许通过服务响应的规则里。访问 DNS 服务的状态检测规则：

```
iptables -A FORWARD -i eth0 -o eth1 -p udp -s 192.168.0.0/24 --sport 1024:
--dport 53  -m state --state NEW,ESTABLISHED,RELATED -j ACCEPT
iptables -A FORWARD -i eth1 -o eth0 -p tcp ! --syn --sport 53 -d 192.168.0.0/24
--dport 1024: -m state --state ESTABLISHED,RELATED -j ACCEPT
```

策略 4：DMZ 区域的服务器 192.168.2.3 对公网用户提供 Web 服务，服务端口为 8000，对外发布的服务地址端口是 202.12.24.8:80。同时，192.168.2.3 对内网用户提供 FTP 服务（PASV 模式），目标是保证内网服务器对公网用户和内网用户提供正常服务。

```
iptables -t nat -A PREROUTING -i eth1 -p tcp -d 202.12.24.8 --dport 80 -j DNAT
--to-destination 192.168.2.3:8000
iptables -A FORWARD -i eth1 -o eth2 -p tcp --sport 1024: -d 192.168.2.3 --dport
8000 -j ACCEPT
iptables -A FORWARD -i eth2 -o eth1 -p tcp ! --syn -s 192.168.2.3 --sport 8000
--dport 1024: -j ACCEPT
iptables -A FORWARD -i eth0 -o eth2 -p tcp -s 192.168.0.0/24 --sport 1024:
-d 192.168.2.3 --dport 21 -j ACCEPT
iptables -A FORWARD -i eth2 -o eth0 -p tcp ! --syn -s 192.168.2.3 --sport 21
```

```
-d 192.168.0.0/24 --dport 1024: -j ACCEPT
    iptables -A FORWARD -i eth0 -o eth2 -p tcp -s 192.168.0.0/24 --sport 1024:
-d 192.168.2.3 --dport 1024: -j ACCEPT
    iptables -A FORWARD -i eth2 -o eth0 -p tcp ! --syn -s 192.168.2.3 --sport 1024:
-d 192.168.0.0/24 --dport 1024: -j ACCEPT
```

第一条规则的目的是为 DMZ 服务器以静态映射方式进行 NAT，通信端口也做相应改变。

策略 5：在策略 5 的基础上，规定 DMA 区域内的路由器不对公网 IP 进行转发。目标是保证内网服务器对公网用户提供正常服务的同时，增强安全性或满足管理需要。

防火墙在原有规则的基础上，还增加一条规则，对由公网到 DMZ 服务器的数据包进行源地址转换。

```
iptables -t nat -A POSTROUTING -o eth2 -p tcp -s ! 192.168.0.0/24 --sport 1024:
-d 192.168.2.3 --dport 8000 -j SNAT --to-source 192.168.1.1
```

7.5.4 专用远程日志服务

防火墙日志管理尤其是防火墙日志安全存储也是防火墙使用过程中的一项重要工作，对于安全事件的实时发现、事后追踪、取证等活动具有重要作用，不能忽视。

Linux 防火墙日志属于内核类别 kern.*，安全级别属于警告级别 warning/warn，级别为 4，即 kern.warn。防火墙日志默认存放在/var/log/messages 中，也可以将日志文件存放在指定文件里，如/var/log/iptableslog，便于查询。编辑 syslog 配置文件/etc/syslog.conf，增加：

. kern.warning   /var/log/iptableslog   //该文件需要提前建立

然后重启 syslog：

./etc/init.d/syslog restart

日志规则必须放在相应的包过滤规则之前，否则不会对匹配的数据包记录日志。例如，对来自接口 eth1 的 icmp 协议数据包做日志，其规则如下：

```
iptables -A INPUT -i eth0 -p icmp -j LOG  --log-level 4
iptables -A INPUT -i eth0 -p icmp -j ACCEPT
```

策略 6：将防火墙日志信息同步存放于专用远程日志服务器 192.168.3.3 中。目标是将防火墙上的所有日志信息保存到专用日志服务器上，便于安全存储、事故分析与追责。

编辑文件/etc/syslog.conf ，增加：

kern.warn @IP_ADDR (@192.168.3.3)

或

. @IP_ADDR //保存防火墙所在宿主机的所有日志信息到远程日志服务器

配置远程日志服务器，编辑日志服务器本地文件/etc/sysconfig/syslog ，添加：

SYSLOGD_OPTIONS="-r -m 0" //参数-r 表示打开远程日志功能

添加防火墙包过滤规则，允许日志信息从防火墙发到专用日志服务器：

```
iptables -A OUTPUT -o eth2 -p udp -s 192.168.1.1 -d 192.168.3.3 --dport 514
-j ACCEPT
```

第8章　虚拟专用网技术

虚拟专用网络技术，是实现安全组网，确保数据安全传输的重要技术手段。本章从 VPN 概念、VPN 构成以及基本原理几个方面阐述 VPN 的本质，给出两类常见的经典的 VPN 构建技术 IPsec VPN 和 SSL VPN，讲述网络层安全隧道协议 IPsec 和传输层安全隧道协议 SSL，阐述其工作过程以及存在的问题。最后，从移动安全接入和网络安全互联两个角度，给出两个典型的 VPN 应用方案。

8.1　虚拟专用网技术概述

8.1.1　虚拟专用网概念

VPN 技术是随着现代网络技术和 Internet 的发展而产生的网络安全互联技术。早期网络互联的方式主要采用专用网络，租用 PSTN、X.25、FR 或 DDN 等线路，形成本单位的专网，其主要优点是安全性、带宽及服务质量 QoS 都能得到保证，缺点是经济成本较高。随着互联网的快速发展，特别是宽带 IP 技术的产生和发展，Internet 的服务质量(QoS)和带宽得到了改善，可靠性和可用性增强。利用 Internet 的可靠性与便捷性，以及网络安全技术，构建类似专网的网络成为可能，IP-VPN 技术应运而生。

RFC 2547 将 VPN 定义为将连接在公共网络设施上的站点集合，通过应用一些策略建立了许多由一些站点组成的子集，当两个站点至少属于某个子集时，它们之间才有可能通过公共网络进行 IP 互联，每个这样的子集就是一个 VPN。该定义主要从组网的角度来阐述，更关注站点之间的互通关系。

也有学者将 VPN 定义为利用不安全的公用互联网作为信息传输媒介，通过附加的安全隧道、用户认证等技术实现与专用网络相类似的安全性能，从而实现对重要信息的安全传输。该定义是从安全传输的角度来阐述的，其关注的是载体、技术、目标。

上述两个 VPN 定义，都从不同的侧面反映了 VPN 内涵，但具有片面性。综合上述的定义，国内最具有代表性、最为确切的定义为：

IP-VPN 就是指利用公共 IP 网络设施，将属于同一安全域的站点，通过隧道技术等手段，并采用加密、认证、访问控制等综合安全机制，构建安全、独占、自治的虚拟网络。

该概念首先反映了 VPN 是一个虚拟的网络，其次，反映了 VPN 的主要特征，更强调了 VPN 安全传输与组网的功能 IP-VPN 的四个本质特征为：

(1)基于公共的 IP 网络环境。这是 VPN 构建的环境，由于像互联网这样的 IP 网络环境建构在 TCP/IP 协议之上，有着业界最广泛的支持，利用 VPN 技术组网更加便利、经济、可靠、可用，同时组网灵活，具有良好的适应性和可扩展性。

(2)安全性。采用网络安全技术来保证同一"安全域"内网络信息的机密性、完整性、可鉴别性和可用性。这样才能达到 IP-VPN 真正意义上的"专用、私有"。这也是 VPN 的关键所在。

(3)独占性。这是用户使用 VPN 时的一种感觉，其实是与其他用户或单位共享该公用 IP 网络设施，独占感也是"专用、私有"的内涵之一。

(4)自治性。虚拟专用网络尽管是公共网络虚拟构建的，但同传统的专用网一样，它是一个自治网络系统，必须具备网络的可用性、可管理性等网络管理功能，VPN 是自成一体的独立网络系统，具有协议独立性，即具有多协议支持的能力。

8.1.2　虚拟专用网分类

1. 按 VPN 应用模式分类

(1)拨号 VPN。拨号 VPN 是依托服务提供商拨号网络和公共 IP 网络而构建的 VPN，用于解决远程用户拨号接入企业内部网络问题，是目前 ISP(Internet Service Provider，服务提供商)提供给用户远程安全访问的主要手段。它主要通过 ISP 的 VPN 拨号服务器将 PPP 连接经互联网逻辑地延伸到企业网中，就好像直接拨入企业网一样，从而达到安全接入与节省连接经费的目的。

(2)路由 VPN。路由 VPN 是一种广泛使用的 IP-VPN 模式，简称 VPRN。VPRN 有两种构建方式：一是由 ISP 提供构建 VPN 的服务，二是由企业在自己的内部网与接入互联网等公用 IP 网的出口路由器之间部署 IP-VPN 安全网关。目前大多采用第二种方式构建 VPN，其组网仍为原来的路由方式，可以灵活地构建多 VPN，如总部与分支机构构建的 Intranet，或者总部与合作伙伴之间构建的 Extranet；这种 VPN 方式的安全性牢牢地掌握在企业自己的手中，安全性更高。路由 VPN 在关键业务网络中应用较为广泛，企业几乎无须改变原来的网络配置即可实现。

(3)局域网 VPN。局域网 VPN 与路由 VPN 的接入形式相似，但两者在组网方式上有一定的区别。路由 VPN 是以路由方式提供 WAN 互联，而局域网 VPN 是在远程的"网络"间，形成 LAN 网段的 VPN 应用，它的组网方式类似"网桥"的互联方式。

(4)虚拟专线 VPN。虚拟专线 VPN 是一种简单的应用模式。它是将用户的某种专线连接，如 ATM、FR 等，变为本地到 ISP 的专线连接，然后利用 Internet 等 IP 公用网络模拟(虚拟)相应的专线，用户的应用就像原来的专线连接一样。

2. 按照安全隧道协议进行分类

按照隧道协议工作的层次不同，VPN 分为 PPTP/L2TP VPN、MPLS VPN、IPsec VPN、SSL VPN 等类型。

(1)PPTP/L2TP VPN 采用的是第二层隧道协议，工作在链路层，主要通过 PSTN 进行远程拨号访问，其安全性依赖于 PPP 的安全性。

(2)MPLS VPN 采用的是多协议标记交换协议 MPLS。MPLS 通过标记交换的转发机制，把网络层的转发和数据链路层的交换有机地结合起来，实现了"一次路由多次交换"，用"标记索引"代替"目的地址匹配"，由于采用固定长度的标记，标记索引能够通过硬件实现，从而大大提高了分组转发效率。它解决的是一般意义上的"私有化"问题，而不是"秘密性、保密性"问题。

(3)IPsec VPN 采用的隧道协议为 IP 安全协议簇，工作在网络层。它有效地解决了利用公共 IP 网络互联的问题，其最大特色就是具有很高的安全性。IPsec 是目前直接采用密码技术的安全协议，是目前较为安全的协议簇。当我们采用 VPN 技术解决网络安全问题时，IPsec VPN 协议是最佳的选择。

　　(4) SSL VPN 采用的隧道协议为安全套接层协议，工作在传输层与应用层之间。它利用代理技术实现数据包的封装处理功能，主要用于保障 Web 访问的传输安全。

8.2　虚拟专用网工作原理

8.2.1　VPN 构成要素

　　VPN 是依托于互联网等公共网络构建的虚拟专用网络。一个 VPN 主要由 VPN 构建的所有参与者组成，即由同一安全域内的 VPN 实体、VPN 成员等组成，是指能够实现安全组网功能的实体与成员，如图 8-1 所示。

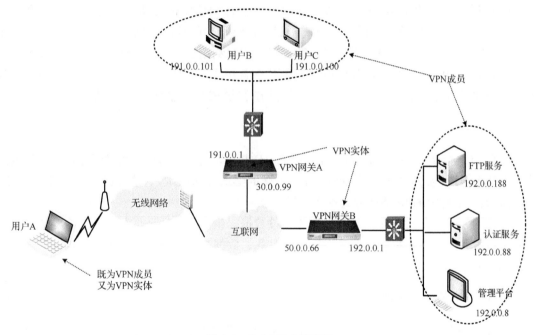

图 8-1　VPN 组成示意图

　　1. VPN 实体

　　VPN 实体是指构建 VPN 的 VPN 设备或装置。VPN 实体可能是独立的设备，如 VPN 安全网关；也可能是嵌入其他系统中的软件或软硬结合的装置，如端系统 VPN 安全中间件、IPsec 协议卡等软硬件装置。

　　2. VPN 成员

　　VPN 成员是指由 VPN 设备所保护的子网、主机或用户。例如，在路由 VPN 中，VPN 成员通常是指由 VPN 安全网关保护的一个子网；而在基于端系统的 VPN 中，VPN 成员就是由端系统 VPN 装置保护的一台主机或受保护的用户。

3. 安全域

安全域就是指具有某种共同安全利益关系，并在需要时允许进行密码通信的可信实体集。VPN 参与者所在的安全域称为 VPN 安全域。

VPN 安全域是一个由可信的 VPN 实体集、VPN 成员集等组成的实体集合，其中，VPN 实体集和被其保护的 VPN 成员间具有某种共同安全利益关系，并在需要时允许通过由该 VPN 实体集的实体构建的安全隧道进行安全通信。VPN 安全域具有三个要点：一是安全域内的 VPN 成员和 VPN 实体必须是可信的，相互之间具有信任关系，可以相互进行实体认证；二是安全域内的 VPN 成员和 VPN 实体必须具有某种共同的安全利益关系；三是在这个 VPN 模型中只有同一安全域内的 VPN 实体之间才可以建立安全隧道，进行安全通信。

8.2.2　VPN 隧道机制

IP 隧道代替了传统 WAN 互联的"专线"，是组建虚拟网络的基础。IP 隧道是一种逻辑上的概念，封装是构建隧道的主要技术，通过将网络传输的数据实现 IP 的再封装，实现了被封装数据的信息隐蔽和抽象。因而可以通过隧道实现利用公共 IP 网络传输其他协议的数据包；另外通过 IP 隧道传输 IP 数据报时，利用一个 IP 封装到另一个 IP 的特点，很容易实现私有地址和公网地址的独立性。这些优势使得 IP 隧道成为构建 IP-VPN 的基础。

1. IP 安全隧道

IP 隧道是指基于 IP 网络并通过 IP 封装技术实现数据传输的特殊的逻辑通道。逻辑通道建立在两个 VPN 实体之间，隧道两端 VPN 实体的隧道 IP 地址固定时，该隧道称为静态隧道，隧道 IP 地址不确定的 IP 隧道称为动态隧道。

IP 安全隧道，简称安全隧道，是指为传输数据提供安全性服务的隧道。安全隧道所提供的安全性服务主要包括机密性服务、完整性服务、数据源验证服务等，可以根据需要选择其中的部分或全部安全服务。

2. IP 隧道的封装机制

封装是构造隧道的基本手段，它使得 IP 隧道实现了信息隐蔽和抽象，为 VPN 提供地址空间独立、多协议支持等机制奠定了基础。地址空间独立，是指用户在 VPN 中，其地址空间不受公共 IP 网络的影响，拥有自己独立的地址空间，可以与公共 IP 网络的地址空间重叠。多协议支持是指在 VPN 中既可以支持 IP 网络协议，也可支持非 IP 网络协议，其目的是可以实现异构网络跨 IP 网络通信，如 ATM over IP。VPN 中还应探讨封装与现有专用服务的结合机制，以实现 VPN 中自己的 DHCP、DNS 服务等。

3. IP 隧道的实现机制

IP 隧道的实现层次可以是链路层、网络层、传输层，它们各自均有应用优缺点，对于 IP 隧道究竟是采用第二层隧道、第三层隧道还是第四层隧道，要看 VPN 应用的场合。第二层隧道目前主要基于虚拟的 PPP 连接，如 PPTP、L2TP 等，其主要优点是协议简单，易于加密，特别适宜于为远程拨号用户接入 VPN 提供虚拟 PPP 连接。但由于 PPP 会话会贯穿整个隧道，并终止在用户网内的网关或 RAS 服务器上，所以需要维护大量的 PPP 会话连接状态，而 IP 隧道会造成 PPP 对话超时等问题，加重了系统的负荷，会影响传输效率和系统的扩展性。第三层隧道由于是 IP in IP，如 IPsec，在可靠性及可扩展性方面具有明显的优势，特别适宜于 LAN to LAN 的互联。而第四层隧道由于采用安全套接字，以代理的方式，较适合于基于 Web 的数据安全传输，具有零客户端的优点，但也具有扩展性差的问题。

IP 隧道协议的封装层次及其运行实例如图 8-2 所示。隧道内包括三种协议：乘客协议、隧道封装协议和承载协议。其中，承载协议把隧道协议作为数据来传输，隧道协议把乘客协议作为数据来传输。乘客协议为封装在隧道内的协议；隧道协议即封装协议，用来创建、维护和撤销隧道；承载协议用来

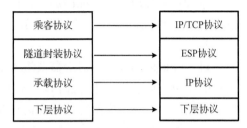

图 8-2　IP 隧道协议封装层次及其运行实例

运载乘客协议。例如，在 IPsec VPN 中，IP 为承载协议，ESP（Encapsulation Security Payload，封装安全载荷）为隧道封装协议，乘客协议为 IP 协议或 TCP/UDP/ICMP 协议等。

8.2.3　VPN 基本工作原理

无论哪一种 VPN，其基本工作原理具有相通性，VPN 基本工作原理如图 8-3 所示。图中 IP-VPN 设备 A 保护的内部子网是 LAN1，IP-VPN 设备 B 保护的另一内部子网是 LAN2。部署于网络边界的两个 IP-VPN 设备，为内部子网 LAN1 和 LAN2 之间的安全互联提供了安全隧道。

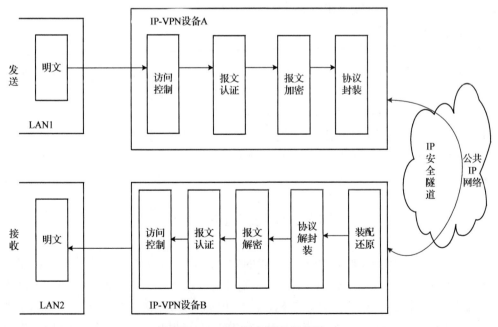

图 8-3　VPN 基本原理示意图

IP-VPN 设备包括的基本功能有访问控制、报文认证、报文加/解密、IP 隧道协议封装/解封装等。VPN 基本工作过程主要包括发送、接收等。

1. 发送过程

访问控制：VPN 设备采用基于安全策略的访问控制。当发送端的明文进入 VPN 设备时，首先由访问控制模块决定是否允许其外出到公网，若允许外出，应根据设定的安全策略，确定是直接明文外出，还是应该加密、认证而经由 IP 安全隧道传输到远程的 VPN 的另一个站点，该站点可能是 LAN、园区网甚至端系统。当然，还可能包括其他的安全处理策略，如审计策略等。

进入隧道前的处理：对于需要进入隧道传递的报文，一般根据设定的安全关联，按照所选择的安全协议的规定进行加密，以保证报文的机密性；而后利用 HMAC 之类的算法进行消息认证处理，保证报文的完整性和信息源的可鉴别性。

关于加密和认证的顺序，也可先认证后加密，这取决于所采用的安全协议。例如，在 IPsec 协议簇中，ESP 用于加密和认证，而 AH（Authentication Header，认证头）仅用于认证，通常人们采用 ESP 加密、AH 认证的组合，但隧道模式下的 ESP 和 AH 的顺序并未严格规定。

隧道封装：最后按进入公共 IP 网络的要求，用目的端在公共网络上的合法 IP 地址，重新进行 IP 封装，这就是隧道封装。封装后的分组，在公共 IP 网络可以按封装地址到达目的地。

IP 封装的目的是使得采取加密和认证措施的报文在公网上能正常传递至目的端。IP 封装使得 IP-VPN 可以支持多协议、多址传送。

进入“隧道”在公网上传送：由于是按公网的地址要求进行 IP 封装，所以能非常方便地在公共 IP 网络上传递。因为这些包经过加密、认证和再封装，所以数据包就像通过一个加密“隧道”而直接送入接收方，其他用户不知道，也不能篡改或伪造仿冒所传递的内容。所以，IP 安全隧道解决了信息在公共 IP 网络上的安全传递。

2. 接收过程

接收过程与发送过程相对应，接收方首先进行报文的装配（如果网络进行了碎包处理）、解封还原，再经过认证、解密得到明文，最后由访问控制模块决定该报文是否符合安全的访问控制规定，是否能够进入指定的 LAN 或主机。

通过上述对安全隧道的一般工作过程的讨论，我们可以知道，安全协议和隧道技术是 IP-VPN 技术的核心，保证了在公共 IP 网络上传递信息的安全性，这是保证 IP-VPN 虚拟专用的基础。

8.3　IPsec VPN 技术

IPsec 的设计是为了弥补 TCP/IP 协议簇的安全缺陷，为 IP 层及其上层协议提供保护而设计的。它是由 IETF IPsec 工作组于 1998 年制订的一组基于密码学的安全的开放网络安全协议，总称 IP 安全（IP Security）体系结构，简称 IPsec。IPsec 协议是目前公认的基于密码学的较为安全的安全通信协议，它是构建 IPsec VPN 的基础协议。它工作在 IP 层，提供访问控制、无连接的完整性、数据源认证、机密性、有限的数据流机密性以及防重放攻击等安全服务。

8.3.1　IPsec VPN 协议体系

RFC 2401 文档给出了 IPsec VPN 协议体系，系统地描述了 IPsec VPN 协议的组成、工作原理、系统组件以及各组件是如何协同工作提供上述安全服务的。

1. IPsec 协议架构

IPsec 协议主要由 AH 协议、ESP 协议以及负责密钥管理的 IKE（Internet Key Exchange，因特网密钥交换）协议组成，各协议之间的关系如图 8-4 所示。

（1）IPsec 协议体系。它包含了概念、安全需求、定义 IPsec 的技术机制。

（2）AH 协议（认证头协议）。它是 IPsec 协议的主要传输协议，提供访问控制、数据源认证、无连接完整性保护和防重放攻击等功能。

（3）ESP（封装安全载荷协议）。它不仅提供访问控制、数据源认证、无连接完整性保护和防重放攻击等功能，还具有机密性保护和有限机密性保护功能。

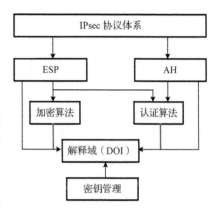

图 8-4　IPsec 协议体系结构

（4）解释域（Interpretation of Domain，DOI）。为了 IPsec 通信两端能交互，通信双方应该理解 AH 协议和 ESP 协议载荷中各字段的取值，因此通信双方必须保持对通信消息相同的解释规则，即应持有相同的解释域。

IPsec 至少已给出了两个解释域：IPsec DOI、ISAKMP DOI。它们各有不同的使用范围。解释域定义了协议用来确定安全服务的信息、通信双方必须支持的安全策略、规定所提议的安全服务时采用的句法、命名相关安全服务信息时的方案，包括加密算法、密钥交换算法、安全策略特性和认证中心等。

（5）加密算法和认证算法。ESP 涉及这两种算法，AH 仅涉及认证算法。加密算法和认证算法在协商过程中，通过使用共同的 DOI，具有相同的解释规则。ESP 和 AH 所使用的各种加密算法和认证算法由一系列 RFC 文档规定，而且随着密码技术的发展，不断有新的加密算法与认证算法可以用于 IPsec，有关 IPsec 中加密算法和认证算法的文档也在不断增加与发展。

（6）密钥管理。IPsec 密钥管理主要由 IKE 协议完成。准确地讲，IKE 用于动态建立安全关联 SA 及提供所需要的经过认证的密钥材料。IKE 的基础是 ISAKMP（Internet Security Association and Key Management Protocol）、Oakley 和 SKEME 三个协议，它沿用了 ISAKMP 的基础、Oakley 的模式以及 SKEME 的共享和密钥更新技术。需要强调的是，虽然 ISAKMP 称为 Internet 安全关联和密钥管理协议，但它定义的是一个管理框架。ISAKMP 定义了双方如何沟通，如何构建彼此间的沟通信息，还定义了保障通信安全所需要的状态变换。ISAKMP 提供了对对方进行身份认证的方法，密钥交换时交换信息的方法，以及对安全服务进行协商的方法。

（7）策略。决定两个实体之间能否通信，以及如何通信。IETF 专门成立了 IPSP（IP 安全策略）工作组，负责策略的标准化工作。

2.　安全关联

SA 是 IPsec 的基础。AH 和 ESP 协议均使用 SA 进行隧道封装处理，IKE 协议的一个主要目标就是动态建立 SA。

SA 是指通信对等方之间为了给需要受保护的数据流提供安全服务而对某些要素的一种协定，如 IPsec 协议（AH 或 ESP）、协议的操作模式（传输模式或隧道模式）、密码算法、密钥、用于保护它们之间数据流的密钥的生存期。SA 结构如图 8-5 所示。

隧道源IP	隧道目标IP	隧道协议	工作模式	SPI	SA密码参数			
					密钥	算法ID	生存期	…
25.0.0.76	66.168.0.88	ESP	传输	135	*****	***	****	…

图 8-5　SA 结构

SA 具有以下特点：

（1）SA 的单向性。IPsec SA 是指使用 IPsec 协议保护一个数据流时建立的 SA，这也是为了同 ISAKMP SA 和 IKE SA 的概念相区别。A、B 两台主机通信时，主机 A 和主机 B 都需要一个处理外出包的输出 SA，还需要一个处理进入包的输入 SA 。因此，IPsec SA 是单向的。

（2）SA 的生存期。SA 具有生命周期，生存期可指时间间隔，也可指 IPsec 协议利用该 SA 来处理的数据量的大小。当一个 SA 的生存期过期时，要么终止并从 SAD 中删除该 SA，要么用一个新的 SA 来替换该 SA。

（3）SA 用一个<安全参数索引、目的 IP 地址、安全协议（AH 或 ESP）>的三元组唯一标识。

原则上，IP 地址可以是一个单播地址、IP 广播地址或组播地址，但是目前 IPsec SA 管理机制只定义了单播 SA，因此，本书中讨论的 SA 都指点到点的通信。安全参数索引是为了唯一标识 SA 而生成的一个整数，包含在 AH 和 ESP 协议头中传输。因此，IPsec 数据报的接收方很容易识别出安全参数索引，组合成三元组来搜索 SAD，以确定与该数据报相关联的 SA 或 SA 集束。

SA 集束：一个 SA 不能同时对 IP 数据报提供 AH 和 ESP 保护，如果需要提供多种安全保护，就需要使用多个 SA。当把一系列 SA 应用于 IP 数据报时，称这些 SA 为 SA 集束。SA 集束中多个 SA 对同一数据流进行多层保护，实现时对同一数据流进行嵌套处理。SA 集束还可以用于隧道转发和嵌套隧道的保护中。

SA 的两种类型：传输模式的 SA 和隧道模式的 SA。定义用于 AH 或 ESP 的隧道操作模式的 SA 为隧道模式 SA，而定义用于传输操作模式的 SA 为传输模式 SA。传输模式的 SA 是两台主机之间的安全关联；隧道模式的 SA 主要应用于 IP 隧道，当通信的任何一方是安全网关时，SA 必须是隧道模式，因此两个安全网关之间、一台主机和一个安全网关之间的 SA 总是隧道模式。综上，主机既支持传输模式的 SA，也支持隧道模式的 SA；安全网关要求只支持隧道模式的 SA，但是当安全网关以主机的身份参与以该网关为目的地的通信时，也允许使用传输模式的 SA。

3．安全策略

在 IPsec 协议中，安全策略是指 VPN 成员能够干什么，或者说 VPN 成员之间是否具有通信关系的约束规则。安全策略通常包括条件和动作，条件包括数据包中的源地址、目标地址、协议及端口号等信息，动作主要包括 ACCEPT（直接绕过）、DENY（丢弃）、VPN（应用安全服务）等三类。其结构如图 8-6 所示。

（1）直接绕过（ACCEPT）。绕过表示不对这个包应用安全服务，通过路由直接转发数据，不进行任何处理。

（2）丢弃（DENY）。丢弃表示不让这个包进入或离开，直接丢弃数据包。

（3）应用安全服务（VPN 处理），即 VPN 安全策略。对过往的数据包进行 VPN 安全处理。

源地址/源掩码	目标地址/目标掩码	协议	端口	策略
25.0.0.76	66.168.0.88	*	*	ACCEPT/DENY/VPN

图 8-6　安全策略结构

8.3.2　IPsec 工作模式

IPsec 协议（AH 和 ESP）支持传输模式和隧道模式。AH 和 ESP 头在传输模式和隧道模式中不会发生变化，两种模式的区别在于它们保护的数据不同，一个是 IP 包，另一个是 IP 的有效载荷。

1．传输模式

传输模式中，AH 和 ESP 保护的是 IP 包的有效载荷，或者说是上层协议，如图 8-7 所示。在这种模式中，AH 和 ESP 会拦截从传输层到网络层的数据包，流入 IPsec 组件，由 IPsec 组件增加 AH 或 ESP 头，或者两个头都增加，随后，调用网络层的一部分，给其增加网络层的头。传输模式适合于端对端的应用场景，如两颗移动的卫星之间、手机之间、笔记本之间。

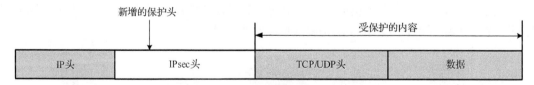

图 8-7　传输模式数据包封装方法

下面我们看一个传输模式的典型应用，如图 8-8 所示。如果要求主机 A 和主机 B 之间流通的所有传输层数据包都要加密，则可选择采用 ESP 的传输模式；如果只需要对传输层的数据包进行认证，也可以使用 AH 的传输模式。这种模式中，IPsec 模块安装于 A、B 两个端主机上，对主机 A 与主机 B 之间的数据进行安全保护。

这种模式具有以下优点：一是即使内网中的其他用户，也不能理解在主机 A 和主机 B 之间传输的数据的内容；二是各主机分担了 IPsec 处理负荷，避免了 IPsec 处理的瓶颈问题。

图 8-8 传输模式的应用场合

这种模式的缺点包括以下几个方面：一是内网中的各个主机只有使用公有 IP 地址，而不能使用私有 IP 地址，才能在公网上进行路由与传输；二是由于每一个需要实现传输模式的主机都必须安装并实现 IPsec 协议，因此对端用户来说实现难度加大；三是用户为了获得 IPsec 提供的安全服务，必须消耗内存、花费主机的处理时间；四是暴露了子网内部的拓扑结构，没有实现流机密性保护。

2. 隧道模式

隧道模式中，AH 和 ESP 保护的是整个 IP 包，如图 8-9 所示。隧道模式首先为原始的 IP 包增加一个 IPsec 头，然后在外部增加一个新的 IP 头。所以 IPsec 隧道模式的数据包有两个 IP 头——内部头和外部头。其中，内部头由主机创建，而外部头由提供安全服务的安全设备添加。原始 IP 包通过隧道从 IP 网的一端传递到另一端，沿途的路由器只检查最外面的 IP 头。隧道模式适合于子网之间、端到子网间的互联场景，比如移动终端远程接入内部网络之中、公司总部与分支机构之间互联等。

图 8-9 隧道模式数据包封装方法

当被保护的对象为一个子网时，子网中的成员可以透明地享受安全设备的保护，此时需要采用隧道模式。图 8-10 示例了隧道模式的一个典型应用。

图 8-10 隧道模式的应用场合

隧道模式中，IPsec 处理模块安装于安全网关 1 和安全网关 2 上，由它们来实现 IPsec 处理，此时位于这两个安全网关之后的子网被认为是内部可信的，称为相应网关的保护子网。保护子网内部的通信都是明文的形式，但当两个子网之间的数据包经过安全网关 1 和安全网关 2 之间的公网时，将受到 IPsec 机制的安全保护，主机 A 与主机 B 分别是通信的起点与终点，安全网关 1 与安全网关 2 分别是隧道的起点与终点。

这种模式有以下优点：一是保护子网内的所有用户都可以透明地享受安全网关提供的安全保护；在传输中隐藏了子网内部的拓扑结构，保证了流机密性；子网内部的各个主机可以使用私有的 IP 地址，而无需公有的 IP 地址，实现了“化公为私”。

这种模式的缺点：一是因为子网内部通信都以明文的方式进行，所以无法控制内部发生的安全问题；二是 IPsec 主要集中在安全网关，增加了安全网关的处理负担，容易造成通信瓶颈。

传输模式下，通信终点和加密终点是一样的，都是 IP 头中“目标地址”字段所指定的地址。隧道模式下，通信终点是由受保护的内部 IP 头指定的地址，而加密终点则是由外部 IP 头指定的地址而指定的，这两个地址通常是不一样的，即使第三方在不安全的信道上得到该数据包，因为不知道双方通信的共享密钥，也无法知道通信的最终地址。

隧道模式下，IPsec 还支持嵌套隧道，因为增加了新的 IP 头，所以在某些场合还可支持非 IP 协议，如 IPX 或 OSI。当然，IPsec 数据包不仅来自 IP 层，还可以来自数据链路层，而此时实施 IPsec 的主机或路由起到了安全网关的作用。

8.3.3　AH 协议

1. AH 协议头格式

AH 为认证头协议，其设计的主要目的是增强 IP 数据报文的完整性校验。该协议提供认证、抗重放攻击等功能。AH 协议头主要由 5 个固定长度域和 1 个变长域组成，其结构图如图 8-11 所示。

AH 头结构中的关键字段的含义如下。

(1)下一个头(Next Header)。8bit，标识 AH 头后下一个载荷的类型。

(2)载荷长度(Payload Length)。8bit，它表示以 32bit 为单位的 AH 头的长度减 2。

(3)保留(Reserved)。16bit，供将来使用。AH 规范 RFC 2402 规定这个域应被置为 0。

下一个头	载荷长度	保留
安全参数索引(SPI)		
序列号		
认证数据		

图 8-11　AH 协议头结构

(4)安全参数索引(Security Parameters Index)。是一个 32bit 的整数值(其中 0 被保留，1～255 被 IANA 留作将来使用，所以目前有效的安全参数索引值从 256～65535，安全参数索引和外部头的目标地址、AH 协议一起，用以唯一标识对这个包进行 AH 保护的安全关联 SA。

(5)序列号(Sequence Number)。是一个单调增加的 32bit 无符号整数计数值，主要作用是提供防重放攻击服务。

(6)认证数据(Authentication Date)。变长域，包含数据报的认证数据，该认证数据被称为数据报的完整性校验值 ICV。

2. AH 协议封装方式

AH 既可以工作在传输模式下，也可以工作在隧道模式下。AH 传输模式保护的是端到端的通信，通信终点必须是 IPsec 终点。AH 头处于原始 IP 头之后、TCP/UDP 协议头之前，认证范围包括 IP 协议的头部及其所有数据部分。传输模式下 AH 协议封装方式如图 8-12 所示。

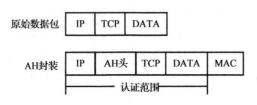

图 8-12　传输模式下 AH 协议封装

隧道模式中，AH 工作在原始 IP 头之前，并重新生成一个新的 IP 头放在 AH 头部之前。认证范围包括新的 IP 头及其所有数据部分，隧道模式下 AH 协议封装方式如图 8-13 所示。

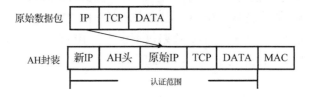

图 8-13　隧道模式下 AH 协议封装

无论传输模式还是隧道模式，AII 协议所认证的是除了可变域的整个新的 IP 报文。

8.3.4　ESP 协议

1. ESP 协议格式

设计 ESP 协议的主要目的是提高 IP 数据报的安全性。ESP 的作用是提供机密性、有限的流机密性、无连接的完整性、数据源认证和防重放攻击等安全服务，和 AH 一样，通过 ESP 的进入和外出处理还可提供访问控制服务。

ESP 数据包由 4 个固定长度的域和 3 个变长域组成，图 8-14 为 ESP 协议封装方法示意图。

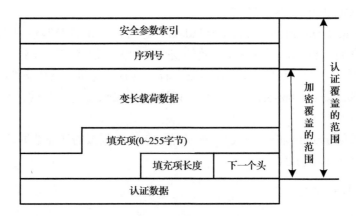

图 8-14　ESP 协议封装方法

ESP 协议结构中的关键字段的含义如下。

（1）安全参数索引。32bit 的整数，目前有效的安全参数索引值是从 256～65535，它和 IP 头的目的地址、ESP 协议一起，用以唯一标识对这个包进行 ESP 保护的安全关联 SA。

（2）序列号。32bit 的单调增加的无符号整数。同 AH 协议一样，序列号的主要作用是提供防重放攻击服务。

（3）变长载荷数据。变长域，所包含的是由"下一个头"域所指示的数据（如整个 IP 数据报、上层协议 TCP 或 UDP 报文等）。如果使用机密性服务，该域就包含所要保护的实际载荷，即数据报中需要加密部分的数据，然后和填充项、填充项长度、下一个头等一起被加密。如果采用的加密算法需要初始化向量 IV，则它也将在"载荷数据"域中传输，并由算法确定 IV 的长度和位置。

（4）填充项。0～255 字节。填充项主要用于确保数据加密长度的字节数为 16 的倍数，同时也可用于数据载荷真实长度的隐藏，已达到防止流量分析的目的。填充项通常填充一些有规律的数据，如 1, 2, 3, …。在接收端收到该数据包时，解密以后还可用以检验解密是否成功。

（5）填充项长度。8bit，表明"填充项"域中填充比特以字节为单位的长度。

（6）下一个头。8bit，指示载荷中封装的数据类型。

（7）认证数据。变长域，存放的是数据报的完整性校验值 ICV，它是对除本"认证数据"域以外的 ESP 包进行认证算法计算而获得的。这个域的实际长度取决于采用的认证算法。

2. ESP 协议封装方式

ESP 协议同样可以工作在传输模式与隧道模式下。传输模式保护中，ESP 头工作在原始的 IP 头后、IP 数据报封装的上层协议或其他 IPsec 协议头之前。ESP 头由安全参数索引和序列号组成，ESP 尾部由填充项、填充长度和下一个头组成。认证范围为 ESP 头到 ESP 尾之间，加密范围为有效载荷和 ESP 尾部分，如图 8-15 所示。

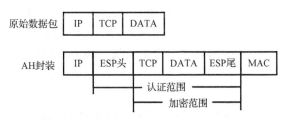

图 8-15　传输模式下 ESP 协议封装方式

隧道模式下，ESP 头工作在原始的 IP 头之前，重新生成一个新的 IP 头，并封装在 ESP 头之前，如图 8-16 所示。

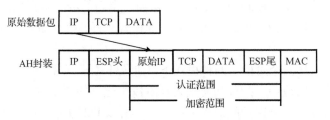

图 8-16　隧道模式下 ESP 协议封装方式

认证范围仍为 ESP 头到 ESP 尾，加密为从原始 IP 数据包到 ESP 尾。

8.3.5　IKE 协议

用 IPsec 保护一个 IP 数据流之前，必须先建立一个 SA。SA 可以手工或动态创建。当用户数量不多，而且密钥的更新频率不高时，可以选择使用手工建立的方式。但当用户较多，网络规模较大时，就应该选择自动方式。IKE 就是 IPsec 规定的一种用于动态管理和维护 SA 的协议。它使用了两个交换阶段、定义了四种交换模式、允许使用四种认证方法。

IKE 的基础是 ISAKMP、Oakley 和 SKEME 三个协议，它沿用了 ISAKMP 的基础、Oakley 的模式以及 SKEME 的共享和密钥更新技术。由于 IKE 以 ISAKMP 为框架，所以它使用了两个交换阶段，阶段 1 交换用于建立 IKE SA，阶段 2 交换利用已建立的 IKE SA 为 IPsec 协商具体的一个或多个安全关联，即建立 IPsec SA。同时，IKE 定义了交换模式，即主模式(Main Mode)、野蛮模式(Aggressive Mode)、快速模式(Quick Mode)以及新群模式(New Group Mode)。

在不同的交换阶段可以采用的交换模式不同，具体情况如下。

1. 阶段 1 交换

在阶段 1，主要任务是创建一个 IKE SA，为阶段 2 交换提供安全保护。阶段 1 交换包括主模式交换和野蛮模式交换两种。主模式将 SA 的建立和对端身份的认证以及密钥协商相结合，使得这种模式能抵抗中间人攻击；野蛮模式简化了协商过程，但抵抗攻击的能力较差，也不能提供身份保护。它们均在其他任何交换之前完成，用于建立一个 IKE SA 及验证过的密钥。主要工作包括协商保护套件、执行 Diffie-Hellman 交换、认证 Diffie-Hellman 交换及认证 IKE SA。

与 IPsec SA 不同的是，IKE SA 是一种双向的关联，IKE 是一个请求-响应协议，一方是发起者(Initiator)，另一方是响应者(Responder)。一旦建立了 IKE SA，将同时对进入和外出业务进行保护。IKE SA 提供了各种各样的参数，它们是由通信实体双方协商制定的。这些参数被称为一个保护套件，包括散列算法、鉴别算法、Diffie-Hellman 组、加密算法等。

2. 阶段 2 交换

在阶段 2，主要任务是在 IKE SA 的保护下，创建 IPsec SA。一个阶段 1 的 SA 可以用于为 IPsec 建立一个或多个 SA。这样，通过协商适当的 IPsec SA，建立了通信对等方(如安全网关)之间的安全关联。由于阶段 2 交换受阶段 1 协商好的 IKE SA 的保护，所以在阶段 2 中使用快速模式。在快速模式下交换的载荷都是加密的。

新群模式用于为 Diffie-Hellman 密钥交换协商一个新的群。新群模式是在 ISAKMP 阶段 1 交换中建立的 SA 的保护之下进行的，同快速模式一样，在新群模式下交换的载荷也都是加密的。

IKE 规定，在上述两个阶段、四种模式下，阶段 1 主模式和阶段 2 快速模式必须实现。

在上述两个交换阶段中，阶段 2 交换是在阶段 1 建立的 IKE SA 的保护下进行的，而阶段 1 交换是在没有任何安全保护的情况下进行的，所以 IKE 允许使用四种认证方法。这四种认证方法分别是数字签名、公钥加密、修订的公钥加密和预共享密钥等认证方法。

8.3.6　IPsec 网络适应性问题

IPsec 在网络应用中，存在网络适应性问题，主要体现在以下两个方面。

(1)IPsec VPN 与防火墙之间的适用性。IPsec 协议在对 IP 数据包进行封装之后，封装后的 IP 数据包中，IP 头后面直接跟着 IPsec 头部分(AH 协议头、ESP 协议头)，那么 IP 头协议字段由原来的传输层协议号变为 IPsec 协议号。当防火墙实施包过滤时，若防火墙不支持 IPsec 协议，则防火墙会直接拒绝 IPsec 数据包通过，致使 IPsec 与防火墙之间存在兼容性问题。

(2)IPsec VPN 与 NAT 之间的兼容性。NAT 为网络地址翻译，对 IP 地址、端口等进行转换。当 AH 协议对 IP 数据包进行封包之后，AH 协议对整个 IP 数据报文进行完整性认证，当 AH 协议包通过 NAT 设备时，NAT 设备将改变 IP 头中的地址，若验证 IP 数据包完整性，由于改变了 IP 地址，将会导致 AH 协议验证失败。当 ESP 协议对 IP 数据包进行封装时，由于对传输层协议到应用数据部分进行了加密，因此端口地址映射无法找到端口进行处理，NAT 设备把 ESP 数据包丢弃。IKE 协议协商时，采用的是 UDP 协议 500 端口，若改变 500 端口号，则会导致 IKE 协议协商失败。

8.4　SSL VPN 技术

SSL 协议是 1994 年底由 Netscape 设计的，主要目的是解决 Web 数据传输的安全问题。目前，SSL 协议是 Web 信息保密通信的工业标准，常见的应用模式为 HTTP 和 SSL 的结合，即 HTTPS。因为 SSL 协议运行简单且容易，它在设计之初并不是用于电子商务，而常被作为电子商务的安全协议来使用。

8.4.1　体系结构

1. SSL 体系结构

SSL 协议要求建立在可靠的传输层协议(如 TCP 协议)之上，它与应用层协议无关，高层的应用层协议(如 HTTP、FTP、TELP)能透明地建立于 SSL 协议之上。

SSL 协议主要包括两部分：SSL 记录协议和记录协议之上的几个 SSL 子协议，通常被称为 SSL 记录协议层(the SSL Record Protocol Layer)和 SSL 握手协议层(the SSL Handshake Protocol Layer)，如图 8-17 所示。SSL 握手协议层允许通信双方在应用协议传送数据之前相互验证、协商密码算法、生成密钥(keys)、初始向量(IV)等。SSL 记录协议层封装各种高层协议，具体实施压缩/解压缩、加/解密、计算/校验 MAC 等与安全有关的操作。

SSL 握手协议是 SSL 协议执行的基础。它是认证、交换协议，对在 SSL 会话、连接的任一端的安全参数以及相应的状态信息进行初始化、协商和同步。SSL 握手协议执行完后，应用数据就根据协商好的状态参数信息通过 SSL 记录协议发送。

SSL 记录协议建立在可靠的传输层协议(如 TCP)之上，提供消息源认证、数据加密以及数据完整服务。

在 SSL 记录协议之上的 SSL 各子协议对 SSL 的会话和管理提供支持。

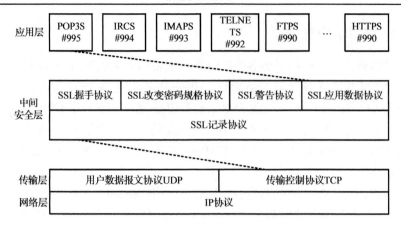

图 8-17　SSL 协议层次

2. SSL 会话与连接

SSL 会话是在客户与服务器之间的一个关联。会话由握手协议创建，通信两端都保留一个与 session 有关的信息。一个 SSL 会话可被用来建立多个 SSL 连接，即一个 SSL 会话的安全参数可被多个 SSL 连接所使用，这样避免了多次使用代价昂贵的 SSL 完全握手来为每一个 SSL 连接协商加密规范。SSL 会话一般包含如下信息。

(1)会话的标识符。标识一个活动和可激活的会话状态。

(2)对方证书。一个 X.509v3 证书。

(3)压缩算法。加密前进行数据压缩的算法。

(4)密文规约。加密算法、散列算法和其他一些相关参数。

(5)可重新开始标志。指明会话是否能用于产生一个新的连接。

SSL 连接描述了数据怎么发送、怎么接收。SSL 的连接是点对点的关系。连接是暂时的，每一个连接和一个会话相关联，它提供端端传输服务。与连接相关的信息主要包括以下几方面。

(1)序列号。服务器和客户端为每一个连接的数据发送与接收维护单独的顺序号，唯一标识这个连接。

(2)随机数。本次连接客户端和服务器所持有的。

(3)MAC 密码。用来计算 MAC 的密钥。

(4)初始化向量。当数据加密采用 CBC 方式时使用的 IV。它由 SSL 握手协议初始化，以后保留每次最后的密文数据块作为下一个记录的 IV。

8.4.2　SSL 记录协议

SSL 记录协议，为 SSL 连接提供机密性和完整性两种安全服务，其接收到应用数据后，对数据进行分段、压缩、认证和加密等处理。SSL 记录协议的操作过程如图 8-18 所示。

第一步是分段，每一个来自上层的消息都要被分段成 214 字节或更小的块。

第二步可以选择压缩，压缩必须是无损的，且增加的长度不能超过 1024 字节。在 SSL 3.0 中没有指定压缩算法，所以没有默认的压缩算法。

第三步是给压缩数据计算消息身份验证码，即 MAC。

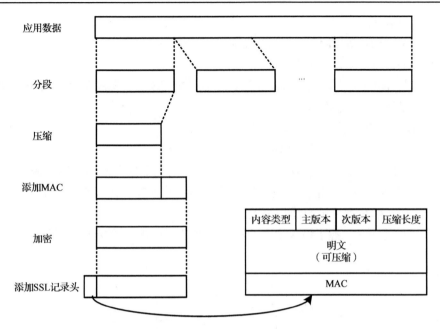

图 8-18　SSL 记录协议操作

第四步是给加上 MAC 的压缩消息加密。加密采用对称密码。注意 MAC 总是在有效数据载荷被加密之前加入 SSL 记录之中的。加密的方式有两种：第一种是序列密码；第二种是分组密码。在分组密码中，为了使加密的数据大小是加密块长的倍数，需要在 MAC 之后加入一些填充字节。填充块之前有一个字节指示填充字节的长度。填充块的总量就是使加密的数据总量(原数据+MAC+填充块)是块密码长度倍数据的最小字节数。

第五步是生成一个 SSL 记录报头，添加在密文前面。

SSL 记录协议头包含以下字段：内容类型(8 位)定义了实现封装分段的高层协议；主版本(8 位)定义了使用的 SSL 的主要版本号；次版本(8 位)定义了使用的 SSL 的次要版本号；压缩长度定义了明文分段的字节长度。内容类型定义为 change_cipher_spec、alert、handshake 和 application_data(注意，没有根据使用 SSL 的不同应用程序(如 HTTP)进行区分，因为这些应用程序产生的数据类型对于 SSL 来说是不透明的)。对于 SSL V3，主版本号为 3，次要版本号为 0。

8.4.3　SSL 握手协议

SSL 握手协议完成客户端和服务器的认证，并确立用于保护数据传输的加密密钥，实现客户端与服务器之间逻辑意义上的"安全握手"。通常情况下，首先客户端与服务器需要就一组用于保护数据的算法达成一致；其次是确立一组由那些算法所使用的加密密钥；最后对客户端和服务器双方发送的消息进行认证。通用方法如图 8-19 所示。

(1) 客户端发送自己支持的算法列表、随机数 1。

(2) 服务器从算法列表中选择一种加密算法，并发送自己的

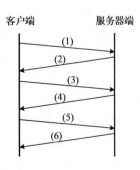

图 8-19　安全握手通用协议

公钥证书、随机数 2。

(3) 客户端对服务器证书进行验证。产生随机密码串 Pre_master_secret，将 {Pre_master_secret}_{服务器公钥}发给服务器。

(4) 客户端、服务器依据 Pre_master_secret 以及随机数 1、随机数 2 计算出加密和 MAC 密钥。服务器发送确认消息给客户端。

(5) 客户端将所有握手消息的 MAC 值发送给服务器。

(6) 服务器将所有握手消息的 MAC 值发送给客户端。

其中，(1)(2)选择算法，并防止重放；(3)为产生一个预主密钥，用于派生一组加密密钥；(4)为客户端和服务器分别使用相同的密钥导出函数计算密钥；(5)(6)为对双方发送的握手消息进行验证，防止握手消息遭受篡改。

在 SSL 标准协议中，握手协议中客户机和服务器之间建立连接的过程分为四个阶段，如图 8-20 所示。

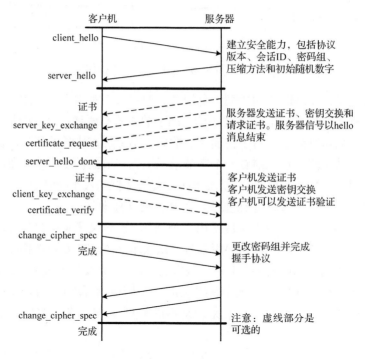

图 8-20　SSL 握手协议过程

第一阶段：建立安全能力。

该阶段初始化逻辑连接，并建立与之相关的安全能力。交换由客户机发起，客户机首先发送 client_hello 消息。之后，客户机将等待包含与 client_hello 消息参数一样的 server_hello 消息。在 server_hello 消息中，Version 字段包含客户机支持的较低版本和服务器支持的较高版本。

第二阶段：服务器身份验证和密钥交换。

第一步，服务器以发送证书开始本阶段，此步骤是可选的(对于匿名的 Diffie-Hellman 模式不需要证书消息)。证书消息中包含一个或一系列的 X.509 证书。对于固定的 Diffie-Hellman

模式，因为它包含了服务器的公用 Diffie-Hellman 参数，所以证书消息必须作为服务器的密钥交换消息。

第二步，服务器发送 server_key_exchange 消息。在如下情况下服务器需要发送 server_key_exchange 消息。

(1)匿名 Diffie-Hellman。消息内容中包含两个全局的 Diffie-Hellman 值，再加上该服务器的公共 Diffie-Hellman 密钥。

(2)短暂 Diffie-Hellman。消息内容中包含为匿名 Diffie-Hellman 提供的 3 个 Diffie-Hellman 参数和这些参数的签名。

(3)RSA 密钥交换。在使用 RSA 且只使用签名 RSA 密钥的服务器中使用。由于客户机不能简单地发送用服务器的公钥加密的保密密钥，所以服务器必须生成临时 RSA 的公/私钥对，并使用 server_key_exchange 消息发送公钥。消息目录包含两个临时的 RSA 公钥参数和这些参数的签名。

第三步，非匿名的服务器要从客户机请求证书，即发送 certificate_request 消息。该步也为可选。

第四步，服务器发送 server_hello_done 消息，该消息是必需的，用来确定服务器呼叫和相关消息的结束。发送了此消息之后，服务器将等待客户机的响应。该消息没有参数。

第三阶段：客户机验证和密钥交换。

在接到服务器发送来的 server_hello_done 消息之后，如果需要，客户机必须验证服务器是否提供了正确的证书，并检查 server_hello 消息参数是否可接受。如果这些都满足，则客户机将向服务器发送消息。

第一步，如果服务器已经请求证书，则客户机将发送一个证书消息，如果没有合适的证书，客户机将发送 no_certificate 警告。

第二步，客户机发送 client_key_exchange 消息，该消息是必需的。消息的内容取决于密钥交换的类型。

(1)RSA。客户机生成一个 48 字节的预主密码(Pre-master Secret)，并用从服务器证书中得到的公钥，或用从 server_key_exchange 消息中得到的临时 RSA 密钥来进行加密。

(2)暂时或匿名 Diffie-Hellman。发送客户机的公共 Diffie-Hellman 参数。

(3)固定 Diffie-Hellman。在证书消息中发送客户机的公共 Diffie-Hellman 参数，所以该消息的目录是空的。

(4)Fortezza。发送客户机的 Fortezza 参数。

第三步，客户机可能需要为了验证客户机的证书而发送 certificate_verify 消息。该消息只能在有签署能力的客户机证书之后发送。该消息在以前消息的基础上生成哈希码，定义如下：

```
CertificateVerify.signature.md5_hash
MD5(master_secret||pad_2||MD5(handshake_messages||master_secret||pad_1))
    Certificate.signature.sha_hash
SHA(master_secret||pad_2||SHA(handshake_messages||master_secret||pad_1))
```

其中，pad_1 和 pad_2 是 MAC 预设值，handshake_messages 是指从 client_hello 消息开始但未包括该消息的所有发送或接收的 Handshake Protocol 消息，master_secret 是计算密钥。如果用户的私钥是 RSA，就要用 MD5 和 SHA-1 哈希的连接加密。该消息是为了验证客户机私钥的所有权，即使有人误用了客户机的证书，他也不能发送此消息。

第四阶段：完成。

该阶段完成安全连接的建立。客户机发送 change_cipher_spec 消息，该消息并不是握手协议的一部分，而是用改变密码规格协议发送的。然后，客户机立即在新算法、密钥和密码下发送 finished 消息。此消息验证了密钥交换和身份验证过程的成功。结束消息的内容如下：

```
MD5(master_secret||pad_2||MD5(handshake_massages||Sender||master_secret||pad_1))
SHA(master_secret||pad_2||SHA(handshake_massages||Sender||master_secret||pad_1))
```

其中，Sender 是用来鉴别发送方是客户机的代码，而 handshake_massages 是除本消息外所有握手消息的数据。

服务器为了响应这两条消息，也将发送 change_cipher_spec 消息，将当前密码规格传送到 CipherSpec，并发送其结束消息。此时，客户机和服务器完成了握手，可以开始交换应用层的数据。

8.5   VPN 的典型应用方案

VPN 具有安全组网和安全传输两大功能，既可以实现网络之间的安全互联，也可以满足用户远程/移动安全办公的需求。VPN 典型的应用场景主要包括移动安全接入和网络安全互联两类。

8.5.1   移动安全接入方案

移动安全接入通常应用于移动终端或者远程终端依托公共 IP 网络（有线或者无线），接入访问某一内部网络业务系统，目的是在出差、移动作业等情况下进行远程办公以及信息的收发。远程/移动安全接入方案如图 8-21 所示。

（1）接入方式。互联网用户可以依托公网进行安全接入，接入方式包括有线方式、无线方式（如 WLAN、Wi-Fi、3G、4G、5G 等），在用户终端上安装 VPN 客户端，通过互联网安全接入 VPN 网关，从而达到安全访问内部业务系统的目标。

（2）系统部署。移动安全接入系统包括 VPN 安全接入网关、接入安全终端以及安全服务平台等。其中，VPN 安全接入网关部署在业务部分的网络边界处；接入安全终端则是安装有 VPN 系统软件或内嵌有 VPN 模块的终端设备；安全服务平台包括安全管理平台、CA 中心以及认证服务器等，安全服务平台通常部署在业务部门内容之中，依据业

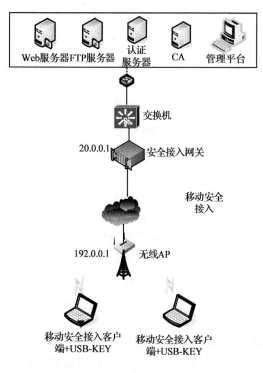

图 8-21   移动安全接入典型案例

务职能不同，进行合理部署。安全管理平台负责对安全接入网关、接入安全终端进行管理，具有网络管理、策略管理、审计管理、系统管理等功能；CA 中心负责给接入用户、接入实体颁发数字证书；认证服务器则负责对接入用户进行身份的合法性验证。

（3）安全接入访问。移动用户在接入访问时，首先发起接入认证，认证服务器验证接入用户身份的合法性，若合法，则在此基础上，VPN 安全接入网关和接入安全终端之间协商建立安全隧道，最后，在安全隧道的保护下，实现接入终端的接入访问与信息安全传输。

（4）接入用户安全审计。对移动或远程接入用户访问行为进行审计，便于进行追溯追责。

8.5.2 网络安全互联方案

依托于网络开展多方合作是目前业务发展的需要，比如企业与分支机构、合作伙伴之间等。但是其依托的网络为开放的互联网，存在数据泄露、数据完整性破坏以及数据来源假冒等安全威胁，因此，业务部门之间的安全互联是十分必要的。

图 8-22 给出了一个异地办公的总部与分支机构的大型企业安全互联方案。

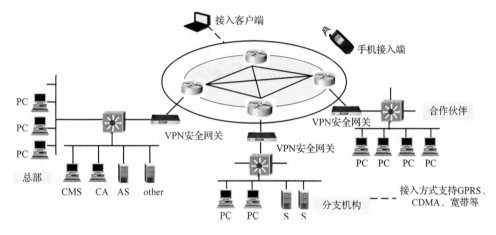

图 8-22 大型企业 VPN 解决方案

从图 8-22 中可以看出，在企业总部、分支机构和合作伙伴网络边界部署了 VPN 安全网关，并由总部 CMS（集中安全管理系统）统一进行管理。关键业务在它们之间形成的安全隧道上传输，实现数据流的封装、加密、数据源认证、访问控制以及防重放攻击等。可见，这种方式利用公共 IP 环境下，构建相当于专网效果的企业虚拟专用网，既节省了成本，又达到了安全、易管理、易扩展等目的，适合大型企业、银行、证券、政府等关键部门。

当出差在外的领导或企业职员需要进行远程办公或访问企业资源时，可以利用随身携带的笔记本或者家庭上网主机，通过宽带或无线等多种接入方式连接互联网，通过 CA（证书中心）和 AS（认证服务器）完成用户的认证与集中统一管理，能够很安全地接入政府、企业的内部网络。这种方式只需在远程用户端安装 VPN 端系统，即可与总部的 VPN 安全网关建立安全的动态隧道，保护通信数据。这种方式适合于远程办公/办税、移动警务等需要移动办公的新型应用。

第9章　数据安全交换技术

随着信息技术的快速发展，不同信息系统、不同网络间存在强烈的信息共享需求，如何既进行数据交换又保证安全风险不扩散，成为信息安全领域亟待解决的重要问题，数据安全交换技术应运而生。本章首先介绍数据安全交换技术的定义和分类，接着对目前主流的几种数据安全交换技术进行分析比较，最后针对一种可信可控数据安全交换技术，详细描述其工作原理及技术优势。

9.1　数据安全交换概述

9.1.1　数据安全交换产生的背景

随着我国信息化技术的不断进步，重要企事业等为了满足高效的业务需求，分别根据不同应用需求、不同重要程度建立起内部的信息系统。这些信息系统间存在信息共享的实际需求，但是信息共享必然会带来敏感信息泄露、信息篡改、恶意代码传播等安全风险的扩散，数据安全交换技术应运而生。

数据安全交换技术的发展随着不同信息系统间信息共享需求的变化而发展，主要经历了三个阶段：人工交换阶段、数据摆渡阶段和基于安全技术的数据安全交换阶段。人工交换阶段出现在数据安全交换应用的早期，为防止敏感信息泄露，数据安全交换通过将需要交换的数据刻录成光盘，通过光盘在信息系统之间复制信息，实现了信息单向流动。这种方法必须将信息全部刻录成光盘，效率不高，但是安全性得到了保障。后来，数据安全交换发展到使用专门的摆渡设备作为数据交换节点，信息系统通过连接该数据交换节点来交换数据，从而进入数据摆渡阶段，在一定程度上提高了交换效率，但因其代价大，成本高，不适合全面推广，而且摆渡设备易遭到摆渡木马攻击，安全性无法得到保障。目前，数据安全交换的方法主要倾向于通过信息安全技术的综合运用与创新，来达到数据安全交换的目的。其研究热点主要集中于四个方面：基于多种安全措施的数据安全交换、基于 XML 技术的数据安全交换技术、基于安全中间件的数据安全交换技术和基于网络安全隔离的数据安全交换技术等。

然而，在数据交换过程中，由于其交换环境的复杂性，交换对象的难以检测性、交换过程的不可控性以及交换模式的多样性等问题，数据安全交换技术多年来仍然是信息安全领域的研究热点和难点问题。

9.1.2　数据安全交换的定义

数据安全交换是信息化建设的必然产物。目前还没有对数据安全交换的明确定义。国际标准化组织(ISO)对计算机(信息)系统安全的定义是：为数据处理系统建立和采用的技术与管理的安全保护，保护计算机硬件、软件和数据不因偶然与恶意的原因遭到破坏、更改及泄露。由此，数据交换的安全可以理解为：通过采用各种技术和管理措施，确保不同信息系统之间可以安全地交换数据，确保交换数据的保密性、完整性和可信性。所以，数据安全交换的目标是确保不同信息系统之间交换的数据不会发生增加、修改、丢失和泄露等。基于以上的分析，通过对现有数据安全交换研究内容的总结和理解，从以下三个方面给出数据安全交换的定义。

定义 9-1 一般定义，数据安全交换是将安全保障与数据交换功能有机整合在一起，保障用户在安全的前提下，解决不同信息系统之间信息安全共享问题。

定义 9-2 广义定义，数据安全交换是指在完成不同信息系统之间数据交换和信息共享的同时，控制安全风险的传递与扩散。

本书所描述的数据安全交换目标是在不同安全域之间，数据"该进的进，该出的出；不该进的不能进，不该出的不能出"，也就说，要保证只有允许交换的数据能够在不同系统之间流转，不允许交换的数据信息不能泄露出去，与此同时，木马、病毒等恶意代码也不能被夹带流转。基于此目标，下面从数据安全交换所关注的安全属性来描述数据安全交换应达到的信息安全目标。数据安全交换应满足交换进程可信性、交换数据可验证性和交换过程可控性。表 9-1 给出数据安全交换应满足的安全属性的具体解释，这里需要说明的是，对于交换数据，我们重点关注的是防止夹带的问题，而对于交换数据的保密性问题，在这里不做论述。

表 9-1 安全属性的解释说明

安全属性	解释说明
可信性	是指负责数据交换的专用交换进程行为是正常的、可预期的，没有受到破坏或攻击
可验证性	是指所交换的数据满足完整性、可认证性、不可伪装性及不可抵赖性
可控性	是指在交换过程中，需要交换数据的双方不能进行直接交换，必须在第三方的控制下，在满足交换策略的情况下间接完成数据交换

9.1.3 数据安全交换技术分类

按照数据安全交换所采取隔离方式的不同，目前数据安全交换技术主要分为两类。

(1)基于物理隔离的数据安全交换技术。物理隔离是指两个网络在物理连线上完全隔离且没有任何公用的存储信息，保证计算机的数据在网际间不被重用。例如，基于电路开关的交换技术、单向光交换技术等。现有的基于物理隔离的数据安全交换技术，主要是基于单向物理特性将外网数据传输到内网中，能够防止内部数据向外网泄露，但由于没有数据可信认证、反馈和交互机制，无法实现错误重传。

(2)基于逻辑隔离的数据安全交换。逻辑隔离是指被隔离的两个安全域之间仍然存在物理线路连接，但需要通过技术手段保证被隔离的两端没有直接的数据通道。一般使用协议转换、数据格式剥离和数据流控制的方法，在安全域之间传输数据，并且传输方向是可控状态下的单向或者双向，而不能直接在两个网络之间直接进行数据交换，如双协议转换技术、防火墙技术等。

以上数据安全交换方法虽然在一定时期解决了一部分数据安全交换问题，但在交换安全性、可靠性，以及支持动态数据交换等更广泛应用方面尚有待进一步提高。

而可信可控数据安全交换技术是基于密码认证、流数据交换动态验证、数据源异常检测、交换执行环境可信度量的整体解决方案，可保证交换数据源的真实可信、静动态数据的完整性，可防止面向网络协议的攻击，防止面向交换数据的增加、删除、篡改等攻击，实现了内外网隔离，可防止信息泄露，确保了交换的可靠性、交换过程和结果的可信性。既可实现静态数据安全交换，又可实现动态数据流安全交换。

9.2　基于电路开关的交换技术

基于电路开关的交换技术是指利用单刀双掷开关使得内、外部网络分时访问临时缓存器来完成数据的交换，目的是实现在空气缝隙(Air Gap)隔离情况下的数据交换。传统网闸主要就是基于该技术来实现物理隔离和数据交换的。如图 9-1 所示，基于电路开关的交换设备通常由三部分所组成：内网处理单元、外网处理单元和隔离交换单元。内网处理单元与内网口相连，外网处理单元与外网口相连。当发生数据交换时，单刀双掷开关分时与内、外网处理单元相连接，通过隔离交换单元来完成内网处理单元和外网处理单元之间的数据交换。隔离交换单元不仅要实现内、外网处理单元的隔离，同时要完成对数据的剥离、物理连接的断开等任务。

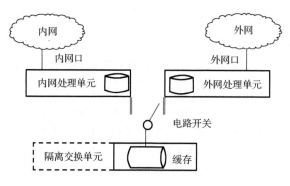

图 9-1　基于电路开关的数据交换

该技术的主要特点是通过电路开关切换不同的网络，使得内网与外网在同一时间最多只有一个网络同隔离交换单元建立数据连接。每一次数据交换都要经历数据的写入、数据读出两个过程。基于电路开关的交换技术的优势是构建方式简单，可以保证在任意时刻内网与外网间不存在链路层通路，实现网络的物理隔离。基于电路开关的交换技术在一定程度上能够解决数据交换和安全隔离的需求，但其隔离仅仅是时间逻辑上的错觉，当延长时间、压缩时间轴时，所看到的信息交互量曲线与网线相连无异，因为如果交换数据中存在非法信息或敏感信息，当一端网络连接时非法信息或敏感信息依然存在扩散或泄露的可能。因数据传输与交换是非实时的，所以适合于实时性要求不高、可靠性要求不强的应用场合。

9.3　基于双协议隔离的交换技术

基于双协议隔离的交换技术是指处于不同安全域的网络仍具有物理上的连接，通过协议转换技术保护信息在逻辑上是隔离的，只有被系统允许传输的信息才可通过，以此实现数据安全交换的目标。其工作原理如图 9-2 所示，当发生数据交换时，内(外)网将要交换的数据发送到内(外)网数据处理单元，内、外网数据处理单元之间通过数据交换单元完成数据交换，在数据交换单元中剥离数据包的 TCP/IP 协议头,将裸数据重新进行编码并通过不可路由的私有协议进行传输，从而完成数据交换。

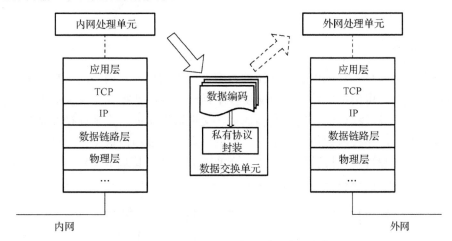

图 9-2　基于双协议隔离的数据安全交换

该技术的主要特点是通过剥离数据包的 TCP/IP 协议头，将裸数据重新进行编码并通过私有协议传输的方式来切断内、外网络之间建立直接的 TCP/IP 连接，阻止了所有针对 TCP/IP 协议的攻击。但该技术的安全性依赖于私有化协议的保密性和应用设计的保密性。此外，所交换的数据单元仍是用户所使用的原始数据(即数据文件)，入侵者如果将非法的病毒和木马文件伪装成合法的文件，并设法将这些文件放在进行数据交换的服务器上，或者伪装成合法的服务器，依然会将这些非法文件交换到内网中，需要在内容安全性上加以补充与强化。

9.4　基于物理单向传输的交换技术

基于物理单向传输的交换技术是指数据传播在约定的时间范围内(通常是无限长)单方向不存在任何介质形式的有效通路。其工作原理如图 9-3 所示，内、外网处理单元分别与内、外网相连，内网处理单元与外网处理单元中间通过专用的光或电单向器件连通来进行单向数据传输，没有反向的传输数据通路，从而在物理隔离的两个网络之间实现安全的单向交换功能。

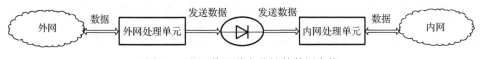

图 9-3　基于物理单向传输的数据交换

该技术的主要特点是当发生数据交换时，通过硬件实现一条"只读"的单向传输通道来保证安全隔离，严格限制数据传输流向，从而实现数据安全交换。这种技术可应用于实时性要求不高的应用场合，多用于解决工业控制系统与外网之间的单向数据交换，或不同密级网络之间的单向数据交换。

9.5　可信可控数据安全交换技术

9.5.1　基本流程

　　数据安全交换的目标是确保数据来源的可信、过程的可控、内容的可靠，最终形成全流程可信数据交换链。可信可控数据安全交换技术是一种新的数据安全交换技术，它以密码认证为基础，通过交换进程认证、交换实体认证、交换数据认证、交换连接控制等安全机制，构建全流程可信链。该技术为数据安全交换提供了架构保证和协议支撑，可实现交换数据源认证、交换实体防假冒、交换数据防篡改，交换可靠性高，其基本过程如图 9-4 所示。

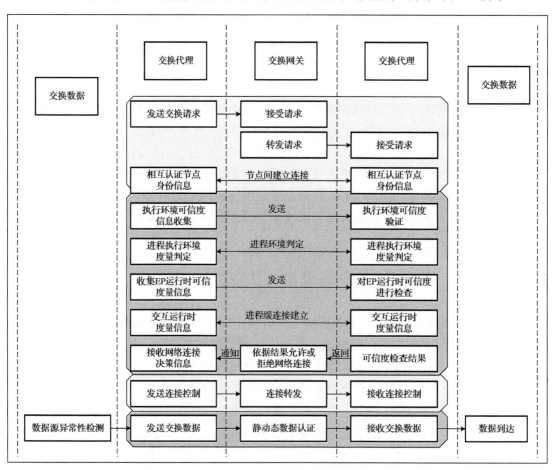

图 9-4　基于密码认证的数据交换可信链构建过程

　　可信可控数据安全交换技术工作基本流程是：首先通过揭示恶意代码夹带规律，进行交换数据源异常检测，保证交换来源可信；接着对进程执行环境度量、执行过程建模与动态行为分析，进行交换实体行为可信性判定，为确保交换进程可信，保证交换行为可信；最后进行数据交换验证，通过高效稳态的动态更新和快速验证，实现边读边写边验证，确保音视频等大批量动态数据安全交换、高效实时验证，从而保证交换内容可信。

9.5.2　体系架构

在数据安全交换过程中主要涉及交换源节点、交换目的节点和交换平台三个实体。一次数据交换过程可以简单地描述为交换数据从交换源节点到交换目的节点的一次转移过程，其体系架构如图 9-5 所示。

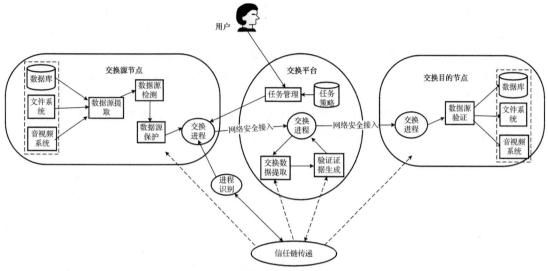

图 9-5　可信可控数据安全交换架构

交换源节点主要负责数据源采集、数据源异常检测、添加完整性保护措施。然后将待交换数据发送至交换平台，交换平台主要负责对交换数据及验证数据的接收、转发与管理，基于密码认证的安全交换机制保证只有具有密码安全保护的数据能够通过并且是单向的数据通路。交换目的节点主要负责从交换平台采集待交换数据并对其进行验证。整个数据安全交换过程中交换进程的启动和结束是数据交换可信链建立的关键环节，贯穿整个交换过程，包括对交换数据源的提取、交换数据源的保护以及数据传输过程。通过对交换进程及其执行环境的可信度量，实现对交换实体的可信性判定。通过基于密码认证的安全交换机制，实现内外网隔离，保证交换过程可控，防止信息泄露。通过交换数据源认证和异常检测，保证交换内容可靠，防止恶意代码夹带。

9.5.3　交换模式

从面向应用角度来看，可信可控数据安全交换可以分为定制数据安全交换和流安全交换两种模式。下面分别详细分析两种数据安全交换模式的特点、工作流程及存在的安全威胁。

1. 定制数据安全交换

定制数据安全交换是基于交换策略对特定格式的、静态的异构数据进行统一适配、转换、过滤、传输与加载的处理过程。这种数据安全交换模式的特点是：一般面向特定的交换对象，对数据交换进程的控制能力较强，主要适合于交换信息固定、交换进程可预定义的跨域异构环境下的交换，如文件交换、数据库同步等。定制数据安全交换模式如图 9-6 所示，具体工作流程如下。

(1)交换数据生成。发送端可信交换代理负责根据交换双方定制的交换策略从源交换系统(如应用系统、数据库等)中提取待交换数据，接着由适配器将交换数据转换为所要求的格式，然后利用密码技术对交换数据进行保护和封装，最后按照交换双方自定义的协议将交换数据转发给数据安全交换服务器。

(2)交换数据传递。数据安全交换服务器作为数据安全交换的控制者，与数据交换双方建立专用的安全数据通道，并为交换双方提供数据转发服务。可信交换代理以透明的方式，通过"推模式"或"拉模式"来转发数据，不影响交换双方在应用层面上的数据交换。

(3)交换数据过滤。对转发到数据交换服务器上的数据依据定制的交换策略进行过滤，数据安全交换服务器依据定制的交换任务，将过滤后的数据通过专用的安全数据通道转发给相应的可信交换代理。

(4)交换数据加载。接收方可信交换代理收到交换数据后，对交换数据进行验证，验证通过后根据定制的交换策略对交换数据进行适配、转换并加载到目标系统中。

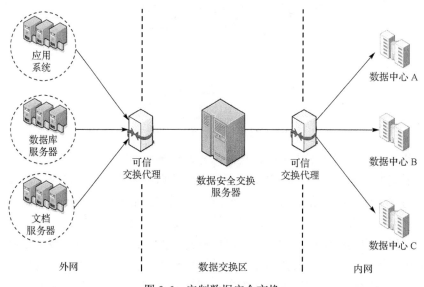

图 9-6　定制数据安全交换

定制数据安全交换模式下，由于交换数据的来源、格式及内容相对固定，便于对其实施保护，而用于交换数据的交换进程往往成为攻击的主要目标，因此在该模式下面临的主要安全威胁是对交换进程的攻击，通过对交换进程的攻击来达到篡改信息、传播恶意代码等目的。基于此，该模式下数据安全交换的本质需要重点考虑对交换进程的保护与管控，能够在交换执行过程中，实现对交换进程的可信性分析与验证，从而确保数据交换的安全性。

2. 流安全交换

流安全交换是指一种连续的、无限的、不可预测的流进行跨域请求与响应的过程。这种数据安全交换模式的特点是：一般面向不可知的交换对象，对信息安全交换进程的控制能力较弱，主要适合于交换实时性高、交互性强、交换终端资源受限的跨域交换，如视频会议、实时监控等。流安全交换模式如图 9-7 所示，具体工作流程如下。

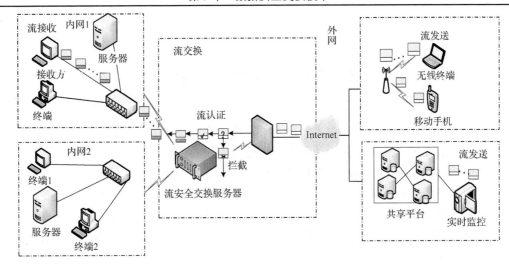

图 9-7　流安全交换

（1）流连接建立。在流交换开始之前进行会话连接建立。发送端通过请求建立连接，接收端基于安全连接检测机制，依据制定的策略对请求进行检测，从而判断请求建立的连接是否安全可信。

（2）流发送。流源头产生设备（如传感器、摄像头、手机等）实时地、连续地采集数据流，并将产生的流片段放入缓存空间，在缓存空间对流片段进行安全处理，如利用密码技术对流进行保密性、完整性等保护，然后转发给流安全交换服务器。

（3）流转发。当流传输到流安全交换服务器后，基于流交换策略对流进行过滤检测和验证，只有通过检测和验证的流才能转发给相应的接收端。

（4）流接收。当流到达接收端时，首先流入接收缓存，然后从流片段中提取相关信息对流进行验证。最终通过验证的流存储到接收端进行数据处理。

该模式下，交换数据流不同于静态数据，由于其连续、无限、实时性强等特点，传统的验证数据的方法不再适用，因此，该模式下数据安全交换的本质需要重点考虑对交换数据流的保护与验证。此外，根据外网应用模式和安全要求的不同，交换数据流可能直接来源于数据流的产生者（即数据拥有者），也可能来源于某个共享平台。如果交换数据流来源于数据流产生者，我们认为交换数据流的来源是可信的。如果交换数据流来源于共享平台，由于共享平台的公开性和开放性，其易受攻击，则我们认为交换数据流的来源是不可信的。根据这两种不同的流交换方式，需要分别研究其保护和验证交换数据流的方法，从而实现交换数据流的安全交换。

可信可控数据安全交换技术的主要特点是：以基于密码的信息认证为基础，以流数据交换动态验证为核心，集数据源异常检测、交换执行环境可信度量为一体的系统性解决方案，可实现静态、动态数据安全交换，确保交换来源可信、环境可信、内容可信、结果可信。

第 10 章　入侵检测技术

传统的静态防护技术可以阻止大多数入侵，但是不能阻止所有的入侵，特别是利用新的系统缺陷、新的攻击方式的入侵，并且对内部违规操作力不从心。如果无法完全阻止入侵，那么希望能够尽快发现、检测出入侵(最好是实时的)并做出反应，这种技术就是入侵检测技术。入侵检测系统(Intrusion Detection Systems，IDS)被看作防火墙之后的第二道安全屏障，有效地弥补了静态防护技术的不足，提高了系统安全性。本章首先对入侵检测的概念、入侵检测系统及部署进行介绍，然后介绍误用检测与异常检测的基本原理、基本方法和评价指标，最后介绍入侵防御系统。

10.1　入侵检测技术概述

10.1.1　入侵检测的概念和作用

1980 年，James Anderson 在技术报告 *Computer Security Threat Monitoring and Surveillance*(《计算机安全威胁监控》)中，将入侵者划分为如下三类：假冒者、违法者、秘密活动者。Anderson 较为全面和准确地划分、定义了入侵者，对入侵及入侵检测的研究具有重要的指导作用。这份报告被视为入侵检测领域内一篇最早的技术文献，起到了重要的思想启蒙作用。

1987 年，SRI(Stanford Research Institute)的 Dorothy Denning 发表了入侵检测领域内的经典论文 *An Intrusion Detection Model*(《入侵检测模型》)，文中对入侵检测问题进行了深入的讨论，建立了入侵检测的基本模型，并提出了几种可能的检测方法。这篇文献正式启动了入侵检测领域的研究工作，被公认为是入侵检测的开山之作。

1988 年，SRI 开始开发入侵检测专家系统(Intrusion Detection Expert System，IDES)，它是一个实时的主机入侵检测系统。该系统采用统计技术来进行异常检测，用专家系统的规则进行误用检测。IDES 在实现双重分析和实时分析两个方面迈出了关键的一步，该系统被认为是入侵检测研究中最有影响力的一个系统。

1990 年，加州大学 Davis 分校的 Todd Heberlein 等开发了网络安全监视器 (Network Security Monitor，NSM)，该系统第一次将网络流作为审计数据来源，入侵检测发展史翻开了新的一页，两大阵营正式形成：基于主机的入侵检测系统和基于网络的入侵检测系统。

1991 年之后，美国开展对分布式入侵检测系统(Distributed Intrusion Detection System，DIDS)的研究，将基于主机的入侵检测系统(Host-based Intrusion Detection System，HIDS)和基于网络的入侵检测系统(Network-based Intrusion Detection System，NIDS)的检测方法集成到一起，DIDS 是入侵检测系统历史上的一个里程碑产品。

从 20 世纪 90 年代到现在，IDS 的研发呈现出百家争鸣的繁荣局面，在分布式和智能化两个方向取得了长足的进展。

何为入侵呢？对具体的"入侵"定义，存在很多提法。美国国家安全通信委员会(NSTAC)

下属的入侵检测小组(IDSG)在 1997 年分别给出了关于"入侵"及"入侵检测"的定义。入侵是对信息系统的非授权访问以及(或者)未经许可在信息系统中进行的操作。顾名思义，入侵检测是对企图入侵、正在进行的入侵或者已经发生的入侵进行识别的过程。完整地说，入侵检测是通过从计算机网络或计算机系统中的若干关键点收集信息并对其进行分析，从中发现网络或系统中是否有违反安全策略的行为和遭到袭击的迹象，根据分析和检查的情况，做出相应的响应(告警、记录、中止等)。

入侵检测系统是进行入侵检测的软件与硬件的组合。形象地说，入侵检测系统首先像是一个摄像机，能够捕获、记录网络及主机上的所有数据，同时它又像是有经验、熟悉各种攻击方式的侦察员，能够分析已捕获的数据并过滤出可疑的数据，退去其巧妙的伪装，判断入侵是否发生以及入侵为何种类型，并进行告警或反击。入侵检测系统被看作防火墙之后的第二道安全屏障，及时发现入侵和破坏，有效地弥补静态防护技术的不足，合理地部署入侵检测系统将大大降低入侵事件带来的损失，提高系统安全能力。

入侵检测系统的作用具体如下。

(1)事前警告。在入侵对网络系统造成危害前，及时检测到入侵的发生，并进行实时报警。

(2)事中防御。入侵发生时，入侵检测系统可以通过与防火墙联动、切断入侵 TCP 连接等方式进行主动防御。

(3)事后取证。入侵攻击后，入侵检测系统可以提供详细的入侵信息，便于安全管理员进一步取证分析。

入侵检测系统能够帮助安全管理员回答如下问题：我是否处于攻击之下？谁是发起者？攻击目标是谁？除此之外谁还受攻击？我如何选择？

10.1.2　入侵检测系统模型

目前，入侵活动变得复杂而又难以捉摸，某些分布式攻击靠单一的 IDS 不能检测出来，需要不同位置的 IDS 之间相互协作来识别分布式攻击活动。但是，国内外研究开发入侵检测系统的厂家多达数百家，不同的产品和模型都具有自己的特色及优势。为了提高 IDS 产品、组件等的互操作性，由 DARPA 建议，加州大学戴维斯分校安全实验室主持起草工作，提出了一种通用的入侵检测框架(Common Intrusion Detection Framework，CIDF)模型。

CIDF 是一套规范，所做的工作主要包括四部分：入侵检测的体系结构、描述语言、通信机制和应用程序接口(API)。这里主要介绍 CIDF 定义的入侵检测的体系结构，如图 10-1 所示，CIDF 根据入侵检测系统通用的需求及现有的入侵检测系统的结构，将入侵检测系统划分为四个组件，包括事件产生器(Event Generator)、事件分析器(Event Analyzer)、响应单元(Response Unit)和事件数据库(Event Database)。

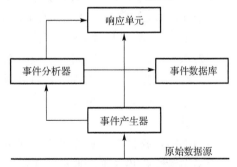

图 10-1　CIDF 各组件之间的关系图

1)事件产生器

事件产生器用来收集并提供原始数据源，CIDF 将入侵检测系统所要分析的数据统称为事件(Event)，它可以是系统日志(操作系统审计记录、应用日志等)、网络数据包(包头、负载、流量、路由器、SNMP等)，也可以将其他安全产品(如防火墙)等的记录作为事件的来源。

2)事件分析器

事件分析器对所得到的数据进行分析并产生分析结果。一般通过三种技术手段进行入侵检测的分析：模式匹配、统计分析和完整性分析。其中前两种用于实时的入侵检测，而完整性分析则用于事后分析。

3)响应单元

响应单元对分析结果做出反应，采取一系列应急响应动作。这些动作常分为被动响应和主动响应。被动响应启动告警机制，向管理员提供告警信息，再依靠管理员采取行动。主动响应能自动干涉系统，如修正系统环境、切断入侵TCP连接、与防火墙联动阻断后续的数据包、设置网络陷阱"蜜罐"，甚至入侵追踪发动反击等。

4)事件数据库

事件数据库用来保存事件信息和分析结果，还可以用来存储临时处理数据，担任各个组件之间的数据交换中心。数据存放的形式既可以是复杂的数据库文件，也可以是简单的文本文件。

这里的事件产生器等组件只是逻辑实体，一个组件可能是某台计算机上的一个进程，甚至线程，也可能是多个计算机上的多个进程。从功能的角度看，CIDF的这种划分体现了入侵检测系统所必须具有的体系结构：数据获取、数据管理、数据分析和行为响应。CIDF模型具有很强的通用性和扩展性，目前已经得到广泛认同。

10.1.3　入侵检测系统类型

根据入侵检测系统的检测对象和工作方式的不同,入侵检测系统主要分为三大类：HIDS、NIDS以及上述两者结合的混合式入侵检测系统。

1. 基于主机的入侵检测系统

HIDS主要用于保护运行关键应用的服务器，在关键服务器上运行基于主机的IDS代理程序agent,通过监视和分析主机的审计记录与日志文件来检测入侵,主要包括如下日志文件。

(1)安全日志。单位时间内审核失败的次数。

(2)系统日志。单位时间内出现的系统错误次数。

(3)应用程序日志。单位时间内出现的应用程序错误次数。

(4)系统性能日志。单位时间内 ICMP 接收/发送错误消息的次数；实体发送/接收 UDP 数据包的速率。

(5)网络连接监控。计算机打开的可疑端口(端口状态)。

(6)关键文件指纹变动监控。关键文件完整性校验和(文件系统)。

(7)Windows 注册表监控。特定位置的注册表值(注册表)。

(8)系统进程列表。

HIDS 适合于加密和交换网环境，不需要额外的硬件，能够监视特定的系统目标，能够检测出不通过网络的本地。但缺点是依赖于主机特定的操作系统及其审计子系统，可扩展性、可移植性均较差；不能检测针对网络的攻击，检测效果受限于数据源的准确性。代理软件对入侵者不透明，容易遭受到攻击或欺骗。

2. 基于网络的入侵检测系统

NIDS 主要用于保护整个网络段，通过在受保护的网络段上安装感应器(Sensor)或检测(Engine)来实时捕获网络上传输的数据包。通常是利用一个运行在混杂模式下的网络适配器来捕获数据包，这主要是利用了以太网的广播特性。也可以通过设置路由器的监听端口或者镜像端口来实现，交换机将所有的经过它的流量复制或是镜像到 SPAN 端口上。

NIDS 不依赖于主机操作系统，且对入侵者是透明的，遭受攻击的可能性大大减少，能检测到 HIDS 发现不了的入侵行为。但不足的是，NIDS 只能检测经过本网络段的数据流，在交换式网络环境下会有监控范围的局限；对于主机内部的安全情况无法了解，对于加密的数据包就无法审计其内容；另外，随着网络传输速度加快，网络流量增大，集中处理方式往往造成检测瓶颈，从而导致漏检，检测性能受硬件条件的限制。

3. 混合型入侵检测系统

HIDS 和 NIDS 都有各自的优势与不足，它们都能检测到对方无法检测的一些入侵行为，如果能同时使用，可以相互弥补不足，得到较好的检测效果。NIDS 能够客观地反映网络活动，特别是能够监测到系统审计的盲区；而 HIDS 能够更加准确地监视系统中的各种活动。由于近年来混合式病毒攻击的活动更加猖獗，单一的 HIDS 或者单一的 NIDS 已无法抵御混合式攻击，因此，采用混合型入侵检测系统可以更好地保护系统。

混合型入侵检测系统可以配置成分布式模式，通常在需要监视的服务器和网络段上分别安装监视模块，分别向管理服务器报告及上传证据，提供跨平台的入侵监视解决方案，混合式入侵检测系统也称为分布式入侵检测系统。

10.1.4　入侵检测系统的部署

当实际使用入侵检测系统的时候，首先面临的问题是决定应该在系统的什么位置安装检测代理或检测引擎。由于入侵检测系统类型不同、应用环境不同，部署方案也会有所差别。对于 HIDS，主要是用于保护关键主机或服务器的安全，因此可以直接将检测代理安装在受监控系统的主机系统上；但是对于 NIDS，情况稍微复杂，根据网络环境的不同，其部署方案也会不同。下面以一种常见的网络拓扑结构来分析 IDS 检测引擎应该位于网络中的哪些位置，如图 10-2 所示。

区域 1：感应器位于防火墙的外侧——非系统信任域，它将负责检测来自外部的所有可能的入侵企图，通过分析这些攻击来帮助完善系统，并确定系统内部的 IDS 部署。对于一个配置合理的防火墙来说，这些攻击企图不会带来严重的问题，因为进入内部网络的攻击才会对系统造成损失。

区域 2：很多站点都把对外提供服务的服务器放在一个隔离的区域，通常称为非军事化区(DMZ)。在此放置一个检测引擎是非常必要的，因为这里提供的很多服务都是黑客乐于攻击的目标。此位置可检测到已经穿过第一层防御体系的攻击，发现防火墙配置策略的问题。

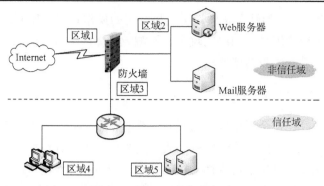

图 10-2　常见网络拓扑结构

区域 3：这里是最重要、最应该放置检测引擎的地方。对于那些已经透过系统边缘防护进入内部信任网络，准备进行恶意攻击的黑客，这里正是利用 IDS 及时发现并做出反应的最佳时机和地点。此位置还可以实现对内部网络信息的检测、对内网可信用户的违规行为检测。

区域 4 和 5：这两个位置也不容忽视。虽然比不上区域 3，但经验表明，问题往往来自内部。内部人员用户账号的口令选择不当、内部员工对企业不满等都会给安全管理员带来不小的麻烦。

10.2　入侵检测分析技术

入侵检测分析技术主要分为两大类：误用检测（Misuse Detection）技术和异常检测（Anomaly Detection）技术。

10.2.1　误用检测技术

误用检测技术也称为基于特征的检测技术或模式匹配检测技术。

1. 误用检测技术基本原理

误用检测技术是假设所有入侵行为都有可能被检测到特征。根据这一理念，如果把已知的入侵行为的特征总结出来并建立入侵特征库，那么就可以将当前捕获分析到的入侵行为特征与特征库中的特征相比较，从而判断是否发生入侵。这种方法类似于大部分杀毒软件采用的特征码匹配原理。误用检测模型如图 10-3 所示。

误用检测首先要定义违背安全策略事件的特征，如数据包的某些头部信息。它主要通过分析入侵过程的特征、条件、排列以及事件间的关系来具体描述入侵行为的迹象，其难点在于如何设计模式或特征，使得它既能表达入侵现象，又不会

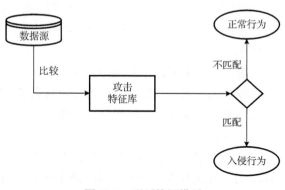

图 10-3　误用检测模型

将正常的活动包含进来。误用检测依据攻击特征库进行判断，所以检测准确度很高，并且因为检测结果有明确的参照，也为系统管理员做出相应措施提供了方便。误用检测原理简单，其技术也相对成熟。主要缺陷在于维护特征库工作量大，并且检测范围受已知攻击知识的局限，无法检测未知的攻击，漏报率较高。尤其是难以检测出内部人员的入侵行为，如合法用户的泄露，因为这些入侵行为并没有利用系统脆弱性。

2. 误用检测基本方法

误用检测是一个"总结入侵特征，确定攻击"的过程，主要的检测方法有专家系统、模式匹配与协议分析、状态转移分析等。

1）专家系统

专家系统是基于知识的检测中早期运用较多的一种方法。将有关入侵的知识转化成 if-then 结构的规则，即将构成入侵的条件转化为 if 部分，将发现入侵后采取的相应措施转化为 then 部分。当其中某个或某部分条件满足时，系统就判断为入侵行为发生。其中的 if-then 结构构成了描述具体攻击的规则库，状态行为及其语义环境根据审计事件得到，推理机根据规则和行为完成判断工作。在具体实现中，专家系统主要面临：一是全面性问题，即难以科学地从各种入侵手段中抽象出全面的规则化知识；二是效率问题，即所需处理的数据量过大，而且在大型系统上，如何获得实时连续的审计数据也是一个问题。因为这些缺陷，专家系统一般不用于商业产品中。

2）模式匹配与协议分析

基于模式匹配的误用检测方法像专家系统一样，也需要知道攻击行为的具体知识。但是，攻击方法的语义描述不是被转化为抽象的检测规则，而是将已知的入侵特征编码成与审计记录相符合的模式，因而能够在审计记录中直接寻找相匹配的已知入侵模式。

协议分析能够识别不同协议，对协议命令进行解析。协议分析将输入数据包按照各层协议报文封装的反方向顺序逐层解码。然后根据各层协议的定义对解析结果进行逐次分析，检查各层协议字段是否符合网络协议定义的期望值或处于合理范围，否则认为当前数据包为非法数据流。协议分析带来了效率上的提高，因为系统在每一层上都沿着协议栈向上解码，因此可以使用所有当前已知的协议信息来排除不属于这一协议结构的攻击。随着技术的发展，这两种分析技术相互融合，取长补短，逐步演变成混合型分析技术。

3）状态转移分析

状态转移分析的基本思想是将攻击看成一个连续的、分步骤的并且各个步骤之间有一定关联的过程。状态转移图是对攻击行为的图形化表示，常常应用于入侵行为的分析，如图 10-4 所示。

图 10-4　状态转移图

状态转移图由两个基本组件构成：表示系统状态的节点和表示特征行为的弧线。状态节点通常包含一个初始状态节点、一个最终状态节点，以及若干中间状态节点。分析时首先针对每种入侵方法确定系统的初始状态和被入侵状态，以及导致状态转换的转换条件，即导致系统进入被入侵状态必须执行的操作(特征事件)，然后用状态转移图来表示每一个状态和特征事件。这样，一个入侵行为就被描绘成一系列导致目标系统从初始状态转换到被入侵状态的特征操作，以及一系列系统状态转换过程。在构建状态转移图的过程中，比较好确定的是初始状态和最终状态，难以确定的是哪些操作步骤代表的是某一次攻击行为过程。

10.2.2　异常检测技术

异常检测技术也称为基于行为的检测技术，它是根据用户的行为和系统资源的使用状况来判断是否存在入侵。

1. 异常检测技术基本原理

异常检测技术是假定所有的入侵活动都是异常于正常主体的活动。根据这一理念，如果能够为系统建立一个主体用户正常活动轮廓(Activity Profile)或特征文件，从理论上来说就可以通过分析偏离正常活动轮廓的行为来识别入侵企图。例如，一个程序员的正常活动与一个打字员的正常活动不同，打字员常用的是编辑文件、打印文件等命令；而程序员则更多的是编辑、编译、调试、运行等命令。这样，根据各自不同的正常活动建立起来的特征文件，便具有用户行为特性。

异常检测首先要建立主体正常行为的活动轮廓，活动轮廓通常定义为各种行为参数及其阈值的集合。异常检测通过定义系统正常活动阈值(如 CPU 利用率、内存利用率等)，将系统运行时的数值与定义的"正常"情况进行比较，从而发现攻击迹象。通过创建正常使用系统对象(如文件、目录和设备等)时的测量属性(如访问次数、操作失败次数和延时等)，观察网络、系统的行为是否超过正常范围，统计分析发现攻击行为。异常检测模型如图 10-5 所示。

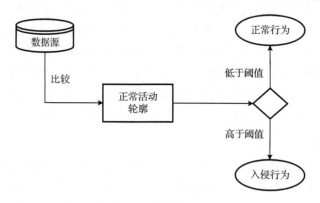

图 10-5　异常检测模型

异常检测技术较少依赖特定的主机操作系统，通用性较强。因其不像基于知识的检测技术那样受已知攻击特征的限制，它能够检测出以前从未出现过的攻击方法，对内部合法用户的越权行为的检测能力较强。但是难以对整个系统内的所有用户行为进行全面描述，而且每个用户的行为时常有变动的可能，导致建立正常活动轮廓困难。异常检测的误报率较高，只能模糊地报告异常的存在，不能精确地报告攻击类型。

2. 异常检测基本方法

异常检测是一个"学习正常，发现异常"的过程，它的主要特点体现在学习过程中，可以借鉴其他领域的方法来完成用户行为轮廓的学习和异常检测。主要的检测方法有概率统计方法、数据挖掘方法、机器学习方法(如神经网络、支持向量机)等。

1)概率统计方法

概率统计方法是异常检测中应用最早最多的一种方法。首先，根据用户对象的行为为每个用户建立一个特征表，检测器通过比较当前特征与已存储的特征表来判断是否是异常行为。用于描述特征的变量类型通常有：

(1)操作密度。度量操作执行的速率，常用于检测较长平均时间觉察不到的异常行为。

(2)审计记录分布。度量在最新记录中所有操作类型的分布。

(3)范畴尺度。度量在一定动作范畴内特定操作的分布情况。

(4)数值尺度。度量产生数值结果的操作，如 CPU 使用量、I/O 使用量等。

这些变量所记录的具体操作包括 CPU 的使用、I/O 的使用、使用地点及时间、邮件使用、编辑器使用、编译器使用、创建/删除/访问或改变的目录及文件、网络上活动等。

常用的统计模型有：

(1)操作模型。对某个时间段内事件的发生次数设置一个阈值，若事件变量 X 出现的次数超过阈值，就有可能会出现异常。例如，在一个特定的时间段里，登录失败的次数超过设置的阈值，就可以认为发生了入侵尝试。

(2)均值与标准差模型。将观察到的前 n 个事件分别用变量表示，然后计算 n 个变量的平均值 mean 和标准方差 stdev，设定可信区间[mean$-d*$stdev，$m+d*$stdev](d 为标准偏移均值参数)，当测量值超过可信区间则表示可能有异常。

(3)多变量模型。它基于两个或多个度量的相关性，而不像均值与标准差模型是基于一个度量的。显然，用多个相关度量的联合来检测异常事件具有更高的正确性和分辨力。例如，利用一个程序的 CPU 时间、I/O、用户登录频率和会话时间等多个变量来检测入侵行为。

(4)马尔可夫过程模型。将每种类型的事件定义为一个状态变量，然后用状态迁移矩阵刻画不同状态之间的迁移频度，而不是个别状态或审计记录的频率。若观察到一个新事件，而给定的先前状态和矩阵说明此事件发生的频率太低，就认为此事件是异常事件。

这种方法的优越性在于能应用成熟的概率统计理论。但也有一些不足之处，如统计检测对事件发生的次序不敏感，即可能漏检那些利用彼此关联事件的入侵行为。此外，定义是否入侵的判断阈值也比较困难，阈值太低则误报率提高，阈值太高则漏报率提高。

2)数据挖掘方法

数据挖掘(Data Mining)是数据库知识发现技术(Knowledge Discovery in Database，KDD)中的一个关键步骤，其提出的背景是解决日益增长的数据量与快速分析数据要求之间的矛盾问题，目标是采用各种特定的算法在海量数据中发现有用的可理解的数据模式。

数据挖掘技术在入侵检测中主要有两个方向：一是发现入侵的规则、模式，与模式匹配的检测方法相结合；二是用于异常检测，找出用户正常行为，创建用户的正常行为特征库。数据挖掘与入侵检测相关的算法类型主要有分类算法、关联分析算法和序列分析算法。

(1)分类算法。目标是将特定的数据项归入预先定义好的某个类别。分类算法通常最终生成某种形式的"分类器"，如决策树或者分类规则等。对于入侵检测而言，理想的应用情况应该是，首先能够收集大量的反映用户或进程活动的"正常"和"异常"状态的审计数据，然后选用某个特定的分类算法，经过训练学习生成一个对应的"分类器"。之后，对应输入的先前未见过的新审计记录，该分类器应该能够准确识别该数据项属于"正常"还是"异常"类别。常用的分类算法包括 RIPPER、C4.5、Nearest Neighbor 等。

(2)关联分析算法。用于确定数据记录中各个字段之间的联系。入侵检测可以采用关联分析算法对审计数据中的各个特征进行关联分析，例如，用户审计数据中命令字段和参数字段之间的关联情况，从而可以用来建立起正常用户行为的档案。主流的关联分析算法有 Apriori 算法、AprioriTid 算法等。

(3)序列分析算法。发掘数据集中存在的序列模式，即不同数据记录间的相关性。序列分析算法能够发现按照时间顺序，在数据集中经常出现的某些审计事件序列模式。在入侵检测中，通过对这些序列模式的发掘和分析，能够提示开发者在检测模型中加入若干反映时间特性和统计特性方面的特征度量参数。例如，通过对拒绝服务攻击的审计数据的序列模式分析，在检测模型中加入一些基于每个主机或者服务类型的统计特征，将能够提高检测性能。常见的序列分析算法包括 AprioriAll 算法、DynamicSome 算法和 AprioriSome 算法等。

3)神经网络方法

人工神经网络(Artificial Neural Network，ANN)是模拟人脑加工、存储和处理信息机制而提出的一种智能化信息处理技术，它是由大量简单的处理单元(也称为神经元)进行高度互联而形成的复杂网络系统。从本质上讲，人工神经网络实现的是一种从输入到输出的映射关系，其输出值由输入样本、神经元间的互联权值以及传递函数所决定。通过训练和学习过程来修改网络互联权值，神经网络就可以完成所需的输入-输出映射。在入侵检测方面，神经网络对于处理复杂高维的网络安全数据具有独特的优势。

用于检测的三层神经网络模块如图 10-6 所示，图中输入层中的 n 个箭头代表了用户最近 n 个命令，输出层预测用户将要发生的下一个命令。当前命令和刚过去的 n 个命令组成了网络的输入集，根据用户的代表性命令序列训练网络后，该网络就成了相应用户的特征表。如果神经网络通过预测得到的命令与随后输入的命令不一致，则在某种程度上表明，用户行为与其特征产生偏差，即说明可能存在异常。

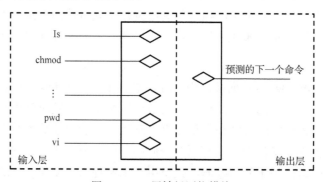

图 10-6　三层神经网络模块

神经网络异常检测的优点是不需要对数据进行统计假设，能够较好地处理原始数据的随机性，与统计理论相比，神经网络更好地表达了各变量间的非线性关系，并且能自动学习更新。其缺点是网络结构和各元素的权重不好确定，需多次训练学习。

10.2.3 入侵检测评价指标

评价入侵检测分析方法的有效性和可行性，需要一些性能评价指标来衡量。主要包括五个性能指标：误报率(False Positive Rate)、漏报率(False Negative Rate)、精确率(Accuracy Rate)、正确率(Precision Rate)、召回率(Recall Rate)。为了方便描述这些性能指标，定义如下性能参数。

TP：真正例(True Positive)，指攻击记录被判别为攻击的数量，即预测为正，实际也为正。

FP：假正例(False Positive)，指正常记录被判别为攻击的数量，即预测为正，实际为负。

TN：真负例(True Negative)，指正常记录被判别为正常的数量，即预测为负，实际也为负。

FN：假负例(False Nagative)，指攻击记录被判别为正常的数量，即预测为负，实际为正。

因此，TN+FP 为原始数据集中实际包含的正常记录数量，TP+FN 表示原始数据集中实际包含的攻击记录数量，TP+TN+FP+FN 表示原始数据集的总量。上述性能指标可以通过这些性能参数计算得到。性能指标的定义可描述如下。

(1)误报率。

$$\text{False Positive Rate} = \frac{\text{FP}}{\text{TN} + \text{FP}}$$

误报率是指正常记录中被错误地识别为攻击记录的数量与所有正常记录数量的比值，误报率说明了检测分析算法识别正常记录的能力。

(2)漏报率。

$$\text{False Negative Rate} = \frac{\text{FN}}{\text{TP} + \text{FN}}$$

漏报率是指攻击记录中被错误地识别为正常记录的数量与所有攻击记录数量的比值，漏报率说明了检测分析算法识别攻击的能力。

(3)精确率。

$$\text{Accuracy Rate} = \frac{\text{TP} + \text{TN}}{\text{TP} + \text{TN} + \text{FP} + \text{FN}}$$

精确率表示所有被正确判断的记录数量与总体的比值，用来描述检测分析算法的识别效果，精确率越高，算法效果越好。

(4)正确率。

$$\text{Precision Rate} = \frac{\text{TP}}{\text{TP} + \text{FP}}$$

正确率表示所有被判别为攻击的记录中，被正确判别的记录数量所占的比例，即正确判别的异常记录与数据集中被判别为异常记录的总数。

(5)召回率。

$$\text{Recall Rate} = \frac{\text{TP}}{\text{TP} + \text{FN}}$$

召回率表明了在原本类型为攻击的数据记录中，被正确判别的记录数量所占的比例。区分正确率和召回率的关键在于它们针对的数据不同，召回率针对的是数据集中实际包含的攻击记录，而正确率针对的是模型判断出的攻击记录。

不难看出，评价一个入侵检测分析方法的有效性可以通过性能指标来衡量。误报率、漏报率越低，且精确率、正确率、召回率越高，检测分析算法的性能越好。

10.3　入侵防御系统

入侵检测技术作为防火墙等边界防护技术的有益补充，在网络安全保障方面发挥着越来越重要的作用，但是入侵检测技术仍然面临着一些困难与挑战。

在分析方法上，虽然多年来研究者提出了各种检测模型和相关算法，取得了一些研究成果，但是检测效果还不能达到令人满意的程度。误用检测是一种预设式的工作方式，检测规则的更新总是落后于攻击手段的更新，这导致入侵检测系统存在漏报问题，永远是在亡羊补牢；异常检测从一定程度上解决了对未知攻击的检测，但误报率较高，大量的报警事件会分散管理员的精力，反而无法对真正的攻击做出响应。另外，目前很多研究成果都是关于二分类检测的，即便在研究多分类检测的相关文献中，大多数给出的实验结果也只是针对四大类入侵攻击的，而针对更具体的小类入侵攻击的研究并不多。此外，随着网络数据的不断增长，能否高效地处理大规模网络数据流也是衡量入侵检测产品性能的重要依据。因此，需要在提高未知攻击检测能力、实时精确检测能力、多分类检测学习能力等方面做进一步的研究。

在响应方法上，传统入侵检测系统的响应机制非常有限，缺乏有效的攻击阻断功能。入侵检测系统主要是在旁路上探测经过交换端口的数据包，采用被动方式监控数据流量。当发现入侵时，只能做到对 TCP 连接复位或向攻击源发送目标不可达信息来实现安全控制。然而，攻击流却可能在 TCP 复位包到达之前已经全部到达目标服务器，这样一来，检测系统的响应为时已晚，就无法防御攻击了。入侵检测系统和防火墙联动，请求更改防火墙规则亦是如此，被动的入侵检测系统可能会发现攻击，然后向防火墙发出封堵会话的请求，由防火墙加载动态规则拦截入侵，但这种请求可能来得太晚，导致无法防御入侵攻击。另外，和防火墙联动目前并没有统一的接口规范，使得在实际应用中的效果不显著。

入侵防御系统(Intrusion Prevention System，IPS)是近年来对入侵检测系统的一种改进型产品，也称为入侵检测防御系统(IDPS)。入侵检测防御系统是网络拓扑的一部分，而不仅仅是一个被动的旁路设备，它在线决定数据包的命运。当黑客企图与目标服务器建立会话时，所有的数据必须通过位于数据通路的入侵防御系统检测器。检测器能够发现数据流里面的攻击代码，在将数据包转发给服务器之前，将有害的数据包丢弃，从而达到防御攻击的目的。

IPS 有别于传统 IDS 的两个主要特点：在线安装的位置和自动阻断攻击的响应方式。图 10-7 和图 10-8 显示了两者的差别。

IPS 是指能够检测已知和未知攻击，并且在没有人为干预下能够自动阻止攻击的软件或硬件。IPS 可认为是对 IDS 的一种扩展，它可以在检测到恶意行为时阻断或防止恶意活动。与 IDS 一样，IPS 也分为基于主机、网络、混合式或分布式这几种类别。HIPS 提供对发生在主机上的行为的具体控制,通常监视系统调用并且阻止任何有害的请求。NIPS 监视网络流量，在恶意网络数据流对网络产生危害之前，对其进行识别、分析和过滤。同样，它也用异常检测来识别非法用户的行为，或者用特征检测来识别已知的恶意行为。

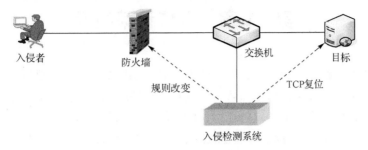

图 10-7　入侵检测系统

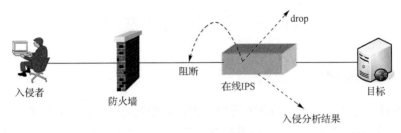

图 10-8　入侵防御系统

　　入侵防御系统直接在线安装到网络流量中，需要解决两大问题：一是单点失效问题，二是性能瓶颈问题。如果防御系统出现故障，不仅会影响信息系统的安全保障能力，还会直接影响信息系统的正常运行。防御系统不能给数据传输带来时延，必须以线速进行数据分析，然后实施策略。目前借助一些专用安全芯片，使得入侵防御系统在处理速度上已经有了很大的提高。

第 11 章　入侵诱骗技术

入侵诱骗技术是起源于 20 世纪 90 年代的一种主动防御技术，它借鉴了狩猎过程中最古老却很有效的布设陷阱机制，通过部署一套模拟真实网络系统但并无业务用途的安全资源，诱使入侵者对其进行非法使用，进而在预设的环境中对入侵行为进行捕获、检测和分析，准确掌握入侵者的攻击途径、方法、过程及工具，并将获得的知识用于防护真实网络系统，从而达到防御入侵攻击、保护己方网络安全的目的。

11.1　入侵诱骗技术概述

11.1.1　入侵诱骗的概念

攻击和防御一直是一场没有硝烟的战争，但是初期这场较量是不对称的。首先，在工作量上不对称，入侵方在夜深人静的时候攻防守方的弱点，而防守者需要 24 小时全天候地全面防护；其次，在信息掌握上不对称，攻击方通过网络扫描、探测、踩点等手段了解攻击目标，而防守方对入侵方却一无所知；此外，在攻击后果上不对称，攻击方即使任务失败，也极少受到损失，而防守方一旦安全策略被破坏，则利益受损严重。

为了改变网络攻防的不对称博弈，入侵诱骗技术应运而生。通过设置假目标、陷阱等欺骗手段迷惑入侵者、消耗入侵者的资源、增加其攻击成本从而扭转工作量的不对称性；通过部署监控机制来了解入侵者所使用的攻击工具和攻击方法等从而扭转信息的不对称性；通过对攻击行为进行审计、取证，甚至追踪入侵者并有效地制止其破坏行为，形成威慑入侵者的力量，扭转攻击后果的不对称性。与防火墙、入侵检测等防护技术不同，入侵诱骗并不能直接提高网络或信息系统的安全性，但它提供了一种可以欺骗和诱导入侵者、牵制和转移入侵者、捕获和分析入侵者的有效手段。

入侵诱骗系统是一个专门用于引诱、监控入侵者的系统。它通过建立一个或多个陷阱网络，吸引入侵者对诱骗环境进行攻击或是进行入侵诱导，将入侵者对实际运行系统的攻击行为强行切换至诱骗环境，并记录其一切活动。通过分析从诱骗环境收集的信息，可以研究入侵者的水平、入侵目的、所用的工具、入侵手段等，为防范、破解新出现的攻击类型积累经验，尽早掌握网络攻防的主动权，最终达到保护自身网络或信息系统的目的。

因此，入侵诱骗系统并不是代替防火墙、入侵检测系统的工具，其价值要通过和这些传统的安全工具相互配合来实现，入侵诱骗系统只是整个安全防御系统的一部分，更是对现有的安全防御工具的一种补充。

11.1.2　入侵诱骗系统构成

入侵诱骗系统的基本构成如图 11-1 所示，由入侵诱骗环境、检测引擎、分析控制台组成。入侵诱骗环境实际上是一个由多个蜜罐构成的网络，也称为陷阱网络，每个蜜罐可以作为单独的服务和操作系统出现。入侵者在诱骗环境的作用下访问蜜罐，其所有操作都被限制在蜜罐所设定的操作范围内，所有出入诱骗环境的网络数据包都被隐蔽的检测引擎所嗅探、记录和分析，并将分析结果可视化展示给控制台。

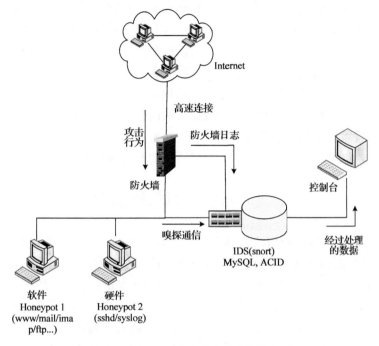

图 11-1　入侵诱骗系统的基本构成

入侵诱骗环境最常用的实现方法是建立蜜罐。蜜网项目创始人 Spitzner 对蜜罐(Honeypot)给出的权威定义是：它是一种安全资源，其价值在于被探测、攻击和攻陷。这意味着蜜罐就是专门为吸引网络入侵者而设计的一个故意包含漏洞但被严密监控的诱骗系统，是用于诱捕入侵者的一个陷阱，本质上是对入侵者进行欺骗的技术。对蜜罐进行配置是其工作的首要步骤，其所要做的操作就是使整个蜜罐系统处于被探测、被攻击的状态，也只有在受到入侵者探测、监听、攻击，甚至最后被攻陷的时候，蜜罐才能真正发挥出它的作用。

任何带有欺骗、诱捕性质的网络、主机和服务等均可以看成一个蜜罐。蜜罐的安全价值可以体现在以下几个方面。

(1)防护。与其他传统防护思路和手段不同，蜜罐的防护能力较弱，并不能事实上也不期望阻止那些视图进入系统的入侵者，但蜜罐可以通过诱骗来拖延入侵者的时间，耗费其攻击精力，并利用入侵者攻入系统时所留下的痕迹进行各方面的记录和分析，从而达到防止或减缓对真正系统和资源进行攻击的目的。

(2)检测。由于蜜罐没有其他正常的业务用途，因此任何访问蜜罐的行为都可以被认为是可疑行为，任何连接行为都可能是一次恶意探测或攻击，进入蜜罐的网络流都是高度保真的入侵数据，这就大大简化了攻击检测的环境，特别有利于提高攻击检测效能。并且通过记录和分析所有与蜜罐交互的可疑行为，能够实现对新的或未知的攻击行为的检测，有效解决入侵检测系统对新型攻击行为的漏报问题。这一点被认为是蜜罐系统的最大优势之一。

(3)响应。蜜罐检测到入侵后，可以对入侵进行一定的响应，包括：模拟真实系统可能产生的响应以引诱入侵者实施进一步的攻击动作；向安全管理员发出入侵预警，以便管理人员实时调整防火墙和入侵检测系统的配置策略以保护真实网络或信息系统等。

综上所述，蜜罐可以完成很多有价值的工作，通过较少的资源配置收集大量有价值的入侵攻击信息，解决对新的或未知攻击类型的检测问题，具有使用简单、部署成本低、防护精准性和效率较高等优点，但也存在一些缺点。一旦入侵者不再向蜜罐发送任何数据包，蜜罐就不会再获得任何有价值的信息，蜜罐仅仅可以检测到那些对它进行攻击的行为。指纹识别是蜜罐面临的一个主要问题。指纹识别是指蜜罐具备一些特定的预期特征或行为，因而能够被入侵者识别出其真实身份的情况。如果入侵者识别出蜜罐的行为，可能会避免与该系统进行交互，甚至会向蜜罐提供错误和虚假的数据，从而误导安全管理员。另外，蜜罐如果使用不当或被识破，很可能给使用者带来风险，可能在蜜罐没有发觉的情况下，潜入蜜罐所在的网络或信息系统，以蜜罐作为跳板，攻击蜜罐所在的网络或系统。

11.2　入侵诱骗关键机制

入侵诱骗的基本思想是利用欺骗手段将入侵者引诱至并不真正提供业务服务的模拟网络系统之中，通过捕获和分析入侵威胁数据进而掌握入侵者的攻击类型及其行为特征，达到主动防御的目的。为实现这一点，入侵诱骗需要解决四个关键问题：一是如何构建既能够引诱入侵者又能让其感觉"真实"且难以发现破绽的欺骗环境；二是吸引到入侵者后，如何诱使其全面展示攻击手段，从而尽可能丰富地获取与攻击相关的安全威胁原始数据；三是拿到安全威胁原始数据后，如何分析挖掘入侵者所采用的策略、手段、工具等信息，有效实现攻击特征提取、追踪定位和对新的未知攻击的快速发现功能；四是如何保证诱骗系统如蜜罐本身的安全性，特别是确保诱骗系统不被入侵者所利用，成为其攻击真实网络系统的跳板。因此，入侵诱骗关键技术机制包括网络欺骗机制、数据捕获机制、数据分析机制和数据控制机制等。

11.2.1　网络欺骗机制

诱骗系统的价值只有在被探测、攻击时才能得以体现，没有欺骗功能就不能引来入侵者，因此没有欺骗功能的诱骗系统是没有价值的，网络欺骗是入侵诱骗技术中最为关键的环节。目前网络欺骗机制主要有以下几种。

1. 模拟服务端口

扫描和连接非工作的服务端口是诱骗黑客攻击的常用欺骗手段，当入侵者通过端口扫描检测到系统打开了非工作的服务端口时，他们很可能主动向这些端口发起连接，并试图利用已知系统或应用服务的漏洞来发送攻击代码。蜜罐系统则是通过端口响应来收集所需要的信息。但对于简单的模拟非工作服务端口，最多只能与入侵者建立连接而不能进行下一步的信息交互，所以获取的信息是相当有限的。

2. 模拟应用服务和系统漏洞

通过模拟网络协议、网络服务、网络应用或者特定的系统漏洞，容易让入侵者感觉更加真实，并提供更加充分的交互环境，从而能够捕捉到更丰富的攻击威胁数据，让防御者清晰地了解攻击意图、途径和方法。例如，利用 IIS 漏洞可以构建一个模拟 Microsoft IIS Web 服务器的 Honeypot，模拟该程序的一些特定功能或行为，对任意 HTTP 连接进行 Web 服务器响应，从而提供一个高度逼真的 Microsoft IIS Web 交互环境，获取相应的入侵攻击信息。

3. IP 地址欺骗

早期的 IP 地址欺骗通常利用网卡的多 IP 分配技术来增加入侵者的搜索空间及相应的工作量。随着虚拟机技术的发展，可以通过虚拟机技术建立大范围的虚拟 IP 网段，在增加欺骗效果的同时进一步降低了成本代价；甚至在受到探测扫描时，能够回应发送 ARP 数据来模拟不存在的服务主机，达到 IP 欺骗的目的，典型技术如 ARP 地址欺骗等。

4. 流量仿真

入侵者侵入系统后，可能会使用一些工具分析系统的网络流量。如果发现系统网络流量少，系统的真实性必然会受到怀疑。流量仿真是利用各种技术产生伪造的网络流量来欺骗入侵者，现在采用的主要方式有两种：第一种方式是采用实时或重现的方式复制真正的网络流量，这使得仿真流量与真实系统流量十分相似；第二种方式是从远程伪造流量，使入侵者可以发现并利用。

5. 网络动态配置

真实网络系统的状态是动态的，一般会随时间而改变。如果欺骗是静态的，那么在入侵者的长期监视下欺骗就很容易暴露。因此需要动态地配置系统以使其状态像真实的网络系统那样随时间而改变，从而更接近真实的系统，增加蜜罐的欺骗性。如系统提供的网络服务的开启、关闭、重启、配置均应该在蜜罐中有相应的体现和调整。

6. 蜜罐主机

蜜罐主机负责与入侵者交互，是捕捉入侵者活动的主要场所。蜜罐主机可以是模拟的或真实的操作系统，与一般系统的区别就在于该系统处于严密的监视和控制之下，入侵者与系统的每一次交互都进行日志记录。在构建蜜罐主机时通常使用虚拟机模拟真实系统，主要有两个优点：一是可在单机上运行多个拥有各自网络界面的客户操作系统，用于模拟一个网络环境；二是客户操作系统被入侵者破坏后，宿主操作系统不会受到影响，这样可以保护宿主操作系统的安全，增强蜜罐系统的健壮性。

7. 组织信息欺骗

如果某个组织提供有关个人和系统信息的访问，那么欺骗也必须以某种方式反映出这些信息。例如，组织的 DNS 服务器包含个人系统拥有者及其位置的详细信息，则需要在欺骗的 DNS 列表中具有伪造的拥有者及其位置，否则欺骗很容易被发现。

11.2.2　数据捕获机制

通过构建欺骗环境吸引入侵者的探测与攻击行为之后，在不被入侵者发现的情况下，获取入侵者连接网络记录、原始数据包、系统行为数据、恶意代码样本等威胁数据就成为诱骗系统的后续目标。根据对应威胁数据捕获的位置不同，捕获方法可分为以下三种方式。

1. 基于主机的数据捕获

在蜜罐所在的主机上几乎可以捕获入侵者行为的所有信息，如连接情况、远程命令、日志记录、应用进程等，为后续数据分析提供丰富的数据资源。如果这些数据存储在本地，则极易被入侵者发现而删除，或者修改威胁数据。因此，远程存储记录信息成为更受关注的解决方案，可利用系统对外接口（如串/并行接口、网络接口等），通过隐蔽的通信方式将连续产生的数据存储到远程服务器。如开源工具 Sebek，可在不被入侵者发现的前提下通过内核模块对系统行为数据及攻击行为进行捕获，并通过一个对入侵者隐蔽的通信信道传送到蜜网网关上的 Sebek 服务器端，捕获入侵者在蜜罐主机上的行为。

2. 基于网络的数据捕获

基于主机的数据捕获易被探测和破坏，因而出现了基于网络的数据捕获方式。在网络上以一种不可见的方式捕获蜜罐的信息，捕获的数据只能被分析而无法更改，且这种捕获机制难以被发现和终止，因此更加安全。基于网络的捕获方式通常将蜜罐布设在拥有防火墙、IDS等防御工具的网络中，可以综合获得防火墙日志、入侵检测系统日志以及蜜罐主机系统日志等。防火墙可记录所有出入蜜罐的连接；入侵检测系统对蜜罐中的网络流量进行监控、分析和抓取；蜜罐主机除了使用操作系统自身提供的日志功能以外，还可以采用内核级捕获工具，隐蔽地将收集到的数据传输到指定的服务器进行处理。

3. 主动方式的数据捕获

显然，上述两种威胁数据捕获方式均是"守株待兔"，被动地等待入侵者进入系统，然后实施数据捕获，并不会主动查询、检测第三方等手段来获取威胁数据。为提高数据捕获效率，必要时可通过问询第三方服务的方式来获取潜在入侵者的信息，收集更多有价值的数据。当然，这种方式很容易暴露诱骗系统捕获攻击行为的意图，被入侵者察觉而离开，因此并不常用。

11.2.3 数据分析机制

尽管数据捕获能够获取较为丰富的威胁数据，但其价值最终体现在对捕获数据的分析利用上。通过对捕获的威胁数据从网络数据流、系统日志、攻击工具、入侵场景等多个层次进行分析，利用可视化、统计分析、数据挖掘和机器学习等方法研究攻击行为，可有效地识别攻击的工具、策略、动机，检测追踪特定类型的入侵攻击行为，以及提取未知攻击的样本特征等。根据目的和用途不同，威胁数据分析主要可分为两方面。

1. 面向网络攻击行为的数据分析

实证分析可视为最基础的威胁数据分析机制，其通过对捕获数据进行统计汇总给出安全威胁的基本统计特性，获得入侵者所采用的攻击策略和相应工具的特征信息。另外，信息处理领域中的 PCA（Principal Component Analysis，PCA）、聚类以及数据关联等方法均可以进行威胁数据分析，从而识别共性攻击模式，重构攻击场景，更好地分析和解释威胁数据蕴含的攻击行为。

　　此外，还可以利用可视化分析工具进行辅助的数据分析。典型的如 Swatch 工具能够有效监视 IPTables 及 Snort 日志文件，并通过匹配配置文件中的相关特征对入侵攻击进行报警；Walleye 工具提供了基于 Web 方式的蜜网数据辅助分析接口，对网络连接和进程进行视图展示，从而帮助安全人员快速有效地理解所发生的一切攻击事件。蜜网工作组第三代蜜网体系架构综合采用了 Hflow、Walleye 等工具，可以有效地提供安全辅助分析接口和实现网络与系统行为监控数据汇总聚合，因此对应的辅助数据分析功能也更为全面和丰富。随着分布式蜜罐和分布式蜜网系统的大规模部署，对大量安全威胁数据进行深入分析与态势感知越显重要，提升安全威胁数据分析机制的自动化能力也成为新的研究热点。

　　2. 面向网络攻击特征提取的数据分析

　　诱骗系统捕获到的威胁数据具有范围广、纯度高、数据量小等诸多优势，同时能够有效地监测网络探测与渗透攻击、蠕虫等普遍化的安全威胁，因此适合作为网络攻击特征提取的数据来源。诱骗系统通过对网络流量进行规则匹配和模式生成，从而提取、生成新的攻击特征，并与已有的特征集进行聚合，形成更新后的攻击特征库，并为 IDS 等防御工具的检测引擎提供支持。

　　最长公共子串(Longest Common Subsequence，LCS)匹配方法最早应用于网络攻击特征的自动化提取研究中，其与相同目标端口保存网络的连接记录进行一对一匹配，若超出最小长度阈值的公共子串，则提取、生成新的攻击特征，并融合、更新形成新的攻击特征库。另外，在 SweetBait/Argos 蜜罐进行攻击特征自动提取处理的过程中，加入了动态污点分析(Dynamic Taint Analysis，DTA)技术，同时支持最长公共子串算法与渗透攻击关键字符串检测算法，在实现攻击特征更加简练、精确提取的同时，也能够实现多态化网络攻击的有效对抗。在 HoneyCyber 系统中更是采用了 PCA 分析方法，对捕获的多态网络蠕虫流入/流出会话数据进行处理，实现了对多态蠕虫不同实例中的显著数据的自动化特征提取，并通过人工多态化处理的蠕虫实现进行验证，取得了较好的提取效果。

11.2.4　数据控制机制

　　诱骗系统作为入侵者的攻击目标，其自身的安全性尤为重要。如果诱骗系统被攻破，那么将有可能得不到有价值的信息，同时蜜罐系统将被入侵者利用作为攻击其他系统的跳板。数据控制用于控制入侵者的攻击行为，保障系统自身的安全，是诱骗系统必需的核心功能之一。

　　为了捕获威胁数据，诱骗系统允许所有进入其系统的访问和连接，但是对外出的访问却要进行严格控制，因为这些对外访问连接很有可能是入侵者利用被攻破了的诱骗系统对其他真实系统的攻击行为。此时，对其简单地阻断则会引起入侵者的怀疑而令其放弃进一步交互。通常的做法是利用防火墙的连接控制限制内外连接次数的同时，采用路由器的访问控制功能实现对外连接网络数据包的修改，造成数据包已正常发出却不能收到的假象。

11.3　入侵诱骗系统实例

　　到目前为止，已经出现了多种入侵诱骗系统实例，应用于不同的平台、领域，本节主要介绍两种典型诱骗系统实例，即蜜罐 Honeypot 和蜜网 Honeynet。

11.3.1　蜜罐 Honeypot

1. 蜜罐的起源

蜜罐(Honeypot)的概念最早出现在 1989 年美国加利福尼亚大学伯克利分校的天文学家 Clifford Stoll 所著的 *The Cuckoo's Egg* 一书中,该书讲述的是一位公司的网络管理员如何利用蜜罐技术来发现并追踪一起商业间谍案的故事,这被认为是蜜罐技术的雏形。1990 年,AT&T 研究院安全专家 Cheswick 在发表的论文 *An Evening with Berferd in Which a Cracker Is Lured, Endured and Studied* 中,创建了一个真正的蜜罐,探讨了当黑客在攻击和摧毁大规模系统时是如何对其开展研究的。自此蜜罐技术作为一种主动性防御思路,受到安全界的广泛关注,通过欺骗入侵者来达到追踪的目的。蜜罐技术的发展经历了以下三个阶段。

从 1990 年蜜罐概念的提出到 1998 年,蜜罐还仅仅局限于一种构想,通常由网络管理人员应用,通过欺骗黑客达到追踪的目的。这一阶段的蜜罐实质上是一些真正被黑客所攻击的主机和系统。

从 1998 年开始,安全研究人员相继开发出一些专门用于欺骗黑客的蜜罐工具。这一阶段的蜜罐以虚拟蜜罐为主,即所开发的这些蜜罐工具可以模拟一些操作系统和网络服务,在黑客攻击时可以做出有限回应从而欺骗黑客。典型的如 Fred Cohen 所开发的欺骗工具包 DTK(Deception Toolkit) 和 Niels Provos 开发的 Honeyd 等开源产品,同时也出现了诸如 KFsensor、Specter 等一些商业蜜罐产品。虚拟蜜罐工具的出现使得部署蜜罐变得比较方便,但这一阶段的虚拟蜜罐工具存在交互程度低、容易被黑客识别等问题。

从 2000 年开始,安全研究人员更倾向于使用真实的主机、操作系统和应用程序搭建蜜罐,并融入更强大的数据捕获、数据分析和数据控制的工具,将蜜罐纳入一个完整的蜜罐网络体系中,使得研究人员能够更方便地追踪入侵到蜜罐网络的黑客并对他们的攻击行为进行分析。这一阶段的典型产品为蜜罐网络(Honeynet),通过建立一个高交互、完整的系统和网络环境进行信息收集与处理。

2. 蜜罐工具 Honeyd

Honeyd 是一个开放源码的产品型蜜罐,它运行在 UNIX 系统上,可同时模拟不同的操作系统和上千种不同的计算机,并能让一台主机配置多个 IP 地址(测试过的地址数最多可达 65536 个)。当然,Honeyd 不是提供真实的操作系统,只是提供一些操作系统的特征;支持任意的 TCP/UDP 网络服务,可以模拟 IP 协议堆栈,外界的主机可以对虚拟蜜罐主机进行 Ping、Traceroute 等网络操作,虚拟主机上任何类型的服务都可以依照一个简单的配置文件进行模拟,也可以为真实主机的服务提供代理。此外,Honeyd 提供了相应的指纹匹配机制,能防止入侵者的指纹识别。当 Honeyd 接收到一次探测或者连接时,就会假定此次连接企图是恶意的,很有可能是一次扫描或攻击行为。当 Honeyd 接收到此类流量时,就会假定其 IP 地址就是被攻击目标,然后对连接所尝试的端口启动一次模拟服务。一旦启动了模拟服务,Honeyd 就会和入侵者进行交互并捕获其所有的活动。当入侵者的活动完成后,模拟服务退出。此后,Honeyd 会继续等待更多的连接尝试。

Honeyd 结构由以下几个组件构成:配置数据库、中央包分配器、协议处理器、服务处理单元、个性化引擎和可选的路由构件等组成，其结构如图 11-2 所示。中央包分配器接收所有感兴趣的网络流量，基于配置数据库，创建不同的进程处理流量（ICMP、TCP、UDP），发送的数据包被个性化引擎修改，以匹配实际使用的操作系统。

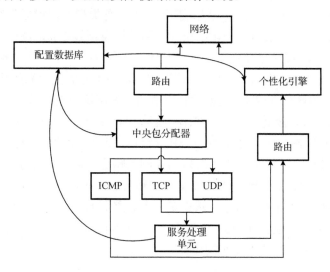

图 11-2 Honeyd 结构示意图

Honeyd 具有三个重要特征，它决定了 Honeyd 的整体行为。

（1）Honeyd 可模拟 ICMP、TCP、UDP 等服务。其中，ICMP 协议处理器支持大多数 ICMP 请求，一般情况下，所有的 Honeyd 都配置响应回送请求和处理目标不可达信息，对其他消息的响应取决于配置的个性化特征。对于 TCP 和 UDP，Honeyd 框架能建立到任意服务的连接。TCP 协议处理器能够很好地支持三次握手的连接建立及 FIN 或 RST 的连接释放功能，在支持窗口管理和拥塞控制上有待进一步研究。UDP 协议处理器将数据报直接传递到应用程序，当接收到一个发送到关闭端口的数据包时，如果个性化配置中心没有设置禁止，就会发送一个端口不可达消息。

（2）Honeyd 可模拟出多个 IP 虚拟主机。Honeyd 可以同时处理多 IP 地址上的虚拟蜜罐，模拟任意路由拓扑结构，配置等待时间和丢包率等；Honeyd 可以根据简单的配置文件对虚拟主机的任何服务进行任意的配置，它甚至可以作为其他主机的代理。

（3）Honeyd 可实现对指纹识别工具的欺骗。不同操作系统的网络栈在对数据包的处理上存在差异，这导致它们所发送的数据包具有不同的特点。入侵者常常会使用一些指纹识别工具，如 XProbe、NMAP 来分析接收到的数据包的特点。当蜜罐需要发送一个网络数据包时，Honeyd 会修改数据包，匹配对应数据库中配置的操作系统指纹，从而提供更为逼真的欺骗环境。

Honeyd 是一种检测非法入侵行为的有效工具，只要建立相应的攻击连接，Honeyd 就会通过 ARP 欺骗和模拟真实的系统或服务与入侵者进行交互。此外，Honeyd 支持记录数据的远程传递，可以将统计的数据发送到一个远程分析工作站上，通过分析软件接收日志记录并分析其中的内容，从而解决大量蜜罐部署时日志记录管理的问题，进一步提高 Honeyd 的数据分析能力。

11.3.2　蜜网 Honeynet

蜜网(Honeynet)是在蜜罐上逐步发展起来的一个新的概念，最早由蜜网项目组(The Honeynet Project)提出，目的在于为系统可控地部署多种类型的蜜罐提供基础系统结构支持。从蜜网技术性验证的第一代蜜网架构(Gen Ⅰ)到经过发展逐渐成熟和完善的第二代蜜网架构(Gen Ⅱ)，目前蜜网技术已经步入完整、易部署、易维护的第三代架构(Gen Ⅲ)。

第三代蜜网体系结构如图 11-3 所示。该架构由多种类型的蜜罐系统构成网络，并通过蜜网网关(Honeywall)桥接外部网络，这就意味着蜜网内各蜜罐系统与外部网络之间的所有流量交互都将通过蜜网网关，接受其捕获、审计和过滤。Honeywall 包括三个网络接口，其中 eth0 接入外网，eth1 连接蜜网，而 eth2 作为一个独立接口，其所处的网络链路与外部网络不连通，该接口一般使用内部 IP，并通过严格的访问控制策略进行防护，用于网络的监控和管理。Honeywall 作为网关，将 eth0 和 eth1 的流量互相转发的同时，可以对流入、流出的网络数据流量进行捕获和收集。实际上，Honeywall 是一个链路层的桥接设备，没有独立的 IP，不会对数据包做任何路由处理或其他修改，Honeywall 对入侵者是透明的，这消除了入侵者直接通过路由或其他信息发现或者入侵它的可能。

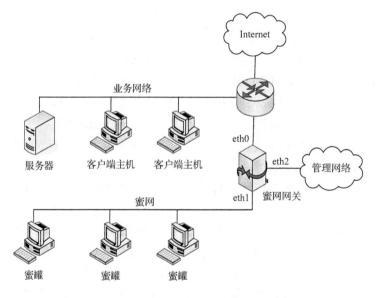

图 11-3　第三代蜜网体系结构

蜜网网关是整个蜜网系统的核心部分，网关上运行防火墙 IPTables、网络入侵检测系统 Snort 和 Sebek 服务器，从而实现对安全威胁数据的捕获和对入侵攻击的有效控制。

1. 数据捕获

Honeynet 的目的是在不让入侵者发现的情况下，获得尽可能多的入侵信息。所捕获到的数据不能放在蜜罐主机上，以防被熟练的入侵者发现，从而失去系统的诱骗特性。入侵者可能破坏或者删除系统日志，因此必须把捕获的数据进行远程安全存放。蜜网网关采用三层数据捕获方法记录入侵者的活动。第一层是防火墙，在 IP 层记录所有出入 Honeynet 的连接，同时记录对后门及非常规端口的连接企图，并及时发出报警信息。第二层是入侵检测系统，捕获和记录网络流量，在发现可疑行为的时候报警，采用部署入侵检测系统的方法可对一些特定连接进行内容收集与捕获。第三层是采用蜜罐主机数据捕获组件 Sebek，通过在系统内核空间捕获数据的方式提高数据捕获能力，并通过隐蔽的通信方式将连续产生的数据存储到远程服务器。这三者可以有机配合使用，达到数据有效捕获的目标。

2. 数据控制

为了完成数据控制功能，Honeywall 的过滤系统对流过的包采取过滤措施，而不是简单地阻止外出恶意连接，如图 11-4 所示，在不限制任何流入数据的情况下，系统对流出数据作出了一定的限制，防止蜜网系统被作为跳板对外攻击。

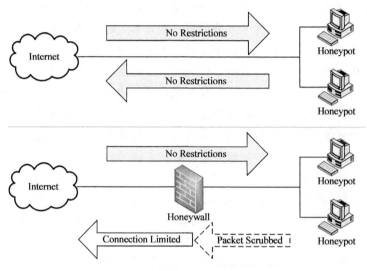

图 11-4　Honeywall 的数据控制方法

这种抑制方法通常分为两类。其一是限制流出的连接数量。众所周知，入侵者对于跳板最常用的手段是 DDoS，即分布式拒绝服务攻击。入侵者首先控制大量的主机，然后使这些受害主机一起发起大量的非正常连接而对某目标进行攻击。在 DDoS 的过程中，被入侵的跳板主机需要发起大量的连接，在 Honeywall 上增加对蜜罐主机流出连接数的限制，可以有效地减少这一行为，这同样包括未知的攻击方法，这种攻击同时可以被数据捕获方式记录用以进行研究。

其二是网络入侵防御系统(NIPS)。通过 Honeywall 对流出包的内容进行审计，可以发现已知的攻击行为并进行过滤。使用的工具一般为 Snort_inline 和 Linux 的 Netfilter/IPTalbles 功能，按照一定预设的规则记录并过滤。这类抑制方法使得 Honeywall 的数据控制机制更加完善，经过精密配置的规则可以有效地防护大多数已知攻击行为。此外，这些工具在完成审计过滤的同时，还可以对包进行记录，达到了捕获网络流量的目的。

第4篇 系统安全技术

系统安全是网络安全的起点，主要是保护与平台相连的终端主机和服务器运行过程及运行状态的安全，对整个信息系统的安全起到了至关重要的作用，主要包括操作系统安全、数据库安全和恶意代码防范等内容。

第12章操作系统安全技术。操作系统是信息系统的重要组成部分。首先，操作系统位于软件系统的底层，需要为其上运行的各类应用服务提供支持；其次，操作系统是系统资源的管理者，对所有系统软、硬件资源实施统一管理；此外，作为软硬件的接口，操作系统起到承上启下的作用，应用软件对系统资源的使用与改变都是通过操作系统来实施的。因此，操作系统的安全在整个信息系统的安全性中起到至关重要的作用，没有操作系统的安全，信息系统的安全性将犹如建在沙丘上的城堡一样没有牢固的根基。该章讨论安全操作系统的基本机制，并对 Windows、Linux、Android 等常用操作系统的安全机制进行了分析。

第13章数据库安全技术。数据库安全是指采取各种安全措施对数据库及其相关文件和数据进行保护。由于数据库存储着大量的重要信息和机密数据，而且在数据库系统中大量数据集中存放，供多用户共享，因此，必须加强对数据库访问的控制和数据安全防护。以各种防范措施防止非授权使用数据库，确保数据的完整性、保密性、可用性、可控性和可审查性。主要通过 DBMS 实现的数据库系统中一般采用用户标识和鉴别、存取控制、视图及密码存储等技术进行安全控制。该章主要讨论数据库访问控制、加密、可用性增强等库安全技术。

第14章恶意代码防范技术。恶意代码指在未明确提示用户或未经用户许可的情况下，在用户计算机或其他终端上安装运行侵犯用户合法权益的软件。恶意代码通常利用系统或者程序的漏洞，结合社会工程学方法实施系统攻击，对系统安全性带来严重威胁。必须加强针对恶意代码的检测识别和防范。该章主要介绍常见的恶意代码种类以及防范措施。

第12章 操作系统安全技术

操作系统是连接硬件与其他应用软件的桥梁。数据库系统通常是建立在操作系统之上的，如果没有操作系统安全机制的支持，就不可能保障其存取控制的安全可信性。在网络环境中，网络的安全可信性依赖于各主机系统的安全可信性，没有操作系统的安全，就不会有主机系统和网络系统的安全性。认证系统(如 Kerberos)、密钥分配服务器、IPsec 网络安全协议等，虽然依赖应用层的安全措施与密钥管理功能，但如果不通过操作系统保护数据文件，不以安全操作系统作为基础，数据加密就没有真正的安全性可言。因此，操作系统的安全性在信息系统的整体安全性中具有至关重要的作用，没有操作系统提供的安全性，信息系统和其他应用系统就好比建筑在沙丘上的城堡(Fortress Built on Sand)。操作系统安全的主要目标是监督系统运行的安全性、标识系统中的用户、进行身份鉴别、依据系统安全策略对用户操作行为进行控制。本章详细阐述安全操作系统设计中的通用安全机制，在此基础上，分析常用的 Windows、Linux 和 Android 操作系统的安全机制。

12.1　操作系统通用安全机制

12.1.1　硬件安全机制

优秀的硬件安全机制是高效、可靠的操作系统运行的基础。计算机硬件安全的目标是，保证系统自身的可靠性并为系统提供基本安全机制，它的基本安全机制包括存储保护、运行保护、I/O 保护等。

1. 存储保护

对于一个安全操作系统，存储保护是一个最基本的要求。存储保护的目标是保护在存储器中的用户数据，保护单元为存储器中的最小数据范围，可为字、字块、页面或段。保护单元越小，则存储保护精度越高。在允许多道程序并发执行的现代操作系统中，除了防止用户程序对操作系统的影响外，还进一步要求存储保护机制对进程的存储区域实行互相隔离。

存储保护与存储器管理紧密相连。存储保护负责保证系统各个任务之间互不干扰，而存储器管理的目标则是更有效地利用存储空间。

1) 基于逻辑分段的存储保护

在分段保护模式下，可按程序本身的内在逻辑关系，将程序划分为若干段。当系统的地址空间分为两个段 (系统段与用户段) 时，禁止用户模式下运行的非特权进程向系统段进行写操作；而当在系统模式下运行时，则允许进程对所有的虚存空间进行读、写操作。用户模式到系统模式的转换应由一个特殊的指令完成，该指令将限制进程只能对部分系统空间进程进行访问，这些访问限制一般由硬件根据该进程的特权模式实施。从系统灵活性的角度看，还是希望由系统软件明确说明该进程对系统空间的哪一页可读，哪一页可写。

2) 基于物理分页的访问控制

在物理分页保护模式下，把物理内存划分为大小相同、位置规定的小区域，称为页面，并可以以非连续页面方式分配给进程。每个物理页号都被分配密钥，系统只允许拥有该密钥的进程去访问该物理页，并通过相关的访问控制信息指明该页是可读还是可写。具体实施过程是：每个进程在操作系统装入时，均分配一个相应的密钥，并写入进程的状态字中；进程每次访问内存时，硬件都要对该密钥进行检验，只有当进程的密钥与内存物理页的密钥相匹配，并且相应的访问控制信息与该物理页的读写模式相匹配时，才允许该进程访问该页内存，否则禁止访问。

一个进程在它的生存期间，可能多次受到阻塞而被挂起。进程动态申请和释放页面致使这种对物理页附加密钥的方法实施难度大、系统性能低。当该进程重新启动时，它占有的全部物理页与挂起前所占有的物理页不一定相同，每当物理页的所有权改变一次，那么相应的访问控制信息就得修改一次。此外，如果两个进程共享一个物理页，但一个用于读而另一个用于写，那么相应的访问控制信息在进程转换时就必须修改，这样就会增加系统开销，影响系统性能。

3) 基于描述符的访问控制

在基于描述符的访问控制方式下，每个进程都有一个"私有的"地址描述符，进程对系统内存某页或某段的访问模式都在该描述符中说明。可以有两类访问模式集：一类用于在用户状态下运行的进程，另一类用于在系统模式下运行的进程。由于在地址解释期间，地址描述符同时也被系统调用检验，所以这种基于描述符的内存访问控制方法，在进程转换、运行模式(系统模式与用户模式)转换以及进程调出/调入内存等过程中，不需要或仅需要很少的额外开销。

2. 运行保护

运行保护机制很重要的思想是分层设计，而运行域正是这样一种基于保护环的层次化结构。运行域是进程运行的区域，进程可以从一个环转移到另一个环运行。运行域机制应该保护某一环不被其外层环侵入，并且允许在某一环内的进程能够有效地控制和利用该环以及低于该环特权的环。在最内层具有最小环号的环具有最高特权，在最外层具有最大环号的环是最小的特权环，一般的系统为 3～4 个环。

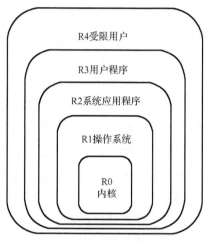

图 12-1　基于保护环的层次化域结构

多环结构的最内层是操作系统，它控制整个计算机系统的运行；靠近操作系统环之外的是受限使用的系统应用程序环，如数据库管理系统或事务处理系统；最外一层则是控制各种不同用户的应用环，如图 12-1 所示。

设置两环系统主要是为了隔离操作系统程序与用户程序。为实现两域结构，在段描述符中相应地有两类访问模式信息：一类用于系统域，另一类用于用户域。这种访问模式信息决定了对该段可进行的访问模式，如图 12-2 所示。

如果要实现多级域，那就需要在每个段描述符中保存一个分立的 W、R、E 比特集，集的多少取决于设立多少个等级。可以根据等级原则简化段描述符，如果环 N 对某一段具有一个给定的访问模式，那么所有 0～$N-1$ 的环都具有这种访问模式，因此对于每种访问模式，仅需要在该描述符中指出具有该访问模式的最大环号。基于此，对于一个给定的内存段，仅需三个区域(它们表示三种访问模式)，在这三个区域中只要保存具有该访问模式的最大环号即可，多域结构的段描述符如图 12-3 所示。

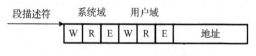

图 12-2　两域结构中的段描述符

图 12-3　多域结构中的段描述符

图 12-3 中三个环号称为环界(Ring Bracket)。相应地，这里 R1、R2、R3 分别表示可以对该段进行写、读、运行操作的环界。

例如，在某个段描述符中，环界集(4,5,7)表示 0～4 环可对该段进行写操作；0～5 环对该段可进行读操作；0～7 环可运行该段内的代码。

3. I/O 保护

在一个操作系统的所有功能中，I/O 一般被认为是最复杂的，人们往往首先从系统的 I/O 部分寻找操作系统安全方面的缺陷。绝大多数情况下，I/O 是仅由操作系统完成的一个特权操作，所有操作系统都对读/写文件操作提供一个相应的高层系统调用，在这些过程中，用户不需要控制 I/O 操作的细节。

I/O 介质输出访问控制最简单的方式是将设备看作一个客体，由于所有的 I/O 或者向设备写数据或者从设备接收数据，所以一个进行 I/O 操作的进程必须受到对设备的读/写两种访问控制，这就意味着设备到介质间的路径可以不受约束，而处理器到设备间的路径则需要实施一定的读/写访问控制。

若要对系统中的 I/O 设备提供足够的保护，防止被未授权用户滥用或毁坏，只靠硬件不能提供充分的保护手段，必须由操作系统的安全机制与适当的硬件相结合才能提供强有力的保护。

12.1.2　标识与认证机制

1. 用户标识和认证

在操作系统中，用户标识就是系统要标识用户的身份，并为每个用户取一个系统可以识别的内部名称——用户标识符。用户标识符必须是唯一的且不能被伪造，防止一个用户冒充另一个用户。将用户标识符与用户联系的过程称为认证，认证过程主要用以识别用户的真实身份，认证操作总是要求用户具有能够证明他的身份的特殊信息，并且这个信息是秘密的，任何其他用户都不能拥有它。

认证一般是在用户登录系统时发生的，系统提示用户输入口令，然后判断用户输入的口令是否与系统中存在的该用户的口令一致。这种口令机制简便易行但比较脆弱，许多计算机用户常常使用自己的姓名、配偶的姓名、宠物的名字或者生日作为口令，但这种口令很难抵御常见的字典攻击等。基于公钥证书的强认证方法是安全操作系统所用到的主要安全增强方法。另外，生物技术是一种比较有前途的认证用户身份的方法，如利用指纹、视网膜等，目前这种技术已取得了长足进展，并已实用化。

认证时需要建立一个登录进程与用户交互，以得到用于标识与认证的必要信息。首先用户提供一个唯一的用户标识符给系统；接着系统对用户进行认证。系统必须能证实该用户的确对应于其所提供的标识符，且在用户访问资源时能够准确标识代表用户的进程。这就要求认证机制维护、保护、显示所有活动用户和所有用户账户的状态信息。

2. 口令管理

基于口令认证方式的操作系统提供的安全性依赖于口令的保密性。口令质量是一个非常关键的因素。它涉及以下几点。

1) 口令空间

口令空间的大小是字母表规模和口令长度的函数。满足一定操作环境下安全要求的口令空间的最小尺寸可以使用以下公式：

$$S = G / P, \qquad G = L * R$$

其中，S 代表口令空间；L 代表口令的最大有效期；R 代表单位时间内可能的口令猜测数；P 代表口令有效期内被猜出的可能性。

2) 口令加密算法

单向加密函数可以用于加密口令，加密算法的安全性十分重要。如果口令加密只依赖于口令或其他固定信息，有可能造成不同用户加密后的口令是相同的。当一个用户发现另一个用户加密后的口令与自己的相同时，他就知道即使他们的口令明文不同，自己的口令对两个账号也都是有效的。为了减少这种可能性，加密算法可以使用诸如系统名或用户账号作为加密因素。

3) 口令长度

口令的安全性由口令有效期内被猜出的可能性决定。可能性越小，口令越安全。在其他条件相同的情况下，口令越长，安全性越高。口令有效期越短，口令被猜出的可能性越小。下面的公式给出了计算口令长度的方法：

$$S = A^M$$

其中，S 是口令空间；A 代表字母表中字母的个数；M 代表口令长度。

计算口令长度的过程如下：

(1) 建立一个可以接受的口令被猜出可能性 P。例如，将 P 设为 $12 \sim 20$。

(2) 计算 $S = G / P$，其中 $G = L * R$。

(3) 计算口令长度公式如下：

$$M = \log_A S。$$

通常情况下，M 应四舍五入成最接近的整数。口令一般不应少于 6 个字符。

3. 实现要点

1) 口令的内部存储

必须对口令的内部存储实行一定的访问控制和加密处理，保证口令数据库不被未授权用户读或者修改。未授权读可能泄露口令信息，从而使非法用户冒充合法用户登录系统。要注意登录程序和口令更改程序应能够读、写口令数据库。可以使用强制访问控制或自主访问控制机制，但都应对存储的口令进行加密，因为访问控制有时可能被绕过。口令输入后应立即加密，存储口令明文的内存应在口令加密后立即删除，以后都使用加密后的口令进行比较。

2) 传输

在口令从用户终端到认证机的通信过程中，应施加保护。在保护级别上，只要与敏感数据密级相等即可。

3) 登录尝试次数

通过限制登录尝试次数，在口令的有效期内，入侵者猜测口令的次数就会限制在一定范围内。每一个访问端口应独立控制登录尝试次数。建议限制每秒或每分钟内尝试的最大次数，避免要求极大的口令空间或非常短的口令有效期。在成功登录的情况下，登录程序不应有故意的延迟，但对不成功的登录，应使用内部定时器延迟下一次登录请求。

4）用户安全属性

对于多级安全操作系统，标识与认证不但要完成一般的用户管理和登录功能，如检查用户的登录名和口令、赋予用户唯一标识的用户 id 与组 id，还要检查用户申请的安全级、计算特权集、审计屏蔽码等信息。检查用户安全级就是检验其本次申请的安全级是否在系统安全文档中定义的该用户安全级范围之内。若在，则允许，否则系统拒绝用户的本次登录。若用户没有申请安全级，系统取出该用户的缺省安全级作为用户本次注册的安全级，赋予用户进程。

5）审计

系统应对口令的使用和更改进行审计。审计事件包括成功登录、失败尝试、口令更改程序的使用、口令过期后上锁的用户账号等。对每个事件，应记录事件发生的日期和时间、失败登录时提供的用户账号、其他事件执行者的真实用户账号和事件发生终端或端口号等。

同一访问端口或使用同一用户账号连续 5 次（或其他阈值）以上的登录失败应立即通知系统管理员。虽然不要求立即采取一定措施，但频繁地报警可能说明入侵者正试图渗透系统。

成功登录时，系统应通知用户。包括用户上一次成功登录的日期和时间、用户登录地点、从上一次成功登录以后的所有失败登录。用户可以据此判断是否有他人在使用或试图猜测自己的账号和口令。

12.1.3　访问控制机制

1. 经典访问控制机制

计算机信息系统访问控制技术最早产生于 20 世纪 60 年代，随后出现了两种重要的访问控制技术：自主访问控制（Discretionary Access Control，DAC）技术和强制访问控制（Mandatory Access Control，MAC）技术。它们在多用户系统（如各种 Linux 系统）中得到广泛的应用。这两种访问控制的基本原理在前面章节已经介绍过。

自主访问控制技术存在的不足主要体现在：资源管理比较分散；用户间的关系不能在系统中体现出来，不易管理；信息容易泄露，无法抵御特洛伊木马的攻击。在自主访问控制下，一旦带有特洛伊木马的应用程序被激活，特洛伊木马可以任意泄露和破坏接触到的信息，甚至改变这些信息的访问授权模式。

MAC 最主要的优势在于它有阻止特洛伊木马的能力。MAC 能够有效防范特洛伊木马的策略是基于非循环信息流的思想，它的基本思路是在一个级别上读信息的主体一定不能在另一个违反非循环规则的安全级别上写，在一个安全级别上写信息的主体也一定不能在另一个违反非循环规则的安全级别上读。由于 MAC 策略通过梯度安全标签实现信息的单向流通，它可以很好地阻止特洛伊木马的泄密。MAC 的主要缺陷在于实现工作量大、管理不便、灵活性不够，而且 MAC 由于过于偏重保密性，对其他方面如系统连续工作能力、授权的可管理性等考虑不足。

2. 分布式信息流控制

传统的信息流控制中，主客体的安全级由管理员集中管理，管理员需要熟悉所有程序的安全逻辑和通信关系，管理比较困难，容易出现单点失效问题。近年来，分布式信息流控制（DIFC）研究不断涌现。DIFC 试图捕获包含大量不可信或有漏洞程序的系统中更精确的安全信息流特征，引入了分布式降密、信息流跟踪和权限传播等机制，使得 DIFC 的信息流控制突破了传统信息流控制在可用性方面的制约。

分布式降密机制允许主体可以降密它自己拥有的数据，而不是要求一个全局可信的主体来完成这项操作。因而，一个主体可以弱化它自己拥有的资源的保护策略，且这种弱化并不危害其他主体的资源。信息流跟踪机制根据敏感信息的流动，调整被感染实体的标记。权限传播技术允许主体传递自己的调整自身标记的能力给其他主体，这使得信息流传播控制更加灵活。DIFC 模型示意如图 12-4 所示，感染器可以接受敏感信息（如秘密或恶意信息），但不能泄露/散播这些信息；降密器可以传播敏感信息，数据资源拥有者可以指定信息流传播策略，敏感数据的流动将被跟踪；信息流控制的依据是主体能力及其主体标记。

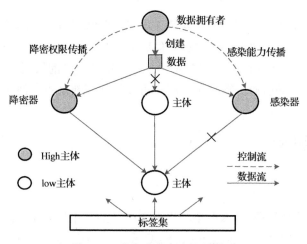

图 12-4　分布式信息流控制模型

12.1.4　最小特权管理机制

安全操作系统除了要防止用户的非法登录和非授权访问以外，还要解决用户特权不能过大的问题，即最小特权管理。特权就是可违反系统安全策略的一种操作能力，如添加删除用户等操作。在现有操作系统（如 UNIX、Linux 等）中，超级用户具有所有特权，普通用户不具有任何特权。一个进程要么具有所有特权（超级用户进程），要么不具有任何特权（非超级用户进程）。这种特权管理方式便于系统维护和配置，但不利于系统的安全性。特权不同于普通的权限，会对系统造成极大的潜在安全隐患，一旦超级用户的口令丢失或超级用户被冒充，将会对系统造成极大的损失。超级用户的误操作也是系统极大的潜在安全隐患，因此必须实行最小特权管理机制。

1. 基本思想

特权操作被入侵者利用并不是特权操作本身的问题（因为操作系统要进行正常的运行和

管理必须有特权)，而是超级用户的存在，使得特权被滥用的后果。事实上，我们的日常工作中大多数操作不需要特权，如编辑文件、上网、学习，而我们往往使用超级用户来处理这些工作，这样就给了入侵者可乘之机，特别是在网络发达、黑客和病毒非常猖獗的今天，入侵者也会利用程序漏洞或系统漏洞窃取超级管理员的权限，对我们的系统造成危害。

解决办法是实现最小特权原则，即系统不应给予用户超过执行任务所需特权以外的特权。在操作系统中，在分配特权的时候只授予任务执行所需的最小特权，并将特权进行归类和细分，设置不同类型的管理员，每种类型的管理员只能获得某种类型的特权，无法拥有全部特权，并且使管理员相互制衡、相互监督。这样做的优势有两个：一是由于特权有限，在误操作或特权被窃取的时候，造成的伤害也被限定在一定的范围内。例如，网络管理员被控制了，只能对网络设置进行更改，无法添加用户，无法消除网络设置的审计记录。二是由于特权用户之间的制衡，具有特权的用户不会轻易冒险使用手中的特权进行非法活动。

按照最小特权原则对特权进行管理就是最小特权管理机制，主要分两个步骤实施：

(1)特权细分。确保将特权分配给不同类型的管理员，使每种管理员无法单独完成系统的所有特权操作。

(2)特权动态分配与回收。确保在系统运行过程中只有需要特权时才分配相应的特权给用户。

2. 特权细分

为使任何一个特权操作员都不能获得足够的权力破坏系统的安全策略，一般设置 5 个特权管理职责，分别继承这些特权。这五类操作员如下。

(1)系统安全管理员(SSO)。对系统资源和应用定义安全级；限制隐蔽通道活动；定义用户和自主存取控制的组；为所有用户赋予安全级。

(2)审计员(AUD)。设置设计参数；管理审计信息；控制审计归档。

(3)操作员(OP)。启动和停止系统，磁盘一致性检查；格式化新的介质；设置终端参数；设置用户无关安全级的登录参数。

(4)安全操作员(SOP)。完成 OP 的所有职责；例行的备份和恢复；安装和拆卸可安装介质。

(5)网络管理员(NET)。管理网络软件；设置连接服务器、地址映射机构、网络等；启动和停止 RFS，通过 RFS 共享和安装资源；启动和停止 NFS，通过 NFS 共享和安装资源。

3. 特权动态分配与回收

特权动态分配与回收的主要目的是使用户只有在需要执行特权操作时才具有相应的特权，特权操作执行完毕以后收回特权，保证任何时刻进程仅具有完成特定工作所需的最小特权。

通常对可执行文件赋予相应的特权集，对于系统中的每个进程，根据其执行的程序和所代表的用户，赋予相应的特权集。一个进程请求一个特权操作，调用特权管理机制，判断该进程的特权集是否包含这种操作特权。

特权不再与用户标识相关，它直接与进程和可执行文件相关联。这种机制的最大优点是特权的细化，其可继承性提供了一种执行进程中增加特权的能力。一个新进程继承的特权既有父进程的特权，也有所执行文件的特权，一般把这种机制称为基于文件的特权机制。这种机制可使系统中不再有超级用户，而是根据敏感操作分类，使同一类敏感操作具有相同特权。

1）可执行文件的特权

可执行文件具有两个特权集：一是固定特权集。固有的特权与调用进程或父进程无关，将全部传递给执行它的进程。二是可继承特权集。只有当调用进程具有这些特权时，才能激活这些特权。

这两个集合是不能重合的，即固定特权集与可继承特权集不能共有一个特权。当然可执行文件也可以没有任何特权。

当文件的属性被修改时（例如，文件打开写或改变它的模式），它的特权会被删去，这将导致从可信计算基中删除此文件。因此，如果要再次运行此文件，必须重新给它设置特权。

2）进程的特权

当使用 fork 语句创建一个子进程时，父子进程的特权是一样的。但是当通过 exec 执行某个可执行文件时，进程的特权决定于调用进程的特权集和可执行文件的特权集。新进程特权的计算方法如图 12-5 所示。

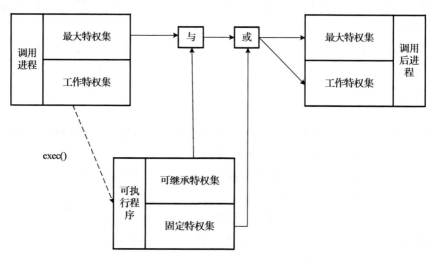

图 12-5　一个新进程的特权计算方法

新进程的最大特权集和初始的工作特权集，均等于父进程的最大特权集与执行程序的可继承特权集的交集和可执行程序的固定特权集的并集。可以看出，要将一个特权传递给一个新进程，或者使父进程的最大特权集里具有该特权，或者使可执行文件的固定特权集里具有该特权。

12.1.5　隐蔽通道分析机制

完善的访问机制的主要目标是防止用户的非授权访问，在操作系统中，恶意用户有时会通过非常规途径绕过访问控制机制进行非授权访问，这种非常规的访问途径称为隐蔽通道。隐蔽通道对系统危害性很大，对于高级别的安全操作系统必须建立隐蔽通道分析机制。

隐蔽通道分析是安全操作系统设计中的难点之一。到目前为止，世界上只有少数几个系统达到了美国国防部《计算机可信系统评估准则》规定的 B2 以上级别。

1. 隐蔽通道的概念

我国的《计算机信息系统 安全保护等级划分准则》(GB 17859—1999)将隐蔽信道定义为"允许进程以危害系统安全策略的方式传输信息的通信信道"。在实施多级安全策略的系统中，安全策略可以归结为"不上读不下写"。因此，"危害安全策略的方式"就意味着违反"不上读不下写"的策略，存在"上读"或"下写"的动作，即存在从高安全级进程向低安全级进程的信息流动。图 12-6 给出了隐蔽通道工作的一般模式，"×"表明双方采用正常资源通信时无法通过存取检查。

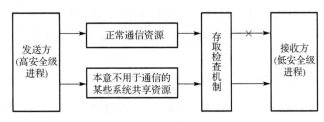

图 12-6 隐蔽通道工作模式

2. 隐蔽通道分类

根据不同的分类标准，可以将隐蔽通道分为隐蔽存储通道和隐蔽时间通道。

隐蔽存储通道：一个进程直接或间接地写一个存储单元，而另一个进程直接或间接地读这个存储单元，从而构成的通信信道。

隐蔽时间通道：一个进程通过调节自己对系统资源的使用时间向另一个进程发送消息，后者通过观察相应时间的改变获得信息，从而构成通信信道。

下面分别给出系统中隐蔽存储通道和隐蔽时间通道的实例。

1) 文件读写状态引起的隐蔽存储通道

在强制存取机制中，高安全级程序由于被强制存取控制机制禁止"向下写和向上读"，无法将信息传递给低级别的进程，以避免信息泄露。在操作系统中，一个文件被一个进程读，其他进程不能向其写，利用这个特点而构建的隐蔽通道，可以实现信息从高安全级进程流向低安全级进程。

双方事先达成协议：若高安全级进程在打开文件 one，表示高安全级进程正向低安全级进程发送 1；若高安全级进程在打开文件 zero，表示高安全级进程正向低安全级进程发送 0。

当高安全级进程计划发送 1 的时候，打开 one 文件，不关闭。此时低安全级进程对 one 写入不成功，根据双方事先达成的协议，表示高安全级进程发送了 1；同理，当高安全级进程计划发送 0 的时候，打开 zero 文件，不关闭，此时低安全级进程对 zero 写入不成功，表示高安全级进程发送了 0。

流程如下：

(1) 低安全级进程创建三个文件 sync、one、zero。

(2) 低安全级进程打开 sync，写 ready0，表示准备好接收数据，然后关闭 sync。

(3) 高安全级进程反复尝试打开读 sync，直到读到 ready0。

(4) 高安全级进程以独占方式读 one 或 zero。

（5）低安全级进程对 one 和 zero 反复试图打开写，直到有一个操作不成功，这表示高安全级进程向它发送了 1bit 信息：1（one）或 0（zero）。

（6）高安全级进程关闭打开的文件。

（7）低安全级进程反复试图打开第 5 步中没打开的文件，直到成功。

（8）低安全级进程向 sync 写 read1（以后递增）。

（9）高安全级进程读 sync，直到最后一个数字大于先前读到的数字。

从第（4）步开始循环，反复动作，直到动作完成。

隐蔽通道的信息传递是通过某些本来不用于信息传递的系统共享资源实现的。如上例中收发双方就是利用文件的读写状态来进行信息传递的。发方通过打开文件改变了状态，收方通过判断写入是否成功得知文件的读写状态，读写状态本来是为了系统管理方便使用的，而高安全级进程利用它进行了通信。

2）CPU 调度引起的定时通道

如图 12-7 所示，发送者与接收者共享 CPU，二者达成协议，在相继的两个 CPU 时间片之间，发送者在时间 ti 执行（即占用 CPU）表示发送 1，不执行表示发送 0。接收者尝试同时执行，以判断发送者在 ti 是否执行，并将接收到的成功与失败的记号解释成 0 和 1。

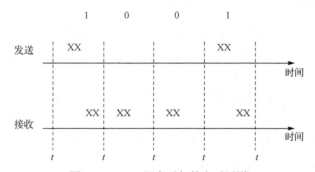

图 12-7　CPU 调度引起的定时通道

隐蔽通道分析是安全操作系统设计的难点之一。TCSEC 的 B2 级以上要求分析隐蔽通道。而分析隐蔽时间通道要比分析隐蔽存储通道难得多，因此国标 GB 17859—1999 对第四级要求分析存储通道，第五级要求分析时间通道。

3. 建立隐蔽存储通道需要具备的条件

在实际的操作系统中建立隐蔽通道有一定的难度，需要具备如下条件：

（1）双方必须能够对共享存储单元具有存储能力。

（2）发送方能改变存储单元的内容。

（3）接收方能探测到存储单元内容的改变。

（4）双方能建立同步机制。

隐蔽存储通道通常使用三类共享存储单元：

（1）客体属性，包括文件名、文件属性等。

（2）客体存在性，与文件相关的任何信息，如文件是否存在、文件能否被写入等。

（3）共享资源，如磁盘可用空间的大小、打印机占有状况等。

4. 隐蔽存储通道的识别技术

隐蔽存储通道的识别技术主要有信息流分析法、共享资源矩阵法、无干扰法和隐蔽流树法等。

1) 信息流分析法

信息流可以看作变量 a 与变量 b 之间的因果关系。任一修改 b 或引用 a 的函数，如果旧状态下 a 值的信息能通过观察新状态下 b 的值而推断出来，就有从 a 到 b 的信息流。信息流分析的过程包括找出信息流和检验它不违反信息流规则。一次分析一个函数，对函数的每个表达式都要分析。每一对变量之间的信息流写作一个流语句，例如，若有语句"$a{:=}b$"，则信息从变量 b 流向变量 a。这样，一个给定的函数能产生很多流语句。再用信息流向规则"若信息从 b 流向 a，则 a 的安全级必然支配 b 的安全级"加以检验。信息流分析的工作量之大可以想象，因此人们开发了一些工具用于分析信息流。尽管这些工具可以对形式描述做很好的分析，可是对代码的分析却难以实现。

2) 共享资源矩阵法

这是 Kemmerer 在 20 世纪 80 年代初提出的方法，曾经成功应用于若干个项目。共享资源矩阵是最有名的隐蔽通道分析工具之一。尽管它还有不少局限，仍然是标识系统中信息流的最简练实用的工具。这种方法与流分析检查技术十分相似，除了观察单个函数，它还需要一个"传递闭包"的进程从整体上对描述进行分析。传递闭包考虑了函数之间的影响，每增加一个函数都进行安全性检查。不过，这种分析大部分要由人工完成，支持该技术的工具只能简化生成矩阵，但对证明毫无帮助。所有潜在的信道(包括那些无关紧要的)，都需要进行人工检查，因此工作量较大。

3) 无干扰法

该方法把 TCB 看作提供某种服务的抽象机，从用户进程的角度看，一个进程的请求代表抽象机的输入，TCB 的响应代表了输出，而 TCB 内部变量的内容则构成了它的当前状态。每一个输入都会引起 TCB 状态的变化和输出。一个用户进程和另一个进程是无干扰的，是指取消起始状态以来所有来自第一个进程的输入，由第二个进程观察到的输出没有变化，即第一个进程和第二个进程之间没有任何信息传递，一个进程的输入不能影响第二个进程的输出。

4) 隐蔽流树法

这是 Porras 等 1991 年提出的方法。该方法使用了树的数据结构，把信息从一个共享资源向另一个共享资源的流动模型化，从而实现了对共享资源的系统搜索。构造隐蔽流树与共享资源矩阵所需信息相同。

5. 隐蔽通道处理技术

常见的隐蔽通道处理技术包括消除法、带宽限制法和威慑法等。下面分别介绍这三种隐蔽通道处理方法。

1) 消除法

第一种方法是消除隐蔽通道。消除隐蔽通道需要改变系统的设计和/或实现，这些改变包括:

(1)消除潜在隐蔽通信参与者的共享资源。方法是预先向参与者分配一个最大资源需求，或者按照安全级分割资源。

(2)清除导致隐蔽通道的接口和机制。

针对第一种情况，在动态分配/回收客体引发动态分配内存段的隐蔽存储通道的例子中，如果内存按照每个进程或者每个安全级分配，就不再有这一通道。不过有时候这类方法会导致系统性能显著降低，从而不可取。比如，在瓜分内存的情况下，必然有的部分使用率高些(使用频繁)，有的部分使用率低些，总的看来，系统性能必然会降低。适于使用这类方法的一个例子是 UNIX system V 进程间通信客体的名字空间，按安全级分配名字空间不会导致系统性能显著降低。

有的时候按照用户、进程瓜分资源并不可行，比如，主线(bus)就不能瓜分。但是按照安全级瓜分时间这种资源却是可行的。就是说，同一时间运行的进程安全级必须相同。这是定时通道的问题，这里不再做过多的讨论。

针对第二种情况，UNIX 接口惯例要求不能删除非空目录。因为应用程序都是按照接口惯例编写的，改变接口惯例实际上是不可能的。但有时可以采用这种方法，比如，程序用调整对某种系统资源使用的程度来编码机密信息，而机密信息最终反映在返回给用户的不同的账目信息里时，删除这个账目通道的方法是消除用户级的账单，即给资源使用的程度(如固定的最大 CPU 时间、固定的最大 I/O 时间等)一个统一的限制。另外，按每个用户级别生成账目信息也能消除这个通道。

2) 带宽限制法

处理隐蔽通道的第二种方法是带宽限制法。带宽限制的策略是设法降低通道的最大或者平均带宽，使之降低到一个事先预定的可接受的程度。限制带宽的方法有：

(1)故意引入噪声，即用随机分配算法分配诸如共享表、磁盘区、PID 等共享资源的索引，或者引入额外的进程随机修改隐蔽通道的变量。

(2)故意引入延时。

3) 威慑法

第三种方法是威慑法(Deterrence)。这种方法假定用户都知道存在哪些通道，但是系统采用某种机制让恶意用户不敢使用这些通道。最重要的威慑手段是通道审计，即使用有效的审计手段毫不含糊地监视通道的使用情况，让隐蔽通道使用者知难而退。

12.1.6 可信通路机制

在计算机系统中，用户是通过不可信的中间应用层和操作系统相互作用的。但对于用户登录、用户安全属性定义、文件安全级改变等操作，用户必须确信是与安全核心通信，而不是与一个特洛伊木马打交道。系统必须防止特洛伊木马模仿登录过程、窃取用户的口令。特权用户在进行特权操作时，也要有办法证实从终端输出的信息是正确的，而不是来自特洛伊木马。这些都需要一种机制来保障用户和内核的通信，这种机制由可信通路提供。

提供可信通路的一种方法是给每个用户两台终端，一台用于通常的工作，另一台用于与内核的硬连接。这种方法虽然十分简单，但代价太昂贵。对用户建立可信通路的另一种现实方法是使用通用终端，发信号给核心。这个信号是不可信软件不能拦截、覆盖或伪造的，一般称这个信号为安全注意键(Secure Attention Key,SAK)。早先实现可信通路的做法是通过终端上的一些由内核控制的特殊信号或屏幕上空出的特殊区域,和内核进行通信。随着系统越来越复杂,为了使用户确信自己的用户名和口令不被别人窃走,Linux 提供了安全注意键。安全注意键是一个键或一组键(在 x86 平台上,SAK 是 ALT-SysRq-k),按下它(们)后,保证用户看到真正的登录提示,而非登录模拟器。也即它保证是真正的登录程序(而非登录模拟器)读取用户的账号和口令(详见 linux/drivers/char/sysrq.c 和 linux/drivers/char/tty_io.c∷do_SAK)。SAK 可以用下面的命令来激活:

echo "1" > /proc/sys/kernel/sysrq

严格地说,Linux 中的 SAK 并未构成一个可信路径,因为尽管它会杀死正在监听终端设备的登录模拟器,但它不能阻止登录模拟器在按下 SAK 后立即开始监听终端设备,当然由于Linux 限制用户使用原始设备的特权,普通用户无法执行这种高级模拟器,而只能以 root 身份运行,这就减少了它所带来的威胁。

12.2　Windows 系统安全

12.2.1　Windows NT 系统结构

Windows NT 是 Microsoft 公司于 1992 年开发的一个完全 32 位的操作系统,它支持多进程、多线程、均衡处理和分布式计算。早期的 Windows NT 的设计目标是橘皮书的 c2 级。一个 c2 级别的操作系统应在用户级实现自主访问控制,应提供支持审计访问对象的安全机制。到目前为止,Windows NT 发行了 3.1、3.5、3.51、4.0、Windows 2000(NT 5.0)、Windows XP(NT 5.1)、Windows 2003(NT 5.2)、Windows 7、Windows 7(NT 6.1)、Windows 8 (NT 6.2)、Windows 8.1 (NT 6.3)、Windows 10 (NT 10.0)等多个版本。其中 Windows XP 集成了 Windows 2000 的强项(基于标准的安全性、可管理性和可靠性)与 Windows 98 和 Windows Me 的最佳功能(即插即用、易用的用户界面、创新的支持服务)实现了 Windows 系统的统一。Windows2003 主要添加了针对.net 技术的完善支持,对活动目录、组策略操作和管理、磁盘管理等面向服务器的功能做了较大改进。本节介绍 Windows NT 基础安全机制。

Windows NT 的系统结构是层次结构和客户机/服务器结构的混合体,如图 12-8 所示。

执行者是唯一运行在核心模式的部分。它划分为三层:最底层是硬件抽象层,它为上面的一层提供硬件结构的接口,这一层就可以使系统方便地移植。在硬件抽象层之上是微内核,它为低层提供执行、中断、异常处理和同步的支持。最高层由一系列实现基本系统服务的模块组成,如内存管理、对象管理、进程管理、I/O 管理。这些模块之间的通信通过定义在每个模块中的函数实现。

被保护的服务以具有一定特权的进程形式在用户模式下执行,它提供了应用程序接口(API)。当一个应用调用 API 时,将消息通过局部过程调用(LPC)发送给对应的服务器,服务器则通过发送消息应答调用者。下面介绍几个典型的被保护的服务。

(1)会话管理。会话管理是第一个在系统中创建的用户进程,它负责执行一些关键的系统初始化步骤,用于系统在注册表中注册、初始化动态链接库(DLL)、启动注册(Winlogon)服务。会话管理还是应用程序和调试器之间的监督器。

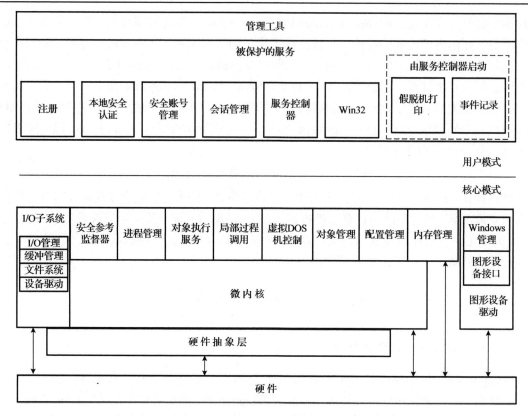

图 12-8　Windows NT 系统结构示意图

(2)注册。Windows NT 注册是一个注册进程，它负责为交互式注册和注销提供接口。它还负责管理 Windows NT 的桌面。NT 注册服务本身在系统初始化时，以 logon 进程通过 Win32 注册。

(3)Win32。Win32 为应用程序提供有效的微软 32API，它还提供图形的用户接口并且控制所有用户的输入和输出。此服务只输出两种对象：WindowStation(例如，用户的输入/输出设备：鼠标、键盘和显示器)和桌面对象。

(4)本地安全认证。本地安全认证主要提供安全服务。它在用户注册进程、安全事件日志进程等本地系统安全策略中起到重要作用。安全策略由本地安全策略库实现，库中主要保存着可信域、用户和用户组的特权与访问权限、安全事件。这个数据库由本地安全认证来管理，只有通过本地安全认证才能访问它。

(5)安全账号管理。安全账号管理主要用于管理用户和用户组的账号，根据它的权限决定是在本地内还是在域的范围管理。它还为认证服务提供支持。安全账号作为子对象存储在注册表的数据库中，这个数据库只有通过安全账号管理工具才能访问和管理。

12.2.2　Windows NT 安全子系统结构

在 Windows NT 中，安全子系统由本地安全认证、安全账号管理器和安全参考监督器构成。除此之外，还包括注册、访问控制和对象安全服务等，它们之间的相互作用和集成构成了安全子系统的主要部分，如图 12-9 所示。

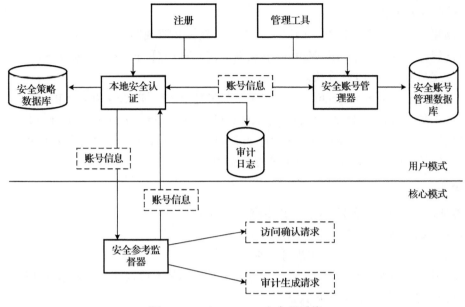

图 12-9　Windows NT 安全子系统

安全账号管理器用户和工作组信息，本地安全认证模块完成对登录用户的身份认证，安全参考监督器控制和审计用户的资源访问行为。

12.2.3　标识与认证

1. 标识

每个用户都拥有一个账号，以便登录和访问计算机的系统资源和网络资源，账号包含的内容包括用户密码、隶属的工作组、可在哪些时间登录、可从哪些工作站登录、账号有效日期、登录脚本文件、主目录、拨入等。

根据权限不同，用户账号一般分管理员账号（Administrator）和访问者账号（Guest）两种类型，管理员账号可以创建新账号。根据范围不同，可以分为全局账号和本地账号两种类型的账号，全局账号可以在整个域内应用，而本地账号只能在生成它的本机上应用。

通过工作组，可以方便地给一组相关的用户授予特权和权限，一个用户可以同时隶属于一个或多个工作组。

Windows NT 有两类工作组：全局工作组和本地工作组。本地工作组只能在本地的系统或域内使用，即只有在创建它的本地系统或域中才能利用，本地工作组实现对特权和权限的管理。本地系统的本地工作组可以用来管理它们所处系统的特权和权限，域内系统的本地工作组可以用于管理它们所处的域服务器中的特权和权限。全局工作组可以在系统用户相互信任的域中使用。利用全局工作组，系统管理员能够有效地将用户按他们的需要进行排序。

2. 认证

认证分为本地认证和网络认证两种类型，在进行认证之前首先要进行初始化。

1) WinLogon 初始化

(1) 创建并打开一个窗口站, 用以代表键盘、鼠标和监视器。

(2) 创建并打开三个桌面: WinLogon 桌面、应用程序桌面、屏幕保护桌面。

(3) 建立与 LSA 的 LPC 连接。

(4) 调用 LsaLookupAuthenticationPackage 来获得与认证包 msv1_0 相关的 ID。

msv1_0 在注册表的 KEY_LOCAL_MACHINE/system/currentcontrolset/control/lsa 中。

(5) 创建并注册一个与 WinLogon 程序相关的窗口, 并注册热键, 通常为 Ctrl+Alt+Del。

(6) 注册该窗口, 可用于屏幕保护等程序调用。

2) 本地认证

本地认证过程如图 12-10 所示, 其步骤主要包括:

(1) 按下 Ctrl+Alt+Del 键, 激活 WinLogon。

(2) 调用标识与认证 DLL, 出现登录窗口。

(3) 将用户名和密码发送至 LSA, 由 LSA 判断是不是本地认证, 若是本地认证, LSA 将登录信息传递给身份验证包 msv1_0。

(4) msv1_0 身份验证包向本地 SAM 发送请求来检索账号信息, 首先检查账号限制, 然后验证用户名和密码, 最后返回创建访问令牌所需的信息(用户 SID、组 SID 和配置文件)。

(5) LSA 查看本地规则数据库验证用户所做的访问(交互式、网络或服务进程), 若成功, 则 LSA 附加某些安全项, 添加用户特权(LUID)。

(6) LSA 生成访问令牌(包括用户和组的 SID、LUID), 传递给 WinLogon。

(7) WinLogon 传递访问令牌到 Win32 模块。

(8) 登录进程建立用户环境。

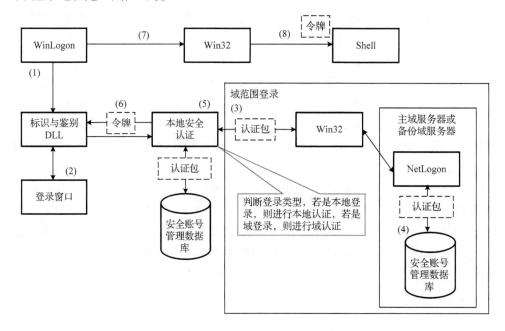

图 12-10　Windows NT 本地认证过程

3)网络认证

网络认证如图 12-11 所示,其步骤如下:

(1)客户机通过 NetBios 传递登录信息。

(2)服务器本地验证(方法同本地登录),若成功通过,则 NetBios 传递访问令牌。

(3)客户机通过 NetBios 和访问令牌访问服务器资源。

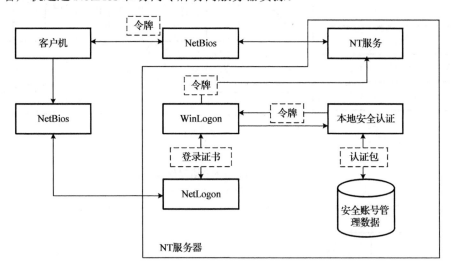

图 12-11　Windows NT 网络鉴别与登录过程

12.2.4　存取控制

Windows 的客体资源包括文件、设备、邮件槽、命名和未命名管道、进程、线程、事件、互斥体、信号量、可等待定时器、访问令牌、窗口站、桌面、网络服务、注册表键和打印机,并以对象方式实施管理。

为了实现安全访问,每个资源被分配一个安全描述符(Security Descriptor),如图 12-12 所示,安全描述符控制哪些用户可以对访问对象做什么操作,其主要属性包括所有者的 SID、组 SID、自主访问控制列表、系统访问控制列表等。系统访问控制表(SACL)用于描述针对该资源访问的审计策略。自主访问控制表(DACL)主要由一或多个访问控制项(ACE)组成,每个 ACE 标识用户和工作组对该资源的访问权限。ACE 由 SID、访问掩码和安全控制三个子项组成。分别表示本条 ACE 作用的用户和工作组的 SID、作用的访问方式和控制策略。安全控制包括以下两种。

(1)访问拒绝。拒绝访问掩码中指定的权力。

(2)访问允许。授予用户掩码中的权力。

Windows NT 的资源访问示意如图 12-13 所示。在 Windows NT 中,用户进程并不直接访问对象,而是通过 Win32 实现对对象的访问。这样做的好处有两个:一是程序不必知道如何直接控制每类对象,由操作系统去完成,使程序设计更加简单灵活;二是由操作系统负责实施进程对对象的访问,使对象更加安全。

其中,访问控制列表判别规则如下:

(1)从 ACE 的头部开始,看是否有显式的拒绝。

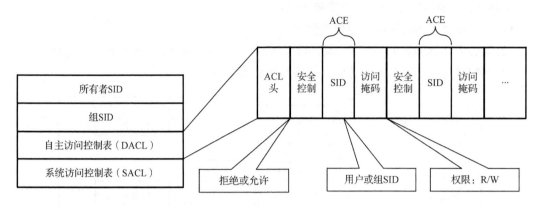

安全描述符结构

图 12-12　Windows NT 访问权限列表

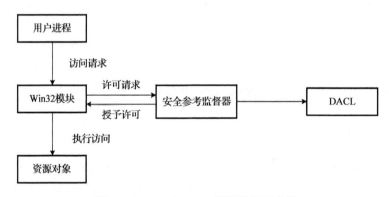

图 12-13　Windows NT 资源访问示意图

（2）看进程所要求的访问类型是否显式地授予。

（3）重复（1）（2）两步，直到遇到拒绝访问，或是累积到所请求的权限都被满足为止。

（4）若没有被拒绝或接受，则拒绝。

12.2.5　安全审计

安全审计是 Windows NT 达到橘皮书 c2 级的一个重要指标。系统运行中产生三类日志：系统日志、应用程序日志和安全日志，可使用事件查看器浏览和按条件过滤显示。前两类日志任何人都能查看，它们是系统和应用程序生成的错误警告与其他信息；安全日志只能由审计管理员查看和管理，前提是它必须存于 NTFS（New Technology File System）中，使 Windows NT 的系统访问控制表（SACL）生效。

Windows NT 的审计子系统默认是关闭的，审计管理员可以在服务器的域用户管理或工作站的用户管理中打开审计并设置审计事件类。事件分为 7 类：系统类、登录类、对象存取类、特权应用类、账号管理类、安全策略管理类和详细审计类。对于每类事件，可以选择审计失败或成功的事件，也可二者均审计。对于对象存取事件类的审计，管理员还可以在资源管理器中进一步指定各文件和目录的具体审计操作，如读、写、修改、删除、运行等，它也同样分为成功和失败两类来进行选择审计。对注册表项及打印机等设备的审计也类似。

审计数据文件以二进制结构形式存放在物理磁盘上，它的每条记录都包含事件发生时间、事件源、事件号和所属类别、机器名、用户名和事件本身的详细描述。

12.2.6　NTFS 文件系统安全机制

NTFS 是 Windows NT 内核的系列操作系统支持的，一个特别为网络和磁盘配额、文件加密等管理安全特性设计的磁盘格式，提供长文件名、数据保护和恢复，能通过目录和文件许可保证安全性，并支持跨越分区。

在 NTFS 中，簇是基本分配单位，由连续的扇区组成。NTFS 文件系统称为卷，它实际上是磁盘的一个逻辑分区。NTFS 所支持的卷可以在单独的硬盘分区上，也可以在多个硬盘上。NTFS 文件系统根据卷的大小决定簇的大小，从 1 簇等于 1 个扇面到 128 个扇面不等，当前 NTFS 最大可以支持 2^{32} 个簇的文件，因而最大可能的文件大小为 2^{48}B。

NTFS 对文件系统进行安全性保护主要采用权限设置与文件内容加密两种措施。

1.　权限设置

NTFS 卷上的每个文件和目录在创建时就指定创建人为拥有者。拥有者具有对文件或目录权限的设置权，并能赋予其他用户访问权限。NTFS 为了保证文件和目录的安全性与可靠性，制定了权限设置规则，用户只有在被赋予权限或是属于拥有这种权限的组，才能对文件或目录进行访问。权限设置规则如下：

(1)权限具有积累性，如果组 A 的用户对一个文件拥有"写入"权限，组 B 的用户对该文件只有"读取"权限，而用户 C 同属两个组，则 C 将获得"写入"权限。

(2)"拒绝访问"权限优先级高于其他所有权限。

(3)文件权限始终优先于目录权限。

(4)当用户在相应权限的目录中创建新的文件和子目录时，创建的文件和子目录继承该目录的权限。

(5)创建文件或目录的拥有者，可以更改对文件或目录的权限设置，用以控制其他用户对该文件或目录的访问。

2.　文件内容加密

EFS(Encrypting File System，加密文件系统)是 Windows NT 的一个实用功能，对于 NTFS 卷上的文件和数据，都可以直接被操作系统加密保存。EFS 使用对称密钥加密文件，这被称为文件加密密钥(File Encryption Key)，简称 FEK。FEK(用来加密文件的对称密钥)会使用一个与加密文件的用户相关联的公钥加密，加密的 FEK 将被存储在加密文件的一个特殊的 EFS 属性字段中。要解密该文件，EFS 组件驱动程序使用匹配 EFS 数字证书(用于加密文件)的私钥解密存储在 EFS 属性字段中的对称密钥。EFS 组件驱动程序，然后使用对称密钥来解密该文件。因为加密和解密操作在 NTFS 底层执行，因此它对用户及所有应用程序是透明的。

内容要被加密的文件夹会被文件系统标记为"加密"属性。EFS 组件驱动程序会检查此

"加密"属性，这类似 NTFS 中文件权限的继承：如果一个文件夹标记为加密，在里面创建文件和子文件夹就默认会被加密。当加密文件移动到一个 NTFS 卷时，文件会继续保持加密。但是，在许多情况下，Windows 可能不需询问用户就能解密文件。

12.2.7　域模型安全机制

域模型是 Windows NT 网络系统的核心，域是一些服务器的集合，这些服务器被归为一组并共享同一个安全策略和用户账号数据库。集中化的用户账号数据库和安全策略使得域的系统管理员可以用一个简单而有效的方法维护整个网络的安全。域可以把机构中不同的部门区分开来，使管理员更易控制网络用户的访问。

域由主域控制器、备份域控制器、服务器和工作站组成。维护域的安全和安全账号管理数据库的服务器称为主域控制器，而其他存储域的安全数据和用户账号信息的服务器则称为备份域控制器。主域控制器和备份域控制器都能验证用户登录上网的要求，备份域控制器的作用在于，如果主域控制器崩溃，它能为网络提供一个备份并防止重要数据丢失。每个域只允许有一台主域控制器，安全账号管理数据库的原件就存放在主域控制器中，并且只能在主域控制器中对数据进行维护。在备份域控制器中，不允许对数据进行任何改动。

域间委托是一种管理方法，委托关系可使用户账号和工作组能够在建立它们的域之外的域中使用。委托分为两个部分，即受托域和委托域，受托域使用户账号可以被委托域使用。这样，用户只需要一个用户名和口令就可以访问多个域。

委托关系只能被定义为单向的。为了获得双向委托关系，域与域之间必须相互委托；受托域就是账号所在的域，也称为账号域；委托域含有可用的资源，也称为资源域。在 Windows NT 中有三种委托模型：单一域模型、主域模型和多主域模型。

(1)单一域模型。在单一域模型中只有一个域，因此没有管理委托关系的负担。用户账号是集中管理的，资源可以被整个工作组的成员访问。

(2)主域模型。在主域模型中有多个域，其中一个被设定为主域。主域被所有的资源域委托而自己却不委托任何域。资源域之间不能建立委托关系。这种模型具有集中管理多个域的优点。在主域模型中，对用户账号和资源的管理是在不同的域之间进行的。资源由本地的委托域管理，而用户账号由受托的主域进行管理。

(3)多主域模型。在多主域模型中，除了拥有一个以上的主域外，多主域模型和主域模型基本上是一样的。所有的主域彼此都建立了双向委托关系。所有的资源委托所有的主域，而资源域之间彼此都不建立任何委托关系。由于主域彼此委托，因此只需要一份用户账号数据库的副本。

12.3　Linux 系统安全

Linux 是一种多用户、多任务的操作系统，这类操作系统的一种基本功能就是防止使用同一台计算机的不同用户之间互相干扰。虽然 Linux 的设计宗旨之一是安全，Linux 中仍然存在很多安全问题，其新功能的不断纳入及安全机制的错误配置或错误使用，都可能带来很多问题。

12.3.1　标识与鉴别

1. 标识

Linux 的各种管理功能都被限制在一个超级用户(root)中，其功能和 Windows NT 的管理员(Administrator)或 Netware 的超级用户(Supervisor)功能类似。作为超级用户可以控制一切，包括用户账号、文件和目录、网络资源。超级用户允许你管理所有资源的各类变化情况，或者只管理很小范围的重大变化。例如，每个账号都是具有不同用户名、不同的口令和不同的访问权限的一个单独实体。这样就允许你有权授予或拒绝任何用户、用户组合和所有用户的访问，用户可以生成自己的文件，安装自己的程序等。为了确保次序，系统会分配好用户目录，每个用户都得到一个主目录和一块硬盘空间，这块空间与系统区域和其他用户占用的区域分割开来。这种作用可以防止一般用户的活动影响其他文件系统，为每个用户提供一定程度的保密性。根可以控制哪些用户能够进行访问以及他们可以把文件存放在哪里，控制用户能够访问哪些资源，用户如何进行访问等。

用户登录到系统中时，需输入用户名标识其身份。在系统内部具体实现中，当该用户的账户创建时，系统管理员便为其分配一个唯一的标识号——UID。

系统中的/etc/passwd 文件含有全部系统需要知道的关于每个用户的信息(加密后的口令也可能存于/etc/shadow 文件中)。/etc/passwd 中包含用户的登录名，经过加密的口令、用户号、用户组号、用户注释、用户主目录和用户所用的 shell 程序。其中用户号(UID)和用户组号(GID)用于 Linux 系统唯一地标识用户和同组用户及用户的访问权限。系统中超级用户 (root)的 UID 为 0。每个用户可以属于一个或多个用户组，每个组由 GID 唯一标识。

2. 鉴别

用户名是一个标识，它告诉计算机该用户是谁，而口令是一个确认证据。用户登录系统时，需要输入口令来鉴别用户身份。当用户输入口令时，Linux 使用改进的 DES 算法(通过调用 crypt()函数实现)对其加密，并将结果与存储在/etc/passwd 或 NIS 数据库中的加密用户口令进行比较，若二者匹配，则说明该用户的登录合法，否则拒绝用户登录。

为防止口令被非授权用户盗用，对其设置应以复杂、不可猜测为标准。一个好的口令应当至少有 6 个字符长，不要取用个人信息，普通的英语单词也不好(因为易遭受字典攻击)，口令中最好有一些非字母(如数字、标点符号、控制字符等)。用户应定期改变口令。通常，口令以加密的形式表示。由于 /etc/passwd 文件对任何用户可读，故常成为口令攻击的目标。所以系统中常用 shadow 文件 (/etc/shadow)来存储加密口令，并使其对普通用户不可读。

鉴别过程如图 12-14 所示。

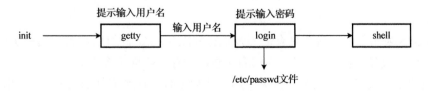

图 12-14　鉴别过程

(1) init 进程确保为每个终端连接(或虚拟终端)运行一个 getty 程序;

(2) getty 监听对应的终端并等待用户登录;

(3) getty 输出一条欢迎信息,并提示用户输入用户名;

(4) 用户输入用户名后,启动 login 进程,提示用户输入口令;

(5) 如果用户名和口令相匹配,则 login 程序为该用户启动 shell。

12.3.2　存取控制

1. 存取权限

在 Linux 文件系统中,控制文件和目录中的信息存储在磁盘及其他辅助存储介质上。它控制每个用户可以访问何种信息及如何访问。表现为通过一组存取控制规则来确定一个主体是否可以存取一个指定客体。Linux 的存取控制机制通过文件系统实现。

1) 存取权限

命令 ls 可列出文件(或目录)对系统内的不同用户所给予的存取权限。例如:

```
-rw-r--r-- 1 root    root   1397 Mar 7 10:20 passwd
```

图 12-15 给出了文件存取权限的图示解释。

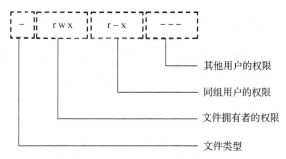

图 12-15　文件存取权限示意图

存取权限位共有 9 位,分为三组,用以指出不同类型的用户对该文件的访问权限。

权限有三种:

r　　允许读

w　　允许写

x　　允许执行

用户有三种类型:

owner　　该文件的属主

group　　在该文件所属用户组中的用户,即同组用户

other　　除以上二者外的其他用户

图 12-15 表示文件的属主具有读写及执行权限(rwx),同组用户允许读和执行操作,其他用户没有任何权限。权限位中,"-"表示相应的存取权限不允许。

上述的授权模式同样适用于目录,用 ls-1 列出时,目录文件的类型为 d。用 ls 列目录要有读许可,在目录中增删文件要有写许可,进入目录或将该目录作为路径分量时要有执行许

可，因此要使用一个文件，必须有该文件及找到该文件所在路径上所有目录分量的相应许可。仅当要打开一个文件时，文件的许可才开始起作用，而 rm、mv 只要有目录的搜索和写许可，并不需要有关文件的许可，这一点应尤其注意。

这种存取控制方式无法实施细粒度的授权。一些版本的 Linux 系统支持访问控制表（ACL），如 AIX 和 HP-UX 系统。它被用作标准的 Linux 文件存取权限的扩展。ACL 提供更完善的文件授权设置，它可将对客体（文件、目录等）的存取控制细化到单个用户，而非笼统的“同组用户”或“其他用户”。我们可以为任意组合的用户以及用户组设置文件存取权限。

以 HP-UX 系统为例，用 lsacl 命令可以观察一个文件的 ACL。如对于文件 test：

```
(a.%,rw-)(%.b,  r-x)(%.%,---)test
```

表示用户 a(可以是任何组的成员)、用户组 b 及所有其他用户和用户组的权限。其中，%为通配符。

Linux 系统中，每个进程都有真实 UID、真实 GID、有效 UID 及有效 GID。当进程试图访问文件时，系统将进程的有效 UID、GID 和文件的存取权限位中相应的用户与组相比较，决定是否赋予其相应权限。

2) 改变权限

改变文件的存取权限可使用 chmod 命令，并以新权限和该文件名为参数。格式为

```
chmod [ -Rfh ]  存取权限  文件名
```

chmod 也有其他方式的参数可直接对某组参数进行修改，在此不再赘述，详见 Linux 系统的联机手册。合理的文件授权可防止偶然性地覆盖或删除文件(即使是属主自己)。改变文件的属主和组名可用 chown 和 chgrp，但修改后原属主和组员就无法修改回来了。

文件的授权可用一个 4 位的 8 进制数表示，后三位同图 10-25 所示的三组权限，授以权限时，许可位置 1，不授以权限，则相应位置 0。最高的一个 8 进制数分别对应 SUID 位、SGID 位、sticky 位。其中，前两个与安全有关，我们将其作为特殊权限位在后面描述。

umask(Linux 对用户文件模式屏蔽字的缩写)也是一个 4 位的 8 进制数，Linux 用它确定一个新建文件的授权。每一个进程都有一个从它的父进程中继承的 umask。umask 说明要对新建文件或新建目录的缺省授权加以屏蔽的部分。

新建文件的真正存取权限 =(～umask)&（文件授权）

Linux 中相应有 umask 命令，若将此命令放入用户的.profile 文件，就可控制该用户后续所建文件的存取许可。umask 命令与 chmod 命令的作用正好相反，它告诉系统在创建文件时不给予什么存取许可。

3) 特殊权限位

有时没有被授权的用户需要完成某些要求授权的任务。如 passwd 程序，对于普通用户，他允许改变自身的口令。但不能拥有直接访问/etc/passwd 文件的权力，以防止改变其他用户的口令。为了解决这个问题，Linux 允许对可执行的目标文件(只有可执行文件才有意义)设置 SUID 或 SGID。

如前所述，当一个进程执行时，其就被赋予 4 个编号，以标识该进程隶属于谁，分别为实际和有效的 UID、实际和有效的 GID。有效的 UID 和 GID 一般与实际的 UID 和 GID 相同，

有效的 UID 和 GID 用于系统确定该进程对于文件的存取许可。而设置可执行文件的 SUID 许可将改变上述情况，当设置了 SUID 时，进程的有效 UID 为该可执行文件的所有者的有效 UID，而不是执行该程序的用户的有效 UID，因此由该程序创建的都有与该程序所有者相同的存取许可。这样程序的所有者将可通过程序的控制在有限的范围内向用户发布不允许被公众访问的信息。同样，SGID 是设置有效 GID。用"chmod u+s 文件名"和"chmod u-s 文件名"来设置和取消 SUID。用"chmod g+s 文件名"和"chmod g-s 文件名"来设置与取消 SGID。当文件设置了 SUID 和 SGID 后，chown 和 chgrp 命令可全部取消这些许可。

　　2. 强制访问控制

　　SELinux(Security-Enhanced Linux)是美国国家安全局(NSA)对于强制访问控制的实现，是 Linux 历史上杰出的安全子系统。NSA 在 Linux 社区的帮助下开发了一种访问控制体系，在这种访问控制体系的限制下，进程只能访问其任务中所需要文件。SELinux 是一种基于域-类型模型(domain-type)和一个可选的多级安全(Multi-Level Security)形式的强制访问控制(MAC)安全系统，它由 NSA 编写并设计成内核 LSM 模块包含到内核中，相应的某些安全相关的应用也被打了 SELinux 的补丁，最后还有一个相应的 FLASK 安全策略。任何程序对其资源享有完全的控制权。假设某个程序打算把含有潜在重要信息的文件放到/tmp 目录下，那么在 DAC 情况下没人能阻止他。SELinux 提供了比传统的 UNIX 权限更好的访问控制。

　　在 SELinux 中，访问控制属性称为安全上下文。所有客体(文件、进程间通信通道、套接字、网络主机等)和主体(进程)都有与其关联的安全上下文，安全上下文由三部分组成：用户 USER、角色 ROLE、类型标识符 TYPE 和安全级 LEVEL:CATEGORY。常用下面的格式指定或显示安全上下文：

```
USER: ROLE: TYPE[LEVEL[: CATEGORY]]
```

　　USER 类似 Linux 系统中的 UID，提供身份识别，用来记录身份；三种常见的 UID 包括：user_u，普通用户登录系统后的预设；system_u，开机过程中系统进程的预设；root，root 登录后的预设。所有预设的 SELinux Users 都是以"_u"结尾的，root 除外。

　　ROLE 用来定义用户角色。文件、目录和设备的 ROLE 通常是 object_r；程序的 ROLE 通常是 system_r；用户的 ROLE 包括 system_r、sysadm_r、staff_r、user_r，类似系统中的 GID，不同角色具备不同的权限；用户可以具备多个 ROLE；但是同一时间内只能使用一个 ROLE。

　　TYPE 用来将主体(Subject)和客体(Object)划分为不同的组,给每个主体和系统中的客体定义了一个类型；为进程运行提供最低的权限环境；当一个类型与执行中的进程相关联时，其 type 也称为 domain；typ 是 SELinux Type Enforcement 的心脏，预设值以_t 结尾。

　　LEVEL 和 CATEGORY：定义层次和分类，只用于 mls 策略中。LEVEL 代表安全等级，目前已经定义的安全等级为 s0~s15，等级越来越高；CATEGORY 代表分类，目前已经定义的分类为 c0~c1023。

　　安全上下文中的用户和角色标识符除了对强制有一点约束之外，对类型强制访问控制策略没什么影响，对于进程，用户和角色标识符显得更有意义，因为它们是用于控制类型和用户标识符的联合体，这样就会与 Linux 用户账号关联起来；然而，对于客体，用户和角色标识符几乎很少使用，为了规范管理，客体的角色常常是 object_r，客体的用户常常是创建客体的进程的用户标识符，它们在访问控制上没什么作用。

在 SELinux 中，所有访问都必须明确授权，SELinux 默认不允许任何访问，不管 Linux 用户/组 ID 是什么。这就意味着在 SELinux 中，没有默认的超级用户，与标准 Linux 中的 root 不一样，通过指定主体类型(即域)和客体类型使用 allow 规则授予访问权限，allow 规则由四部分组成：

(1)源类型(Source type(s))通常是尝试访问的进程的域类型。

(2)目标类型(Target type(s))被进程访问的客体的类型。

(3)客体类别(Object class(es))指定允许访问的客体的类型。

(4)许可(Permission(s))象征目标类型允许源类型访问客体类型的访问种类。

举例如下：

```
allow user_t bin_t : file {read execute getattr};
```

这个例子显示了 TE allow 规则的基础语法，这个规则包含两个类型标识符：源类型(或主体类型或域)user_t，目标类型(或客体类型)bin_t。标识符 file 是定义在策略中的客体类别名称(在这里，表示一个普通的文件)，大括号中包括的许可是文件客体类别有效许可的一个子集，这个规则解释如下：

拥有域类型 user_t 的进程可以读/执行或获取具有 bin_t 类型的文件客体的属性。

SELinux allow 规则如之前的例子在 SELinux 中实际上都是授予访问权的，真正的挑战是如何保证数以万计的访问被正确授权，只被授予必需的权限，尽可能地保证安全。

12.3.3　审计

Linux 系统的审计机制监控系统中发生的事件，以保证安全机制正确工作并及时对系统异常报警提示。审计结果常写在系统的日志文件中。丰富的日志为 Linux 的安全运行提供了保障。常见的日志文件有：

acct 或 pacct	记录每个用户使用过的命令
aculog	筛选出 modems(自动呼叫部件)记录
lastlog	记录用户最后一次成功登录时间和最后一次登录失败的时间
loginlog	不良的登录尝试记录
messages	记录输出到系统主控台以及由 syslog 系统服务程序产生的信息
sulog	记录 su 命令的使用情况
utmp	记录当前登录的每个用户
utmpx	扩展的 utmp
wtmp	记录每一次用户登录和注销的历史信息，以及系统关和开
wtmpx	扩展的 wtmp
vold.log	记录使用外部介质(如软盘或光盘)出现的错误
xferlog	记录 ftp 的存取情况

其中，最常用的大多数版本的 Linux 都具备的审计服务程序是 syslogd，它可实现灵活配置、集中式管理。运行中需要对信息作登记的单个软件发送消息给 syslogd，根据配置

(/etc/syslog.conf)，按照消息的来源和重要程度情况，这些消息可记录到不同的文件、设备或其他主机中。

Linux 日志与 Linux 类似，非常普遍地存在于系统、应用和协议层。大部分 Linux 把输出的日志信息放入标准或共享的日志文件里。大部分日志存在于/var/log 中。相应的 Linux 有许多日志工具，像 lastlog 跟踪用户登录，last 报告用户的最后登录。Xferlog 记录 FTP 文件传输，还有 Httpd 的 access_log、error_log。系统和内核消息由 syslogd 和 klogd 处理。

当前的 Linux 系统很多都支持 c2 级审计，即达到了由 TCSEC(可信任的计算机系统评价规范)所规定的 c2 级的审计标准。

12.3.4　密码

在 Linux 系统中采用加密系统是必要的。假设一个拥有超级用户权限的用户可以绕过文件系统的所有口令检查，虽然他的权限极大，但如果文件加密，他在不知道密钥的情况下仍是无法解密文件的。

当前 Linux 系统中常使用的加密程序有：

crypt　　最初的 Linux 加密程序

des　　数据加密标准(Data Encryption Standard， DES)在 Linux 上的应用

pgp　　Phil Zimmermann 的 Pretty Good Privacy 程序

上述程序在 Linux 上都有相应的实现。

例如，使用 crypt 命令(不同于更安全 crypt 库函数)可提供给用户加密文件，使用一个关键词将标准输入的信息编码为不可读的杂乱字符串，送到标准输出设备。再次使用此命令，用同一关键词作用于加密后的文件，可恢复文件内容。加密关键词的选取规则与口令的选取规则相同。由于 crypt 程序可能被做成特洛伊木马，故不宜用口令作为关键词。最好在加密前用 pack 或 compress 命令对文件进行压缩后再加密，这样就可以降低密文和明文的相关度，增加破解的难度。

Linux 可以提供一些点对点的加密方法，以保护传输中的数据。一般情况下，当数据在因特网中传输时，可能要经过许多网关。在这个过程中，数据很容易被窃取。各种附加的 Linux 应用程序可以进行数据加密，这样即使数据被截获，窃取者除了一些乱码外，别无所得。Secure Shell 就是有效地利用加密来保证远程登录安全的。Linux 也可以对本地文件进行加密，防止文件被非法访问，同时保证了文件的一致性，从而防止对文件的非法篡改。也可以一定程度地防止病毒、特洛伊木马等恶意程序。

例如，一个网络里面有许多用户，通常这些用户都需要在使用服务时提供密码。系统中都有 passwd 实用程序，可以用来修改密码。在 Linux 类的操作系统中，有很多做法是相同的。例如，用户名和密码均存储于/etc/passwd 文件之中。除此之外，此文件还存储有其他重要信息，如 UID、GID 等。这个文件中的信息对维护系统正常运行是必不可少的，如用户认证、权限赋予等。/etc/passwd 文件中存储的是加密的密码串。在修改密码时，程序使用某种算法(Hash)加密输入的字符，再存入文件。在登录时，系统把输入后加密的字符串和存储的密码串相比较，如果一致，则认为通过。哈希算法是不可逆的。入侵者对密码文件实施攻击的一般方式是先取得密码文件，再使用推测、穷举的方法强行"猜出"密码，也即使用程序加密字串，不断和文件里面的密文对比，如果相同，就找到了密码。

一般在使用 passwd 程序修改密码时，如果输入的密码安全性不够，系统会给出警告，说明密码选择很糟糕，这时最好再换一个。绝对避免使用用户名或者它的相关变化形式，许多破解程序首先是以用户名的各种可能变换作为破解起点的。

可是这样安全性仍然不够，下一步是使用更好的加密算法，如 MD5(有的 Linux 发行版安装时可以选择此项)；或者把密码放在其他地方。Linux 一般的解决方案类似于第二个方案，称为 shadow password。在/etc/passwd 文件中的密码串被替换成了 x，组密码也一样处理。系统在使用密码文件时，发现标记会寻找 shadow 文件，完成相应的操作。而 shadow 文件只有 root 用户可存取。当然还有更新的、更安全可靠和更经济的认证技术不断出现，如果想使用这些技术，需要或多或少地修改相关程序。所以为了达到更经济合理的目的，出现了可插入认证模块(Pluggable Authentication Modules，PAM)。它在需要认证的程序和实际认证机制之间引入中间件层。一旦程序是基于 PAM 发行的，那么任何 PAM 支持的认证方法都可以用于该程序，这样就没有必要重新修改、编译所有程序了，只要 PAM 发展了新技术，如数字签名，基于 PAM 的程序可以马上使用它。这种强大的灵活性能是企业级应用所不可或缺的。

更进一步，普通认证手段难以完善的管理用户、会话数据等工作还可以交给 PAM 来完成。例如，你可以非常容易地禁止某些用户在特定的时间段登录，或要求他们登录时使用特别的认证方式。

12.3.5　网络安全

当前的 Linux 系统通常是运行在网络环境中的，缺省支持 TCP/IP 协议。所以网络安全性也是操作系统所强调的一个不可分割的重要方面。网络安全性主要指通过防止本机或本网被非法入侵、访问，从而达到保护本系统可靠、正常运行的目的。

1. 网络配置安全

Linux 操作系统可以对网络访问控制提供强有力的安全支持，主要方式是有选择地允许用户和主机与其他主机的连接。相关的配置文件有：

/etc/inetd.conf	文件内容是系统提供哪些服务
/etc/services	文件里罗列了端口号、协议和对应的名称
TCP_WRAPPERS	由两个文件控制，即/etc/hosts.allow 和/etc/hosts.deny。

它可以使用户很容易地控制哪些 IP 地址被禁止登录，哪些被允许登录。通过加入服务限制条件，可以更好地管理系统。系统在使用它们的时候，先检查前一个文件，从头到尾扫描，如果发现用户的相应记录标记，就给用户提供他所要求的服务。如果没有找到记录，就像刚才一样扫描 hosts.deny 文件，查看是否有禁止用户的标记。如果发现记录，就不给用户提供相应服务。如果仍然没有找到记录，则使用系统默认值——开放服务。

网上访问的常用工具有 telnet、ftp、rlogin、rcp、rcmd 等网络操作命令，为了安全起见，对它们的使用必须加以限制。最简单而且最常用的方法是修改/etc/services 中相应的服务端口号，从而达到对这类访问进行控制的目的。其他常见的网络服务还有 NFS 和 NIS，NFS 使网络上的主机可以共享文件，NIS 又称黄页服务，可将网络上每台主机的配置文件集中到一个 NIS 服务器上来实现，这些配置包括用户账号信息、组信息、邮件别名等。

(1)当远程使用 ftp 访问本系统时，Linux 系统首先验证用户名和密码，无误后查看/etc/ftpusers 文件(不受欢迎的 ftp 用户表)，一旦其中包含登录所用用户名，则自动拒绝连接，从而达到限制作用。因此我们只要把本机内除匿名 ftp 以外的所有用户列入 ftpusers 文件中，即使入侵者获得本机内正确的用户信息，也无法登录系统。此外，如果使用远程注册数据文件(.netrc 文件)来配置 ftp 用户的存取安全性，需注意保密，防止泄露其他相关主机的信息。

(2)Linux 系统没有直接提供对 telnet 的控制。但/etc/profile 是系统默认 shell 变量文件，所有用户登录时必须首先执行它。故可修改该文件达到安全访问目的。

(3)用户等价，就是用户不用输入密码，即可以相同的用户信息登录到另一台主机上。用户等价的文件名为.rhosts，存放在根目录下或用户主目录下。它的形式如下：

```
#主机名            用户名
ash020000         root
ash020001         dgxt
```

主机等价类似于用户等价，在两台计算机中除根目录外的所有区域有效，主机等价文件为 hosts.equiv，存放在/etc 下。

使用用户等价和主机等价这类访问，用户可以不用口令而像其他有效用户一样登录远程系统，远程用户可使用 rlogin 直接登录而不需要密码，还可使用 rcp 命令或从本地主机复制文件，也可使用 rcmd 远程执行本机的命令等。因此，这种访问具有严重的不安全性，必须严格控制或在非常可靠的环境下使用。

(4)当 NFS 的客户端试图访问由 NFS 服务器管理的文件系统时,它需要 mount 文件系统。如果操作成功，服务器将返回"文件句柄"，该标志在以后的文件操作请求中将作为验证用户是否合法的标准。NFS 中对 mount 请求的验证是根据 IP 地址决定的，属于弱验证，容易成为攻破目标。

(5)NIS 基于远程过程调用(RPC)。利用 RPC，一个主机上的客户进程可调用远程主机上的服务进程。其相应的请求安全性有三种模式：无认证检查；使用传统 Linux 的基于机器标识和用户标识的认证系统，NFS 默认使用该模式；DES 认证系统，这种模式最安全。

NIS 的不安全因素表现在其在 RPC 级上不完成任何认证,网络上的任何机器可以很容易地通过伪装成 NIS 服务器来创建假的 RPC 响应。

2. 网络监控与入侵检测

入侵检测技术是一项相对比较新的技术。标准的 Linux 发布版本也是最近才配备了这种工具的。利用 Linux 配备的工具和从因特网上下载的工具，可以使系统具备较强的入侵检测能力，包括：让 Linux 记录入侵企图，当攻击发生时，及时发出警报；在规定情况的攻击发生时，让 Linux 采取事先确定的措施；让 Linux 发出一些错误信息，如模仿成其他操作系统。

入侵检测技术常见的方式有利用嗅探器监听网络上的信息和用扫描器检测安全漏洞。系统扫描器可以扫描本地主机，防止不严格或者不正确的文件许可权、默认的账户、错误或重复的 UID 项等；网络扫描器可以对网上的主机检查各种服务和端口，发现可能被远程入侵者利用的漏洞，如著名的扫描器 SATAN。

12.3.6　备份/恢复

在现有的计算机体系结构和技术水平下，无论采取怎样的安全措施，都不能消除系统崩溃的可能性，所以常使用系统备份来加强系统的安全性和可靠性。系统备份是一件非常重要的事情，它可使用户在灾难发生后将系统恢复到一个稳定的状态，将损失减到最小。

备份的常用类型有三种：实时备份、整体备份、增量备份。系统的备份应根据具体情况制定合理的策略，备份文档应经过处理(压缩、加密等)并合理保存。

Linux 系统中，有专门的备份程序：dump/restore、backup。网络备份程序有 rdump/rstore、rcp、ftp、rdist 等。

12.4　Android 系统安全

12.4.1　Android 系统架构

Android 系统作为一款功能强大的移动计算平台，在保持开放性的同时，必须提供强健的安全保障。Android 的系统安全机制贯穿了 Linux 内核、运行时、应用程序框架等体系结构的多个层面，而且渗透到了应用程序组件等功能模块的细节，力求保护用户信息、通信设备及无线网络安全。

Android 采用层次化系统架构，官方公布的标准架构如图 12-16 所示。Android 由底层往上分为 4 个主要功能层，分别是 Linux 内核层(Linux Kernel)、系统运行库层(Libraries 和 Android Runtime)、应用程序框架层(Application Framework)和应用程序层(Applications)。

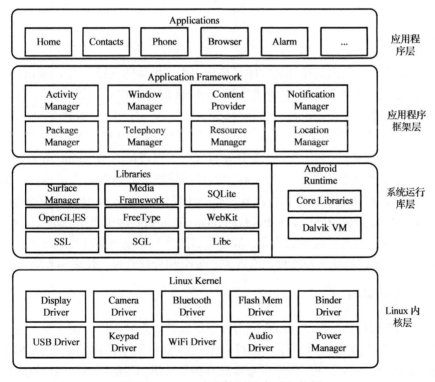

图 12-16　Android 系统官方标准架构图

下面分别说明各层次以及所包含的模块的功能。

1. Linux 内核层

Android 以 Linux 操作系统内核为基础，借助 Linux 内核服务实现硬件设备驱动、进程和内存管理、网络协议栈、电振管理、无线通信等核心系统功能。Android 内核对 Linux 内核进行了增强，增加了一些面向移动计算的特有功能。例如，低内存管理器(Low Memory Killer，LMK)、匿名共享内存(Ashmem)，以及轻捷级的进程间通信 Binder 机制等。这些内核的增加使 Android 在继承 Linux 内核安全机制的同时，进一步提高了内存管理、进程间通信等方面的安全性。

2. 硬件抽象层

鉴于许多硬件设备厂商不希望公开其设备驱动的源代码，如果能将 Android 的应用框架层与 Linux 操作系统内核的设备驱动隔离，使应用程序框架的开发尽量独立于具体的驱动程序，则 Android 将减少对 Linux 内核的依赖。硬件抽象层(Hardware Abstract Layer，HAL)由此而生，它是对 Linux 内核驱动程序进行的封装，将硬件抽象化，屏蔽掉了底层的实现细节。HAL 规定了一套应用层对硬件层读写和配置的统一接口。HAL 的 STUB，以共享库*.so 的形式存在，实际上可以理解为 proxy(代理)。HAL 包含一系列 STUB，用于封装操作。因此，对于应用框架层而言，无须直接调用*.so，而是通过调用标志，即 moduleID，获得 HAL 的相关 STUB，进而取得操作。如此，HAL 通过抽象的接口访问具体硬件，统一了上层应用对设备驱动的调用方式。

3. 系统运行库层

位于 Linux 内核层之上的系统运行库层是应用程序框架的支撑，为 Android 系统中的各个组件提供服务。系统运行库层由系统类库和 Android 运行时构成。系统类库大部分由 C/C++编写，所提供的功能通过 Android 应用程序框架为开发者所使用，如数据库 SQLite、2D 图形引擎 SGL、Web 浏览器引擎 WebKit 等。另外，系统类库中的 Android 原生库(Native Development Kit，NDK)也十分重要，为开发者提供了直接使用 Android 系统资源并采用 C 或 C++语言编写程序的接口。第三方应用程序可以不依赖于 Dalvik 虚拟机进行开发。Android 运行时包含核心库和 Dalvik 虚拟机两部分。核心库提供了 Java5seAPI 的多数功能，并提供 Android 的核心 API，如 android.os、android.net、android.media。虚拟机如 Dalvik 是基于 Apache 的 Java 虚拟机，并被改进以适应低内存、低处理器速度的移动设备环境。Dalvik 虚拟机依赖于 Linux 内核，实现进程熙离与线程调度管理、安全和异常管理、垃圾回收等重要功能。

4. 应用程序框架层

应用程序框架层提供开发 Android 应用程序所需的一系列类库，使开发人员可以进行快速的应用程序开发，方便重用组件，也可以通过继承实现个性化的扩展。如活动管理器(Activity Manager)管理各个应用程序生命周期并提供常用的导航回退功能，为所有程序的窗口提供交互的接口。包管理器 (Package Manager)对应用程序进行管理，提供的功能诸如安装应用程序、卸载应用程序、查询相关权限信息等。

5. 应用程序层

Android 平台的应用程序层上包括各类与用户直接交互的应用程序，或由 Java 语言编写的运行于后台的服务程序。例如，智能手机上实现常见基本功能的程序，如 SMS 短信、电话拨号、图片浏览器、日历、游戏、地图、Web 浏览器等程序，以及开发人员开发的其他应用程序。Android 自带应用程序可以被开发人员开发的其他应用程序灵活地替换掉，以展现独特风格与个性。应用程序直接与用户交互，其安全风险不言而喻。开发人员需要对应用程序安全性有基本的理解，包括采用何种方式保护敏感数据，如何加强代码层面的强健性，如何加强应用程序的访问权限等。

Android 应用程序由若干个不同类型的组件组合而成，每一个组件具有其特定的安全保护设计方式，它们的安全直接影响应用程序的安全。Android 应用程序组件的主要类型有活动(Activity)、服务(Service)、广播接收者(Broadcast Receiver)、内容提供者(Content Provider)、意图(Intent)、小组件(Widget)、通知(Notification)等，其中最重要的是前 5 种，在决定使用以上哪些组件来构建 Android 应用程序时，应该将它们列在 AndroidManifest.xml 文件中，这个文件用于声明应用程序组件以及它们的特性和要求。

12.4.2 Android 安全机制

Android 系统架构开放，移动计算与网络互联能力强大，为保障信息安全及应对各种安全威胁，Android 系统需要强健的安全架构与更为严格的安全规范，将安全设计贯穿系统架构的各个层面，覆盖 Linux 内核层、系统运行库层、应用程序框架层以及应用程序层的各个环节，力求在灵活开放的系统平台上，恰当地保护用户数据、应用程序、设备及网络信息安全。

从技术架构角度来看，Android 安全模型基于强健的 Linux 操作系统内核安全性，通过进程沙箱机制隔离进程资源，并且辅以独特的内存管理技术与安全高效的进程间通信机制，适应嵌入式移动终端处理器性能与内存容量的限制。在应用程序层面，使用显式定义且经用户授权的应用权限控制机制等，系统化地规范并强制各类应用程序的行为准则与权限许可，引入应用程序签名机制定义应用程序之间的信任关系与资源共享的权限。Android 应用程序基于 Android 特有的应用程序框架(Framework)，由 Java 语言编写，运行于 Dalvik JAVA 虚拟机上。同时，部分底层应用仍可由 C/C++语言设计实现，以原生库形式直接运行于操作系统的用户空间。应用程序及其 Dalvik 虚拟机运行环境都被限制在"进程沙箱"的隔离环境下，自行拥有专用的文件系统区域，独享私有数据。

Android 安全模型的设计特点可概括为：

(1)采用多层架构，在保护用户信息安全的同时，保证开放平台上各种应用的灵活性。

(2)既允许经验丰富的开发者充分利用安全架构的灵活性，也为不熟悉安全架构的开发者提供更多可以依赖的默认安全性设置。

(3)鼓励用户了解应用程序是如何工作的，并鼓励用户对所持设备进行安全控制。

(4)不但要面对恶意软件威胁，而且还要考虑第三方应用程序的恶意攻击。

(5)安全保护与风险控制同在，在安全防护失效时，尽量减少损害，并尽快恢复使用。

Android 安全模型主要提供以下几种安全机制：

(1)进程沙箱隔离机制。Android 应用程序在安装时被赋予独特的用户标识(UID)，并永久保持：应用程序及其运行的 Dalvik 虚拟机运行于独立的 Linux 进程空间，与 UID 不同的应用程序完全隔离。

（2）应用程序签名机制。应用程序包(.apk 文件)必须被开发者数字签名；同一开发者可指定不同的应用程序共享 UID，进而运行于同一进程空间，共享资源。

（3）权限声明机制。应用程序需要显式声明权限、名称、权限组与保护级别。不同的级别要求应用程序行使此权限时的认证方式不同：Normal 级申请即可用，Dangerous 级需在安装时由用户确认才可用，Signature 与 Signature or system 则必须是系统用户才可用。

（4）访问控制机制。传统的 Linux 访问控制机制确保系统文件与用户数据不受非法访问。

（5）进程通信机制。Binder 进程通信机制提供基于共享内存的高效进程通信；Binder 基于 Client-Server 模式，提供类似 COM 与 CORBA 的轻量级远程进程调用(RPC)；通过接口描述语言(AIDL)定义接口与交换数据的类型，确保进程间通信的数据不会溢出越界，污染进程空间。

（6）内存管理机制。基于标准 Linux 的低内存管理机制(OOM)，设计实现了独特的低内存清理(LMK)机制，将进程按重要性分级、分组，当内存不足时，自动清理最低级别进程所占用的内存空间；同时引入不同于传统 Linux 共享内存机制的 Android 共享内存机制 Ashmem，具备清理不再使用的共享内存区域的能力。

Android 顺其自然地继承了 Linux 内核的安全机制，同时结合移动终端的具体应用特点，进行了许多有益的改进与提升。

1. 进程沙箱

Windows 与 UNIX/Linux 等传统操作系统以用户为中心，假设用户之间是不可信的，更多考虑如何隔离不同用户对资源(存储区域与用户文件、内存区域与用户进程、底层设备等)的访问。在 Android 系统中，假设应用软件之间是不可信的，甚至用户自行安装的应用程序也是不可信的，因此，首先需要限制应用程序的功能，也就是将应用程序置于"沙箱"之内，实现应用程序之间的隔离，并且设定允许或拒绝 API 调用的权限，控制应用程序对资源的访问，如访问文件、目录、网络、传感器等。

Android 扩展了 Linux 内核安全模型的用户与权限机制，将多用户操作系统的用户隔离机制巧妙地移植为应用程序隔离机制。在 Linux 中，一个用户标识(UID)识别一个给定用户；在 Android 上，一个 UID 则识别一个应用程序。在安装应用程序时向其分配 URN。应用程序在设备上存续期间内，其 UM 保持不变。权限用于允许或限制应用程序(而非用户)对设备资源的访问。如此，Android 的安全机制与 Linux 内核的安全模型完美衔接。不同的应用程序分别属于不同的用户，因此，应用程序运行于自己独立的进程空间，与 URN 不同的应用程序自然形成资源隔离，如此便形成了一个操作系统级别的应用程序"沙箱"。

应用程序进程之间、应用程序与操作系统之间的安全性由 Linux 操作系统的标准进程级安全机制实现。在默认状态下，应用程序之间无法交互，运行在进程沙箱内的应用程序没有被分配权限，无法访问系统或资源。因此，无论直接运行于操作系统之上的应用程序，还是运行于 Dalvik 虚拟机的应用程序都得到同样的安全隔离与保护，被限制在各自"沙箱"内的应用程序互不干扰，对系统与其他应用程序的损害可降至最低。Android 应用程序的"沙箱"机制如图 12-17 所示，互相不具备信任关系的应用程序相互隔离，独自运行。

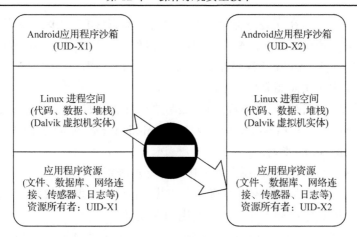

图 12-17　Android 应用程序的"沙箱"机制

在很多情况下，源自同一开发者或同一发行机构的应用程序，相互存在信任关系。Android 系统提供一种共享 UID（SharedUserID）机制，使具备信任关系的应用程序可以运行于同一进程空间。通常，这种信任关系由应用程序的数字签名确定，并且需要应用程序在 Manifest 文件中使用相同的 UID。共享 UID 的应用程序进程空间如图 12-18 所示。

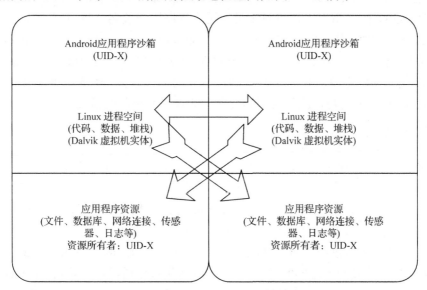

图 12-18　共享 UID 的应用程序进程空间

2. 应用权限

进程沙箱为互不信任的应用程序之间提供了隔离机制，SharedUserID 则为具备信任关系的应用程序提供了共享资源的机制。然而，由于用户自行安装的应用程序也不具备可信性，在默认情况下，Android 应用程序没有任何权限，不能访问保护的设备 API 与资源。因此，权限机制是 Android 安全机制的基础，决定允许还是限制应用程序访问受限的 API 和系统资源。应用程序的权限需要明确定义，在安装时被用户确认，并且在运行时检查、执行、授予和撤销权限。在定制权限下，文件和内容提供者也可以受到保护。

　　具体而言，应用程序在安装时都分配有一个用户标志(UID)以区别于其他应用程序，保护自己的数据不被其他应用获取。Android 根据不同的用户和组分配不同权限，如访问网络、访问 GPS 数据等，这些 Android 权限在底层映射为 Linux 的用户与组权限。

　　权限机制的实现层次简要概括如下。

　　(1)应用层显式声明权限。应用程序包(.apk 文件)的权限信息在 AndroidManifest.xml 文件中通过<permission>、<permission-group>与<permission-tree>等标签指定。需要申请某个权限，使用<uses-permission>指定。

　　(2)权限声明包含权限名称、属于的权限组与保护级别。

　　(3)权限组是权限按功能分成的不同集合，其中包含多个具体权限，例如，发短信、无线上网与拨打电话的权限可列入一个产生费用的权限组。

　　(4)权限的保护级别分为 Normal、Dangerous、Signature 与 Signatureorsystem 四种，不同的级别限定了应用程序行使此权限时的认证方式。例如，Normal 只要申请就可用，Dangerous 权限在安装时经用户确认才可用，Signature 与 Signatureorsystem 权限需要应用程序必须为系统用户，如 OEM 制造商或 ODM 制造商等。

　　(5)框架层与系统层逐级验证，如果某权限未在 AndroidManifest.xml 中声明，那么程序运行时会出错。通过命令行调试工具 logcat 查看系统日志可发现需要某权限的错误信息。

　　(6)共享 UID 的应用程序可与系统另一用户程序同一签名，也可同一权限。一般可在 AndroidManifest 文件中设置 SharedUserId，如 Android:SharedUserId="android.uid.shared"，以获得系统权限。但是，这种程序属性通常由 OEM 植入，也就是说对系统软件起作用。

　　Android 的权限管理模块在 2.3 版本之后，即使有 root 权限，仍无法执行很多底层命令和 API。例如，su 到 root 用户，执行 ls 等命令都会出现没有权限的错误。

　　3. 进程通信

　　进程通信是应用程序进程之间通过操作系统交换数据与服务对象的机制。Linux 操作系统的传统进程间通信(IPC)有多种方式，如管道、命名管道、信号量、共享内存、消息队列，以及网络与 UNIX 套接字等。虽然理论上 Android 系统仍然可以使用传统的 Linux 进程通信机制，但是在实际中，Android 的应用程序几乎不使用这些传统方式。在 Android 的应用程序设计架构下，甚至看不到进程的概念，取而代之的是从组件的角度，如 Intent、Activity、Service、Content Provider，实现组件之间的通信。Android 应用程序通常由一系列 Activity 和 Service 组成的，一般 Service 运行在独立的进程中，Activity 既可能运行在同一个进程中，也可能运行在不同的进程中，在不同进程中的 Activity 和 Service 要协作，实现完整的应用功能，必须进行通信，以获取数据与服务。这就回归到历史久远的 Client-Server 模式。基于 Client-Server 的计算模式广泛应用于分布式计算的各个领域，如互联网、数据库访问等。在嵌入式智能手持设备中，为了以统一模式向应用开发者提供功能，这种 Client-Server 方式无处不在。Android 系统中的媒体播放、音视频设备、传感器设备(加速度、方位、温度、光亮度等)由不同的服务端(Server)负责管理，使用服务的应用程序只要作为客户端(Client)向服务端(Server)发起请求即可。

　　但是，Client-Server 方式对进程间通信机制在效率与安全性方面都是挑战。

　　(1)效率问题。传统的管道、命名管道、网络与 UNIX 套接字、消息队列等需要多次复制数据(数据先从发送进程的用户区缓存复制到内核区缓存中,然后从内核缓存复制到接收进程的用户区缓存中,单向传输至少有两次复制),系统开销大。传统的共享内存(Ashmem)机制无须将数据从用户空间到内核空间反复复制,属于低层机制,但应用程序直接控制十分复杂,因而难以使用。

(2)安全问题。传统进程通信机制缺乏足够的安全措施: 首先,传统进程通信的接收进程无法获得发送进程可靠的用户标识/进程标识(UID/PID),因而无法鉴别对方身份。Android的应用程序有自己的 UID,可用于鉴别进程身份。在传统进程通信中,只能由发送进程在请求中自行填入 UID 与 PID,容易被恶意程序利用,是不可靠的。只有内置在进程通信机制内的可靠的进程身份标记才能提供必要的安全保障。其次,传统进程通信的访问接入点是公开的, 如 FIFO 与 UNIX domain socket 的路径名,socket 的 IP 地址与端口号,1System V 键值等,知道这些接入点的任何程序都可能试图建立连接,很难阻止恶意程序获得连接,如通过猜测地址获得连接等。

Android 基于 Dianne Hackborn 的 OpenBinder 实现,引入 Binder 机制以满足系统进程通信对性能效率和安全性的要求。Binder 基于 Client-Server 通信模式,数据对象只需一次复制,并且自动传输发送进程的 UID/PID 信息,同时支持实名 Binder 与匿名 Binder。Binder 其实提供了远程过程调用(RPC)功能,概念上类似于 COM 和 CORBA 分布式组件架构。对于熟悉Linux 环境的程序设计者而言,从 Linux 意义的进程通信角度来看,Android 的进程通信原理如图 12-19 所示。

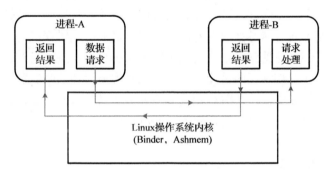

图 12-19　Android 的进程通信概念(Linux 进程视角)

Binder 进程通信机制由一系列组件组成: Client、Server、Service Manager,以及 BinderDriver。其中,Client、Server 和 Service Manager 是用户空间组件,而 Binder Driver 运行于内核空间口用户层的 Client 和 Server 基于 Binder Driver 和 Service Manager 进行通信。开发者通常无须了解 Binder Driver 与 Service Manager 的实现细节,只要按照规范设计实现自己的 Client和 Server 组件即可。从 Android 应用程序设计的角度来看,进程通信机制如图 12-20 所示。

在系统安全设计方面,Android 的进程通信机制设计具备优于传统 Linux 的重要优势。

(1)Android 应用基于权限机制,定义进程通信的权限,相比传统 Linux IPC 具有更细粒度的权限控制。

(2)Binder 进程间通信机制具备类型安全的优势。开发者在编译应用程序时, 使用Android 接口描述语言(AIDL)定义交换数据的类型,确保进程间通信的数据不会溢出而越界污染进程空间。

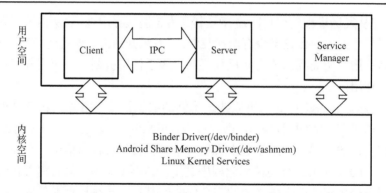

图 12-20　Android 的进程通信概念(Android 应用程序设计视角)

(3) Binder 通过 Android 的共享内存机制(Ashmem)实现高效率的进程通信，而不是采用传统的 Linux/UNIX 共享内存(Shared Memory)，也具备特殊的安全含义。

Android 在 Binder 进程通信机制中采用 Android 接口描述语言(AIDL)。AIDL 同传统 RPC 中的 IDL 语言一样，根据描述可以生成代码，使两个进程通过内部通信进程进行交互。例如，在一个 Activity(一个进程)中访问一个 Service(另一个进程)的对象/服务，使用 AIDL 定义接口与参数并实现在进程间的传递。AIDL IPC 的机制是基于接口的，类似于 COM 与 Corba，但更为轻量级，使用代理类在客户端和实现层间传递值。

AIDL 的接口定义与参数描述是类型安全的，与程序设计语言中的类型安全概念一致。Android 应用程序使用 Java 语言编写。Java 语言就具备"类型安全"特性，是一种强类型化的编程语言，它强制不同内容遵循规定的数据格式，进而防止错误或恶意应用。不完整的类型安全与边界检查机制极易受到内存污染或缓冲区溢出攻击，进而导致任意代码，甚至恶意代码的运行。但是，在 C/C++程序设计中，允许未经类型检查的强制类型转换，而且，除非编程者专门编程进行边界检查，否则 C 语言本身不要求边界检查。实践证明，这些 C/C++语言的灵活性恰恰成为恶意代码攻击的目标。Android 系统原生库允许采用 C/C++编程，存在一定的安全隐患，需要其他特殊技术加以防范。传统 Linux 的进程通信机制虽然有用户权限的限制，但缺少强制的类型安全。

由于类型安全的接口与数据描述，在接收方从其他进程接收数据时，可以充分检查安全性，确保其他进程发来的参数都在可接受的范围内，而不管调用者想要干什么，都可以防止进程间通信的数据溢出而越界污染进程空间。

4. 内存管理

1) Ashmem 匿名共享内存

Android 的匿名共享内存(Ashmem)机制基于 Linux 内核的共享内存，但是 Ashmem 与 cache shrinker 关联起来，增加了内存回收算法的注册接口，因此 Linux 内存管理系统将不再使用内存区域加以回收。Ashmem 以内核驱动的形式实现，在文件系统中创建/dev/ashmem 设备文件。如果进程 A 与进程 B 需要共享内存，进程 A 可通过 open 打开该文件，用 ioctl 命令 ASHMEM_SET_NAME 和 ASHMEM_SET_SIZE 设置共享内存的名字和大小。mmap 使用 handle 获得共享的内存区域；进程 B 使用同样的 handle，由 mmap 获得同一块内存。handle 在进程间的传递可通过 Binder 等方式实现。

为有效回收，需要该内存区域的所有者通知 Ashmem 驱动。通过用户、Ashmem 驱动程序，以及 Linux 内存管理系统的协调，使内存管理更适应嵌入式移动设备内存较少的特点。Ashmem 机制辅助内存管理系统来有效管理不再使用的内存，同时通过 Binder 进程通信机制实现进程间的内存共享。

Ashmem 不但以/dev/ashmem 设备文件的形式适应 Linux 开发者的习惯，而且在 Android 系统运行时和应用程序框架层提供了访问接口。其中，在系统运行时提供了 C/C++调用接口，在应用程序框架层提供了 Java 调用接口。而实际上，应用程序框架层的 Java 调用接口是通过 JNI 方法来调用系统运行时的 C/C++调用接口的，最后进入内核空间的 Ashmem 驱动程序中。

2) LMK 机制

Android 的软件协议栈由操作系统内核、中间件与应用程序组成。虽然基于 Linux 操作系统内核，Android 进程的内存管理与 Linux 仍有区别。Android 的应用程序由 Java 语言编写，运行于 Java 虚拟机之上，但是，Android 的 Java 虚拟机 Dalvik 与传统的 Java 虚拟机是有区别的。Dalvik 采用基于寄存器的虚拟机优化实现，确保多个虚拟机实例同时运行，借助 Linux 内核服务，实现安全保护、线程管理、底层进程与内存管理等功能。Dalvik 虚拟机运行.dex 格式的 Dalvik 可执行文件。.dex 格式由 Android 工具将 Java 格式的 class 文件转化而来，并且进一步优化，降低内存占用。

Android 的每个应用程序都有一个独立的 Dalvik 虚拟机实例，并且运行于独立的进程空间。Android 运行时(Runtime)与虚拟机都运行于 Linux 操作系统之上，借助操作系统服务进行底层内存管理并访问底层设备的驱动程序。

但是，不同于 Java 与.net，Android 运行时同时管理进程的生命周期。为确保应用程序的响应性，可以在必要时停止甚至杀死某些进程，向更高优先级的进程释放资源。具体原则概括如下：

(1)应用程序的进程优先级决定哪些进程可以被杀死以释放资源，而应用程序的优先级取决于其组件的最高优先级。

(2)当两个进程具备相同的优先级时，通常处于低优先级时间最长的进程先被杀死，以释放资源。

(3)进程优先级同时取决于进程间的依赖关系。例如，第一个进程依赖于第二个进程提供的服务(Services)或内容提供者(Content Provider)，则第二个进程至少具备与第一个进程同样的优先级。

Android 系统可以同时运行多个应用程序。由于启动与运行一个应用程序需要一定的时间开销，为了加快运行速度，Android 并不会立即杀死一个退出的程序，而是让它驻留在内存中，以便下次运行时迅速启动。但是，随着程序越来越多，内存会出现不足。当 Android 系统需要某一进程释放资源为其他进程所用时，系统使用 LowMemoryKiller 杀死进程以释放资源。LowMemoryKiller 在 Linux 内核中实现，按程序的重要性来决定杀死哪一个应用。因此，必须妥善设置进程的优先级，否则该进程可能在运行过程中被系统杀死。

Android 自动管理打开并运行于后台的应用程序，单个程序都有一个 oom_adj 值，值越小，优先级越高，被杀死的可能性越低。Android 将程序的重要性分成几类。

(1)前台进程(Active Process)。oom_adj 值为 0。前台进程为正在与用户交互的应用程序。

为响应前台进程，Android 可能要杀死其他进程以收回资源。前台进程分为以下几类。

①活动(Activity)正在前台接收用户输入事件。

②活动、服务与广播接收器正在执行一个 onReceive 事件处理函数。

③服务正在执行 onStart、onCreate 或 onDestroy 事件处理函数。

(2)已启动服务的进程(Started Service Process)。oom_adj 值为 0。这类进程包含一个已启动的服务。服务并不直接与用户轮入交互，因此服务的优先级低于可见活动的优先级。但是，已启动服务的进程仍被认为是前台进程，只有在活动及可见活动需要资源时，已启动服务的进程才会被杀死。

(3)可见进程(Visible Process)。oom_adj 值为 1。活动是可见的，但并不在前台，或者不响应用户的输入。例如，活动被非全屏的活动或透明的活动所遮挡。包含此类可见活动的进程称为可见进程。只有在非常少有的极端情况下，此类进程才会被杀死以释放资源。

(4)后台进程(Background Process)。oom_adj 值为 2。这类进程不包含任何可见的活动与启动的服务。通常大批后台进程存在时，系统会采用后见先杀(last-seen-first-kill)的方式，释放资源供前台进程使用。

(5)主界面(Home Process)。oom_adj 值为 4。

(6)隐藏进程(Hidden Process)。oom_adj 值为 7。

(7)内容提供者(Content Provider)。oom_adj 值为 14。

(8)空进程(Empty Process)。oom_adj 值为 15。既不提供服务，也不提供内容的进程。

Android 系统通常有一个内存警戒值与 oom_adj 值的对应表：每一个内存警戒值(以页大小 Page size，通常以 4KB 为单位)对应一个 oom_adj 值。当系统内存低于警戒值时，所有大于 oom_adj 值的进程都可被杀死。内存警戒值与 oom_adj 值的对应关系如表 12-1 所示。

当可用内存小于 6144×4KB=24MB 时，开始杀死所有的空进程，当可用内存小于 5632×4KB=22MB 时，开始杀死所有内容提供者与空进程。

表 12-1 的设置可以通过修改以下两个文件实现：

(1)/sys/module/lowmemorykiller/parameters/adj。

(2)/sys/module/lowmemorykiller/parameters/minfree。

表 12-1　内存警戒值与 oom_adj 值对应表

进程种类	oom_adj 值	内存警戒值(以 4KB 为单位)
前台进程/服务进程	0	1536
可见进程	1	2048
后台进程	2	4096
隐藏进程	7	5120
内容提供者	14	5630
空进程	15	6144

例如，把 minfree 最后一项改为 32×1024，那么当可用内存小于 128MB 时，就开始杀死所有的空进程。但是，当过多进程在内存中未被释放时，系统反应速度会降低，造成用户满意度降低。用户可以自行使用如 task killer 与 task manager 之类的工具软件手动杀死不必要的后台进程与空进程，强制释放资源。

5. 系统分区及加载

Android 设备的分区包括系统分区、数据分区、Cache 分区及 SD 卡分区等。具体概括如下：

（1）系统分区通常加载为只读分区，包含操作系统内核、系统函数库、实时运行框架、应用框架与系统应用程序等，由 OEM 厂商在出厂时植入，外界不能更改。如此，当系统出现安全问题时，用户可以启动进入"安全模式"，加载只读的系统分区，不加载数据分区中的数据内容，隔离第三方应用程序可能带来的安全威胁。

①/system/app 目录存放系统自带应用程序 APK。

②/system/lib 目录存放系统库文件。

③/system/bin 与/system/xbin 目录存放的是系统管理命令等。

④/system/framework 目录存放 Android 系统应用框架的 jar 文件。

（2）数据分区用于存储各类用户数据与应用程序。一般需要对数据分区设定容量限额，并且防止黑客向数据分区非法写入数据，或者防止创建非法文件对数据分区进行恶意破坏。当出现问题时，在"安全模式"下，可不加载数据分区，或者不启动数据分区中的应用程序，甚至直接重新格式化数据分区，恢复数据，进而恢复被损坏的系统。通常，Android 数据分区加载点为/data，其主要包括以下几个目录：

①/data/data 目录存放的是所有 APK 程序数据。每个 APK 对应自己的 Data 目录，即在/data/data 目录下有一个与 Package 名字一样的目录。APK 只能在此目录下操作，不能访问其他 APK 的目录。

②/data/app 目录存放用户安装的 APK。

③/data/system 目录存有 packages.xml、packages.list 和 appwidgets.xml 等文件，记录安装的软件及 Widget 信息等。

④/data/miso 目录保存 Wi-Fi 账号与 VPN 设置等。

但是，Android 设备中的 SD 卡分区比较特殊。SD 卡是外置设备，可以从其他计算机系统上进行操作，完全不受 Android 系统的控制。而且，通常 SD 卡为 FAT 文件系统，无法设置用户许可权限，虽然允许在文件系统加载时，对整个 FAT 文件系统设置读写权限，但无法针对 FAT 中个别文件进行特殊操作。

6. 应用程序签名

所有 Android 应用程序都必须被开发者数字签名，即使用私有密钥数字签署一个给定的应用程序，以便识别代码的作者，检测应用程序是否发生了改变，并且在相同签名的应用程序之间建立信任，进而使具备互信关系的应用程序安全地共享资源。使用相同数字签名的不同应用程序可以相互授予权限来访问基于签名的 API。如果应用程序共享 UID，则可以运行在同一进程中，从而允许彼此访问对方的代码和数据。

应用程序签名就需要生成私有密钥与公共密钥对，使用私有密钥签署公共密钥证书。应用程序商店与应用程序安装包都不会安装没有数字证书的应用。但是，签名的数字证书不需要权威机构来认证，应用程序签名可由第三方完成，如 OEM 厂商、运营商及应用程序商店等，也可由开发者自己完成签名，即自签名。自签名允许开发者不依赖于任何第三方自由发布应用程序。

在安装应用程序 APK 时。系统安装程序首先检查 APK 是否被签名, 有签名才能够安装。当应用程序升级时, 要检查新版应用的数字签名与已安装的应用程序的签名是否相同, 否则, 该应用会被当作一个全新的应用程序。通常, 由同一个开发者设计的多个应用程序可采用同一私钥签名, 在 Manifest 文件中声明共享用户 ID, 允许它们运行在相同的进程中, 这样一来, 这些应用程序可以共享代码和数据资源。Android 开发者有可能把安装包命名为相同的名字。通过不同的签名可以把它们区分开, 也保证了签名不同的包不被替换掉, 同时有效地防止了恶意软件替换安装的应用。

Android 提供了基于签名的权限检查, 应用程序间具有相同的数字签名, 它们之间可以以一种安全的方式共享代码和数据。

7. SEAndroid

SEAndroid 是一套以 SELinux 为核心的系统安全机制。SELinux 是一种基于域-类型 (domain-type) 模型的强制访问控制 (MAC) 安全系统, 其原则是任何进程想在 SELinux 系统中干任何事, 都必须先在安全策略的配置文件中赋予权限。只要没有在安全策略中配置的权限, 进程就没有该项操作的权限。在 SELinux 出现之前, Linux 的安全模型是自主访问控制 (Discretionary Access Control, DAC)。其核心思想是进程理论上所拥有的权限与运行它的用户权限相同。例如, 以 root 用户启动 shell, 那么 shell 就有 root 用户的权限, 在 Linux 系统上能干任何事。这种管理显然比较松散。在 SELinux 中, 如果需要访问资源, 系统会先进行 DAC 检查, 若不通过, 则访问失败, 然后进行 MAC 权限检查。SEAndroid 框架如图 12-21 所示。

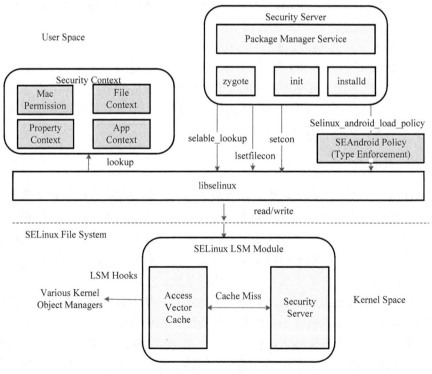

图 12-21　SEAndroid 框架

　　SEAndroid 框架主要分为两部分：用户空间和内核空间。两者以 SELinux 文件系统的接口为界。libselinux 中封装了访问 Security Context、加载资源安全策略和访问 SELinux 内核文件的接口。

　　先来看内核空间，在内核空间中，存在一个 SELinux LSM 模块，这个模块包含一个访问向量缓冲(Access Vector Cache)和一个安全服务(Security Server)。Security Server 负责安全访问控制逻辑，即由它来决定一个主体访问一个客体是否合法。这里说的主体一般就是指进程，而客体就是主体要访问的资源，如文件。

　　在实际系统中，以/sys/fs/selinux 为安装点，安装一个类型为 selinuxfs 的文件系统，也就是 SELinux 文件系统，用来与内核空间的 SELinux LSM 模块通信。

　　LSM，全称是 Linux Security Model。LSM 可以说是为 SELinux 而设计的，但是它是一个通用的安全模块，SELinux 可以使用，其他的模块也同样可以使用。这体现了 Linux 内核模块的一个重要设计思想，只提供机制实现而不提供策略实现。在这个例子中，LSM 实现的就是 MAC 机制，而 SELinux 就是在这套机制下的一个策略实现。也就是说，也可以通过 LSM 来实现自己的一套 MAC 安全机制。

　　SELinux、LSM 和内核中的子系统是如何交互的呢？首先，SELinux 会在 LSM 中注册相应的回调函数。其次，LSM 会在相应的内核对象子系统中加入一些 Hook 代码。例如，我们调用系统接口 read 函数来读取一个文件的时候，就会进入内核的文件子系统中。在文件子系统中负责读取文件函数 vfs_read 就会调用 LSM 加入的 Hook 代码。这些 Hook 代码就会调用之前 SELinux 注册进来的回调函数，以便后者可以进行安全检查。

　　SELinux 在进行安全检查的时候，首先是看一下自己的 Access Vector Cache 是否已经有缓存。如果有，就直接将结果返回给相应的内核子系统。如果没有，就需要到 Security Server 去进行检查。检查出来的结果在返回给相应的内核子系统的同时，也会保存在自己的 Access Vector Cache 中，以便下次可以快速地得到检查结果。

　　SELinux 安全检查流程如图 12-22 所示。

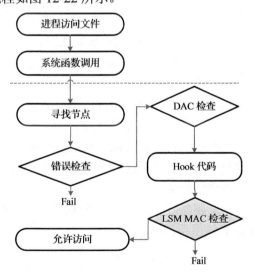

图 12-22　SELinux 安全检查流程

从图 12-22 中可以看到，内核中的资源在访问的过程中，一般需要通过三次检查：

(1)一般性错误检查，如访问的对象是否存在、访问参数是否正确等。

(2)DAC 检查，即基于 Linux UID/GID 的安全检查。

(3)SELinux 检查，即基于安全上下文和安全策略的安全检查。

再来看用户空间，分三部分：Security Context、Security Server、SEAndroid Policy。

Security Context 里保存着资源的安全上下文，整套 SEAndroid 系统就是基于这些安全上下文实现的。

Security Server 由应用程序安装服务 PackageManagerService、应用程序安装守护进程 installd、应用程序进程孵化器 Zygote 进程以及 init 进程组成。其中，PackageManagerService 和 installd 负责创建 App 数据目录的安全上下文，Zygote 进程负责创建 App 进程的安全上下文，而 init 进程负责控制系统属性的安全访问。它有三个任务：一是在开机时将资源安全访问策略 SEAndroid Policy 加载进内核空间；二是去 Security Context 中查找安全上下文；三是获取内核空间中安全上下文对应的资源访问权限。

守护进程 installd 负责创建 App 数据目录。在创建 App 数据目录的时候，需要给它设置安全上下文，使得 SEAndroid 安全机制可以对它进行安全访问控制。Installd 根据 PackageManagerService 传递过来的 seinfo，并调用 libselinux 库提供的 selabel_lookup 函数到前面分析的 seapp_contexts 文件中查找对应的 Type。有了对应的 Type 之后，installd 就可以给正在安装的 App 的数据目录设置安全上下文，这是通过调用 libselinux 库提供的 lsetfilecon 函数来实现的。

在 Android 系统中，Zygote 进程负责创建应用程序进程。应用程序进程是 SEAndroid 安全机制中的主体，因此它们也需要设置安全上下文，这是由 Zygote 进程来设置的。组件管理服务 ActivityManagerService 在请求 Zygote 进程创建应用程序进程之前，会到 PackageManagerService 中去查询对应的 seinfo，并且将 seinfo 传递到 Zygote 进程。于是，Zygote 进程在 fork 一个应用程序进程之后，就会使用 ActivityManagerService 传递过来的 seinfo，并且调用 libselinux 库提供的 selabel_lookup 函数到前面分析的 seapp_contexts 文件中查找对应的 Domain。有了 Domain 之后，Zygote 进程就可以给刚才创建的应用程序进程设置安全上下文，这是通过调用 libselinux 库提供的 lsetcon 函数来实现的。

在 Android 系统中，属性也是一项需要保护的资源。init 进程在启动的时候，会创建一块内存区域来维护系统中的属性，接着还会创建一个 Property 服务。这个 Property 服务通过 socket 提供接口，给其他进程访问 Android 系统中的属性。其他进程通过 socket 来和 Property 服务通信时，Property 服务可以获得它的安全上下文。有了这个安全上下文之后，Property 服务就可以通过 libselinux 库提供的 selabel_lookup 函数到前面分析的 property_contexts 文件中去查找要访问的属性的安全上下文。有了这两个安全上下文之后，Property 服务就可以决定是否允许一个进程访问它所指定的属性。

SEAndroid Policy 就是 SEAndroid 的安全策略，实际是在系统编译时生成的一个 sepolicy 文件，在 init 进程中被加载到 SELinux 内核中。

第 13 章　数据库安全技术

数据库担负着存储和管理大量数据信息的任务，是信息系统的核心。数据库极易成为黑客攻击的重要目标，数据库的安全是信息系统安全的重中之重。本章首先介绍数据库安全的相关概念，然后分别介绍数据库访问控制技术、数据库加密和其他数据库安全技术，最后对数据库安全技术进行总结。

13.1　数据库安全概述

13.1.1　数据库安全概念

数据库是按照数据结构来组织、存储和管理数据的仓库，是一个长期存储在计算机内的、有组织的、可共享的、统一管理的大量数据的集合。

数据库管理系统是为管理数据库而设计的软件系统，一般具有存储、读取、安全保障、备份等基础功能。

数据库系统是数据库和数据库管理系统组成的系统，是一个实际可运行的为存储、维护和应用系统提供数据的软件系统，是存储介质、处理对象和管理系统的集合体。

从 20 世纪 60 年代数据库诞生开始，数据库技术在应用需求的推动下不断探索发展，数据模型经历了从层次数据库、网状数据库到关系型数据库和面向对象数据库的过程，数据库体系架构从单机逐渐发展为网络化，成为云计算、大数据等关键应用系统的核心设施。

经过多年发展，数据库系统逐步形成以下特点：独立于应用系统的数据存储模式；按一种公用的和可控制的方式对数据库中的原有数据进行插入新数据、修改和检索等操作；尽量小的数据冗余度，从而节省数据的存储空间，降低数据管理难度；为用户提供了简便的使用手段，使用户易于编写数据库应用程序。

如图 13-1 所示为典型的数据库体系结构示意图，可以分为三个层次，分别为：应用层，主要包括用户、应用系统以及应用系统中的数据库驱动；数据库系统层，主要包括数据库系统及其运行所依托的计算机操作系统；硬件层，主要包括计算机及其中存储的数据库文件。

因此，数据库安全包含两层含义：第一层是数据库系统中所存储的数据是安全的。数据库数据安全主要包括数据机密性、数据完整性、数据可用性。其中，数据完整性，指数据库中的数据在存储和向用户提供的过程中，数据的

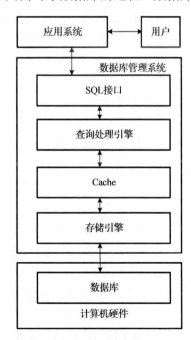

图 13-1　数据库体系结构示意图

值和数据的状态均是正确的,可以分为四类:实体完整性(Entity Integrity)、域完整性(Domain Integrity)、参照完整性(Referential Integrity)、用户自定义完整性(User Defined Integrity)。第二层是数据库系统为用户提供的服务是安全的。数据库系统服务器在攻击或遭受破坏的情况下,可以快速恢复服务能力。

13.1.2　数据库安全威胁

统计数据表明,大部分的网络攻击行为发生在局域内部,且这些非法攻击的真正目标就是数据库。

凡是可能造成数据库存储数据错误和数据库服务异常的行为,都可以视为对数据库安全构成威胁。根据数据库体系架构层次,可以将数据库安全威胁来源划分为三个类别:应用层安全威胁、系统层安全威胁、硬件层安全威胁。

应用层安全威胁,主要是数据库数据在网络传输过程中面临的威胁和因数据库用户不当输入而对数据库运行构成影响的威胁。主要有如下几种:

(1)数据嗅探。在传输信道上采用搭线窃听、电磁接收、传输监控等手段窃取数据。

(2)会话劫持。例如,错误信息的插入、故意的无序传送、故意的延时传送、故意的错误路线等手段。

(3)非法输入。进入数据库系统窃取数据并进行破坏性操作。典型例子是 SQL 注入攻击。此外,还有数据库误删操作等。

(4)拒绝服务攻击。使服务器过载崩溃,从而阻止合法用户对数据库正常的访问。

(5)病毒或木马植入。

(6)推理攻击。用户通过授权访问的数据,经过推导得出机密信息,统计数据库特别容易受到推理攻击影响。

系统层安全威胁,主要指因数据库系统运行环境中存在的安全或管理漏洞对数据库运行及数据安全构成的威胁,这里的系统既包括数据库系统也包括操作系统。主要威胁方式有如下几种:

(1)伪造身份。非法用户通过窃取被授权用户的口令、密钥等手段,假冒合法用户访问未得到许可的数据。

(2)合法用户的越权行为。登录管理员或其他合法账户访问权限以外的数据。

(3)安全设置不到位。例如,随意开启管理员账户远程登录,未关闭访客账户等,访问控制策略未设置等。

(4)文件安全。入侵者通过入侵操作系统或数据库系统,对数据库文件进行非法复制或恶意破坏。

(5)其他安全。例如,磁盘存储空间不足导致的系统崩溃等。

硬件层安全威胁,指因数据库系统硬件或机房遭到破坏,而对数据库运行构成的威胁。主要有如下几种:

(1)自然灾害造成的硬件损毁和网络中断,如水灾、火灾、地震、雷电等。

(2)硬件技术故障造成的停机,如磁盘损坏、CPU 过热、静电浪涌等。

(3)电磁信号泄露造成的信息泄密。

数据库安全问题可归结为两类,即保证数据库系统中用户对各类对象存取的合法性(保证合法访问并阻止非法访问)及数据库内容本身的安全(防泄露、篡改或破坏)两个方面。此外，数据库安全威胁并不是单一的(例如，恶意攻击会造成非法数据获取、非法数据篡改和引发系统的拒绝服务等多种安全威胁)。

13.1.3　数据库安全技术

数据库管理系统的发展伴随着应用系统需求和应用服务模式的变化与发展，基本上逐步形成独立于应用系统的数据管理模式和特有的数据存储结构，相对统一和标准的数据定义与操作方法，存储数据时需要满足数据库范式、完整性约束等多种特殊要求，并且在很多时候还需要承担数据合法性检查、求和、求平均、排序等计算量巨大的操作。

面对上述数据库安全威胁，数据库系统不仅要为信息系统存储和管理数据，还要为用户提供持续稳定的数据查询和运算服务。因此，用户对数据库系统的安全需求主要集中在以下三方面：

(1)确保数据库访问行为可控。相关的安全机制主要有身份标识与认证技术、授权管理与访问控制技术等。

(2)确保数据库存储数据的机密性。相关的安全访问主要有访问控制与数据加密技术。

(3)确保数据库服务的可用性。如数据完整性检查、容灾备份、数据库恢复技术、集群计算等。

此外，还有数据库视图机制、审计机制、入侵检测机制等。

下面着重对具有代表性的数据库访问控制、数据库加密、数据库可用性增强等安全技术进行介绍。

13.2　数据库访问控制

访问控制是保障数据库安全的重要机制之一，是数据库管理系统的重要组成部分。本节首先介绍数据库访问控制的常见实现方法，之后以 SQLSever 数据库为例，介绍数据库访问控制的实现。

13.2.1　数据库中的访问控制方法

数据库的访问控制机制主要用于保护数据库中数据的安全，包括限制非授权用户对数据的访问和授权用户对数据的不合理访问。

常用的数据库访问控制策略主要分为自主访问控制(DAC)、强制访问控制(MAC)和基于角色的访问控制(RBAC)。

1.　自主访问控制

自主访问控制是基于主体或主体所属的组来限制主体对客体的访问。自主的含义是指对客体具有访问权限的主体能够将此权限直接或间接地授予其他任何主体，拥有资源的用户可以自己决定其他主体对该资源的访问权限。用户只有获得了某种权限，才能进行相应的数据库操作。

针对数据库的访问，主体是访问数据库的用户，客体则包括表、视图、列、存储过程、函数等，操作包括 SELECT、INSERT、UPDATE、DELETE、ALTER、INDEX、REFERENCE、EXECUTE 等。

自主访问控制的核心就是访问规则的制定、应用和管理。访问规则最直观的表达方式是访问控制矩阵。在访问控制矩阵中，行表示主体，列表示客体，矩阵条目中的记录对应主体对客体的操作权限集。

根据访问控制矩阵，每个主体拥有一定的操作权限，并可将权限授予(或收回)另一个主体，称为授权。当一个主体访问某个客体时，自主访问控制根据访问控制矩阵进行检查，以确认主体对客体访问的操作是否允许，若为允许操作，则访问合法，否则为非法操作，此时访问不能进行。

由此可见，自主访问控制具有传递性，是一种比较宽松的访问控制。访问权限可以在主体中自由地传递，可能导致资源的拥有者失去对资源的控制，带来安全隐患。

2. 强制访问控制

强制访问控制的基本思想是由数据库管理系统中的安全管理员来控制数据的访问。安全管理员负责制定控制策略。一般强制访问控制的策略包括上读下写、下读上写两种。然后为所有主体和客体均赋予相应的安全级别。系统的访问控制模块将根据比较主体和客体的安全级别关系来确定主体是否有权限访问客体。

强制访问控制是 B1 级数据库管理系统的重要特征，用于限制对敏感客体的访问。

强制访问控制中的安全标记，即安全级别，是由数据库的安全管理员从数据库的角度和层面对主体与客体赋予的标记，不能由用户自己分配或更改。当一个新用户加入数据库系统时，安全管理员必须为其分配安全级别，用户自己不得更改自己的安全标记。同时，当用户在数据库中创建一个新客体时，也需要由安全管理员为该客体分配安全级，而不是由客体的拥有者自己分配。

实施强制访问控制时，管理员的权限需要遵守最小特权原则，要对数据库管理员、安全管理员、审计管理员的权限进行严格的管理。

3. 基于角色的访问控制

基于角色的访问控制的基本思想是在用户与权限之间引入角色的概念，利用角色将用户和权限进行逻辑隔离。通过用户与角色的关联，角色与权限的关联，使用户间接地与权限相关联。

实际应用中，根据单位或组织的不同工作职责来划分角色，依据用户所承担的不同的权利和义务来授予相应的角色。角色实际上是权限的载体，它在系统中相对来说是比较稳定的，变化程度远远小于用户的改变，其数量也远小于用户的数量。把权限授予角色，比起直接将权限授予用户来说，简化了权限管理操作，提高了安全管理的效率和质量，并且能够直接反映企事业单位内部的安全管理策略和管理模式。

RBAC 支持安全三原则，即最小特权原则、责任分离原则及数据抽象原则。最小特权原则要求访问控制中给用户分配角色的权限大小仅需要满足用户访问操作的需要即可，以此限制分配给角色的权限。责任分离原则要求对资源的操作需要两个身份上相互制约的人物角色控制。数据抽象原则是指 RBAC 可根据实际需求对某些操作进行抽象，权限既可以为实际的权限，如数据库管理系统中的 SELECT、UPDATE、EXECUTE 等权限，也可以是一些抽象的权限，如账目信贷、存取等。

基于角色的访问控制具有灵活性、安全性、方便性等特点，特别适用于较大数据量的数据库，普遍应用于大型数据库系统的权限管理中。

13.2.2　SQL Server 中的访问控制

SQL Server 是 Microsoft 公司推出的全面的关系型数据库服务器产品，是面向企业级用户的数据库应用平台。它给企业级应用数据和分析程序带来了较好的安全性与稳定性。

用户在每个要访问的数据库里必须有一个账号，用户在访问 SQL Server 数据库的时候需要经过 3 个步骤，实现对用户访问的安全控制：

(1) 用户登录到 SQL Server 的实例进行身份鉴别，被确认合法才能登录到 SQL Server 实例。

(2) SQL Server 实例将登录映射到数据库用户账号上，在这个数据库的账号上定义数据库的管理和数据对象访问的安全策略。

(3) 检查用户是否具有访问数据库对象、执行操作的权限，经过语句许可权限的验证，才能够实现对数据的操作。

1. 用户安全登录

用户登录是 SQL Server 实施安全性的第一步，用户只有登录到服务器之后才能对 SQL Server 数据库系统进行管理。SQL Server 提供了两种验证模式：Windows 身份验证模式和混合模式。登录数据库服务器时，可以选择任意一种方式登录到 SQL Server。

1) Windows 身份验证模式

一般情况下 SQL Server 数据库系统都运行在 Windows 服务器上。Windows 身份验证模式利用了操作系统用户安全性和账号管理机制，允许 SQL Server 使用 Windows 的用户名和口令。在这种模式下，SQL Server 把登录验证的任务交给了 Windows 操作系统，用户只要通过 Windows 的验证，就可以连接到 SQL Server 服务器。

在这种模式下，域用户不需要独立的 SQL Server 账户和密码就可以访问数据库。如果用户更新了自己的域密码，也不必更改 SQL Server 2016 的密码，但是该模式下用户要遵从 Windows 安全模式的规则。默认情况下，SQL Server 2016 使用 Windows 身份验证模式，即本地账号来登录。

2) 混合模式

混合模式是指 SQL Server 和 Windows (混合) 身份验证模式。使用混合模式登录时，可以同时使用 Windows 身份验证和 SQL Server 身份验证。如果用户使用 TCP/IP Sockets 进行登录验证，则使用 SQL Server 身份验证；如果用户使用命名管道，则使用 Windows 身份验证。

在 SQL Server 2016 身份验证模式中，运行用户使用安全性连接到 SQL Server 2016。在该认证模式下，用户连接到 SQL Server 2016 时必须提供登录账号和密码，这些信息保存在数据库中的 syslogins 系统表中，与 Windows 的登录账号无关。如果登录的账号是在服务器中注册的，则身份验证失败。

2. 角色与权限

不论采用哪种方式登录数据库，都需要将登录账户映射为数据库用户，使其具有访问数据库及其对象的合法权限。为了便于管理用户权限，数据库管理系统可以为用户分配数据库角色。

一个登录账户成功地通过了 SQL Server 服务器验证后，若想访问某个数据库，就必须在该数据库中有对应的数据库用户，所以，一个登录账户可映射到不同的数据库中成为数据库用户。数据库用户是数据库级的主体，是登录账户在数据库中的映射，是在数据库中执行操作和活动的行动者。

按照角色的作用范围，SQL Server 中的角色可以分为四类：固定服务器角色、数据库角色、自定义数据库角色和应用程序角色。

1）固定服务器角色

固定服务器角色可以授予服务器管理的能力，服务器角色的权限作用域为服务器范围。用户可以向服务器角色中添加 SQL Server 登录名、Windows 账户和 Windows 组。固定服务器角色的每个成员都可以向其所属角色添加其他登录名。

SQL Server 2016 中提供了 9 个固定服务器角色，如表 13-1 所示。

表 13-1　固定服务器角色

角色名	描述
sysadmin	该固定服务器角色的成员可以在服务器上执行任何活动。默认情况下，Windows BUILTIN/Administrators 组(本地管理员组)的所有成员都是 sysadmin 固定服务器角色的成员
serveradmin	该固定服务器角色的成员可以更改服务器范围的配置选项和关闭服务器
securityadmin	该固定服务器角色的成员可以管理登录名及其属性。它们可以拥有 GRANT、DENY 和 REVOKE 服务器级别的权限，也可以拥有 GRANT、DENY 和 REVOKE 数据库级别的权限。此外，它们还可以重置 SQL Server 登录名的密码
public	每个 SQL Server 登录名都属于 public 服务器角色。如果未向某个服务器主体授予或拒绝对某个安全对象的特定权限，该用户将继承授予该对象的 public 角色的权限
processadmin	该固定服务器角色的成员可以终止在 SQL Server 实例中运行的进程
setupadmin	该固定服务器角色的成员可以添加和删除连接服务器
bulkadmin	该固定服务器角色的成员可以运行 BULK INSERT 语句
diskadmin	该固定服务器角色用于管理磁盘文件
dbcreator	该固定服务器角色的成员可以创建、更改、删除和还原任何数据库

2）数据库角色

数据库角色是针对某个具体数据库的权限分配，数据库用户可以作为数据库角色的成员，继承数据库角色的权限，数据库管理人员也可以通过管理角色的权限来管理数据库用户的权限。SQL Server 2016 中系统默认添加了 10 个固定的数据库角色，如表 13-2 所示。

3）自定义数据库角色

实际的数据库管理过程中，某些用户可能只能对数据库进行插入、更新和删除操作，但是固定数据库角色中不能提供这样一个角色，这时就需要创建一个自定义的数据库角色。

表 13-2　固定数据库角色

角色名	描述
db_owner	该固定数据库角色的成员可以执行数据库的所有配置和维护活动，还可以删除数据库
db_securityadmin	该固定数据库角色的成员可以修改角色成员身份和管理权限。向此角色中添加主体可能会导致意外的权限升级
db_accessadmin	该固定数据库角色的成员可以为 Windows 登录名、Windows 组和 SQL Server 登录名添加或删除数据库访问权限
db_backupoperator	该固定数据库角色的成员可以备份数据库
db_ddladmin	该固定数据库角色的成员可以在数据库中运行任何数据定义语言(DDL)命令
db_datawriter	该固定数据库角色的成员可以在所有用户表中添加、删除或更改数据
db_datareader	该固定数据库角色的成员可以从所有用户表中读取所有数据
db_denydatawriter	该固定数据库角色的成员不能添加、修改或删除数据库内用户表中的任何数据
db_denydatareader	该固定数据库角色的成员不能读取数据库内用户表中的任何数据
public	每个数据库用户都属于 public 数据库角色。如果未向某个用户授予或拒绝对安全对象的特定权限，该用户将继承授予该对象的 public 角色的权限

4）应用程序角色

应用程序角色是一个数据库主体，它使应用程序能够用其自身的、类似用户的权限来运行。应用程序角色可以仅允许那些经过特定应用程序连接的用户来访问数据库中的特定数据，如果不通过这些特定的应用程序连接，那么无法访问这些数据。

与数据库角色相比，应用程序角色有以下特点：一是在默认情况下应用程序角色不包含任何成员。二是在默认情况下应用程序角色是非活动的，必须激活之后才能发挥作用。三是应用程序角色有密码，只有拥有应用程序角色正确密码的用户才可以激活该角色。当激活某个应用程序角色之后，用户会失去自己原有的权限，转而拥有应用程序角色的权限。

13.3　数据库加密技术

数据库访问控制等安全机制可以有效地遏制多种安全威胁，保护数据管理使用安全，防止入侵者通过正常连接渠道发起的攻击与破坏。但由于数据库原始数据仍以可读形式存放在数据库中，在防范某些种类的攻击时一定程度上存在局限性。例如：

有经验的黑客会"绕道而行"，直接利用操作系统工具窃取或篡改数据库文件内容；恶意的内部人员将数据库文件复制流出，导致十分严重的数据库泄密事件；数据库管理员可以不加限制地访问数据库中的所有数据，超出了系统管理员应有的职责权限；用户使用云数据库对应用系统数据进行托管与维护，却无法确保数据的机密性和用户数据查询行为的隐私性。

加密技术可以有效地解决此类问题。通过对数据库内容进行加密，关键数据即使不幸泄露或丢失，也难以被人破解，因此大大提高了关键数据的安全性。各用户（或用户组）使用自己的密钥对数据进行加密，包括数据库管理员在内的其他人员由于没有密钥无法进行正常解密，这提高了数据库信息的隐私性，确保用户信息安全。

13.3.1　数据库加密要求

密码技术是用来保护存储数据的重要手段。但是不同于针对文件系统的存储加密和通信系统的传输加密，对数据库中的数据进行加密显然是更具有挑战性的。一般来说，对数据中的数据进行加密应该满足以下要求：

(1)强度要足够大。数据库中数据存储时间相对较长，并且由于数量大，密钥更新的代价较大，不可能频繁地更新密钥，因此数据库加密应该保持足够的加密强度。

(2)支持尽可能细的加密粒度。为了更好地保证数据库的安全，除了能按文件或按表加密外，还要支持更细粒度的加密，如字段粒度的加密。

(3)防止出现明文攻击。数据库中存储海量数据，且数据规律性较强。例如，数据表某一列中所有数据的数据类型相同，并且很有可能长度固定，而且一列中所有数据项存在一定取值范围的限制，往往呈现一定的概率分布。数据库加密应该保证相同的明文加密后的密文无明显规律，防止入侵者通过统计方法得到原文信息。

(4)良好的密钥管理机制。数据库中有多个用户，数据库加密的粒度又有多种，因此密钥量很大，极端情况下，每个加密数据项都需要一个密钥，需要一种良好的密钥管理机制来组织存储大量密钥。

(5)合理处理密文数据，不影响合法用户的操作。包括几方面的内容：加密系统操作的响应时间应尽量短；恰当处理数据类型，防止 DBMS 因加密后的数据不符合定义的数据类型而拒绝加载；对数据库合法用户来说，数据的录入、修改和检索操作应该是透明的，不需要考虑数据的加/解密问题。

13.3.2　数据库加密方式

根据数据库系统体系架构的三个次层次的不同特点及其数据类型所适用的加密方式，可以将数据库加密类型分为存储层加密、数据库内核层加密和应用层加密三种，如图 13-2 所示。

1. 存储层加密

存储层加密是一种比较基础的加密方式，其本质是利用加密系统对数据库文件进行加密。实现方式主要有两种：磁盘加密，在数据存储的过程中，以密文形态写入磁盘；操作系统文件加密，通过在操作系统底层调用加密算法，使得数据库文件以密文形态存入文件系统。

存储层加密的优点是加密效果对数据库是透明的，不必对应用系统及数据库进行任何修改。

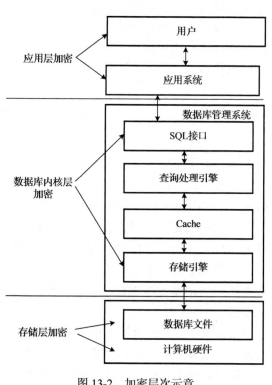

图 13-2　加密层次示意

存储层加密的不足也非常明显：由于存储子系统对于数据库客体和结构一无所知，加密策略无法与用户权限相结合(例如，为不同的用户分配不同的密钥)，受限于文件粒度无法对数据信息进行有选择的加密；使用存储层加密，每次数据库查询、插入、删除记录都需要对整个数据库文件进行加/解密，代价大、效率低。

2. 数据库内核层加密

数据库内核层加密是指在数据库管理系统内部实施的数据加密方式。数据库中的数据在进行存取的过程中需要经过查询解析、数据处理、路径规划、数据存取等步骤，分别对应数据库的 SQL 接口层、查询处理层和存储引擎层。其中，查询处理层需要根据数据值对数据进行遍历、比较、运算等一系列操作，不适合进行加密。因此，数据库系统对数据进行加密时，主要选择存储引擎层和 SQL 接口层这两个位置进行加密。

1) 存储引擎层加密

存储引擎层加密，是数据库管理系统的存储引擎层从数据库文件中存储或读取数据时，通过对数据库存储时生成的表文件、列文件数据进行加密的。

数据库存储引擎层加密的优点是：由于在数据库内部进行加密，可以实现表级或列级粒度加密，通过将加密策略与用户权限相关联可以实现对用户访问权限的控制，且加密效果对用户是透明的，用户可以像操作正常 SQL 命令语句一样而不必了解数据库管理系统是如何完成加/解密操作的。

数据库存储引擎层加密主要有以下几个缺点：首先，存储引擎层加密功能的实现依赖于数据库管理系统的完整性级别，因其本质是在数据库文件存储时进行加密，所以数据库数据存储方式(如按表存储、按列存储)制约着加密方案的实施；加密后一般不允许在加密数据上使用索引，不可避免地带来性能的降低。

2) SQL 接口层加密

SQL 接口层加密，是在 SQL 查询解析层预留加密函数接口，数据库数据在进入查询处理引擎前，通过使用预定义的存储过程、视图、触发器来调用数据库内部或外部的加密服务对数据进行加密。

SQL 接口层加密的优点是易于实施，只需要对少数查询语句中增加对加密函数的调用，不需要对应用层进行显著的修改，实现元组级的加密粒度，通过将加密策略与用户权限相关联可以实现对用户访问权限的控制。

SQL 接口层加密主要有以下几个缺点：内核层实现加密，需要数据库系统支持相关加密方法的调用(需要创建一些 DBMS 内核加/解密原语、对应的数据库加/解密的定义语句和加/解密实现的数据库操纵语句)；加密发生在查询执行引擎之上，因此一些数据库机制(如索引和外键)无法正常工作；由于使用存储过程，必须从 SQL 上下文切换到存储过程语言，通常对性能有较高的负面影响；这些机制(即触发器、视图和存储过程)，可以被恶意的 DBA 禁用。

3) 商用数据库中的加密功能

目前，许多商用数据库中均实现了数据库加密功能。这里选取有代表性的 Oracle 数据库和 Microsoft SQL Server 数据库进行举例说明。

（1）Oracle 数据库。

Oracle 8i 并随之率先推出了内置 API 进行数据库加密。允许数据和应用程序管理者在数据库里直接加密字符数据、二进制数据和大对象数据，通过使用内置的 DBMS_OBFUSCATION_TOOLKIT 包完成加密任务。该包包含加密函数 DESEncrypt 和解密函数 DESDecrypt，在数据传入 DBMS 之前，对字段值进行加密。当用户访问加密数据时，工具包对用户提供透明的访问方式，首先检查用户的合法性，然后生成密钥，选择加密数据并解密，最后返回结果集给用户。该工具包支持 DES 和 3DES 的加密算法，也支持数字摘要算法。

Oracle 10g 第 2 版中提出透明数据加密技术（Transparent Data Encryption，TDE）。TDE 提供内置的密钥管理和完全透明的数据加密，通过 DDL（数据库定义语言）命令完成，完全不需要应用程序更改、程序化的密钥管理、数据库触发器和视图。

Oracle Advanced Security 11g TDE 增添了完整的表空间加密功能，可以透明地加密整个应用程序表。Oracle Advanced Security TDE 11g 列加密还可以为非结构化数据提供 Oracle Secure Files 加密，Oracle Advanced Security TDE 11g 集成了外部硬件安全模块（HSM），可以集中创建、存储和管理 Oracle Advanced Security TDE 主键。

（2）Microsoft SQL Server 数据库。

Microsoft 公司的 SQL Server 数据库从 2005 版本以后内置了数据加密功能，通过加密和解密 Transact-SQL 函数来管理存储在数据库中的数据的加密和解密。特点是用户可以自由选择数据服务器管理密钥，并提供多层次的密钥和多种加密算法。

Microsoft SQL Server 2008 推出了另一个级别的加密——透明数据加密（TDE）。TDE 的加密特性是应用于页面级别的，一旦激活了，页面就会在它们写到磁盘之前加密，在读取到内存之前解密。TDE 是全数据库级别的加密，它不局限于字段和记录，而是保护数据文件和日志文件的。此外，当需要将备份恢复到另一个 SQL Server 实例或附加数据文件到另一个 SQL Server 实例上时，需要确保数据库加密密钥（DEK）的证书是可用的。

在一个数据库上的 TDE 的执行对于连接到所选数据库的应用程序来说是非常简单而透明的，不需要对现有应用程序做任何改变，主要应用于数据文件和日志文件以及备份文件。

3. 应用层加密

目前，云计算服务得到越来越多的企业和组织的青睐，采取将数据存储在云上的方式来以较小的硬件成本获得较高的稳定性成为共识。然而，用户在将数据交由云数据库服务提供商进行托管时，数据机密性事实上也脱离了数据所有者的掌控。

应用层加密通过在数据存入云数据库前在应用系统或客户端进行加密，需要使用数据时由应用层或客户端对数据进行解密，从而确保数据存储在云数据库上是安全的。

应用层加密的优点是加密密钥与在数据库中的密文数据分开，密钥不必离开客户端，安全性较高。同时，由于数据由应用系统或用户进行加密，可以根据需要制定个性化的访问控制策略。

应用层加密的缺点是需要对应用系统进行更改，对于已经成熟的业务系统来说，代价较大。同时，限制数据库服务器的能力来处理加密数据，部分数据库机制不能正常运行，在极端情况下，使用的数据库服务器仅仅用于存储。此外，当所查询的数据所有者为多个所有者时，需要额外进行多次查询操作，查询效率受到较大影响。

13.4 数据库可用性增强技术

安全却不可用的数据库系统对用户来说是没有意义的，用户和管理员希望数据库系统在任何时候都可以稳定持续地提供服务，然而现实中总是事与愿违，数据库服务不可用的情况还是时有发生。数据库可用性是衡量数据库服务质量的重要指标。

本节对影响数据库正常支行的原因进行分析，并对增强数据库可用性的技术进行介绍。

13.4.1 数据库可用性

现实环境中，尽管数据库管理员为数据库的持久稳定服务付出巨大努力，但数据库服务不可用的情况仍会发生。例如，计算机系统中硬件的故障、软件的错误、操作员的失误以及恶意的攻击和破坏仍是不可避免的。这些故障轻则造成数据库运行非正常中断，影响数据库中数据的正确性，重则破坏数据库，使数据库中部分或全部数据丢失，数据库服务中断。

系统的可用性用平均无故障时间(MTTF)来度量，即系统平均能够正常运行多长时间，才发生一次故障。系统的可用性越高，平均无故障时间越长。可维护性用平均维修时间(MTTR)来度量，即系统发生故障后维修和重新恢复正常运行平均花费的时间。系统的可维护性越好，平均维修时间越短，可用性越高。

数据库系统的可用性定义为 MTTF/(MTTF+MTTR)×100%。

数据库运行过程中，用户和管理员最关心的就是数据库能否对用户请求进行正常响应，因此，数据库中的数据是否正确、数据库服务是否持续可用都是影响可用性的因素。因此，影响数据库服务可用性的原因大致可以分为以下三种。

(1)数据库系统运行错误。数据库运行过程中出现的错误可以分为两种：可预期的故障，这种是应用系统可以发现的错误，如数据被误删除、误修改、重复插入、数据在更新前被误读取等；非预期的故障，这种错误不能由应用程序处理，如运算溢出、违反了某些完整性限制、系统宕机导致的数据丢失等。

(2)数据库硬件遭受破坏。遭受不可抗力的自然因素或内存、处理器、磁盘等硬件平台出现问题可能引起数据的丢失和系统损坏。例如，水灾、火灾、雷电、地震等。

(3)其他导致数据库无法提供服务的原因和情况。当数据库请求超过服务能力时，必将导致部分用户无法正常使用数据库服务。典型例子就是针对数据库的拒绝服务攻击，以及木马、病毒导致的数据库运行异常等。

综上所述，针对故障特点和数据库运行原理，确保数据库服务可用性的思路是：在数据库运行过程中，尽量避免错误的发生，或及时将错误修正；当数据库数据或系统遭到破坏后，能够及时对数据进行修复，对系统进行挽救；在数据库发生故障而停止时，尽快恢复数据库的正常运行。

上述方法对应数据库事务机制、数据库备份与恢复机制和数据库高可用架构，下面进行详细介绍。

13.4.2　数据库事务机制

1. 数据库事务概念

事务(Transaction)是用户定义的访问并可能操作各种数据项的一个数据库操作序列，这些操作要么全做，要么全不做，是一个不可分割的工作单位。数据库事务机制的基本原理是：在数据库执行事务操作时设置读写锁，并将数据库操作方法和内容记入日志，当出现错误时，对问题进行修复。

数据库事务机制最初是为解决某些读写比较频繁而对数据正确性要求比较高的应用系统需求而提出的。典型的例子就是银行系统，当一笔钱从 A 的账户转入 B 的账户时，涉及对数据库中两条数据的修改操作，而这两个操作必须是不可分割的，否则当操作进行到一半对这两个数据进行其他操作时，将会导致错误发生，如 A 账户上的金额已被减去，但 B 账户上的金额却未增加。

数据库事务机制具有如下四个特性：

(1) 原子性(Atomicity)。原子性是指一个事务中所有对数据库的操作是一个不可分割的操作序列。事务要么完整地被全部执行，要么什么也不做。

(2) 一致性(Consistency)。数据库的一致性实际上是对数据库中的数据与客观世界的一致性，即正确反映客观世界的数量关系。当一个事务不能完整执行时，就必然破坏数据库中的数据与客观世界之间的一致性。因此，事务的原子性保证了事务的一致性。

一个事务的执行结果要保证数据库的一致性，即数据不会因为事务的执行而遭到破坏。这一性质的实现是由编写事务的程序员完成的，也可以由系统测试完整性约束自动完成。

(3) 隔离性(Isolation)。隔离性是指当执行并发事务时，系统能够保证与这些事务单独执行时的结果是一样的，此时称事务达到了隔离性的要求。这也就是指一个事务的执行并不关系其他事务的执行情况，如同在单用户环境下执行一样。事务的隔离性是由 DBMS 的并发控制子系统来保证的。

(4) 持续性(Durability)。持续性也称为永久性，指一个事务一旦提交，它对数据库中数据的改变就应该是永久性的。接下来的其他操作或故障不应该对其执行结果有任何作用。事务的持久性保证了事务成功后所有对数据库的修改的影响应当长期存在，不能丢失。一般可通过下述两点保持事务持久性的实现：

①事务的更新操作应当在事务完成之前写入磁盘。

②事务的更新与写入磁盘这两个操作应当保存足够的信息，足以使数据库在发生故障后重新启动时重构更新操作。而 DBMS 的事务管理子系统和恢复管理子系统的密切配合保证了事务持久性的实现。

2. 登记日志文件

1) 日志的作用

日志文件在事务机制和数据库恢复中起着非常重要的作用，可以用来记录事务故障恢复和系统故障恢复，并协助后备副本进行介质故障恢复。具体地讲，事务故障恢复和系统故障必须用日志文件；在动态转储方式中必须建立日志文件；后援副本和日志文件综合起来才能有效地恢复数据库；在静态转储方式中，也可以建立日志文件；当数据库毁坏后可重新装入后援副本把数据库恢复到转储结束时刻的正确状态，然后利用日志文件，把已完成的事务进行重做处理，对故障发生时尚未完成的事务进行撤销处理。这样不必重新运行那些已完成的事务程序就可把数据库恢复到故障前某一时刻的正确状态。

为保证数据库是可恢复的，登记日志文件时必须遵循两条原则：严格按并发事务执行的时间次序；必须先写日志文件，后写数据库。

把对数据的修改写到数据库中和把表示这个修改的日志记录写到日志文件中是两个不同的操作。有可能在这两个操作之间发生故障，即这两个写操作只完成了一个。如果先写了数据库修改，而在运行记录中没有登记这个修改，则以后就无法恢复这个修改了。如果先写日志，但还没有修改数据库，按日志文件恢复时只不过是多执行一次不必要的 UNDO 操作，并不会影响数据库的正确性。所以为了安全，一定要先写日志文件，即首先把日志记录写到日志文件中，然后写数据库的修改，这就是"先写日志文件"原则。

2）日志文件的格式和内容

日志文件是用来记录事务对数据库的更新操作的文件，不同数据库系统采用的日志文件格式并不完全一样。概括起来，日志文件主要有两种格式：以记录为单位的日志文件和以数据块为单位的日志文件。

对于以记录为单位的日志文件，日志文件中需要登记的内容包括：

（1）各个事务的开始（BEGIN TRANSACTION）标记。

（2）各个事务的结束（COMMIT 或 ROLL BACK）标记。

（3）各个事务的所有更新操作。

这里每个事务开始的标记、结束标记和每个更新操作均作为日志文件中的一个日志记录（Log Record）。每个日志记录的内容主要包括：

（1）事务标识（指明哪个事务）。

（2）操作的类型（插入、删除或修改）。

（3）操作对象（记录内部标识）。

（4）更新前数据的旧值（对插入操作而言，此项为空值）。

（5）更新后数据的新值（对删除操作而言，此项为空值）。

对于以数据块为单位的日志文件，日志记录的内容包括事务标识和被更新的数据块。由于将更新前的整个块和更新后的整个块都放入日志文件中，操作的类型和操作对象等信息就不必放入日志记录中。

3. 事务恢复方法

根据数据库故障类型可知，数据库事务恢复操作的时机主要有以下两种。

1）可预期的故障

可预期故障的恢复是由系统自动完成的，对用户是透明的。系统的恢复步骤是：

（1）反向扫描文件日志（即从最后向前扫描日志文件），查找该事务的更新操作。

（2）对该事务的更新操作执行逆操作，即将日志记录中"更新前的值"写入数据库。这样，如果记录中是插入操作，则相当于做删除操作（因此时"更新前的值"为空）；若记录中是删除操作，则做插入操作；若是修改操作，则相当于用修改前的值代替修改后的值。

(3)继续反向扫描日志文件，查找该事务的其他更新操作，并做同样处理。

(4)如此处理下去，直至读到此事务的开始标记，事务故障恢复就完成了。

2)非预期的故障

非预期故障的恢复是由系统在重新启动时自动完成的，不需要用户干预。系统的恢复步骤是：

(1)正向扫描日志文件(即从头扫描日志文件)，找出在故障发生前已经提交的事务(这些事务既有 BEGIN TRANSITION 记录，也有 COMMIT 记录)，将其事务标识记入重做(REDO)队列，同时找出故障发生时尚未完成的事务(这些事务只有 BEGIN TRANSITION 记录，没有 COMMIT 记录)，将其事务标识记入撤销队列。

(2)撤销队列中的各个事务进行撤销(UNDO)处理。进行 UNDO 处理的方法是，反向扫描日志文件，对每个 UNDO 事务的更新操作执行逆操作，即将日志记录中"更新前值"写入数据库。

(3)重做队列中的各个事务，进行重做(REDO)处理。进行 REDO 处理的方法是：正向扫描日志文件，对每个 REDO 事务重新执行日志文件登记的操作，即将日志记录中"更新后的值"写入数据库。

13.4.3 数据库备份与恢复机制

备份与恢复机制的本质是数据库管理系统通过备份、日志等冗余机制在数据库运行时对数据进行备份，当出现故障后把数据库从错误状态恢复到已知的正确状态的功能。

数据库恢复机制涉及的两个关键问题是：如何建立冗余数据；如何利用冗余数据实施数据库恢复。本质上，数据库事务机制也是一种特殊的备份与恢复机制。

建立冗余数据最常用的技术是数据转储和登记日志文件。通常在一个数据库系统中，这两种方法是一起使用的。

1. 数据转储机制工作原理

数据转储即 DBA 定期地将整个数据库复制到磁带或另一个磁盘上保存起来的过程，这些备用的数据文本称为后备副本或后援副本。

当数据库遭到破坏后可以将后备副本重新装入，但重装后后备副本只能将数据库恢复到转储时的状态，要想恢复到故障发生时的状态，必须重新运行自转储以后的所有更新事务。转储是十分耗费时间和资源的，不能频繁进行。DBA 应该根据数据库使用的情况确定一个适当的转储周期。

转储分为静态转储和动态转储。

静态转储是在系统中无运行事务时进行的转储操作，即转储操作开始的时刻，数据库处于一致性状态，转储期间不允许(或不存在)对数据的任何存取、修改活动。显然，静态转储得到的一定是一个数据一致性的副本。静态转储简单，但转储必须等待正在运行的用户事务结束才能进行，同样，新的事务必须等待转储结束才能执行。显然，这会降低数据库的可用性。

　　动态转储是指转储期间允许对数据库进行存取或修改，即转储和用户事务可以并发执行。动态转储可克服静态转储的缺点，它不用等待正在运行的用户事务结束，也不会影响事务的运行。但是，动态转储结束时很难保持后援副本上数据的一致性。例如，在转储期间的某个时刻 T_c，系统把数据 $A=100$ 转储到磁带上，而在下一时刻 T_d，某一事务已将 A 改为 200，可是转储结束后，后备副本上的 A 已是过时的数据了。为此，必须把转储期间各事务对数据库的修改活动记录下来，建立日志文件(Log File)，这样，后援副本加上日志文件就能把数据库恢复到某一时刻的正确状态。

　　转储还可以分为海量转储和增量转储两种方式。海量转储是指每次转储全部数据库。增量转储则指每次只转储上一次转储后更新过的数据。从恢复角度看，使用海量转储后得到的后备副本进行恢复一般说来会更方便些。但如果数据库很大，事务处理又十分频繁，则增量转储方式更实用、更有效。

2. 数据恢复机制工作原理

　　发生介质故障后，磁盘上的物理数据和日志文件被破坏，这是最严重的一种故障，恢复方法是重装数据库，然后重做已完成的事务。步骤如下：

　　(1)装入最新的数据库后备副本(离故障发生时刻最近的转储副本)，使数据库恢复到最近一次转储时的一致性状态。

　　对于动态转储的数据库副本，还必须同时装入转储开始时刻的日志文件副本，利用恢复系统故障的方法(REDO+UNDO)，才能将数据恢复到一致性状态。

　　(2)装入相应的日志文件副本(转储结束时刻的日志文件副本)，重做已完成的事务。即首先扫描日志文件，找出故障发生时已提交的事务的标识，将其记入重做队列。然后正向扫描日志文件，对重做队列中的所有事务进行重做处理，即将日志记录中"更新后的值"写入数据库。这样就可以将数据库恢复至故障前某一时刻的一致状态了。

　　介质故障的恢复需要 DBA(数据库管理员)的介入，但 DBA 只需要重装最近转储的数据库副本和有关的各日志文件副本，然后执行系统提供的恢复命令即可，具体的恢复操作仍由 DBMS 完成。

13.5　其他数据库安全技术

1. 用户标识与鉴别

　　用户标识和鉴别是系统提供的最外层安全保护措施。其方法是由系统提供一定的方式让用户标识自己的名字或身份。每次用户要求进入系统时，由系统进行核对，通过鉴别后才提供机器使用权。

　　对于获得上机权的用户，若要使用数据库，则数据库管理系统还要进行用户标识和鉴别。

　　用户标识和鉴别的方法有很多种，而且在一个系统中往往是多种方法并举，以获得更强的安全性。常用的方法有用户标识、口令、令牌等。

2. 视图机制

　　视图也可认为是一种安全机制。对用户可以使用的数据进行限制，即用户可以访问某些数据，进行查询和修改，但是表或数据库的其余部分是不可见的，也不能进行访问。实际上无论在基础表（一个或多个）上的权限集合有多大，都必须授予、拒绝或废除访问视图中数据子集的权限。例如，某个表的 salary 列中含有保密职员信息，但其余列中含有的信息可以由所有用户使用。对于这个情况可以定义一个视图，使它包含表中除敏感的 salary 列外所有的列。只要表和视图的所有者相同，授予视图上的 select 权限就使用户得以查看视图中的非保密列而无须对表本身具有任何权限。通过定义不同的视图及有选择地授予视图上的权限，可以将用户、组或角色限定在不同的数据子集内。

3. 审计

按照可信数据库系统解释（Trusted Database Management System Interpretation，TDI）中安全策略的要求，"审计"功能就是 DBMS 达到 c2 以上安全级别所不可缺少的一项指标。

因为任何系统的安全保护措施都不是完美无缺的，蓄意盗窃、破坏数据的人总是想方设法打破控制。审计功能把用户对数据库的所有操作自动记录下来放入审计日志中。DBA 可以利用审计跟踪的信息，重现导致数据库现有状况的一系列事件，找出非法存取数据的人、时间和内容等。

审计通常是很花费时间和空间的，所以 DBMS 往往都将其作为可选特征，允许 DBA 根据应用对安全性的要求，灵活地打开或关闭审计功能。审计功能一般主要用于安全性要求较高的部门。

第 14 章　恶意代码防范技术

恶意代码防范是系统安全的重要组成部分,只有从系统上防范好恶意代码的扩散,才可能构建一个系统安全环境。本章介绍恶意代码相关概念、特征和结构,常见恶意代码如脚本病毒、木马和蠕虫的特征与基本工作原理,在此基础上给出恶意代码的通用检测方法和防范策略。

14.1　恶意代码概述

14.1.1　基本概念

在 1949 年第一部商用计算机发明以前,约翰·冯·诺依曼(John von Neumann)在一篇名为《复杂自动装置的理论及组织的进行》的论文里提出了可自我复制的概念,勾勒出了病毒程序的雏形。在 20 世纪 60 年代初,美国电报电话公司贝尔实验室的维索特斯克、迈克尔罗伊和莫里斯开发了一个称为"达尔文"(Darwin)的游戏,后来也被称为"磁芯大战"(Core War)。他们在一台 IBM 7090 计算机上模拟运行生物的进化过程。参与者自己撰写程序来和他人的程序争夺地盘,并且争取消灭其他程序。其中某些程序验证了冯·诺依曼曾经提到过的程序自我复制的理论。1983 年 11 月,科恩(Cohen)研制出一种在运行过程中可以自我复制的破坏性程序。他的导师艾德勒曼(Len Adleman)将这一类型的程序命名为计算机病毒。Cohen 在论著中提出了基于图灵机的计算机病毒数学模型。Cohen 关于计算机病毒的非形式化的定义为:病毒是一种程序,它能够通过修改程序以包含自身的一种可能衍变的拷贝,去感染其他程序。

美国国土安全部(国家计算机应急中心)在其官方网站上曾给出了计算机病毒的界定:计算机病毒是一种通过感染文件或计算机系统区域或网络路由器,然后复制自己,从而进行传播的程序。一些病毒是无害的,一些可能损坏数据文件,一些可能完全删除文件。病毒也常常在人们共享软盘和其他移动存储介质时被传播,现在病毒常常借助网络等方式进行传播。

1994 年 2 月,《中华人民共和国计算机信息系统安全保护条例》颁布,在第二十八条中明确指出:"计算机病毒,是指编制或者在计算机程序中插入的破坏计算机功能或者毁坏数据,影响计算机使用,并能自我复制的一组计算机指令或者程序代码。"

本章中计算机病毒泛指所有蓄意植入被感染程序或系统中,并对其产生破坏作用或带来安全风险的程序,广义上也可称为恶意代码。

14.1.2　特征和分类

1. 特征

恶意代码的主要特征包括破坏性、传染性、寄生性、隐蔽性等。
(1)破坏性是指计算机病毒会对被感染计算机的数据、资源及其所处网络环境产生破坏作用。
(2)传染性是指计算机病毒会通过多种手段和借助多种途径复制并传播自身。

(3)寄生性是指计算机病毒会将自身代码链接到正常的宿主程序并在宿主程序执行的时候释放且运行，类似生物病毒寄生在健康细胞上。

(4)隐蔽性是指计算机病毒的破坏模块会在触发条件未满足时不启用，或者以多种隐藏手段使得自身的进程和通信行为隐蔽执行。

2. 分类

目前恶意代码的数量越来越多，有很多不同的分类。例如，早期计算机病毒按照其感染位置可以分为两类：引导性病毒和文件型病毒。引导型病毒是指病毒占有了原操作系统如DOS引导程序的位置，并把原系统引导程序搬移到一个特定的地方。系统启动时，病毒引导模块被自动装入内存并获得执行权，然后病毒程序的其他功能模块也被装入内存执行，最后病毒引导模块将正常操作系统引导模块装入并运行。文件型病毒是指病毒程序一般通过修改原有可执行文件的头部参数的方法使自身与可执行文件链接在一起，并在该文件被加载时首先进入系统，转入病毒程序引导模块，完成其他功能模块驻留及初始化的工作，然后把执行权交给可执行文件，使操作系统及可执行文件在带毒的状态下运行。

恶意代码分类依据还有其他如操作系统类型、寄生方式、传播方式、漏洞类型和破坏情况等，读者可以参考资料，这里不再赘述。概括地说明一下，计算机病毒可以在多种类型的操作系统如计算机、路由器、手机和工控设备的操作系统等中传播；可以采用多种隐藏技术隐藏自身的内存进程和网络通信行为；可以在操作系统的用户态和核心态执行；可以对手机、个人计算机、服务器、路由器、网络甚至关系国计民生的工控系统发起攻击；可以利用操作系统漏洞、应用软件漏洞甚至 CPU 微码漏洞进行传播破坏。下面我们对一些恶意代码术语给出描述，如表 14-1 所示。

表 14-1 恶意代码相关术语

名称	描述
广告软件 Adware	广告功能被集成在软件中，导致不断地弹出广告内容或者将浏览器重定向到商业网址
后门 Backdoor	越过通用安全检测机制，允许非授权访问操作系统或执行应用软件
漏洞利用 Exploits	针对一个或一组漏洞的攻击代码
洪泛者 Flooders	通过执行某种形式拒绝服务攻击，针对网络计算机发送大量数据包
宏病毒 Macro Virus	使用宏语言编写的一种病毒，通常嵌入文本文件中，在正常文本文件被操作时感染它
脚本病毒 Script Virus	使用脚本语言编写的一种病毒，可以嵌入网页，或以独立文件存在，借助电子邮件和网页浏览传播
间谍软件 Spyware	通过检测键盘、屏幕、网络通信或扫描文件系统以获取敏感信息，并将其传递给窃取者
垃圾邮件 Spammers	用于生成并发送大量无用电子邮件
特洛伊木马 Trojan Horse	表面上具有正常功能的同时，还具有隐藏和潜在的渗透安全机制的恶意功能
病毒 Virus	企图复制自身到其他可执行代码中的恶意代码，复制完成后正常代码称为被感染代码，当被感染的代码被执行时，病毒也会被执行
蠕虫 Worms	能够独立运行并将自身从一个主机复制到网络上的另一台主机的计算机程序，通常利用主机的软件漏洞来实现
僵尸 Zombie	在被感染的主机上可以被激活的程序，通常用来发起对其他网络主机的攻击
勒索软件 Ransomware	劫持用户资源或其数据并以此向用户索要钱财的恶意代码
Rootkit	闯入一个计算机系统并获取根用户访问权限的入侵者使用的黑客工具集

14.1.3　逻辑结构

我们以病毒为例，不同分类的计算机病毒逻辑结构不尽相同。

病毒逻辑结构中包含了感染模块、触发模块和破坏模块。传染模块的功能是寻找感染目标，检查目标中是否存在感染标志或设定的感染条件是否满足，如果没有感染标志或条件满足，进行感染，将病毒代码放入宿主程序中，简单地说就是完成病毒的自复制和传播。传染过程分为两种。被动传染是用户在复制磁盘或文件时，把一种病毒由一个载体复制到另一个载体上，或者是通过网络上的信息传递，把一种病毒程序从一方传递到另一方。这种传染方式称为计算机病毒的被动传染。主动传染以计算机系统的运行以及病毒程序处于激活状态为先决条件。在病毒处于激活的状态下，只要传染条件满足，病毒程序能主动地把病毒自身传染给另一个载体或另一个系统。感染条件控制病毒的感染动作和感染的频率。

破坏模块的功能是实施病毒的破坏动作。破坏模块导致各种异常现象，因此，该模块又被称为病毒的表现模块，计算机病毒的破坏行为和破坏程度，取决于病毒编写者的主观愿望和技术能力，破坏发生的时间取决于触发条件，病毒的触发条件多种多样，如特定日期触发、特定键盘按键输入等。

有些计算机病毒还具有引导模块，如寄生在硬盘的主引导扇区或操作系统的逻辑引导扇区中。这里引导模块的作用是将病毒程序加载到内存，将病毒程序的感染模块和破坏模块等装入内存的适当位置，采取自保护使之不会被覆盖，设定感染和破坏条件，使之在适当时获得执行权，进行感染和破坏。

病毒在感染文件时为避免增加宿主程序占用磁盘空间，及躲避检测，采用的方式之一是压缩宿主代码然后寄生在宿主程序中，使得宿主程序占用磁盘空间不变。在运行宿主程序时，先将压缩代码释放出来，再解压缩并运行。下面使用伪指令描述压缩病毒的一般逻辑结构，这里省略了和前面类似的破坏模块与触发模块。

与计算机病毒逻辑结构相匹配的是在其生命周期内的四个主要阶段。

(1)潜伏阶段。病毒在这一阶段处于休眠状态，当某些条件(如日期、特定程序执行等事件)发生时，病毒会被激活，并非所有病毒都有此阶段。

(2)传染阶段。病毒将自身代码复制到其他程序中，或磁盘特定区域，或网络上的其他主机等。

(3)触发阶段。病毒会通过判断触发条件是否满足来决定是否进入破坏阶段。触发条件也常常是一些系统事件，如日期、复制次数等。

(4)破坏阶段。病毒表现的破坏程度各异，如删除磁盘数据、破坏硬件、干扰用户操作、消耗主机资源、影响网络带宽等。

14.2　常见恶意代码基本原理

14.2.1　PE 文件病毒

1. 基本原理

PE(Portable Executable)是指可移植的可执行文件，PE 文件是微软 Windows 操作系统上的核心程序文件(如 EXE、DLL、OCX、SYS、COM 等)，1993 年，Windows NT 系统初次引

入了这种新的可执行文件格式，随后，微软在不同版本的 Windows 操作系统中一直使用这种格式组织其核心可执行文件。从最初的 Windows NT 和 Windows 9x 系统到现在的 Win7、Win10，PE 文件作为一种成熟而稳定的核心文件格式长期存在。寄生在 PE 文件中的计算机病毒统称为 PE 文件病毒，本节以 Win32 平台的 PE 文件病毒为例。

通过了解 PE 文件格式可以熟悉操作系统加载这类可执行文件的过程，了解操作系统对进程和内存管理的知识，更重要的是从 PE 文件病毒的头部信息开始，查看应用程序类型、所需的库函数与空间需求等，有利于对其静态分析和检测，简化的 32 位系统下的 PE 文件格式如图 14-1 所示。

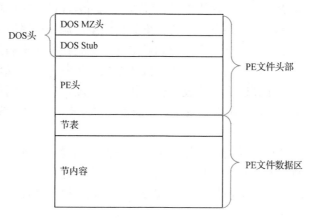

图 14-1　PE 文件格式

不同的编译器编译出的可执行文件中的节的名称会不尽相同，Window 平台下的可执行文件 PE 中的常用分节包括：

.text 包含可执行代码，通常这是唯一包含代码的节。

.rdata 通常包含导入与导出函数信息，有些也会包含.idata 节(存储导入函数)和.edata 节(存储导出函数)。

.data 包含程序的全局数据，可以从程序的任何指令处访问。

.rsrc 包含可执行文件所使用的资源，这些资源并不是可执行的，如图片、菜单项和字符串等。

除了破坏作用外，PE 文件病毒涉及的主要技术还包括重定位、获取 API 函数地址、搜索并感染目标文件、返回宿主程序等。

2. PE 文件病毒静态检测

静态检测是 PE 文件病毒分析工作的基础，通过静态检测可以尽可能多地搜集该程序的数据结构和功能信息。

1) 查找字符串

二进制程序中的字符串是可打印的字符序列。这些字符串往往能使分析者发现一些有用信息，如某个 URL、IP 地址、注册表项、输入/错误提示信息、Windows API 函数名称等。

例如，使用工具 strings 搜索可执行文件中的可打印字符串，这些字符通常以 SACII 码或 Unicode 格式存储。

2）查看动态链接函数

可执行程序通常会使用动态链接库函数来执行某些功能。PE 文件头中存储了将被加载的库文件，以及运行时使用的函数信息，这些库文件及其被调用的函数信息是程序的重要组成部分，识别它们对了解程序功能非常重要。例如，程序中若导入了 URLDownloadToFile 函数，可以猜测程序可能会连接互联网并下载内容到本地文件中。若导入了 CreateRemoteThread 函数，则猜测可能会创建一个在其他进程地址空间中运行的线程。若导入了 CreateProcessA 函数，则猜测可能会创建一个新的进程。这些都为后续的动态分析提供了重要参考依据。

常用 DLL 文件包含：

KERNEL32.DLL 提供了系统核心功能，如读写内存、文件系统和硬件等。

ADVAPI32.DLL 提供了对核心 Windows 组件的访问，如服务管理器和注册表等。

NTDLL.DLL 为 Windows 内核接口。用户态的可执行程序一般不会直接导入该文件，而是通过 KERNEL32.DLL 间接导入本文件，一些隐藏功能和操作进程等会使用它。

Ws2_32.DLL/Wsock32.DLL 是连接网络常常需要的 DLL 文件。

例如，使用工具 Dependency Walker 列出可执行文件的动态链接函数。

3）判断是否加壳

对可执行文件加壳的目的是在压缩程序的同时，阻碍对该程序的分析与探测。加壳的过程一般遵循类似的模式：一个可执行文件（源文件）被加壳后成为一个新的可执行文件（目标文件），源文件在目标文件中被作为数据存储，目标文件中包含被系统调用的脱壳存根（stub）。由于不能直接看到源文件，进而无法直接看到其 PE 头等重要信息，所以静态分析过程需要首先解开加壳所执行的操作，即脱壳。

14.2.2　脚本病毒

脚本病毒是以脚本语言（Script Language）如 VBScript、JavaScript 等编写而成的恶意代码。脚本语言是为了缩短传统的编写-编译-链接-运行（Edit-Compile-Link-Run）过程而创建的计算机编程语言。脚本语言的特点包括：①以解释方式执行，执行较慢；②语法结构简单、学习使用容易、开发较快、使用广泛；③程序的开发产能优于运行效能。

1. VB 脚本病毒

我们以 VB 脚本为例介绍脚本病毒工作机制，VB 脚本是微软利用 Visual Basic 语言定制的一种脚本语言，通过 WSH（Windows Scripting Host，Windows 脚本宿主）来解释并执行，也可以被嵌入网页中，通过浏览器调用 WSH 来执行。下面是 VB 脚本病毒的常见行为特征及代码示例。

（1）修改注册表启动项，让系统启动时自动运行。

VB 脚本病毒在首次被执行后，通常会修改系统注册表启动项，实现每次开机后的自启动。为了修改注册表，VB 脚本通常都会设置 WScript.Shell 对象。

（2）欺骗用户自己执行。

例如，test.txt.vbs 文件，在隐藏扩展名时用户看到的是 test.txt，如果双击该文件，则会运行该脚本。

2. VB 脚本病毒的隐藏

为避免检测，VB 脚本有一些相对简单的隐藏方式。

(1)对敏感字符串分割重组。例如，将 FileSystemObject 文件系统对象拆分为"FileSy"+"stemOb"+"ject"，静态检查的杀毒软件就检测不到该关键词了。

(2)代码的加密。以"新欢乐时光"病毒为例，采用简单的替换方式实现加密源代码并保存，躲避对源代码的检测。

3. VB 脚本病毒的传播

主要传播途径分为本地传播和网络传播。本地传播主要是感染宿主机硬盘中的文件，网络传播是借助网络感染其他主机。

(1)VB 脚本可以搜索磁盘(包括移动存储介质)，用病毒代码覆盖正常文件的全部内容，或者保留病毒副本存放在系统目录下。

(2)局域网共享传播

VB 脚本病毒可以实现网上邻居共享文件夹的搜索与文件操作，以实现局域网内主机之间的传播。

4. 嵌入脚本病毒的恶意网页

脚本病毒还可以通过嵌入网页的形式进行网络传播和破坏，只要浏览器安全配置过低，恶意网页就可以很容易地将嵌入的脚本病毒传播到目标主机上并取得系统控制权。脚本病毒具有编写简单、破坏力强、传播范围广、源代码容易修改和欺骗性强的特点。在防范时有必要增强系统自身安全性，如增强 IE 安全设置、关闭局域网共享、限制或卸载 VB 脚本依赖的 WSH、禁用 Outlook 等电子邮件软件的自动收发邮件功能、显示扩展名等。

宏病毒就是用宏语言编写的具有蓄意破坏作用的宏。我们以 MS Office 宏病毒为例介绍其传播机制，微软中的宏是由 VBA 语言编写的，可以提高完成某些重复性任务的效率，但具有恶意企图的人员可以编写恶意目的的宏，危害计算机安全，并在系统和网络中复制传播。

在 Microsoft Office Word 菜单中，通过视图—宏—查看宏—编辑—Project 文件名—Microsoft Word 对象—This Document 可以查看和编辑宏指令。宏病毒在本地传播时主要借助于通用模板，在新文档继承模板属性并且运行相关函数时完成传播，主要传播阶段如图 14-2 所示。

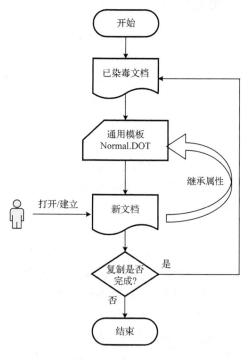

图 14-2　宏病毒本地传播

宏病毒一般会首先隐藏在一个文档中，当感染宏病毒的文档打开时，宏病毒会选择特定的时刻自启动，将自身代码复制到通用模板中，然后利用通用模板，去感染正在被 Word 软件编辑的未染毒的新文档。

通过提高 Office 软件自身对宏的审核与限制可以增强对宏病毒的防范，在不需要运行宏的办公环境下，我们可以禁用所有宏，禁用操作步骤如图 14-3 所示。

图 14-3　Word 宏安全设置

14.2.3　木马

木马是一种与远程计算机建立连接，使远程计算机能够通过网络控制被木马感染的计算机系统，并且可能造成信息损失、系统损坏甚至瘫痪的程序。木马系统组成包括：①控制端程序，即用于控制远程木马，大多数情况下还具有设置木马的端口、触发条件、隐藏行为等功能；②木马程序，即驻留在受害者系统中，非法获取权限和信息，接收控制端指令，执行相应的破坏行为。

木马借助网络的传播过程一般包含三个阶段。

（1）植入阶段。木马需要设法侵入目标机，并运行一次。恶意者可以通过多种手段，想方设法把木马或者木马的种子程序植入目标机。植入方式有多种，可以发送带有木马的邮件附件，内容具有诱惑性，诱使用户点击查看，或者用挂马的网页引诱受害者点击带有木马的网站页面，或者用带有木马功能的蠕虫（如"红色代码"病毒）等，或者已经感染木马的 U 盘等，植入阶段是木马实施攻击的第一步。

木马除了利用社会工程学、电子邮件等手段外，还会利用操作系统和应用软件的漏洞来传播，如"红色代码 II"就是利用微软的 IIS 服务器的漏洞，先将自己传播到目标机，再植入木马，打开服务端口监听。

（2）首次握手阶段。因为互联网上计算机非常多，控制端不能确定哪些主机感染了该木马。或者说被木马感染的主机还处于自由状态。目标机可以通过一些方式如 E-Mail 或其他方式等将自己的 IP 地址告知控制端。或者控制端也可以主动寻找目标机如通过端口扫描等。首次握手的目的是完成控制端发现目标机，也称为木马的信息反馈阶段。

（3）远程控制阶段。木马与控制端通过网络向木马发送命令，对被木马感染的目标机进行远程控制。木马执行命令实施控制、窃取信息等攻击行为，同时控制端还可以通过配置参数或添加代码来扩充木马的功能。

木马在远程控制阶段，为了长期在目标机运行并与控制端保持通信，常会采用进程隐藏技术和通信隐藏技术。

14.2.4　蠕虫和勒索软件

目前，很多勒索软件在传播方面和蠕虫一样都是利用接入网络的主机操作系统漏洞或应用软件漏洞等进行网络传播。勒索软件甚至会与蠕虫结合在一起，借助取得系统控制权的蠕虫，通过下载器自动植入勒索软件。

1. 蠕虫

1988 年，康奈尔大学的研究生 Robert Tappan Morris 从 MIT 的一台计算机上向当时的互联网 ARPANET 释放了一个程序。该程序不断自我复制，占据了大量磁盘空间、运算资源以及网络带宽，最终导致网络瘫痪和大量计算机死机。网络中泛滥的代码被称为 Morris 蠕虫。这次事件促使著名安全机构 CERT（Computer Emergency Response Team）的诞生。

蠕虫是指可以通过网络等途径将自身的全部代码或部分代码通过网络复制、传播给其他的网络节点的程序。它不同于 PE 文件病毒，不需要文件宿主。蠕虫由于通过网络大量复制传播，可造成网络阻塞。目前，蠕虫和传统文件型病毒的区别在减少。传统文件型病毒也可以利用蠕虫的传播方式进行传播。蠕虫的功能模块一般包括：①扫描搜索模块，通过采用一定算法寻找下一个要传染的目标计算机；②攻击模块实现在被感染的计算机上建立网络传输链路；③传输模块，在计算机之间进行复制；④繁殖模块，建立自身的多个完整副本；⑤破坏模块，影响和破坏被感染的计算机系统；⑥控制模块，这是一个发展趋势，便于接受控制者的操作，以便更新代码，调整蠕虫的行为，抵抗检测等。

蠕虫的一般工作流程简明扼要地说就是：扫描—攻击—复制。扫描是指寻找有指定漏洞的主机。攻击是指利用已知漏洞获取主机的系统控制权，建立与已感染主机之间的网络通信链路，为蠕虫的传输做准备。复制是指利用已经建立的网络链路，将蠕虫的完整副本复制到新的感染主机上。

2. 勒索软件

勒索软件是黑客用来劫持用户资产或资源并以此为条件向用户勒索钱财的一种恶意软件。通常会将用户系统内的文档、邮件、数据库、源代码、图片、压缩文件等多种文件进行某种形式的加密操作，使其不可用，或者通过修改系统配置文件、干扰用户正常使用系统的方法使系统的可用性降低，然后通过弹出窗口、对话框或生成文本文件等方式向用户发出勒索通知，要求用户向指定账户支付赎金来获得解密文件的密码或者获得恢复系统正常运行的方法。

国内调查显示，勒索软件的敛财方式并非针对单用户进行大额勒索，而是通过多用户小额勒索的方式实现。勒索软件造成的主要危害是数据被加密、设备被锁定两种方式，占 99%。其他还包括文件丢失、QQ 号被盗、支付宝转账诈骗等。

勒索软件也会通过电子邮件传播，利用人性弱点，如好奇心、轻信、贪婪等发动社会工程攻击。勒索软件之所以得以快速发展并形成较大影响，一方面是因为部分勒索软件作者会在网络上公开售卖，使得一些没有能力制造勒索软件的黑客也加入其中；另一方面，勒索软件的开源促进其发展，黑客通过修改代码，开发出不同种类的勒索软件，导致其不仅数量增加，种类也大幅增长。

勒索软件按照行为可以分为非加密型和加密型勒索软件。非加密型勒索软件通过锁定受害者计算机系统，影响其使用，这种锁定可以通过一些技术手段进行恢复，但加密型勒索软件采用加密算法，对受害者的文件、电子邮件、图片等数据进行加密，而破解高强度加密算法是很难的。目前针对加密型勒索软件的防御技术主要有构建社会关系模型和蜜罐技术，能够有效防范加密勒索软件，但对不断出现的勒索软件的变种还是缺乏效率。

勒索软件的工作流程一般包含三个阶段：

(1) 网络投放阶段。借助常见木马、蠕虫的网络传播手段，将恶意代码投放到目标机。通过电子邮件传播，利用人性弱点，如好奇心、轻信、贪婪等发动社会工程攻击。利用系统漏洞、网络共享等进行攻击。

(2) 本地攻击阶段。按照设定的文件类型，对本地硬盘文件系统进行扫描，并对相应文件、磁盘区块和数据库等，采用数据加密，或系统锁屏等控制手段，让合法用户不能正常使用。加密密钥发送给远程服务器。

(3) 勒索支付阶段。在受害主机上显示勒索信息，迫使受害者按照勒索信息的支付方式缴纳赎金。

14.3 恶意代码检测与防范

恶意代码防范一般包含四个主要阶段：①预防，即在传播途径上阻止恶意代码进入系统；②检测，即在系统被感染后，及时判断恶意代码的存在和位置；③鉴别，即通过检测判断恶意代码的类型和特征；④清除，即在确定恶意代码类型和特征后，不仅从文件中删除恶意代码，而且从所有存储介质和内存中删除恶意代码，并恢复系统正常状态。

最好的解决恶意代码攻击的方法是预防。即在第一时间阻止恶意代码进入系统。调查显示，2016 年我国计算机病毒传播的主要途径为通过网络下载或浏览，比例为 69.02%，局域网传播占 35.39%，排第三的为移动存储介质，占 30.87%。此外，电子邮件、网络游戏、系统和应用软件漏洞等也是病毒传播的主要途径。预防病毒的关键环节包含下载和安装网络上不确定的软件、浏览恶意网站、打开垃圾电子邮件附件、交叉使用移动存储介质、安装网络游戏插件和不及时更新操作系统补丁等。这些环节在某种程度上比技术上的防范还要重要。

14.3.1 恶意代码检测方法

恶意代码与恶意代码检测一直都在相互促进。早期的恶意代码相对简单，特征单一，随着其发展，尤其是隐藏和传播手段的发展，恶意代码检测越来越复杂，需要经验的积累，以及人工智能的应用。通用检测方法包括：

(1)特征码扫描法是分析出病毒的特征病毒码并集中存放于病毒代码库文件中，在扫描时将扫描对象与特征代码库进行比较，如果吻合即判断为感染病毒。该技术实现简单有效，安全彻底；但查杀病毒滞后，即只能查杀已知特征码的病毒，并且特征代码库的庞大会造成查询速度下降。

(2)虚拟执行技术是通过虚拟执行方法查杀病毒，可以对付加密、变形、异型及病毒生产机生产的病毒，具有如下特点：在查杀病毒时，在机器虚拟内存中模拟出一个"指令执行虚拟机器"，在虚拟机环境中虚拟执行(不会被实际执行)可疑带毒文件。在执行过程中，从虚拟机环境内截获文件数据，如果含有病毒代码，则杀毒后将其还原到原文件中，从而实现对各类可执行文件内病毒的查杀。

(3)行为监控技术在未获取病毒代码之前是一种重要的检测方法。在黑箱检测中，行为检测内容包含文件实时监控、内存实时监控、脚本实时监控、邮件实时监控和注册表实时监控等内容。

(4)未知病毒检测技术是继虚拟执行技术后的又一个突破，它结合了虚拟技术和人工智能技术，有助于对未知病毒的准确查杀。

(5)病毒免疫技术一直是反病毒研究的热点，它通过加强自主访问控制和设置磁盘禁写保护区来实现病毒免疫的基本构想。实际上，软件安全认证技术也应属于此技术的范畴，由于用户应用软件的多样性和环境的复杂性，病毒免疫技术的广泛使用还有一段距离要走。

14.3.2　恶意代码防范策略

通用的恶意代码防范策略包含以下主要内容：

(1)建立恶意代码防治的规章制度，严格管理，进行计算机安全教育，提高人员安全防范意识和能力水平。通过安全培训识别社会工程和网络钓鱼攻击。

(2)对系统资产进行风险评估，建立计算机病毒防范和应急体系，实施系统灾难恢复机制，最大限度地减少损失。

(3)定期进行安全评估，建立病毒事故分析制度，调整病毒防治策略。

(4)选择经过国家专业机构认证的正式发行的病毒检测与防治产品，并正确使用。

(5)正确配置和加固操作系统与应用软件，提高操作系统和应用系统自身的免疫力。

早期的木马检测技术会利用端口来判断木马，但目前还远远不够。木马、蠕虫和勒索软件的防范策略包括：

(1)不要随意执行任何来历不明的软件或程序，不要轻易相信邮箱不会收到垃圾和病毒，不要因为对方是好朋友就轻易执行他发过来的软件或程序，忽视风险。

(2)关闭系统中开启的不必要的网络服务。

(3)保护注册表，防止非授权地修改，禁用移动存储器的 AutoRun 功能。

(4)及时安装系统补丁和应用程序的补丁。

(5)安装并运行杀毒软件、网络入侵检测系统等。

(6)安装防火墙阻断不必要的网络服务，例如，TCP 135 139 和 445 端口等，实时监控网络连接和网络流量，并有告警功能。

(7)使用 3-2-1 规则定期将数据做三个备份并保留，存储于两种不同的存储介质类型上，并在异地至少保留一个备份。

(8)启用文件夹访问控制以阻止勒索软件对文件进行加密。

针对勒索软件，切断其传播渠道是重要的防范措施。除了前面提出的蠕虫防范策略外，用户被勒索后，不要轻易答应黑客勒索条件，正确应对勒索软件的方式应该是提前防御，尤其是定期备份重要数据。用户被勒索后，建议不要轻易答应黑客勒索条件，原因是即使答应，也不一定能够恢复数据。

目前，一些检测工具是针对勒索软件的主要特征(如威胁文本、锁屏特征和加密特征等)进行分析和检测的。而且多数针对勒索软件的解决方案属于离线检测，而离线检测属于被动检测，效率较低，无法及时、快速地处理勒索软件的安全威胁。一种更有效的方法是在静态代码分析的基础上，将动态行为监控和用户加密行为结合起来对勒索软件的锁屏与加密特征进行检测的主动实时检测方法。这里用户加密行为是指分析正常应用和恶意应用在执行加密操作时用户的参与步骤，发现在正常执行加密操作时用户会主动参与，而勒索软件往往会避免用户参与，而在后台悄悄进行。动态行为监控是对文本修改、系统锁屏和文件加密等勒索文件的典型行为进行应用程序授权控制与实施监控，即只有授权的应用程序才可以执行上述三类操作。

第5篇 应用安全技术

伴随着网络的迅速发展，应用技术多种多样，而应用安全问题也日益突出，关乎个人隐私、单位利益，乃至国家安全。应用安全具有多样化、差异化的特点，需要针对不同的应用安全需求，设计不同的安全机制。本篇主要介绍两类常见的应用安全，电子邮件安全技术和Web安全技术。

第15章电子邮件安全技术。主要讨论电子邮件安全的问题，从电子邮件传输安全需求分析入手，重点阐述两个主要电子邮件安全应用PGP和S/MIME的基本原理。

第16章Web传输安全技术。在介绍Web基本概念与相关技术的基础上，分析Web应用存在的典型安全威胁及其防范方法，针对Web传输安全需求给出安全防护方案。

第15章 电子邮件安全技术

网络信息化时代，电子邮件已经成为常用通信工具，更多地被应用到政府网上公文流转及企业内部沟通交流中。尤其是大数据时代，邮件数据的价值越来越高，更容易遭到黑客觊觎及破坏，邮件安全问题也日益突出，电子邮件安全对政府及企业网络安全的影响也越来越重要。本章讨论电子邮件的安全问题及安全需求，并详细阐述电子邮件安全中的两个典型标准及应用PGP和S/MIME的基本原理。

15.1 电子邮件安全概述

15.1.1 电子邮件的安全需求

移动互联网时代，电子邮件以其便捷的特点，而成为人们进行网络信息交流的重要工具，并越来越多地被应用于政府网上公务流转等活动和管理决策的信息沟通。人们在享受电子邮件带来便利、快捷的同时，又必须面对互联网的开放性、系统及软件本身的漏洞等所带来的电子邮件安全问题。入侵者获取或篡改邮件、病毒邮件、垃圾邮件、邮件炸弹、邮件被监听等安全问题，都严重危及电子邮件的正常使用，甚至会对计算机及网络造成严重的破坏。根据卡巴斯基实验室公布的数据,在2016年的第一季度,中国受到的恶意邮件攻击仅次于德国,排名全球第二,占9.43%。中国是钓鱼邮件攻击高危国家之一,有16.7%的电子邮件用户都受到了钓鱼邮件的攻击,受到的攻击数仅次于排名第一的巴西(占比为21.5%)。尤其是近年来美国频发的"邮件门"事件,更加证明了电子邮件安全的重要性。

随着互联网的发展，虽然出现了微信、QQ、Twitter、Facebook等社交工具，取代了电子邮件的部分应用，但电子邮件承担着重要文件传输、用户身份验证等越来越重要的任务。电子邮件作为数据信息的载体，承载着很多有价值的资料和数据。一旦邮箱被盗，将直接对企业经济安全、企业机密安全、企业形象和个人隐私造成不可预估的损失。因此，安全的电子邮件系统在企业信息化建设中，发挥着巨大的推动作用，并获得越来越多企业和政府机构用户的青睐与关注。调查数据显示，安全的电子邮件系统在企业信息化和电子商务中拥有庞大的发展潜力，因此电子邮件的安全需求也日益增强。

安全电子邮件就是运用各种安全模块来保障邮件在 Internet 传送过程中的安全性，它应实现以下功能。

(1)保密性：保证只有希望的接收方能够阅读邮件，在 Internet 上传递的电子邮件信息不会被人窃取，即使发错邮件，接收者也无法看到邮件内容。

(2)完整性：保证传递的电子邮件信息在传输过程中不被修改。

(3)认证性：保证信息的发起者不是冒名顶替的。它同信息完整性一起可防止伪造。

(4)不可否认性：确使发件人无法否认发过电子邮件。

目前解决电子邮件的安全问题可以有多种方案。例如，基于 Web 的安全邮件服务、电子邮件安全网关(也就是用于电子邮件的防火墙)以及端到端的安全电子邮件技术等。

本章主要以端到端的安全电子邮件技术为例，来阐述电子邮件的安全问题，该技术可保证邮件从发出到接收整个传输过程的安全。

15.1.2　安全电子邮件标准

端到端安全电子邮件标准及协议，主要有 MOSS、PEM、PGP、PGP/MIME、OpenPGP 和 S/MIME 等。

1) PEM

PEM(Privacy Enhanced Mail，增强型邮件保密)标准在 Internet 电子邮件的标准格式上增加了加密、认证和密钥管理的功能，允许使用公开密钥加密方式，并能够支持多种加密工具。对于每个电子邮件报文可以在报文头中规定特定的加密算法、认证算法等安全措施。PEM 在多用途互联网邮件扩展(MIME，Multipurpose Internet Mail Extentions)标准之前颁布，它不支持 MIME。

2) MOSS

MOSS(MIME Object Security Services，MIMO 对象安全服务)标准是将 PEM 和 MIME 两者的特性相结合，以定义 PEM 的 MIME 后继，参见 RFC 1848。

3) PGP

PGP(Pretty Good Privacy，高质量保密)标准既是一个特定的安全电子邮件应用，又是一个安全电子邮件标准。它将传统的对称加密与公开密钥加密方法结合起来，兼备了两者的优点，满足电子邮件对于安全性能的要求。由于 PGP 功能强大、运算速度快，支持许多平台和操作系统的实现，提供各种免费版本及部分源代码公开，因此应用范围十分广阔。PGP/MIME 和 OpenPGP 都是基于 PGP，将 PGP 和 MIME 标准的功能结合起来应用的典型例子。

4) S/MIME

S/MIME(Secure/Multipurpose Internet Mail Extensions，安全/多用途互联网邮件扩展)标准是

在 PEM 的基础上建立起来的，但是它发展的方向与 MOSS 不同，它选择使用 RSA 的 PKCS#7 标准同 MIME 一起来保密所有的 Internet 电子邮件信息。S/MIME 已成为产业界广泛认可的协议，如微软公司、Netscape 公司、Novell 公司、Lotus 公司等，都支持该协议。

上述四个标准中，MOSS 和 PEM 标准并未被广泛采用，因此本章主要介绍 PGP 和 S/MIME。

15.2　PGP

PGP 是目前应用较为广泛的电子邮件安全标准，这里所介绍的 PGP 既包括现在的 PGP，又包括 PGP/MIME 及 OpenPGP 标准。

15.2.1　PGP 概述

PGP 由美国的 Philip Zimmermann 在 1991 年第一次发表。1996 年，Philip Zimmermann 成立了 PGP 公司，致力于使加密技术能被普通人使用；1997 年 12 月，NAI（Network Associates, Inc.）公司收购了 PGP 公司，推出 PGP Desktop，主要面向商业应用；2002 年 8 月，新成立的 PGP 公司收购了 NAI 公司的 PGP Desktop，实现源代码公开，目前网上常见的免费版本是 PGP Desktop 9.0；2010 年 6 月，赛门铁克公司收购了 PGP 公司，将 PGP 更名为 Symantec Encryption Desktop，实现磁盘加密、邮件加密和文件加密等，赛门铁克公司不再提供免费下载，但用户可下载以前版本的源代码。

PGP 最初是应 FBI 的请求，用来解决信息透明传输问题的，目前已被广泛应用于安全电子邮件领域。PGP 符合 PEM 的绝大多数规范，但不必要求 PKI 的存在。它把 RSA 公钥体系的便捷性和传统加密体系的高速度有机地结合起来，并且在数字签名和密钥认证管理机制上有着非常巧妙的设计。它功能强大、运算速度很快，且源代码完全免费，PGP 已成为几乎最流行的电子邮件加密软件包。

15.2.2　PGP 提供的安全服务

PGP 主要提供了数字签名、消息加密、消息压缩、电子邮件兼容性等安全服务，并且为了适应消息大小的限制，采用了分段和重组服务的方式，PGP 的安全服务如表 15-1 所示。

表 15-1　PGP 的安全服务

功能	使用的算法	说明
数字签名	DSS/SHA 或 RSA/SHA	先用 SHA-1 创建消息摘要，再用 DSS 或 RSA 算法，用发送方私钥加密消息摘要，生成签名，并把它包含在消息中
消息加密	CAST 或 IDEA 或三重 DES 和 Diffie-Hellman 或 RSA	用具有发送方一次性会话密钥的 CAST-128 或 IDEA 或 3DES 加密消息。用具有接收方公钥的 Diffie-Hellman 或 RSA 加密会话密钥，并把它包含在消息中
消息压缩	ZIP	为了存储或传送，可以使用 ZIP 压缩消息
电子邮件的兼容性	基数 64（Radix-64）转换	为了提供电子邮件应用的透明度，可以用基数 64 转换将加密消息转换成 ASCII 字符串
分段和重组	—	为了适应最大消息大小的限制，PGP 进行分段和重新组合

为方便表述，把本章中要用到的一些符号进行约定，表示如下：

K_s=常规加密方案中使用的会话密钥；

KR_a=公钥加密方案中用户 A 的私钥；

KU_a=公钥加密方案中用户 A 的公钥；

EP=公钥加密；

DP=公钥解密；

EC=常规加密；

DC=常规解密；

H=哈希函数；

‖=连接；

Z=用 ZIP 算法进行压缩；

Z^{-1} 表示解压缩；

R64=转换成基数 64 的 ASCII 格式。

1. 数字签名

SHA-1 和 RSA 的组合提供了一种有效的 PGP 数字签名方案，认证过程如图 15-1 所示。

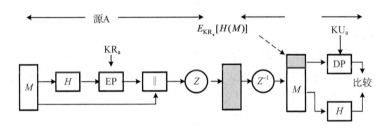

图 15-1　PGP 的认证过程

签名的步骤如下：

(1)发送方创建消息。

(2)用 SHA-1 算法生成消息的 160 位哈希码。

(3)用发送方私钥加密哈希码，将结果附在消息上。

验证的步骤如下：

(1)接收方用发送方公钥解密消息，恢复哈希码。

(2)接收方生成消息的新哈希码，并与解密的哈希码相比较。如果两个比较结果一致，则消息就是真实的。

由于公钥算法的特点，接收方可以验证只有私钥的拥有者才能生成签名。由于 SHA-1 的作用，接收方可以确保没有其他人能够生成与哈希码对应的新消息或生成原始消息的签名。作为备选方案，还可以用 DSS/SHA-1 生成签名。

一般情况下，签名是附在签署的消息或文件上的，但也可以采取分离签名的方案。分离签名可以独立于它签署的消息而存储和传送。它适用于以下几个应用场合：一是用户可能需要维护一个单独的签名日志，其中包括所有发送和接收的消息；二是可执行程序的分离签名场景，可用于检测出随后的病毒感染；三是在需要多个实体签署一个文档的场合，可以使用分离签名，每个人的签名是独立的，且签名是相互嵌入的，第二个签署者应对文档和第一个签署者进行签名，依次类推。

2. 消息加密

PGP提供的另一种安全服务是消息加密,可以将传送消息加密或在本地加密存储成文件。这两种情况中,都可以使用常规加密算法CAST-128,也可以使用IDEA或TDEA。

在PGP中,每个常规密钥都只使用一次。也就是说,每个消息都会产生随机的一次性会话密钥,并把会话密钥绑定到消息上,与消息一起传送。为了保护会话密钥,需要用接收方的公钥进行加密。PGP的加密过程如图15-2所示。

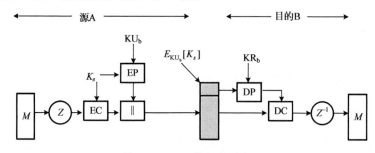

图 15-2 PGP 的加密过程

PGP加密过程如下:

(1)发送方生成要发送的消息和只适于此消息的一次性随机会话密钥。

(2)采用CAST-128(或IDEA、TDEA)算法,用会话密钥加密要发送的消息。

(3)用接收方公钥加密会话密钥,并附在消息上。

(4)接收方使用自己的私钥解密消息,恢复会话密钥。

(5)使用会话密钥来解密消息。

除了使用 RSA 算法进行密钥加密之外,PGP 还提供了 Diffie-Hellman 的备选方案。Diffie-Hellman 是一种密钥交换算法。事实上,PGP 使用了 Diffie-Hellman 的一种变体,称为 EIGamal 来进行加/解密。

3. 消息加密和数字签名

如果消息既需要加密,又需要签名时,具体的加密和认证过程如图15-3所示。发送方先用自己的私钥签署消息,生成明文消息的签名,并附在消息上;接着用会话密钥加密明文消息和签名,用接收方公钥加密会话密钥。当然,也可以先加密消息,然后生成加密消息的签名。但前一种方法更有利于存储消息明文版本的签名。而且,如果先签名后加密,更有利于第三方进行验证,此时在验证签名的时候,第三方就不涉及加密密钥管理问题。

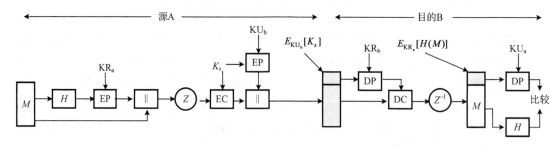

图 15-3 PGP 的加密和认证过程

4. 消息压缩

PGP 消息传送过程中,采用了消息压缩方式,这样有利于减少消息在电子邮件传送和文件存储时所占用的磁盘空间。在图 15-1～图 15-3 中,PGP 消息压缩的操作是在生成签名后且消息加密前,在压缩之前生成签名的原因有两个:

(1)签署未压缩的消息更利于消息的验证,这样只需要存储未压缩的消息和签名,以便将来集成第三方的验证。如果签署了压缩的消息,就要存储消息的压缩版本,以便将来进行验证,或者在需要验证时重新压缩消息。

(2)如果签署了压缩的消息,将来在需要验证时重新压缩消息,由于压缩算法的不同实现对压缩比和运行速度有不同的权衡,从而产生了不同的压缩形式,因此会影响消息的正确验证。

在压缩后使用消息加密可以加强密码术的安全,因为压缩消息比原始明文的长度短,所以使加密分析更加困难。

15.2.3 PGP 消息格式及收发过程

1. PGP 的消息格式

PGP 消息由消息组件、签名组件(可选)和会话密钥组件(可选)等组成,PGP 消息的格式如图 15-4 所示。签名组件包括以下部分。

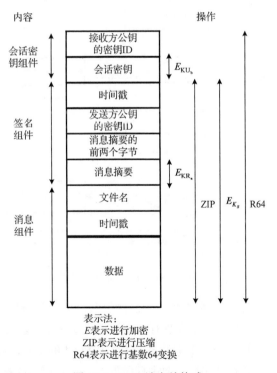

图 15-4 PGP 消息的格式

(1)时间戳。生成签名的时间。

(2)消息摘要。160 位 SHA-1 摘要,用发送方的私钥加密。摘要从签名的时间戳开始算起,直到与消息组件的数据部分连接处为止。摘要中签名的时间戳的计入用于防止重放类型的攻击。签名不包括消息组件中的文件名以及时间戳部分,可以保证分离的签名与附着在消息前的签名是相同的。分离的签名是在单独的文件中计算的,而此文件中没有消息组件的报头字段,也就是消息组件中的文件名以及时间戳部分。

(3)消息摘要的前两个字节。通过将前两个明文字节的副本与解密消息摘要的前两个字节进行比较,可以使接收方确定身份验证时用来解密消息摘要的正确公钥。这两个字节还可以作为消息的 16 位帧检查序列。

(4)发送方公钥的密钥 ID。识别用来解密消息摘要的公钥。

会话密钥组件中,接收方公钥的密钥 ID 是接收方用来识别加密会话密钥所用的公钥。

2. PGP 的消息收发流程

PGP 中的消息发送、接收处理流程如图 15-5 和图 15-6 所示。

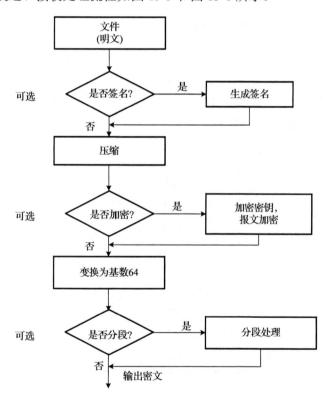

图 15-5 PGP 的消息发送流程

发送消息时,如果需要签名,则先生成消息的签名,再压缩消息和签名。如果对保密性有要求,就要生成一次性会话密钥,对报文进行加密,并用接收方的公钥加密会话密钥,加密后的会话密钥也附在报文中。最后,整个数据块被转换为基数 64 的格式,按需要进行分段重组。

接收消息时,先将接收的数据块按需要进行段重组,并将基数 64 格式的数据转换为二进制。如果消息是加密的,接收方恢复会话密钥并解密消息。接着,解压缩结果块。最后,如果消息是经过签署的,接收方可以恢复传送的哈希码并与自己计算的哈希码相比较,验证签名。

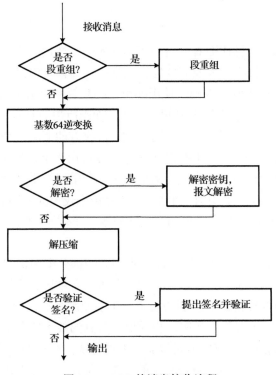

图 15-6　PGP 的消息接收流程

15.2.4　PGP 的密钥管理

PGP 中的密钥主要包括一次性会话密钥及公/私钥对，对这些密钥具有以下要求：

(1) 为防止破密，需要一种能够生成随机的、不可预测的会话密钥的方法。

(2) 允许用户拥有多个公/私钥对。用户可能需要不时地改变其密钥对，当密钥对发生改变时，此管道内的所有消息就都是用过时密钥构造的，而接收方在一个更新到达之前只知道旧公钥。为了满足密钥在给定时间内改变的需要，用户需要在某个时间内具有多个密钥对与不同的实体联系。因此用户和公钥之间是一对多的关系，就需要采用下述的密钥环来识别特定的密钥。

(3) 每个 PGP 实体都必须维护自己的公/私钥对文件，以及通信者公钥的文件。

1.　会话密钥的生成

每个会话密钥都与单个消息相关，只在加密和解密消息时使用。用对称加密算法对消息进行的加/解密中，CAST-128 和 IDEA 使用 128 位密钥，本书使用 CAST-128 作为例子进行讨论。

随机数字生成器的输入由 128 位密钥和两个作为明文加密的 64 位块构成。其中的 128 位密钥是 CAST-128 自身随机生成的 128 位密钥。

随机数字生成器输入的两个 64 位块，是从 128 位的随机数字流中得来的。这些数字以用户击键输入为基础，使用击键计时和实际键入的字符来生成随机流。这样，如果用户按照正常的频率击打随机键，就会生成正常的随机输入。这种随机输入与前面 CAST-128 生成的 128 位密钥输出结合起来形成生成器的输入码，生成一系列不可预测的会话密钥。

2. 密钥环

前面已经提到，加密消息伴随着所用加密形式的会话密钥。会话密钥本身是用接收方的公钥加密的。因此，只有接收方才能够恢复会话密钥从而恢复消息。如果每个用户都采用单独的公/私钥对，则接收方自然可以确定使用哪个密钥来解密会话密钥。但是，某些场合每个用户会有多个公/私钥对，接收方就需要知道发送方加密所用的具体公钥信息。

一种简单的方法就是将公钥与消息一同传送。接收方能够验证使用了哪个密钥，然后继续进行。这种方案从原理上可行，但 RSA 公钥的长度占用了宝贵的传输开销。另一种方法就是将标识符与每个公钥关联起来，这些公钥至少在一个用户那里是唯一的。也就是说，用户 ID 和密钥 ID 的组合用以唯一地识别一个密钥，只要传送较短的密钥 ID 就可以进行密钥关联与识别。但是，这种方法也会带来管理和开销的问题，即必须分配和存储密钥 ID，才能将密钥 ID 和公钥对应起来。

PGP 采用的方法是，对同一个用户 ID 的不同公钥都分配密钥 ID。密钥 ID 为公钥的低64 位，如用户 a 的密钥 ID 为 $KU_a \bmod 2^{64}$，这种长度也足够区分不同的密钥。

PGP 数字签名中也需要密钥 ID。因为发送方可能使用私钥中的一个来加密消息摘要，接收方必须知道应该使用哪个公钥来解密。相应地，消息的数字签名组件中包括了所需公钥的64 位密钥 ID。接收到消息时，接收方可以验证发送方所知公钥的密钥 ID，然后验证签名。

PGP 消息中用来提供机密性和身份验证的密钥，都需要存储并用对称方式组织，以便所有实体能够高效使用。PGP 中使用数据结构对的方案存储并管理这些密钥，分别称为私钥环和公钥环。私钥环存储此节点的公/私钥对，公钥环用来存储和此节点通信的其他用户的公钥。

1）私钥环

可以把私钥环看成一张表，一行代表此用户所拥有的一个公/私钥对。每行中都包括以下条目：时间戳、密钥 ID、公钥、加密的私钥、用户 ID 等。私钥环的常用结构如表 15-2 所示。

表 15-2　私钥环的常用结构

时间戳	密钥 ID ★	公钥	加密的私钥	用户 ID*
T_i	$KU_i \bmod 2^{64}$	KU_i	$EH(P_i)[KR_i]$	User i
...	...	...	...	...

其中，时间戳：此密钥对创建的日期/时间。

密钥 ID：此条目中公钥的低 64 位。

公钥：公/私钥对中的公钥部分。

加密的私钥：公/私钥对中的私钥部分，此字段是加密的。

用户 ID：通常，这项为用户的电子邮件地址。有时，用户也可能选择将不同的名称与密钥对相关或多次重用同一用户 ID。

私钥环可以用用户 ID 或密钥 ID 来索引，后面将介绍两种索引方式。

私钥环只能存储在创建并拥有该密钥对的用户的机器上，而且只能由此用户访问，保证了私钥的安全性。私钥本身并不存储在密钥环中，密钥环中存储的是采用 CAST-128（IDEA或 TDEA）加密的私钥。步骤如下：

（1）用户选择用来加密私钥的口令词（Passphrase）。

（2）系统用 RSA 生成新的公/私钥对时，就需要用户提供此口令词。生成口令词的哈希码，同时口令词废弃。

（3）把哈希码作为密钥，用 CAST-128 加密此私钥。哈希码同时废弃，加密的私钥被存储在私钥环中。

当用户访问私钥环来获取私钥时，必须提供口令词。PGP 可以检索获得加密的私钥，生成口令词的哈希码，并使用具有哈希码的 CAST-128 将加密私钥解密。

这是一种非常紧凑而有效的方案。对于任一以口令为基础的系统来说，系统的安全性都依赖于口令的安全性，用户应该使用不容易猜出但容易记起的口令词。

2）公钥环

公钥环用来存储和用户通信的其他用户的公钥。表 15-3 中的字段含义和私钥环中含义基本相同，使用用户 ID 或密钥 ID 来索引。公钥环的常用结构如表 15-3 所示。

表 15-3　公钥环的常用结构

时间戳	密钥 ID＊	公钥	拥有者可信任	用户 ID＊	密钥合法性	签名	签名可信任
T_i	$KU_i \bmod 2^{64}$	KU_i	Trust_flag$_i$	User$_i$	Trust_flag$_i$		
…	…	…	…	…	…	…	…

3）密钥环的使用

为清晰明了地介绍密钥环在消息传送和接收中的使用方法，在以后的讨论中将忽略压缩和基数 64 转换。

PGP 消息的生成，如图 15-7 所示。假定消息既要签署又要加密，PGP 发送实体会进行如下两个步骤的操作。

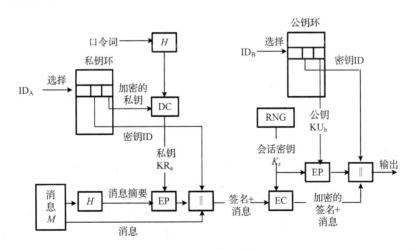

图 15-7　PGP 消息的生成

（1）签署消息。PGP 用发送方的用户 ID（如用户 A）作为索引，从私钥环中检索取得发送方的私钥。如果没有提供用户 ID，则检索取得环中的第一个私钥。

值得注意的是，PGP 提示用户输入口令词来恢复未加密的私钥，构造消息的签名组件。

(2)加密消息。PGP 生成会话密钥并加密消息。PGP 使用接收方的用户 ID(如用户 B)作为索引,从公钥环中得到接收方的公钥,构造消息的会话密钥组件。

PGP 消息接收过程如图 15-8 所示。接收实体会进行如下两个步骤的操作。

(1)解密消息。PGP 使用消息的会话密钥组件中接收方的密钥 ID 字段作为索引,从私钥环中得到接收方(如用户 B)的私钥,PGP 提示用户输入口令词来恢复未加密的私钥,然后 PGP 恢复会话密钥并解密消息。

(2)验证消息。PGP 使用消息的签名组件中发送方的密钥 ID 字段作为索引,从公钥环中得到发送方(如用户 A)的公钥,PGP 恢复收到的消息摘要。同时 PGP 计算出接收消息的消息摘要,并与收到的消息摘要相比较进行验证。

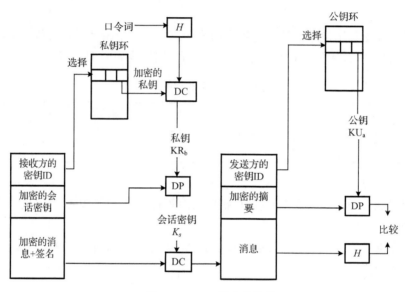

图 15-8　PGP 消息的接收

3. PGP 的公钥管理

由于 PGP 要在各种正式和非正式场合使用,而且不严格要求使用证书,所以并没有建立严格的公钥管理方案,为了防止公钥被篡改,采用了如下公钥管理方案。

1)公钥管理方案

在 PGP 中,一个用户(如用户 A)必须建立一个公钥环,以存储其他用户的公钥,为保证其中的公钥确是所指定用户的合法公钥, PGP 中采用如下几种公钥管理方法。

(1)直接从用户 B 索取其公钥(亲手交),这种方法十分安全,但具有明显的应用限制。

(2)通过电话来验证用户 B 的公钥,如果用户 A 能分辨用户 B 的话音,要求用户 B 在电话中口述基数 64 格式的密钥。更实用的选择是:用户 B 可以通过电子邮件将密钥传送给用户 A。用户 A 可以用 PGP 生成 160 位 SHA-1 摘要,并用 16 进制格式显示,这就是密钥的"指纹"。然后用户 A 就可以给用户 B 打电话,要求他在电话中口述此"指纹"。如果两个"指纹"相符,密钥就通过了验证。

(3)从可信任的第三方 D(用户 A 已有 D 的可靠公钥)得到用户 B 的公钥。第三方 D 创建签署的证书,证书包括用户 B 的公钥、密钥的创建时间和密钥有效期。D 生成此证书的 SHA-1 摘要,用自己的私钥进行加密,并把签名附在证书上。签署的证书可以由用户 B 或 D 直接发送给用户 A,也可以发布到公告板上。因为只有 D 能够创建签名,所以没有人能够伪装 D 的签名来创建假的公钥。

(4) 从可依赖证书机构获得用户 B 的公钥。方法同(3)。

2) 信任的使用

PGP 中没有设置可信任中心,而是利用可信任人来实现。PGP 中对公钥的信任基于以下假设: 直接来自你所信任的人的公钥;或由你所信任的人为某个你并不认识的人所签署的公钥。因此,在 PGP 中得到一个公钥,检验其签名,如果你认识签名人并信任他,就认为此公钥可用或合法。这样,由你所认识并信任的人,就可以和众多不认识的人实现 PGP 的安全电子邮件通信。

PGP 将公钥分为三类: 完全信任、部分信任、不信任。由完全信任人签名的公钥为完全信任公钥;由部分信任人签名的公钥为不完全信任或部分信任公钥;虽然可以用不信任公钥,但 PGP 将以"不可信任"标识此密钥。

PGP 中通过公钥环的以下三个字段来标识公钥的信任程度。

(1) 密钥合法性字段(KEYLEGIT,Key Legitimacy Field)。所含内容是 PGP 所指示的该用户合法公钥的可信等级,等级越高,表示用户的公钥信任度越高。

(2) 签名可信任字段(SIGTRUST,Signature Trust Field)。表示 PGP 用户对证实的公钥签名的信任程度。

(3) 拥有者可信任字段(OWNNERTRUST,Owner Trust Field)。表示被信任公钥用于签署其他公钥证书的可信级,由用户来规定其级别。由 PGP 公钥环数据结构可知,每个公钥都有时间戳、公钥值、用户 ID、签名等。它类似于一个 ASCII 文件,可以传送给别人,或给 PGP 密钥服务器,以便广泛传播。

可信任标志处理过程如下所述,其中假定用户 A 更新其公钥环。

(1) 当用户 A 向公钥环发送了一个新的公钥时,PGP 就对其设定一个标志值,指示公钥拥有者的信任程度。若拥有者正是用户 A,则它在与此公钥相应的私钥环中也出现,此标志值就自动为绝对可信(Ultimate Trust);否则,PGP 询问用户 A,如何设定此值,用户 A 应键入他给定的值。

(2) 此公钥录入后,可能存在多个对该公钥的签名者,PGP 查看公钥环,签名者是否在其中,若在,就将此用户的 OWNNERTRUST 字段的数值分配到此签名的 SIGTRUST 字段;如果不在,则赋予未知用户(不信任级)值。

(3) 密钥合法性字段 KEYLEGIT 的赋值,由当前 SIGTRUST 字段值计算。若至少有一个值为绝对可信级,则密钥合法性值为完全信任级;否则,PGP 对可信性值进行加权计算。

3) 撤销公钥

当用户怀疑自己的私钥泄露或想终止使用其公钥时,可以撤销其当前公钥。可向系统发布一个由他签署的密钥撤销证书。撤销证书和一般签名证书一样,所不同的是其中包含一个标志证书的目的是撤销其公钥,所用的签名私钥应与所撤销的公钥相对应。要尽可能快而广泛地散发此撤销证书,以便更新所有用户的公钥环。

15.3　S/MIME

15.3.1　S/MIME 概述

1. S/MIME 的产生背景

多用途互联网邮件扩展(MIME)标准丰富了电子邮件的传送内容，但它未提供任何的安全服务功能。安全/多用途互联网邮件扩展(S/MIME)标准的设计目的就是运用各种安全模块来保障邮件在 Internet 传送过程中的安全性。S/MIME 是 MIME 规格的加强版，在支持 MIME 格式数据的基础上，提供了许多安全功能，如认证、消息的完整性、发送方的不可否认性(使用数字签名)、私有性及数据安全(使用加密)等。

传统的邮件用户代理可以使用 S/MIME 对要发送的邮件使用密码安全服务，同时对接收的邮件解析它所使用的密码安全服务。S/MIME 并不是只能使用在邮件传输上，任何传输 MIME 数据的传输机制都可以使用它，如 HTTP。同时，S/MIME 充分利用了 MIME 的面向对象的特点，允许在混合的传输系统中交换安全的消息。

S/MIME 最初是由 RSA 数据安全公司发起的。它的消息基于 PKCS #7 定义的数据格式，认证则基于 X.509 v3 所定义的格式。

2. S/MIME 的发展状况

S/MIME 最早的版本是由一个供应商的私人联盟提出的。S/MIME v2 已经在互联网邮件产业界得到了广泛的应用。大部分供应商都是使用在 IETF 中运行的 S/MIME v2 协议的不同草案来实现他们的软件。S/MIME v2 协议的部分文档如下：

S/MIME Version 2 Message Specification (RFC 2311)

S/MIME Version 2 Certificate Handling (RFC 2312)

PKCS #1: RSA Encryption Version 1.5 (RFC 2313)

PKCS #10: Certification Request Syntax Version 1.5 (RFC 2314)

PKCS #7: Cryptographic Message Syntax Version 1.5 (RFC 2315)

Description of the RC2 Encryption Algorithm (RFC 2268)

上述这些文档都是信息 RFC。要注意的重要一点是 S/MIME v2 并不是一个 IETF 的标准。S/MIME v2 要求使用 RSA 密钥交换，而它受美国的专利限制。此外，S/MIME v2 要求使用弱的密码算法(40 位密钥)。这些都阻止了这个协议被 IETF 接受作为一个标准。

当前对 S/MIME 的工作是由 IETF 的 S/MIME 工作组进行的。1999 年 6 月，S/MIME v3 作为 IETF 推荐的一个标准，由四个部分组成：

Cryptographic Message Syntax (RFC 2630)

S/MIME Version 3 Message Specification (RFC 2633)

S/MIME Version 3 Certificate Handling (RFC 2632)

Diffie-Hellman Key Agreement Method (RFC 2631)

一个附加的协议 Enhanced Security Services for S/MIME (RFC 2634) 是 S/MIME 的一个扩

展，它允许签名的收据、安全标签及安全邮件列表。扩展的前两个部分可以工作在 S/MIME v2 或 S/MIME v3 下；而安全邮件列表只能工作在 S/MIME v3 下。

2019 年 4 月，最新的 S/MIME v4 已经成为 IETF 推荐的标准：

S/MIME Version 4.0 Certificate Handling（RFC 8550）

S/MIME Version 4.0 Message Specification（RFC 8551）

15.3.2　S/MIME 安全机制

1. S/MIME 的密码算法

S/MIME 采用了三种公钥算法。S/MIME 将 DSS 作为数字签名的首选算法，将 Diffie-Hellman 算法作为加密会话密钥的首选算法，将 RSA 作为签名和会话密钥加密的备选算法。而实际上，S/MIME 使用 Diffie-Hellman 的变体 ElGamal 来提供加/解密。这些算法与 PGP 的使用方法相同。下述内容以 S/MIME v3 中定义的要求及算法为例来讲解。

S/MIME 中用于创建数字签名的哈希函数，S/MIME 标准推荐使用 160 位 SHA-1，但需要支持 128 位 MD5。由于 MD5 存在一些弱点，所以 SHA-1 成为首选的备选方案。但是 MD5 是广泛实现的，在实施时也应提供支持。

对于 S/MIME 中的消息加密算法，S/MIME 标准推荐使用三重 DES（triple DES），但通常的实现中必须支持 40 位 RC2。后者虽然是一种薄弱的加密算法，但符合美国的出口算法管制要求。

S/MIME 中使用的加密算法如表 15-4 所示，表中"必须"是要求发送方和接收方所支持的最低算法要求，而"应当"则是建议发送方和接收方所支持的安全性更高的算法。

表 15-4　S/MIME 中使用的加密算法

功能	需求
创建一个消息摘要，它被用于生成一个数字签名	"必须"支持 SHA-1 和 MD5； "应当"使用 SHA-1
加密消息摘要，以生成数字签名	发送和接收代理"必须"支持 DSS； 发送代理"应当"支持 RSA 加密； 接收代理"应当"支持 RSA 签名的验证，密钥为 512～1024 位
为消息的传输加密会话密钥	发送和接收代理"必须"支持 Diffie-Hellman； 发送代理"应当"支持 RSA 加密，密钥为 512～1024 位； 接收代理"应当"支持 RSA 解密
用一次性会话密钥加密传输消息	发送代理"应当"支持使用三重 DES 和 RC2/40 进行加密； 接收代理"应当"支持使用三重 DES 解密，"必须"支持 RC2/40 解密

S/MIME 标准中定义了发送方决定使用何种加密方式的实施要求。首先，发送方代理必须确定接收方代理是否有能力用给定的加密算法进行解密；其次，如果接收方代理只能接收"弱"加密的内容，发送方代理就必须决定使用"弱"加密发送是否可取。为了支持这种决策过程，发送方代理可以按照发送消息的顺序声明自己的解密功能。接收方代理可以存储此信息以备将来使用。

发送方代理的工作流程按顺序应该遵循以下规则：

(1) 如果发送方代理具有预定接收方的首选解密功能的列表，就"应当"选择列表中可用的第一个支持的算法（最高的优先权）。

(2) 如果发送方代理没有预定接收方的首选解密功能的列表，但已经从接收方收到了一个或多个消息，则要发出的消息"应当"使用与上一次从接收方那里收到的签名和加密消息同样的加密算法。

(3) 如果发送方代理对预定接收方的解密功能一无所知，并愿意冒着接收方不能解密消息的风险，则发送代理"应当"使用三重 DES。

(4) 如果发送代理对预定接收方的解密功能一无所知，并不愿意冒着接收方不能解密消息的风险，则发送代理"必须"使用 RC2/40。

如果消息要发送给多个接收方，又不能选出适用于各方的加密算法，则发送方代理就需要发送两个安全性级别不同的消息。但在这种情况下，低安全性副本的传送则会使得消息的安全性降低。

2. S/MIME 安全模式

S/MIME 的安全模式定义了对数据进行安全处理时，数据的具体封装格式。S/MIME V2.0 中，可以根据表头所显示的信息，判断信息采用的是何种安全模式。S/MIME V2.0 中的安全模式采用的是 PKCS #7 定义的内容类型，有 Data、SignedData 以及 EnvelopedData 三种。

PKCS（Public-Key Cryptography Standards）是由美国的 RSA 公司所推出的公开密钥密码标准，广为业界所采用，引为业界的标准，到目前为止总共有 15 个标准，S/MIME 引用了 PKCS 的三个标准。

"PKCS #1: RSA Encryption"，[PKCS-1]

"PKCS #7: Cryptographic Message Syntax"，[PKCS-7]

"PKCS #10: Certification Request Syntax"，[PKCS-10]

PKCS #1：RSA 加密标准（RSA Encryption Standard），定义了 RSA 基本的加/解密执行方式，但并不适合直接用于加/解密的应用，需要配合比较高层的标准，如 PKCS#7 或是其他较高层的标准一起使用。

PKCS #7：加密信息标准（Cryptographic Message Syntax Standard），定义了信息加密、签名等密码运算时的数据封装格式，是应用很广泛的标准。标准定义了数据封装的格式，而真正加密或签名的部分则遵循 PKCS #1 定义的加/解密方式，也就是数据先经 PKCS#1 定义的操作加密之后，再与其他相关数据用 PKCS #7 定义的封装格式封装起来。

PKCS #10：证书申请标准（Certification Request Syntax Standard），公钥证书是公开密钥密码技术的基础之一。标准定义了使用者向注册中心或认证中心申请公钥证书的信息格式。

在 PKCS 中数据定义的标准为 ASN.1 编码标准，ASN.1 编码标准常被很多协议引为数据定义的标准。

S/MIME V3.0 将安全模式独立定义一份标准，称为密码信息文法（Cryptographic Message Syntax，CMS），CMS 将安全模式的内容类型由三种增加为六种，即 Data、SignedData、EnvelopedData、DigestedData、EncryptedData 以及 AuthenticatedData。对于每个内容类型的运作方式，除了 AuthenticatedData 进行了新的定义，其运作的精神基本上仍依循 PKCS #7 的定义，再根据实际需要扩充原来的 PKCS #7 字段。虽然 CMS 定义了多种内容类型，但目前 S/MIME 使用的只有 Data、SignedData 及 EnvelopedData 三种。

CMS 所使用的每个名词、参数与 PKCS #7 所定义的都是互通的，所以有很多内容与 PKCS #7 的内容很类似，以及使用时机也与 PKCS #7 一样。例如，PKCS #7 中的 SignedData 允许多个人同时对一份文件签名，将每个签名内容附在信息之中，在 CMS 中也有相同的做法。

第 16 章　Web 传输安全技术

随着互联网技术的飞速发展，以 HTTP 为代表的 Web 应用已经成为当前最广泛的网络应用之一，浏览网页、网络办公、电子邮件、在线视频、网络购物等，工作生活的方方面面都离不开 Web 应用。但其安全问题特别是 Web 消息传输中面临的安全问题也非常令人担忧，钓鱼网站、账户盗用、假冒登录、信息窃取(SQL 注入、代码注入、跨站脚本、跨站请求伪造)等攻击层出不穷。Web 应用越广泛深入，Web 传输安全问题就越迫切。

16.1　Web 传输安全需求分析

Web 传输安全需求与 Web 应用信息传输协议、应用流程密切相关。以网上购物为例，买家登录客户端，通过互联网与购物网站的 Web 服务器相联，浏览、下单、支付等整个环节需要通过 HTTP 协议中的多次请求与响应信息共同完成。在这个 Web 传输过程中，前面提到的各种针对 Web 应用的攻击都有可能被实施，还可能有更多的、新的攻击，透过这些攻击现象可以分析得到基本的安全风险或隐患。

首先，HTTP 协议本身没有安全防护能力，HTTP 消息以明文形式在公开网络中传输，利用 Sniffer 等抓包工具可以很容易地捕获这些报文，进而得到其中的内容，窃取 Web 传输消息中的敏感信息，如用户订单、账号等。

其次，入侵者可以对 HTTP 请求和响应信息进行添加、删除和修改等操作，篡改 Web 传输消息中的重要内容。例如，把用户的付账金额从 100 改为 1000。

最后，从发送的角度，入侵者可以声称自己是一个合法用户，进行登录，并向网站下订单；或者假冒合法的购物网站诱骗用户前来登录并购物，从而进一步地窃取用户的账户信息。这两种均属于身份假冒。

在上述例子中，HTTP 协议报文传输过程面临三类基本的安全隐患，从安全需求的角度来讲，对应地需要保护 Web 传输的 HTTP 报文的内容保密、内容完整、信源可信，这是 Web 传输过程中最基本的安全需求。

16.2　Web 消息传输安全防护

为了使设计的方案更具一般性，假设客户端 C 向 Web 服务器 S 发送 HTTP 请求，S 传输 HTTP 响应，把 HTTP 报文抽象成消息 M，对其进行安全保护，实现 HTTP 报文的加密、完整、认证。

首先，内容保密。目前最直接有效的方法就是加密技术。假设 C、S 之间已建立用于加密的共享密钥 K_{CS}，在 K_{CS} 的作用下，通过对称加密算法 E 对 M 进行加密：

$$E(K_{CS}, M) \tag{16-1}$$

其次，消息认证。目前常用的是以下两种方法。

方法 1：消息认证码(如 HMAC)，K'_{CS} 表示 C、S 之间用于消息认证的共享密钥。

$$M \parallel HMAC(K'_{CS}, M) \tag{16-2}$$

方法 2：数字签名为 $M \parallel E_{KRC}[H(M)]$，$K_{RC}$ 表示客户端 C 的私钥。

这两种方法均可对消息内容的完整性、消息源进行认证。从安全功能角度而言，签名还可以抗抵赖。但从应用对象角度来看，打开一个购物网页，平均要进行几十个甚至上百个 HTTP 请求与响应，对于每个要保护的 HTTP 报文进行签名，效率较低，所以选择用 HMAC 来实现消息认证码，更能满足用户访问需要，实现访问效率与安全的折中。

现在结合 HMAC 与加密两种技术组成完整的防护方案。将 K'_{CS} 生成 M 的 HMAC 与消息 M 级联起来，再用 K_{CS} 加密。综合式(16-1)、式(16-2)得到的加密、认证方案可表示为

$$E(K_{CS}, (M \parallel HMAC(K'_{CS}, M))) \tag{16-3}$$

式(16-3)通过加密、认证技术相结合，可实现信息传输保密、完整与信源认证。通过这样的封装，由于没有共享密钥，入侵者不能窃取 M 的内容；如果入侵者篡改式(16-3)，则接收者验证后发现，入侵者很难伪造假冒身份信息。HTTP 报文 M 消息内容保密性、完整性、源认证都得到了保护，满足上述的三个安全需求。在 SSL 协议、TLS 协议中，其记录协议的设计思想与式(16-3)是相同的。

此外，当发送应用层消息出现错误时，需要重新传递。从工程实现的角度，当出现传输错误时，哪怕是一个比特的错误，接收到出错的密文不能还原成明文，需要通知 TCP 协议重传。而 Web 消息长短不一，以 HTTP 响应报文为例，可传输几个到几兆字节的数据。当消息 M 内容比较长的情况下，出错的可能性就越高，重传的次数就会增多，出错重传将会大大降低通信的效率。可以将应用层数据首先进行分段，然后对分段进行压缩，减少重传的数据量。

16.3　Web 传输安全密钥分发

在式(15-3)中，该方案能够安全运行的关键是共享密钥 K_{CS} 和 K'_{CS} 如何安全分发。通过分析不难得出，入侵者之所以不能得逞，原因就在于它没有共享密钥。反之，如果共享密钥 K_{CS} 和 K'_{CS} 泄露了，入侵者篡改消息、假冒身份也不会被发现。所以，共享密钥分发方案是上述设计方案是否安全的关键因素。

为了简化讨论，假设客户端 C 已经产生了共享密钥 K_{CS}。下面在分析密钥分发面临的共享密钥防窃取、对方公钥防假冒、密钥来源真实性、密钥分发防重放四个安全需求的基础上设计 K_{CS} 分发方案，使 C 将密钥 K_{CS} 安全传递给 S。

1. 共享密钥防窃取

密钥分发过程需要保密不能泄露，可以通过预共享密钥加密、公钥加密等信息加密技术实现。

1)预共享密钥加密

可以用 C、S 之间预共享密钥 K_{PCS} 加密传输共享密钥 K_{CS}，参见方案 1。但是，预共享密钥的建立，需要事先采用安全方案进行保护。

方案 1:

C → S: $E(K_{PCS}, K_{CS})$。

2) 公钥加密

这里需要有一种方法能够对 K_{CS} 加密, 又不需要事先共享密钥。公钥算法显然是可选方案。C 用 S 的加密公钥加密 K_{PS_en} 加密保护共享密钥 K_{CS}, S 也只有 S 拥有其对应的私钥 K_{RS_en}, 解密收到的信息可以获得密钥 K_{CS}, 参见方案 1′。这种方法通常称为数字信封。

方案 1′:

C → S: $E(K_{PS\_en}, K_{CS})$。

2. 对方公钥防假冒

通过数字信封(如用 RSA 算法)方式加密保护共享密钥的分发, 需要事先获得通信对方的真实公钥, 即客户端 C 用 S 的加密公钥加密 K_{PS_en} 加密共享密钥 K_{CS} 之前必须要确认该公钥的真实性。如果公钥是入侵者假冒的, 那么 C 原本以为发给 S 的数字信封, 就会被入侵者截获并解密, 共享密钥就会泄露给入侵者。所以, 客户端 C 如何获得服务器 S 真实的加密公钥 K_{PS_en} 是问题的关键。

目前, 获得对方真实公钥的最有效的手段是用公钥证书。公钥证书的作用是不尽相同的, 有的公钥用于加密, 有的公钥用于验证签名, 应该分开使用。根据服务器 S 的证书分两种情况进行方案设计。

1) S 拥有用于加密的公钥证书

证书中心 CA 为服务器 S 颁发了用于加密的公钥证书。设计方案如下。

方案 2:

①S → C: Cert(K_{PS_en});

②C → S: $E(K_{PS\_en}, K_{CS})$。

其中, ①表示服务端 S 将此公钥证书发送给客户端 C。②表示客户端验证该证书的真实性后, 用 S 的用于加密的公钥 K_{PS_en} 对 K_{CS} 进行加密, 并将密文发送给服务端 S。

2) S 仅拥有验证签名的公钥证书

Web 服务器 S 无加密公钥证书, 只有验证签名的公钥证书。此时, S 没有用于加密的公钥, C 不能用验证签名的证书制作数字信封。

可选方法是, S 生成用于加/解密的临时公/私钥对, 将公钥发给客户端。客户端 C 可用此临时公钥进行加密。但是引入了新的问题是: C 如何验证此临时公钥 K'_{PS_en} 是 S 的真实公钥。S 在向 C 发送临时公钥的同时, 对其进行数字签名, 签名所用的私钥就是验签公钥证书中公钥所对应的私钥, 设计方案 2′如下。

方案 2′:

①S → C: Cert(K_{PS_sign});

②S → C: $K'_{PS\_en} || E[K_{RS\_sign}, H(K'_{PS\_en})]$;

③C → S: $E(K'_{PS\_en}, K_{CS})$。

其中, ①表示 S 先把验证签名的公钥证书 Cert(K_{PS_sign}) 发给 C, C 验证此公钥证书的真实性。②表示 S 生成用于加/解密的临时公/私钥对, 将临时公钥 K'_{PS_en} 和对临时公钥的数字签

名 $E[K_{RS\_sign}, H(K'_{PS\_en})]$ 发送给 C。C 通过 S 的验签公钥 K_{PS_sign} 验证数字签名，判断所收到的 K'_{PS_en} 是不是 S 的真实公钥。③表示如果 K'_{PS_en} 是 S 的真实公钥，C 利用 K'_{PS_en} 加密 K_{CS} 构造数字信封，发送给 S。

通过方案 2 或方案 2′，客户端 C 可获得服务器 S 的真实公钥。

3. 密钥来源真实性

当服务器 S 收到数字信封后，利用自己的私钥解开数字信封并得到共享密钥 K_{CS}。这时 S 并不能断定这个 K_{CS} 就是 C 产生并且分发的共享密钥。原因是 S 的公钥是公开的，任何用户包括入侵者都可以获得，并可以假冒 C 伪造这个数字信封。所以 S 需要验证 K_{CS} 是 C 发送的，且没有被篡改，即需要验证 K_{CS} 发送者的身份，并验证 K_{CS} 的完整性。

客户端 C 要对共享密钥 K_{CS} 进行数字签名，并且事先要把其用于验证签名的公钥证书发送给服务器 S。设计方案 3 如下。

方案 3：

① C → S：$\mathrm{Cert}(K_{PC\_sign})$；

② C → S：$E(K_{PS\_en}, K_{CS})$；

③ C → S：$E[K_{RC\_sign}, H(K_{CS})]$。

其中，①表示 C 将自己的验签公钥证书 $\mathrm{Cert}(K_{PC\_sign})$ 发给 S，S 从接收到的公钥证书中获取并验证 C 的验签公钥 K_{PC_sign}。②表示 C 用 S 的加密公钥 K_{PS_en} 对 K_{CS} 加密，生成数字信封发送给 S。S 用自己对应的私钥解密数字信封得到共享密钥 K_{CS}。③表示 C 用自己的私钥 K_{RC_sign}(与①中验签公钥相对应)对 K_{CS} 进行数字签名，并发送给 S。S 用①中收到的验签公钥验证此数字签名。如果签名验证成功，证明 K_{CS} 来源可信(由 C 产生)、内容未篡改，也验证了①中收到的验签证书对应的私钥确实为客户端 C 所有，即客户端证书的持有者和拥有者是同一用户。

4. 密钥分发防重放

在方案 3 中，S 收到消息①②③，并且数字签名验证成功后，可以说明消息③是 C 用其私钥签署的，但不能证明当前消息是 C 发送的。

假定这样一种场景：假设入侵者事先截获了某次会话中 C 与 S 之间的消息，等待 C 下线后，复制消息①②③重新发送，并声称自己是一个合法用户 C，从而使服务器 S 误认为仍与用户 C 建立共享密钥 K_{CS}，但实际该消息是入侵者发送的，此时重放攻击成功。更进一步地，如果入侵者事先破译了其中的共享密钥 K_{CS}，通过这种重放攻击，就会欺骗 S 并与其建立共享密钥 K_{CS}，从而解密此后 S 与 C 之间的消息密文。所以，需要防止包含共享密钥的消息(数字信封)被重放。

方案 3 容易遭受重放攻击，根本原因是 S 并没有对消息的时效性进行验证。也就是说数字签名验证成功只能说明签署者是 C，但并不能说明当前会话消息的发送者就是 C，用户身份不能确定。

所以，保证消息的时效性是解决重放攻击的关键。在信息认证技术中，时间戳、序列号、挑战应答等方法都可用于防重放攻击。下面以挑战应答方式为例，设计方案 4。

方案 4：

① S → C：r；

②C → S：Cert($K_{\text{PC\_sign}}$)；

③C → S：$E(K_{\text{PS\_en}}, [K_{\text{CS}}\|r])$；

④C → S：$E[K_{\text{RC\_sign}}, H(K_{\text{CS}}\|r)]$。

其中，①表示 S 向 C 发送挑战值信息 r。②表示 C 将自己的验签公钥证书 Cert($K_{\text{PC\_sign}}$)发给 S，S 从接收到的公钥证书中获取并验证 C 的验签公钥 $K_{\text{PC\_sign}}$。③表示 C 用 S 的加密公钥 $K_{\text{PS\_en}}$ 对 K_{CS} 和随机数据 r 加密，生成数字信封并发送给 S。④表示 C 对 K_{CS} 和随机数 r 进行数字签名后发送给 S。由于数字信封、数字签名中都增加了随机数 r，当 S 验证数字签名成功的同时，也验证了随机数 r 是否正确。应答信息包含了挑战值 r，从而验证了数字信封、数字签名的时效性，是当前会话 C 发送的，防止重放攻击的发生。

综合上述四个安全需求及对应方案，可以把整个过程进行合并，形成方案 5。

方案 5：

①S → C：Cert($K_{\text{PS\_en}}$)$\|r$ 或①S → C：Cert($K_{\text{PS\_sign}}$)$\| K'_{\text{PS\_en}}\|E[K_{\text{RS\_sign}}, H(K'_{\text{PS\_en}})]\|r$；

②C → S：Cert($K_{\text{PC\_sign}}$)；

③C → S：$E(K_{\text{PS\_en}}, [K_{\text{CS}}\|r])$；

④C → S：$E[K_{\text{RC\_sign}}, H(K_{\text{CS}}\|r)]$。

其中，①表示 S 向 C 发送服务器加密公钥证书和挑战值，或者发送服务器验签公钥证书，服务器临时公钥及签名和挑战值。②表示 C 向 S 发送客户端验签公钥证书。③表示 C 向 S 发送数字信封加密共享密钥和挑战值。④表示 C 向 S 发送客户端对共享密钥和挑战值签名。该方案中，将对称、非对称密码算法相结合，通过数字信封、数字签名、公钥证书等手段，实现共享密钥安全分发(保密性、完整性、源可信、防重放)。

上述方案的设计，是假设客户端已经产生了共享密钥 K_{CS}，通过数字信封的方式进行密钥分发。如果采用 D-H 协议实现服务器 S 与客户端 C 之间的密钥安全协商，请读者自行设计密钥分发方案，并能够防止中间人攻击、重放攻击等安全风险。

此外，在密钥分发方案的设计中还需要考虑开销问题。在上述方案中，每次密钥分发过程的开销很大、效率较低。一是每个过程需要双方多次交互，二是每个过程需要多次非对称密码运算，三是每个过程只能分发 1 个共享密钥。而在实际 Web 访问时，一次访问一般需要多个 TCP 连接，一个 TCP 连接安全防护需要多个共享密钥(服务器和客户端生成 HMAC、加密报文、初始化向量等)。如果直接采用上述密钥分发方案，那么每个 TCP 连接都要协商多次，每一次 Web 访问就需要大量的密钥协商过程。所以，如何在密钥分发安全的前提下，减少密钥分发过程的开销，也是 Web 传输安全密钥分发方案设计过程中需要考虑的。读者可以结合本节方案设计思想和 SSL 协议、TLS 协议标准，继续深入研究这个问题。

16.4　Web 传输安全协议应用

上述内容对 Web 传输安全进行了需求分析，给出了安全防护、密钥分发方案的设计思路与方法，而现实应用中，Web 传输安全的防护是通过 SSL、TLS、HTTPS、SHTTP 等应用层安全协议实现的。

1. SSL 与 TLS

安全套接层协议首先由网景公司提出，最初是为了保护 Web 安全，最终却为提高传输层安全提供了一个通用的解决方案。在 SSL 获得了广泛应用之后，IETF 基于 SSL 3.0 制定了 TLS 协议标准，目前 TLS v1 与 SSL 3.0 基本一致。关于 SSL 协议的细节在本书网络安全互联章节中介绍。

2. SSL 保护 HTTP 协议安全

HTTPS 协议是由 HTTP 加上 TLS/SSL 协议构建的安全通信协议，主要通过数字签名、对称加密、数字信封等技术完成 HTTP 报文的加密传输、完整性验证、身份认证等安全功能，实现 Web 传输安全保护。HTTPS 是在 Internet 上利用 TLS 保证 HTTP 连接的安全性的第一个方案，现在已被广泛用于万维网上安全敏感的通信，如 Web 网站登录、电子交易支付等方面。

在使用 HTTPS 时，客户端首先通过三次握手与服务器的 443 号端口建立连接，之后利用 SSL 握手协议和更改密码规范协议进行算法协商、密钥生成和身份认证。随后的过程仍然使用请求/响应模式，但请求和响应报文都首先被封装为记录，记录则作为 TCP 报文段的数据区。发送方生成记录时要计算 MAC 并加密，接收方则要解密记录并验证 MAC。数据传输完成后，双方首先交互 Close_notify 消息安全断连，之后利用改进的三次握手关闭连接。

3. 基于 SSL 的安全应用开发

基于 SSL 开发各种安全应用并不困难，因为已经有大量的商业产品和免费工具箱实现了各个版本的 SSL，并提供了简易的编程接口。例如，Netscape 和 RSA 安全公司提供了基于 C/C++的商业产品，Sun 则提供了基于 Java 的商业产品。但这些产品的影响力远不如免费的开源工具箱 OpenSSL（http://www.openssl.org）。

OpneSSL 基于 Eric Young 和 Tim Hudson 的 SSLeay 库，开发语言为 C 语言，具有较好的跨平台特性，可以运行在绝大多数 UNIX 操作系统、Open VMS 与 Microsoft Windows 上。此外，它提供了一个移植版本，可以在 IBM i（OS/400）上运行。这个库中包括各版本的 SSL、TLS 协议实现、各种密码算法、ASN.l 编码解码库、证书操作库等，同时对外提供方便的开发接口。2014 年 4 月，OpenSSL 1.0.1 爆出致命的"心脏出血"漏洞，可允许入侵者读取服务器的内存信息，此后 OpenSSL 进行了升级更新。

除 OpenSSL 外，Microsoft Visual Studio 提供了 Windows 平台下的 SSL 开发接口，它被封装于安全支持提供者接口（Security Support Provider Interface，SSPI）中。Calalyst 的 SocketWernch.net 类提供了 Visual Studio.net 平台下对 SSL/TLS 的支持。PureTLS 提供了免费的 Java 语言 TLS 实现及开发包。Apache-SSL 和 mod_SSL 提供了开源的基于 SSL 的 Apache 服务器实现。

4. SHTTP

SHTTP 由 Eric Rescorla 和 Allan M. Schiffman 编写，它提供三种安全保护：基于加密的消息机密性保护、基于 MAC 的完整性保护和数据源发认证，以及基于数字签名的认证和不可否认性保护。通信方可以将它们任意组合。此外，SHTTP 可防止重放攻击。

　　SHTTP 支持以下密钥交换方式：带内(Inband)、带外(Outband)、D-H 交换以及基于 RSA 公钥加密的密钥传输方式。使用带内方式时，会话密钥直接放在 HTTP 报文的首部。由于 HTTP 报文会被 SHTTP 封装处理，所以可以保障该密钥的安全性。使用带外方式时，接收方可以通过关键字匹配数据库或配置文件以获取事先配置的密钥。

　　SHTTP 支持多种密码算法以及不同的数据封装方式，如 CMS 和 MOSS。这种灵活性要求通信双方具备协商功能，以协定最终使用的各种方法。HTTP 本身具备协商功能，其报文首部行可以包含多个选项，这就为协商提供了基础。

　　同 HTTPS 相比，SHTTP 不包括专门的协商步骤。基于 SSL 的 HTTPS 的通信时序可以分为以下步骤：建立 TCP 连接、SSL 协商、安全的 HTTP 通信、断开 SSL 安全通道及断开 TCP 连接。同这个协议相比，SHTTP 通信发起方可以在 TCP 连接建立后直接发送 SHTTP 消息，并在该消息的首部行设置各种选项，并不需要专门建立和删除安全通道。

　　从协议使用的角度看，HTTPS 服务器使用 443 号端口，但 SHTTP 服务器通常使用 80 号端口。在 URL 协议部分的设置方面，二者分别对应"https"和"shttp"。

　　从公开的资料看，SHTTP 并未获得广泛应用，主要原因就是微软公司和网景公司都在自己的浏览器产品中实现了 HTTPS。

第6篇　新型信息安全技术

随着云计算、大数据、区块链等新型信息技术的广泛应用，一些新的安全需求和挑战相继出现，例如，云计算面临的虚拟化安全问题，大数据面临的动态信任管理、隐私保护问题等，需要针对新型信息技术进行新的安全防护。此外，这些新型信息技术的出现也为分布式应用环境下安全方案的设计提供了新的技术途径，例如，具有分布式、不可篡改等特点的区块链技术为分布式计算环境下身份认证、访问控制和数据共享等安全问题的解决提供了一条可行途径。本篇主要介绍云计算安全、大数据安全和区块链等新型信息安全技术。

第17章云计算安全技术。在分析云计算安全需求的基础上，介绍云计算安全框架及关键技术和虚拟机信息流控制实例。相对于传统的数据，大数据具有大规模、高速性、多样化和价值密度低的独特特征。这些特征使传统的数据安全保护方法无法直接应用于大数据环境，给大数据技术发展带来极大的挑战。

第18章大数据安全。在分析大数据安全需求的基础上，介绍大数据安全技术框架和大数据信息管理与访问控制、大数据属性加密、大数据安全监管等关键技术。

第19章区块链技术。在概述区块链的概念、系统框架、典型平台等内容的基础上，介绍区块链的关键技术及其在信息安全领域的应用。

第 17 章　云计算安全技术

云计算代表 IT 领域向集约化、规模化与专业化道路发展的趋势，虚拟化是它的突出特点。但它在提高使用效率的同时，除了像以往的信息系统那样受到类似的安全威胁之外，还面临一些新的安全问题。本章首先分析云计算安全在技术、标准和监管等方面的需求，然后介绍云计算安全参考框架及该框架下的主要技术，最后介绍通过隔离机制实现的一个虚拟机信息流控制实例。

17.1　云计算的特点与安全威胁

17.1.1　云计算

云计算是当前信息技术领域的热门话题之一，是产业界、学术界、政府等各界均十分关注的焦点。它体现了"网络就是计算机"的思想，将大量计算资源、存储资源与软件资源链接在一起，形成巨大规模的共享虚拟 IT 资源池，为远程计算机用户提供"召之即来，挥之即去"且似乎"能力无限"的 IT 服务。云计算以其便利、经济、高可扩展性等优势吸引了越来越多企业的目光，将其从 IT 基础设施管理与维护的沉重压力中解放出来，更专注于自身的核心业务发展。

IT 资源服务化是云计算最重要的外部特征。目前，Amazon、Google、IBM、Microsoft、Sun 等国际大型 IT 公司已纷纷建立并对外提供各种云计算服务。根据美国国家标准与技术研究院(NIST)的定义，当前云计算服务可分为三个层次，分别是：①基础设施即服务(IaaS)，如 Amazon 的弹性计算云(Elastic Compute Cloud，EC2)、IBM 的蓝云(Blue Cloud)以及 Sun 的云基础设施平台(IAAS)等；②平台即服务(PaaS)，如 Google 的 Google AppEngine 与微软的 Azure 平台等；③软件即服务(SaaS)，如 Salesforce 公司的客户关系管理服务等。

当前，各类云服务之间已开始呈现出整合趋势，越来越多的云应用服务商选择购买云基础设施服务而不是自己独立建设。例如，在云存储服务领域，成立于美国佐治亚州的 Jungle Disk 公司基于 Amazon S3 的云计算资源，通过友好的软件界面，为用户提供在线存储和备份服务；在数据库领域，Oracle 公司利用 Amazon 的基础设施提供 Oracle 数据库软件服务以及数据库备份服务；而 FanthomDB 为用户提供基于 MySQL 的在线关系数据库系统服务，允许用户选择底层使用 EC2 或 Rackspace 基础设施服务等。可以预见，随着云计算标准的出台，以及各国的法律、隐私政策与监管政策差异等问题的协调解决，类似的成功应用案例会越来越多。

未来云计算将形成一个以云基础设施为核心，涵盖云基础软件服务层、云开发平台服务层与云应用服务层等多个层次软件的巨型全球化 IT 服务网络，如图 17-1 所示。

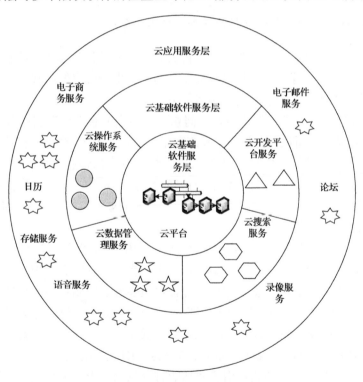

图 17-1　云计算服务分布层次图

如果以人体作为比喻，那么处于核心层的云基础设施平台将是未来信息世界的神经中枢，其数量虽然有限但规模庞大，具有互联网级的强大分析处理能力；云基础软件与平台服务层提供基础性、通用性服务，如云操作系统、云数据管理、云搜索、云开发平台等，是这个巨人的骨骼与内脏；而外层云应用服务则包括与人们日常工作和生活相关的大量各类应用，如电子邮件服务、云地图服务、云电子商务服务、云文档服务等，这些丰富的应用构成这个巨型网络的血肉发肤。各个层次的服务之间既彼此独立又相互依存，形成了一个动态稳定结构。越靠近体系核心的服务，在整个体系中的权重也就越大。

17.1.2　云计算安全需求

云计算以动态的服务计算为主要技术特征，以灵活的"服务合约"为核心商业特征，是信息技术领域正在发生的重大变革。这种变革为信息安全领域带来了巨大的冲击。

(1)在云平台中运行的各类云应用没有固定不变的安全边界，难以用固定边界的安全措施来保护用户数据安全。

(2)云服务所涉及的资源由多个管理者所拥有，且所有权与管理权分离，无法统一规划部署安全防护措施。

(3)云平台中数据与计算高度集中，安全措施必须满足海量信息处理需求。

在信息安全学术界与产业界的共同关注及推动下，信息安全领域将围绕云服务的"安全服务品质协议"的制定、交付验证、第三方检验等，逐渐发展形成一种新型的技术体系与管理体系与之相适应，这标志着信息安全领域新时代的到来。从目前来看，实现云计算安全至少应解决技术框架、标准与测评体系以及国家监管体系等多个层次的安全问题。

1. 建立面向数据安全和隐私保护的云安全技术框架

面向数据安全和隐私保护，需要重点分析云计算的服务计算模式、动态虚拟化管理方式以及多租户共享运营模式等，针对其对数据安全与隐私保护带来的挑战，建立相应的云安全技术框架。云计算模式带来的新的安全挑战如下：

(1)云计算服务计算模式所引发的安全问题。当用户或企业将所属的数据外包给云计算服务商，或者委托其运行所属的应用时，云计算服务商就获得了该数据或应用的优先访问权。事实证明，由于存在内部人员失职、黑客攻击及系统故障导致安全机制失效等多种风险，云服务商没有充足的证据让用户确信其数据被正确地使用。例如，用户数据没有被盗卖给其竞争对手、用户使用习惯隐私没有被记录或分析、用户数据被正确存储在其指定的国家或区域，且不需要的数据已被彻底删除等。

(2)云计算的动态虚拟化管理方式引发的安全问题。在典型的云计算服务平台中，资源以虚拟、租用的模式提供给用户，这些虚拟资源根据实际运行所需与物理资源相绑定。由于在云计算中是多租户共享资源，多个虚拟资源很可能会被绑定到相同的物理资源上。如果云平台的虚拟化软件中存在安全漏洞，那么用户的数据就可能被其他用户访问。例如，2009年5月，网络上曾经曝光 VMware 虚拟化软件的 Mac 版本中存在一个严重的安全漏洞。别有用心的人可以利用该漏洞通过 Windows 虚拟机在 Mac 主机上执行恶意代码。因此，如果云计算平台无法实现用户数据与其他企业用户数据的有效隔离，用户不知道自己的邻居是谁、有何企图，那么云服务商就无法说服用户相信自己的数据是安全的。

(3)云计算中多层服务模式引发的安全问题。云计算发展的趋势之一是 IT 服务专业化，即云服务商在对外提供服务的同时，自身也需要购买其他云服务商所提供的服务。因而用户所享用的云服务间接涉及多个服务提供商，多层转包无疑极大地提高了问题的复杂性，进一步增加了安全风险。

上述安全挑战提出了用户数据安全与隐私保护新需求，它属于云计算产业发展无法回避的核心问题。云计算安全的关键技术体系应包括数据外包与服务外包安全、可信计算环境、虚拟机安全、秘密同态计算等各项内容，最终为云用户提供具有安全保障的云服务。

2. 建立以安全目标验证、安全服务等级测评为核心的云计算安全标准及其测评体系

建立安全指导标准及其测评技术体系是实现云计算安全的另一个重要支柱。云计算安全标准是度量云用户安全目标与云服务商安全服务能力的尺度，也是安全服务提供商构建安全服务的重要参考。基于标准的"安全服务品质协议"，依据科学的测评方法检测与评估，在出现安全事故时快速实现责任认定，避免产生责任推诿。建立云计算安全标准及其测评体系的挑战在于以下几点：

(1)云计算安全标准应支持更广义的安全目标。云计算安全标准不仅应支持用户描述其数据安全保护目标、指定其所属资产安全保护的范围和程度，更重要的是，应支持用户，尤其是企业用户的安全管理需求，如分析查看日志信息、搜集信息，了解数据使用情况以及展开违法操作调查等。而这些信息的搜集可能会牵涉云计算服务商的数据中心或涉及其他用户的数据，带来一定安全隐患。需要以标准形式将其确定下来，明确指出信息搜集的程度、范围、手段等，防止影响其他用户的权益。上述安全目标还应是可测量、可验证的，便于在相关规范中规定上述安全目标的标准化测量验证方法。

(2)云计算安全标准应支持对灵活、复杂的云服务过程的安全评估。传统意义上对服务商能力的安全风险评估方式，是通过全面识别和分析系统架构下的威胁与弱点及其对资产的潜在影响来确定其抵抗安全风险的能力和水平的，但在云计算环境下，云服务提供商可能租用其他服务商提供的基础设施服务或购买多个服务商的软件服务，根据系统状况动态选用。因此，标准应针对云计算中动态性与多方参与的特点，提供相应的云服务安全能力的计算和评估方法，并支持云服务的安全水平等级化，便于用户直观理解与选择。

(3)云计算安全标准应规定云服务安全目标验证的方法和程序。由于用户自身缺乏举证能力，因此，验证的核心是服务商提供正确执行的证据，如可信审计记录等。云计算安全标准应明确定义证据提取方法及证据交付方法。

3. 建立可控的云计算安全监管体系

科学技术是把双刃剑，云计算在为人们带来巨大好处的同时也带来巨大的破坏性能力。为牢牢掌握技术主动权，防止其被竞争对手控制与利用，需大力发展云计算监管技术体系。与互联网监管体系相比，实现云计算安全监管必须解决以下几个问题：

(1)快速识别、预警与阻断云安全攻击。如果黑客攻入了云客户的主机，使其成为自己向云服务提供商发动 DDoS 攻击的一颗棋子，那么按照云计算对计算资源根据实际使用付费的方式，这一受控客户将在并不知情的情况下为黑客发起的资源连线偿付巨额费用。不仅如此，与以往 DDoS 攻击相比，基于云的攻击更容易组织，破坏性更强。而一旦攻击的对象是大型云服务提供商，势必影响大批用户，所造成的损失就更加难以估量。因此，需要及时识别与阻断这类攻击，防止重大的灾害性安全事件的发生。

(2)跨域云计算内容监管。云的高度动态性增加了网络内容监管的难度。首先，云计算所具有的动态性特征使得建立或关闭一个网站服务较之以往更加容易，成本代价更低。因此，各种含有黄色或反动内容的网站将很容易以打游击的模式在网络上迁移，使得追踪管理难度

加大，对内容监管更加困难。其次，云服务提供商往往具有国际性的特点，数据存储平台也常跨越国界，将网络数据存储到云上可能会超出本地政府的监管范围，或者同属多地区或多国的管辖范围，而这些不同地域的监管法律和规则之间很有可能存在严重的冲突，当出现安全问题时，难以给出公允的裁决。

（3）识别并防止基于云计算的密码类犯罪活动。云计算的出现使得组织实施密码破译更加容易，原来只有资金雄厚的大型组织才能实施的密码破解任务，在云计算平台的支持下，普通用户也可以轻松实现，这严重威胁了各类密码产品的安全。在云计算环境下，如何防止单个用户或者多个合谋用户购得足够规模的计算能力来破解安全算法，也是云计算安全监管中有待解决的问题之一。

17.1.3　云计算安全发展情况

1. 各国政府对云计算安全的关注

云计算在美国和欧洲等国得到政府的大力支持与推广，云计算安全和风险问题也得到各国政府的广泛重视。2010年11月，美国政府CIO委员会发布关于政府机构采用云计算的政府文件，阐述了云计算带来的挑战以及针对云计算的安全防护，要求政府及各机构评估云计算相关的安全风险并与自己的安全需求进行比对分析。同时指出，由政府授权机构对云计算服务商进行统一的风险评估和授权认定，可加速云计算的评估和应用，并能降低风险评估的费用。

2010年3月，参加欧洲议会讨论的欧洲各国网络法律专家和领导人呼吁制定一个关于数据保护的全球协议，以解决云计算的数据安全弱点。欧洲网络和信息安全局（ENISA）表示，将推动管理部门要求云计算提供商通知客户有关安全攻击状况。

日本政府也启动了官民合作项目，组织信息技术企业与有关部门对云计算的实际应用开展计算安全性测试，以提高日本云计算应用的安全水平，以便向中小企业普及云计算，并确保企业和个人数据的安全性。

在我国，2010年5月，工业和信息化部副部长娄勤俭在第2届中国云计算大会上表示，我国应加强云计算信息安全研究，解决共性技术问题，保证云计算产业健康、可持续地发展。

2. 国内外云计算安全标准组织及其进展

国外已经有越来越多的标准组织开始着手制定云计算及安全标准，以求增强互操作性和安全性，减少重复投资或重新发明，如ITU-TSG17研究组、结构化信息标准促进组织、分布式管理任务组等都启动了云计算标准工作。此外，专门成立的组织，如云计算安全联盟也在云计算安全标准化方面取得了一定进展。

云安全联盟（Cloud Security Alliance，CSA）是在2009年的RSA大会上宣布成立的一个非营利性组织，宗旨是促进云计算安全技术的最佳实践应用，并提供云计算的使用培训，帮助保护其他形式的计算。云计算安全联盟确定了云计算安全的15个焦点领域，对每个领域给出了具体建议，这15个云计算安全焦点领域分别是信息生命周期管理、政府和企业风险管理、法规和审计、普通立法、eDiscovery、加密和密钥管理、认证和访问管理、虚拟化、应用安全、便携性和互用性、数据中心、操作管理事故响应、通知和修复、传统安全影响（商业连续性、灾难恢复、物理安全）、体系结构。

目前，云计算安全联盟已完成了《云计算面临的严重威胁》《云控制矩阵》《关键领域的云计算安全指南》等研究报告，并发布了云计算安全定义。这些报告从技术、操作、数据等多方面强调了云计算安全的重要性，并给出了相应的解决方案，对形成云计算安全行业规范具有重要影响。

国际电信联盟 ITU-TSG17 研究组会议于 2010 年 5 月在瑞士的日内瓦召开，会议决定成立云计算专项工作组，旨在形成一个"全球性生态系统"，确保各个系统之间安全地共享与交换信息。工作组旨在评估当前的各项标准、推出新的标准。云计算安全是其中重要的研究课题，计划推出的标准包括《电信领域云计算安全指南》等。

结构化信息标准促进组织(OASIS)将云计算看作 SOA 和网络管理模型的自然扩展。在标准化工作方面，OASIS 致力于在现有标准的基础上建立云计算模型、配置文件和扩展相关的标准。现有标准包括安全、访问和身份策略标准，如 OASIS SAML、XACML、SPML、WSSecurityPolicy 等；内容、格式控制和数据导入/导出标准，如 OASIS ODF、DITA、CMIS等；注册、储存和目录标准，如 OASIS ebXML、UDDI；以及 SOA 方法和模型、网络管理、服务质量和互操作性标准，如 OASIS SCA、SDO、SOA-RM 和 BPEL 等。

分布式管理任务组(Distributed Management Task Force，DMTF)也已启动了云标准孵化器。该组织的核心任务是扩展开放虚拟化格式(OVF)标准，使云计算环境中工作负载的部署及管理更为便捷。参与成员将关注云资源管理协议、数据包格式及其安全机制，从而促进云计算平台间标准化的交互，其致力于开发一个云资源管理的信息规范集合。

3. 典型云计算安全产品与方案

在 IT 产业界，各类云计算安全产品与方案不断涌现。例如，Sun 公司发布开源的云计算安全工具可为 Amazon 的 EC2、S3 以及虚拟私有云平台提供安全保护。工具包括 OpenSolaris VPC 网关软件，能够帮助客户迅速和容易地创建通向 Amazon 虚拟私有云的多条安全的通信通道；为 Amazon EC2 设计的安全增强的 VMI，包括非可执行堆栈、加密交换和默认情况下启用审核等内容；云安全盒(Cloud Safety Box)，使用类 Amazon S3 接口，自动地对内容进行压缩、加密和拆分，简化云中加密内容的管理等。微软为云计算平台 Azure 筹备代号为 Sydney 的安全计划，帮助企业用户在服务器和 Azure 云之间交换数据，以解决虚拟化、多租户环境中的安全性。EMC、Intel、VMware 等公司联合宣布了一个"可信云体系架构"的合作项目，并提出了一个概念证明系统。该项目将 Intel 的可信执行技术(Trusted Execution Technology)、VMware 的虚拟隔离技术、RSA 的 enVision 安全信息与事件管理平台等技术相结合，构建从下至上、值得信赖的多租户服务器集群。开源云计算平台 Hadoop 也推出安全版本，引入 Kerberos 安全认证技术，对共享商业敏感数据的用户加以认证与访问控制，阻止非法用户对 Hadoop Clusters 的非授权访问。

17.2　云计算安全框架体系

17.2.1　云计算安全技术框架

云用户的首要安全目标是数据安全与隐私保护服务。主要防止云服务商恶意泄露或出卖用户隐私信息，或者对用户数据进行搜集和分析，挖掘出用户隐私数据。例如，分析用户潜在而有效的盈利模式，或者通过两个公司之间的信息交流推断它们之间可能的合作等。数据安全与隐私保护涉及用户数据生命周期中创建、存储、使用、共享、归档、销毁等各个阶段，涉及所有参与服务的各层次云服务提供商。

云用户的另一个重要需求是安全管理，即在不泄露其他用户隐私且不涉及云服务商商业机密的前提下，允许用户获取所需安全配置信息与运行状态信息，并在某种程度上允许用户部署实施专用安全管理软件。

1. 云计算安全服务体系

云计算安全服务体系由一系列云安全服务构成，是实现云用户安全目标的重要技术手段。根据其所属层次的不同，云安全服务可以进一步分为云安全基础服务、云安全应用服务、面向云基础设施的综合安全技术三类，如图 17-2 所示。

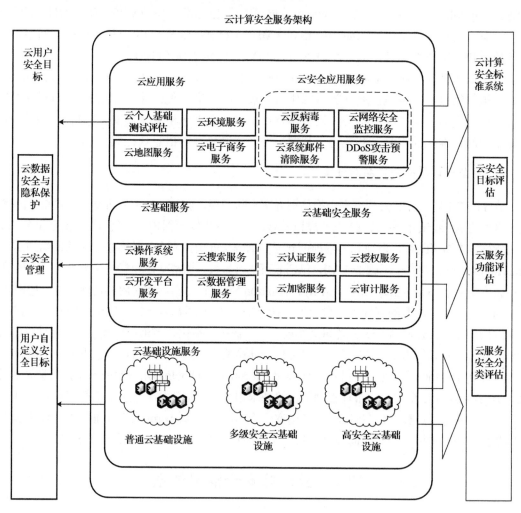

图 17-2　云计算安全技术框架

1) 云安全基础服务

云安全基础服务为各类云应用提供基础性、共性的信息安全服务，是支撑云应用满足用户安全目标的重要手段。比较典型的几类基础服务：一是云用户身份管理。实现身份联合和单点登录，可以支持云中合作企业之间更加方便地共享用户身份信息和认证服务，并减少重复认证带来的运行开销，这个过程应在保证用户数字身份隐私性的前提下进行。二是云访问控制服务。实现依赖于如何妥善地将传统的访问控制模型和各种授权策略语言标准（如XACML、SAML 等）扩展后移植到云环境。此外，鉴于云中各企业组织提供的资源服务兼容性和可组合性的日益提高，组合授权问题也是云访问控制服务安全框架需要考虑的重要问题。三是云审计服务。由于用户缺乏安全管理与举证能力，需要保证云服务商能够满足各种合规性要求，云审计服务必须提供满足审计事件列表的所有证据以及证据的可信度说明，同时该证据不应披露其他用户的信息。四是云密码服务。密码的加/解密运算、密钥管理、证书管理等都可以基础服务的形式存在，这样为用户简化了密码模块的设计与实施，也使得密码技术的使用更集中、规范，也更易于管理。

2）云安全应用服务

云安全应用服务与用户的需求紧密结合，种类繁多。典型的例子，如 DDoS 攻击防护云服务、Botnet 检测与监控云服务、云网页过滤与杀毒应用、内容安全云服务、安全事件监控与预警云服务、云垃圾邮件过滤及防治等。传统网络安全技术在防御能力、响应速度、系统规模等方面存在限制，难以满足日益复杂的安全需求，而云计算优势可以极大地弥补上述不足，主要表现在：云计算提供的超大规模计算能力与海量存储能力，能在安全事件采集、关联分析、病毒防范等方面实现性能的大幅提升，可用于构建超大规模安全事件信息处理平台，提升全网安全态势把握能力。此外，还可以通过海量终端的分布式处理能力进行安全事件采集，上传到云安全中心分析，极大地提高了安全事件搜集与及时地进行相应处理的能力。

3）面向云基础设施的综合安全技术

云基础设施为上层云应用提供安全的数据存储、计算等 IT 资源服务，是整个云计算体系安全的基石。这里的安全性包含两个层面的含义：一是抵挡来自外部黑客安全攻击的能力，二是证明自己无法破坏用户数据与应用的能力。一方面，云平台应分析计算平台面临的安全问题，采取综合安全措施。例如，在存储层考虑数据完整性、文件/日志管理、数据加密、备份、灾难恢复等；在网络层应当考虑拒绝服务攻击、DNS 安全、网络可达性、数据传输机密性等；系统层则应涵盖虚拟机安全、补丁管理、系统用户身份管理等安全问题；数据层包括数据库安全、数据的隐私性与访问控制、数据备份与清洁等；而应用层应考虑程序完整性检验与漏洞管理等。另一方面，云平台应向用户证明自己具备某种程度的数据隐私保护能力。例如，存储服务中证明用户数据以密态形式保存，计算服务中证明用户代码运行在受保护的内存中等。由于用户安全需求方面存在差异，云平台应具备提供不同安全等级的云基础设施服务的能力。

2. 云计算安全标准及其测评体系

云计算安全标准及其测评体系为云计算安全服务体系提供了重要的技术与管理支撑，其核心至少应覆盖以下几方面内容。

(1)云服务安全目标的定义、度量及其测评方法规范。帮助云用户清晰地表达其安全需求，并量化其所属资产各安全属性指标。清晰而无二义的安全目标是解决服务安全质量争议的基础。这些安全指标需具有可测量性，可通过指定测评机构或者第三方实验室测试评估。规范还应指定相应的测评方法，通过具体操作步骤检验服务提供商对用户安全目标的满足程度。

(2)云安全服务功能及其符合性测试方法规范。该规范定义基础性的云安全服务，如云身份管理、云访问控制、云审计以及云密码服务等的主要功能与性能指标，便于使用者在选择时对比分析。该规范将起到与当前 CC 标准中的保护轮廓(PP)与安全目标(ST)类似的作用。而判断某个服务商是否满足其所声称的安全功能标准需要通过安全测评，需要与之相配合的符合性测试方法与规范。

(3)云服务安全等级划分及测评规范。该规范通过云服务的安全等级划分与评定，帮助用户全面了解服务的可信程度，更加准确地选择自己所需的服务。尤其是底层的云基础设施服务以及云基础软件服务，其安全等级评定的意义尤为突出。同样，验证服务是否达到某安全等级需要相应的测评方法和标准化程序。

17.2.2　云计算安全相关技术

1. 密文检索

云系统中的数据搜索机制，可使得用户高效、准确地查找自己所需要的数据资源。为了保证用户数据的机密性，所有数据都以密文的形式存放在云中，由于加密方式和密钥的不同，相同的数据明文加密后所生成的数据密文也不一样，因此无法使用传统的搜索方式进行数据搜索。

密文检索研究主要集中在秘密同态加密算法设计上。同态加密是基于数学难题的计算复杂性理论的密码学技术。对经过同态加密的数据进行处理得到一个输出，将这一输出进行解密，其结果等同于未加密原始数据的输出结果。

令 R 和 S 是域，称加密函数 $E: R \rightarrow S$ 为：

(1)加法同态，如果存在有效算法 $\oplus$，使 $E(x+y)=E(x) \oplus E(y)$ 或者 $x+y=D(E(x) \oplus E(y))$ 成立，并且不泄露 x 和 y。

(2)乘法同态，如果存在有效算法，使 $E(x \times y)=E(x) E(y)$ 或者 $xy=D(E(x) E(y))$ 成立，并且不泄露 x 和 y。

早在 20 世纪 80 年代，就有人提出多种加法同态或乘法同态算法。但是由于其安全性存在缺陷，后续工作基本处于停顿状态。而近期，IBM 研究员 Gentry 利用"理想格(Ideal Lattice)"的数学对象构造隐私同态(Privacy Homomorphism)算法，或称全同态加密，使人们可以充分地操作加密状态的数据，在理论上取得了一定突破，使相关研究重新得到研究者的关注。

2. 数据存在与可使用性证明

在云系统中，用户数据经加密后存放至云存储服务器，但其中许多数据可能极少有用户访问，如归档存储等。在 TwinStrata 公司 2012 年的调查报告中，这类应用在云系统的使用中占据不小的比例。在这种应用场景下，即使云系统丢失了用户数据，用户也很难察觉到，因此用户有必要每隔一段时间就对自己的数据进行持有性证明检测，以检查自己的数据是否完整地存放在云中。由于大规模数据所导致的巨大通信代价，用户不可能将数据下载后再验证其正确性。因此，云用户需在取回少量数据的情况下，通过某种知识证明协议或概率分析手段，以高置信概率判断远端数据是否完整。

　　目前的数据持有性证明主要有可证明数据持有(Provable Data Possession，PDP)和数据证明与恢复(Proof of Retrievability，POR)两种方案。PDP 方案通过采用云存储计算数据某部分散列值等方式来验证云端是否丢失或删除数据。例如，早期的远程数据的持有性证明通过基于 RSA 的散列函数计算文件的散列值，达到持有性证明的目的。也有方法采用同态可认证标签、公钥同态线性认证器、校验块循环队列以及代数签名等结构或方式，分别在数据通信量、计算开销、存储空间开销以及安全性与检查次数等方面进行了优化。POR 方案在 PDP 方案的基础上添加了数据恢复机制，使得系统在云端丢失数据的情况下仍然有可能恢复数据。最早的 POR 方案通过纠删码提供数据的可恢复机制，之后的工作在持有性证明方面做了一定的优化，但也大都使用纠删码机制提供数据的可恢复功能。

　　云存储的不可信使得用户有着数据是否真的存放在云端的担忧，从而有了数据持有性证明的需求。现有的数据持有性证明在加密效率、存储效率、通信效率、检测概率和精确度以及恢复技术方面仍然有加强的空间。

3. 数据可信删除

　　云系统的可靠性机制在提高数据可靠性的同时也为数据的删除带来了安全隐患。数据存储在云中，当用户向云系统下达删除指令时，云存储可能会恶意地保留此文件，或者由于技术原因并未删除所有副本，一旦云存储通过某种非法途径获得数据密钥，数据也就面临着被泄露的风险。

　　为了解决这个问题，一种可信删除(Assured Delete)的机制被提出，该机制通过建立第三方可信机制，以时间或者用户操作作为删除条件，在超过规定的时间后自动删除数据密钥，从而使得任何人都无法解密出数据明文。Vanish 系统提出了一种基于 DHT 网络的数据可信删除机制，它的基本原理是：用户在发送邮件之前将数据进行加密，然后将加密密钥分成 n 份存放在 DHT 网络中，邮件的接收者只需要拿到 $k(k \leqslant n)$ 份密钥就能够正常地解密，所有的密钥在超过规定的时间后将自动删除，使得在超过规定的时间后任何人无法恢复数据明文。

　　FADE 系统引入了基于策略(Policy-based)的可信删除方式：每个文件都对应一条或多条访问策略。例如，"Bob 可以访问"和"2013 年之前"是两条不同的策略，不同的访问策略之间可以通过逻辑"与"和逻辑"或"组成混合策略，只有当文件的访问者符合访问策略时才能解密出数据明文。在具体的实现中，首先随机生成一个对称密钥 K 加密文件，然后为每个访问策略生成一个随机密钥 S_i，并按照混合策略的表达式对对称密钥 K 进行加密。第三方可信的密钥管理服务器(Key Manager)为每一个 S_i 生成一个公/私钥对，客户端使用此公钥加密 S_i 后，将数据密文、对称密钥 K 的密文以及 S_i 的密文保存在云存储端。当数据删除操作发生或策略失效时，密钥管理服务器只需要删除相应的私钥就能够保证数据无法被恢复，从而实现了数据的可信删除。

4. 数据隐私保护

　　云中数据隐私保护涉及数据生命周期的每一个阶段。Roy 等将集中信息流控制(DIFC)和差分隐私保护技术融入云的数据生成与计算阶段，提出了一种隐私保护系统 Airavat，防止 MapReduce 计算过程中非授权的隐私数据泄露出去，并支持对计算结果的自动除密。在数据存储和使用阶段，Mowbray 等提出了一种基于客户端的隐私管理工具，提供以用户为中心的信任模型，帮助用户控制自己的敏感信息在云端的存储和使用。

Munts-Mulero 等讨论了现有的隐私处理技术，包括 K 匿名、图匿名以及数据预处理等，作用于大规模待发布数据时所面临的隐私问题。Rankova 等则提出一种匿名数据搜索引擎，可以使得交互双方搜索对方的数据，获取自己所需要的部分，同时保证搜索询问的内容不被对方所知，搜索时，与请求不相关的内容不会被获取。

5. 虚拟化安全

虚拟技术是实现云计算的关键核心技术，使用虚拟技术的云平台提供者必须向其客户提供安全性和隔离保证。Santhanam 等提出了基于虚拟机技术实现的 grid 环境下的隔离执行机。Raj 等提出了通过缓存层次可感知的核心分配，以及基于缓存划分和页染色的两种资源管理方法，用以实现性能与安全隔离。Wei 等关注了虚拟机映像文件的安全问题，每一个映像文件对应一个客户应用，它们必须具有高完整性，且需要可以安全共享的机制。所提出的映像文件管理系统实现了映像文件的访问控制、来源追踪、过滤和扫描等，可以检测和修复安全性违背问题。

6. 云资源跨域访问控制

在云计算环境中，各个云应用属于不同的安全管理域，每个安全域都管理着本地的资源和用户。当用户跨域访问资源时，需在域边界设置认证服务，对访问共享资源的用户进行统一的身份认证管理。在跨多个域的资源访问中，各域有自己的访问控制策略，在进行资源共享和保护时必须对共享资源制定一种公共的、双方都认同的访问控制策略，因此，需要支持策略的合成。这个问题最早由 Mclean 在强制访问控制框架下提出，他提出了一个强制访问控制策略的合成框架，将两个安全格合成一个新的格结构。策略合成的同时还要保证新策略的安全性，新的合成策略不能违背各个域原来的访问控制策略。为此，Gong 提出了自治原则和安全原则。Bonatti 提出了一个访问控制策略合成代数，基于集合论使用合成运算符来合成安全策略。Wijesekera 等提出了基于授权状态变化的策略合成代数框架。Agarwal 构造了语义 Web 服务的策略合成方案。Shafiq 提出了一种多信任域 RBAC 合成策略，侧重于解决合成的策略与各域原有策略的一致性问题。

7. 可信云计算

将可信云计算技术融入云计算环境，以可信赖方式提供云服务已成为云安全研究领域的一大热点。Santos 等在文献中提出了一种可信云计算平台 TCCP，基于此平台，IaaS 服务商可以向其用户提供一种密闭的箱式执行环境，保证客户虚拟机运行的机密性。另外，它允许用户在启动虚拟机前检验 IaaS 服务商的服务是否安全。Sadeghi 等认为，可信计算技术提供了可信的软件和硬件以及证明自身行为可信的机制，可以用来解决外包数据的机密性和完整性问题。同时设计了一种可信软件令牌，将其与一个安全功能验证模块相互绑定，以求在不泄露任何信息的前提条件下，对外包的敏感(加密)数据执行各种功能操作。

第 18 章　大数据安全

大数据是信息化发展的新阶段，是实现创新发展的重要动能，对经济发展、社会治理、国家管理、人民生活都将产生重大影响。但是，随着社会对数据价值认知的提升和大数据系统的日益广泛应用，大数据安全问题已经成为阻碍大数据技术快速发展的瓶颈。本章在概述大数据基本概念的基础上，深入分析了大数据面临的安全需求，给出了大数据安全技术框架，简要阐述了目前大数据信任管理与访问控制、大数据属性加密与大数据安全监管技术的研究现状。

18.1　大数据安全需求分析

18.1.1　大数据概述

随着互联网、物联网、云计算等信息技术的迅猛发展，信息技术与人类世界政治、经济、军事、科研、生活等方方面面不断交叉融合，催生了超越以往任何年代的海量数据。遍布世界各地的各种智能移动设备、传感器、电子商务网站、社交网络每时每刻都在生成类型各异的数据。据 IBM 统计，目前世界上每天产生大约 250 亿字节的数据，国内互联网公司腾讯公司经压缩处理后的数据量达到 100PB 左右，并且这一数据还在以日增 200~300TB，月增 10% 的速率不断增长。同时，科学计算、医疗卫生、金融、零售业等各行业也有大量数据在不断产生。这一现象引发了人们的广泛关注。在学术界，图灵奖获得者 Jim Gray 提出了科学研究的第四范式，即以大数据为基础的数据密集型科学研究；*Nature* 于 2008 年出版了大数据专刊 *Big Data*，专门讨论了海量数据对于互联网、经济、环境以及生物等各方面的影响与挑战；*Science* 也于 2011 年出版了如何应对数据洪流(Data Deluge)的专刊 *Dealing with Data*，指出如何利用宝贵的数据资产推动人类社会的发展。如今，大数据被认为是继云计算和物联网之后又一种具有革命性的信息技术。

大数据是指无法在可承受的时间范围内用常规软件工具进行捕捉、管理和处理的数据集合，它是需要新型处理模式才能处理的海量、高增长率和多样化的信息资产。

大数据具有"4V"特点，即大规模(Volume)、高速性(Velocity)、多样化(Variety)和价值(Value)密度低。

(1)大规模。大规模是大数据的基本特征。目前，大数据规模从传统大型数据集的 TB 级增长到至少 PB 级。

(2)高速性。数据的快速流动和处理是大数据区分于传统数据挖掘的显著特征。例如，涉及感知、传输、决策、控制开放式循环的大数据，对数据实时处理有着极高的要求，通过传统数据库查询方式获得的"当前结果"很可能已经没有价值。因此，大数据更强调实时分析而非批量式分析。

(3)多样化。多样化是大数据的内在特性。大数据的数据类型多样化，一般包括结构化数据、非结构化数据和半结构化数据。结构化数据是指可以用二维表结构来逻辑表达实现的数据；非结构化数据是指不能用数据库二维逻辑表来表现的数据，包括图片、音频、视频等。这些数据在编码方式、数据格式、应用特征等多个方面存在差异性，所以数据处理和分析方式也有所差别。

(4)价值密度低。大数据价值密度与数据总量成反比，即大数据由大量碎片化信息数据组合而成，单个数据碎片本身并无太多价值，但是通过整合这些碎片化的数据能够挖掘到更多有价值的信息。

根据来源的不同，大数据大致可分为如下几类：

(1)来自人。人们在互联网活动以及使用移动互联网过程中所产生的各类数据，包括文字、图片、视频等信息。

(2)来自机。各类计算机信息系统产生的数据，以文件、数据库、多媒体等形式存在，也包括审计、日志等自动生成的信息。

(3)来自物。各类数字设备所采集的数据。如摄像头产生的数字信号、医疗物联网中产生的人的各项特征值、天文望远镜所产生的大量数据等。

目前大数据分析被应用于科学、医药、商业等各个领域，用途差异巨大。但其目标可以归纳为如下几类：

(1)获得知识与推测趋势。人们进行数据分析由来已久，最初且最重要的目的就是获得知识、利用知识。由于大数据包含大量原始、真实信息，大数据分析能够有效地摒弃个体差异，帮助人们透过现象更准确地把握事物背后的规律。基于挖掘出的知识，可以更准确地对自然或社会现象进行预测。典型的案例是 Google 公司的 Google Flu Trends 网站。它通过统计人们对流感信息的搜索，查询 Google 服务器日志的 IP 地址判定搜索来源，从而发布对世界各地流感情况的预测。又如，人们可以根据 Twitter 信息预测股票行情等。

(2)分析掌握个性化特征。个体活动在满足某些群体特征的同时，也具有鲜明的个性化特征。正如"长尾理论"中那条细长的尾巴那样，这些特征可能千差万别。企业通过长时间、多维度的数据积累，可以分析用户行为规律，更准确地描绘其个体轮廓，为用户提供更好的个性化产品和服务，以及更准确的广告推荐。例如，Google 通过其大数据产品对用户的习惯和爱好进行分析，帮助广告商评估广告活动效率，预估其在未来的市场规模。

(3)通过分析辨识真相。由于网络中信息的传播更加便利，所以网络虚假信息造成的危害也更大。例如，2013 年 4 月 24 日，美联社 Twitter 账号被盗，发布虚假消息称总统奥巴马遭受恐怖袭击受伤。虽然虚假消息在几分钟内被禁止，但是仍然引发了美国股市短暂跳水。目前，人们开始尝试利用大数据进行虚假信息识别。由于大数据来源广泛及其多样性，在一定程度上，它可以帮助实现信息的去伪存真。例如，社交点评类网站 Yelp 利用大数据对虚假评论进行过滤，为用户提供更为真实的评论信息；Yahoo 和 ThinkMail 等利用大数据分析技术过滤垃圾邮件等。

18.1.2　安全需求分析

大数据安全需求主要体现在以下三个方面。

1. 大数据可信服务需求

数据的高度共享与充分利用是实现大数据价值、提升大数据效能的核心目标。目前，许多国家的政府部门已经充分认识到这点，正逐步公开其掌握的数据供学术界和产业界分析，以造福社会。因此，在大数据背景下，作为确保数据共享安全重要手段的访问控制技术仍将发挥起作用。

然而，大数据所具有的一些独特特征使大数据的管理场景和安全需求变得更加复杂，传统的访问控制技术已不再适用。大数据访问控制技术面临着以下挑战：首先，大数据的来源多样性和大规模特征增加了访问控制策略制定以及授权管理的难度，过度授权和授权不足现象越来越严重；其次，大数据类型多样化增加了访问控制客体描述的困难，对细粒度访问控制的实施提出了挑战；最后，大数据应用中复杂的用户类型和用户间的复杂交互关系(如朋友关系、患者与医生相关性、业务流程等)使得访问数据的主体集合构成复杂化，也使得分享数据时访问控制约束需求复杂化。

另外，目前大数据分析系统通常是针对大数据的 4V 特点进行设计的，较少考虑分析过程中数据的访问控制。同时，传统的针对每个数据客体的访问控制方式也较难直接在大数据分析系统中实施。因此，还需要考虑大数据分析系统中数据的访问控制问题。

2. 大数据高效能保护需求

用户的数据安全和隐私保护无疑是大数据背景下最为重要的问题之一，实现大数据安全与隐私保护的方法虽然种类多样，但其中最彻底的方法是通过加密来实现用户的数据安全和隐私保护。然而，随之而来的一个问题是，如何在密文域上实现类似于明文域上相同的大数据处理技术，其中基于密文的访问控制已经成为该领域的核心问题。密文访问控制也称密态访问控制，是指对密文数据实现的访问控制。基于属性的加密机制，通过对用户私钥设置属性集(或访问结构)，对数据密文设置访问结构(或属性集)，并由属性集和访问结构之间的匹配关系确定其解密能力。特别是基于密文策略的属性加密机制，是解决密文存储后访问控制问题的重要出发点。

3. 大数据安全监管需求

随着大数据产业迅猛发展，数据空间更加纷繁复杂，风险也伴之而生。数据泄露、数据破坏和数据滥用等恶意事件频频发生，产生的后果和影响也急剧扩大。在这种严峻的形势下，大数据安全监管显得越来越迫切。因此，对大数据产生、收集、传输、存储、分析、使用等全生命周期过程进行安全监管，从而发现有意或无意的误操作、防止非法访问、倒查和追溯问题根源等，成为企业、政府乃至国家各方关注的重要问题。尽管传统 IT 安全监管技术已经非常成熟，但是大数据系统特有的特征给安全监管带来了一些非常具有挑战性的难题。

大数据安全监管主要包括平台监管和服务监管，平台监管主要面向网络和系统，服务监管则主要面向用户和数据。大数据系统组件复杂异质、状态多变、异常频发，这给面向结构稳定系统的传统安全监管技术提出了新的要求。大数据系统由大量的服务器、海量存储系统、复杂而庞大的软件和数据等构成，不仅大大增加了监管对象的数量，并且组件模式多样混杂，比以往任何网络系统都要复杂得多，各种实体运行活跃频繁，都可能会呈现出失效、故障、威胁等异常状态，通过监控这些实体所呈现的异常来实现对大数据系统的监管，提升大数据系统的可信性；当前大数据业务系统提供的应用服务是非常丰富的，用户对大数据系统的访问需求也是各异的，例如，用户会上传数据进行存储，为了实现数据备份和共享可能，将数据进行迁移,用户会利用数据处理平台计算分析数据,也可能查询、发布数据等。而数据的窃取、泄露或破坏等违规行为时刻伴随着数据的流动,因此,需要对大数据产生、收集、传输、存储、分析、使用等全生命周期过程进行安全监管,记录、分析数据在不同组织层次上、不同粒度上的操作及演化过程,从而实现全方位、全过程、多粒度、可追责的安全监管。

18.2　大数据安全技术框架

　　CSA 大数据安全工作组总结了大数据面临的主要安全与隐私挑战,具体包括分布式编程框架下的安全计算、非关系型数据库的最佳安全实践、安全数据存储和事务日志、端点输入验证和过滤、实时安全监控、弹性隐私保护数据挖掘与分析、基于密码的数据中心安全增强、细粒度访问控制、细粒度审计和数据体系。国内外学者围绕上述需求开展了诸多研究,但尚未形成大数据安全体系的统一视图。统一的技术视图能够为大数据系统的安全系统建设和安全架构部署提供指导。

　　NIST 提出的大数据参考框架相对完善,该框架将大数据业务涉及的主体分为数据提供者、数据消费者、大数据应用提供者和大数据框架提供者四种角色。我们在 NIST 大数据框架的基础上,结合大数据业务流程和大数据平台组成特点,提出符合大数据业务特点的安全技术框架,如图 18-1 所示。

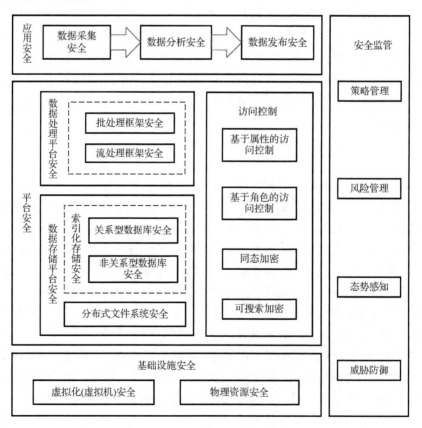

图 18-1　大数据安全技术框架

其中，应用安全保障数据生命周期的安全性，主要指大数据内容的安全，即数据隐私保护。传统的信息安全虽然是数据保护的基础，但不能完全解决隐私问题。涉及的关键技术主要有数据产生阶段的访问限制（Access Restriction）、数据变换和隐藏（Falsifying Data）、隐私保护数据发布（Privacy Preserving Data Publishing，PPDP）等。隐私保护数据发布通常采取匿名技术和数据扰乱技术，典型的匿名技术包括 K-anonymity、L-diversity、T-closeness 和差分隐私等。数据扰乱技术包括数据乱序、数据交换、数据扭曲、数据屏蔽、数据泛化等。

平台安全包括数据存储平台安全、数据处理平台安全和访问控制三部分。其中，存储平台安全主要保障关系和非关系型数据库的安全。例如，NoSQL 数据库的安全防护，可根据数据库类型分为 Key-value 数据库、面向 column 的数据库、基于文档的数据库和图数据库等的安全增强机制；数据处理平台安全主要保障大数据计算过程的安全，根据大数据编程模型可分为批处理框架安全和流处理框架安全，典型保障计算过程安全的技术包括隐私保护的数据挖掘技术（Privacy Preserving Data Mining，PPDM）、安全多方计算（Secure Multi-Party Computation，SMC）等；访问控制是平台访问安全实现的重要组件，具体实现方式包括同态加密、基于属性的访问控制、基于角色的访问控制等。

安全监管是对大数据平台运行、服务提供安全管理、监视和感知，具体技术包括安全策略管理、风险管理、安全审计、威胁发现和态势感知等。

18.3　大数据信任管理与访问控制

18.3.1　可演化大数据信任管理

信任管理是大数据安全与可信服务的基础，是保证大数据安全必不可少的重要环节。传统信任管理技术针对固定应用场景、有限的资源数量，由安全管理员根据安全策略"静态注入地"预设用户的权限信息。但是，在大数据环境下，数据资源的应用范围广泛，通常要被来自不同组织或部门、不同身份与目的的用户所访问；数据资源的数量巨大、来源广泛、类型多样，可能是人们日常生活、工作中生成的各类数据，如文字、图片、视频等，可能是由各种计算系统生成的数据，如审计日志等，也可能是各种传感器产生的数据。因此，传统"静态注入式"信任管理技术不适用于来源广泛的海量数据、动态生成的分析数据、未知用户的动态访问的大数据环境。基于属性的访问控制模型 ABAC 可基本满足数据资源自主、动态、细粒度、大规模、跨域访问及授权的大数据环境下的访问控制需求，但面临着属性和访问控制策略如何随着大数据不断更新进行动态演化的问题。

独立且完备的属性集是标识、控制和管理大数据资源的基础。传统手动化、静态化的属性管理已经无法满足海量数据、未知用户的动态信任管理需求，它面临着属性挖掘与属性演化两大问题。一方面，大数据环境中海量数据带来了海量属性，而海量属性又隐藏在大数据中难以直接获取，通过安全管理人员手动为实体设定属性标记并建立实体-属性、属性-权限关系，工作量将十分巨大，从而需要自动化的属性挖掘技术，以满足面向海量数据资源的访问控制需求。另一方面，大数据具有很强的时效性，大数据资源时常处于动态流动过程中且不断生成新的数据资源，新生成的大数据资源需要综合原数据属性、数据来源、数据内容、数据等级等多安全因素，完成属性的优化与演化，以能够快速、准确地设定相应的属性来刻画实体资源的状态，大数据资源的属性表现出了不断优化与演化的需求。

大数据资源数量巨大，手工授权管理操作工作繁重，简单粗放式授权易造成过度授权或授权不足，客观上提出大数据访问控制策略自动化生成与定义的需求。同时，大数据资源随着业务流程动态生成，并随着应用场景、访问阶段、所处环境、处理过程的变化而变化，这就要求大数据资源的访问控制策略要能够体现出大数据资源的变化。另外，大数据的分布式处理造成访问主体与资源拥有者之间关系的多元化，且在不同的访问阶段，主体的访问权限在动态变化，这也要求访问控制策略能够自动适应访问主体的权限变化。可见，大数据访问控制策略要能够随着大数据资源的来源和属性特征的变化、访问主体的变化、应用环境与使命任务的变化而进行动态演化。

访问控制决策效率是决定大数据应用系统可用性的关键性性能指标，大数据访问控制还需要实现演化策略制约下的高效决策。但是，大数据应用系统的复杂性和动态性导致访问控制策略的语义变得十分复杂，大数据资源的规模性也导致访问控制策略的规模变大，这些对访问控制决策的效率均提出了很大的挑战。

18.3.2　大数据资源及其访问控制

1. 半/非结构化数据的访问控制

1) XML 半结构化数据的细粒度访问控制技术

可扩展标记语言（Extensible Markup Language，XML）数据是一种典型的半结构化数据，它采用一系列简单的标记来描述数据，使得数据更容易理解和交换。XML 数据在金融、医疗等领域应用非常广泛。XML 数据的细粒度访问控制是金融、医疗等大数据应用迫切需要解决的一个关键问题。例如，对于一个 XML 格式的医疗文档，保险公司只能够查看其中的账单条目，却不能查看治疗细节。

基于 DTD（Document Type Definition）的访问控制是实现 XML 数据细粒度访问控制的一种基本方式。DTD 定义了合法的 XML 文档构建模块，是合法 XML 文档所必须遵循的格式的描述。在基于 DTD 的访问控制中，授权的对象是 XML 文档的格式，而不是每个 XML 文档的具体内容。提高访问控制的效率并简化授权管理是实现 XML 数据细粒度访问控制的关键。

2) 文本数据的访问控制

文本数据是一种典型的非结构化数据，它在结构上是近乎无规则的。对非结构化文本数据实施细粒度访问控制的最大难点是缺少恰当的方式描述客体。

基于此，有学者提出基于内容的访问控制（Content-Based Access Control，CBAC）模型。CBAC 的主要思想是将用户已拥有文本的内容与新请求文本的内容进行相似度分析，并依据分析结果进行访问控制判定，从而达到"用户只能访问与其相关的文本内容"的安全目标。基于 CBAC 的访问控制分为初始授权和基于内容的授权两个阶段，在初始授权阶段，用户被预分配一个基本集（Base Set），基本集描述了用户初始能够访问的客体，在基于内容的授权阶段，根据基本集和请求的客体之间的相似度进行访问控制决策，并根据判定结果更新基本集。CBAC 实现了对文本数据客体的细粒度描述，同时避免了细粒度访问控制中管理员的繁重授权管理工作。

上述工作虽然能够解决半/非结构化数据的基本访问控制问题，但是在大数据环境下，如何对大量且不断增加的半/非结构化数据进行授权管理仍将是一项非常有挑战性的工作。

2. 角色挖掘

角色是实现 RBAC 的基础。在采用了 RBAC 模型的大数据应用中，由于大数据系统的规模与复杂性都远超管理员的能力，如何自动化地生成角色、科学地设计角色是大数据中 RBAC 实施的难点。

角色挖掘是一项用于解决如何产生角色，并建立用户—角色、角色—权限映射问题的技术。角色挖掘的早期研究是基于系统中已存在的用户-权限分配关系数据集的假设完成的。在该假设下，角色挖掘从已有的用户-权限的分配关系中寻找出潜在的"角色"，并将角色与用户、角色与权限分别关联。但是因为大数据应用系统的复杂性和动态性，该假设不再成立。如何基于更丰富的数据集（如访问日志）进行角色挖掘是基于 RBAC 的大数据访问控制技术需要解决的问题。与此同时，大数据应用往往具有更强大的数据聚集能力和计算能力，这也为角色挖掘提供了更好的分析基础。

3. 基于风险的访问控制

预先定义的严格不变的访问控制策略较难满足大数据应用场景。由于大数据应用系统的复杂性，通常会存在一些特定的访问请求在设计策略时没有考虑，或者访问需求的变化引起访问控制策略变化等。如果严格按照预先定义的策略执行访问控制，将产生授权不足无法完成业务的情况，如医疗、交通等可用性要求高的大数据场景将是一个必须面对的问题。

基于风险的访问控制技术为该问题的解决提供了一种可能的途径。基于风险的访问控制技术的主要思想是衡量访问行为所带来的风险是否被系统接受，从而当一些未预料到的访问行为发生时，若其风险是可接受的，则仍然允许该访问，以提高访问控制系统的灵活性。由于大数据应用系统的规模和复杂性，风险的定义与量化、风险阈值的设定是大数据环境下基于风险的访问控制要研究的关键问题。

4. 基于关系的访问控制

基于关系的访问控制适用于大数据环境下用户分享隐私数据等应用场景。例如，用户只希望将某张照片与自己最亲密的朋友分享，而不让朋友的朋友看到。如果用 RBAC 来实施这种需求，就要为最亲密的朋友和朋友的朋友分别建立角色，当这种访问控制需求更加复杂时，RBAC 就会由于角色过于繁多而无法适用。基于此，有学者提出基于关系的访问控制（Relationship-Based Access Control，ReBAC）模型。ReBAC 的主要思想是根据访问请求者与资源所有者之间的关系实施访问控制判决。ReBAC 面临的主要挑战是如何准确、完备、高效地描述用户间的复杂关系。

5. 基于意图的访问控制技术

随着大数据应用对个人数据的大量采集、存储和分析，用户的个人隐私正面临着前所未有的严重威胁。基于意图的访问控制（Purpose-Based Access Control，PBAC）模型引入意图的概念，将意图作为访问控制中确保隐私安全的重要基础。意图可分为预期意图和访问意图两种。预期意图与数据客体相关联，隐私策略描述了数据客体的预期意图，即"数据客体能够在何种意图下被访问"，是隐私保护需求的规范表达；访问意图与发起访问请求的用户相关联，描述了用户某次访问的目的性，通过比较发起访问请求的用户的访问意图和被访问数据客体的预期意图，实施访问控制，以实现对数据客体拥有者的隐私保护。

面向大规模、类型多样、复杂的大数据环境，如何简化隐私策略的制定和管理是大数据环境下基于意图访问控制模型需要解决的关键问题。此外，大数据环境下，数据隐私的利益相关者可能更加复杂。例如，社交网络中用户发布了一张照片，并且圈出了多个人。在这种情况下，这张照片就涉及多个人的隐私。如何处理这种复杂的隐私利益关系，并制定恰当的隐私策略是一个具有挑战性的问题。

18.4　大数据属性加密

随着网络和存储技术的飞速发展，大数据中心已成为一种新兴的服务模式。通过将计算和存储职责从本地转移到数据中心，为用户节省了大量成本，因此得到了广泛的支持和应用。但是这一模式也带来了新的安全隐患，将数据的存储和管理放到大数据中心也就意味着将用户自己的数据置于自身控制域之外，对于一些拥有隐私数据的用户，他们在使用这种大数据中心时存在顾虑，担心这些隐私数据一旦上传到大数据中心，就不能保证这些数据的安全，存在泄密风险，会造成巨大的损失。大数据中心的安全性问题涉及方方面面，而对数据的合法访问则是用户首要关心的问题，因此需要对存储在大数据中心的数据进行访问控制。当前主流的访问控制是基于角色的访问控制，虽然很多学者对其进行了算法改进，也得到了不少成果，但是其本身的固定性和对用户的可预知性使得其在大数据应用中存在一定的局限性。另外，由于用户不一定完全信任大数据中心服务提供商，因此无法依赖大数据中心服务提供商的服务器端进行访问控制，必须通过加密数据并控制用户的解密能力以实现密文访问控制。实现高效的密文访问控制是安全数据存储的首要问题。

在大数据存储环境下的两个主体，数据服务提供商和用户是两个相互合作又相互制约的个体，一方面用户将数据交到数据服务提供商手中，委托保存，但是数据服务提供商却不是数据共享对象。对用户来说，数据对数据服务提供商是保密的，而数据对其他合法的使用主体却是共享的。这里首先需要有一个有效的安全级别高的加密措施，使得用户数据包括用户的敏感数据在大数据存储环境下是安全的。其次，需要一个灵活的密钥授权机制，使得合法用户的密钥能安全分发，不合法用户无法取得密钥，但是数据存储环境的复杂多变导致密钥的分配不是固定不变的，数据存储环境同时也需要灵活细粒度的密钥分配机制，既可以让合法用户安全访问，又可以让授权机制简单易行，便于授权和撤销。总的来说，大数据访问控制的两大核心点是有效的加密机制和密钥分配机制。这也是一个安全的访问控制系统最核心的部分。

近年来，基于属性加密机制(ABE)的研究越来越深入，将 ABE 算法引入访问控制模型，恰好可以弥补传统访问控制的缺陷。ABE 将权限用不同的属性表示，权限分配、信任管理、访问控制策略的设计都是基于属性设计的，各个环节的运作都是以属性为对象的，相比以往的访问控制模型，以 ABE 算法为基础的模型更容易管理，灵活性更高，扩展性更好。同时，用户标识等用户身份的隐私信息不用直接暴露在外部环境中，能够很好地满足大数据中心的安全性要求。

　　基于属性的加密体制为加密数据的访问控制提供了一种新的方法，实现了一对多的通信，可以看作基于身份加密的推广与拓展。它创新性地把访问结构的思想引入公钥加密中，系统的密钥或者密文可以按照既定的访问结构产生，从而使得只有满足指定访问结构的用户才能成功解密密文。基于属性的加密体制大致可以分为三类。

1. 基本 ABE

　　在基本 ABE 方案中，包含用户和授权机构中心两个实体。Sahai 和 Waters 提出的基本 ABE 方案中，用户的私钥和密文都含有属性元素，并且制定了一种门限访问策略，如果用户的属性集与密文中的属性集相交的属性个数大于或等于系统制定的门限值时，用户能够成功解密。例如，某个数据拥有者的属性集合为{北京大学，计算机，信息安全}，而且设定门限值为 2，则属性集合为{北京大学，信息安全}的用户能访问数据，而属性集合为{北京大学，通信工程}的用户却没有访问权限。

2. 基于密钥策略的 ABE（KP-ABE）

　　基本 ABE 方案只能支持门限访问结构的策略，然而在现实应用中需要有更加灵活的访问策略表达。2006 年，Goyal 等首次设计了基于密钥策略的 ABE(KP-ABE)方案。KP-ABE 算法的核心思想是：信息加密时，密文和属性集相关联，用户密钥和访问控制策略相关联，访问结构部署在用户的私钥中；信息解密时，用户使用带有访问结构的密钥解密密文，当访问控制策略树与属性匹配时，解密者才可以获得解密密钥。该方案支持属性的与和或、门限的操作，进一步增加了系统的逻辑表达能力，因而可以用于细粒度的访问控制。并且该方案还可以用于分层设计，与和或的操作实现也相对容易，如果一个系统设置门限值为(n,n)，则实现了"与"的操作，如果一个系统设置门限值为$(1,n)$，则实现了"或"的操作。

　　在基于属性的密钥策略加密方案中，加密者不能控制谁能访问数据，只能由密钥颁发者控制。用户定义对接收消息的要求，它更适合于查询类的应用，如付费电视系统、视频点播系统、数据库访问等。

3. 基于密文策略的 ABE（CP-ABE）

　　在 KP-ABE 体制中，具体由谁来解密由授权中心决定，访问控制策略与接收方的私钥相关。但是在现实应用中，如果消息发送方想决定具体谁来解密，并且要求用户必须具备某些属性才能访问数据，从而控制目标接收方的访问权限，这时只能在加密密文上做文章。2007 年，Bethencourt 等设计了第一个使用树形访问结构实现灵活表达的、基于密文策略的 ABE 方案，进一步拓宽了基于属性的加密的研究领域。

　　基于密文策略的 ABE(CP-ABE)的核心思想是密钥和属性集关联、密文和访问控制策略关联。加密时将访问结构和明文同等进行加密，访问结构部署在密文中，访问控制策略树与密文相联系；密钥生成时将用户密钥与属性集相关，当解密方拥有的属性与访问策略树匹配成功时，才能解密数据。CP-ABE 类似于传统的访问控制(如 RBAC)，用访问控制策略保护数据，符合策略的用户才能访问数据。因为访问策略部署在密文中，所以一定程度上加强了系统的灵活性。发送者可以自行决定使用什么样的访问结构来加密消息，只有满足该密文制定的访问结构的属性用户才能成功解密密文。决策权由发送方决定，加密者能够决定谁可以访问加密的数据，比较适合访问控制类应用，如社交网站的访问、电子医疗系统等。

18.5　大数据安全监管

当前大数据业务系统安全监管主要面临的问题是海量监控数据对传统密码基础设施、数据处理软硬件效率提出的挑战。需要在解决处理效能的同时，从认知全局安全态势的顶层角度执行安全管理运维逻辑，提升安全手段组织和协调效能。

针对海量数据带来的挑战，当前主要的解决思路是通过引入大数据处理架构来提升安全监管的效率。

对系统日志、网络流等数据的分析是发现系统威胁、检测恶意行为的重要手段，然而传统的分析技术难以支持长时间跨度、大规模多源异构数据的分析。基于大数据平台的大数据分析技术能有效解决上述问题，并能够更高效、精准地检测系统受到的攻击，发现系统内潜在的未知威胁。例如，BotCloud 项目基于包含 11 个计算节点的 MapReduce 能在 20min 内完成 7.2 亿条网络流量记录的 PageRank 计算，实现僵尸网络检测。Bilge 等建立大数据分析平台 WINE，通过分析 1100 万台主机上二进制文件的下载情况，识别了 18 个 0day 漏洞。

在 APT 攻击检测方面，由于 APT 检测的一大挑战就是要对大量多源异构的数据进行长期分析，大数据分析技术特别适合于 APT 攻击的检测。RSA 实验室采用多个传感器追踪用户或主机在不同类别活动中的异常，并进行关联分析以检测 APT 攻击。AT&T 研究人员基于分布式计算框架，采用多种检测算法，高效地处理具有长时间跨度的多种数据以进行 APT 检测。

在 DDoS 攻击检测方面，由于此类攻击易于实施，危害性大，并且频繁发生，严重威胁大数据平台的可用性。当前的防御方法主要基于统计、数据挖掘等方法，对高速率的洪泛攻击和低速率的隐蔽性 DDoS 攻击进行检测与控制。为应对大数据环境下网络流量的不断增长，Chen 等提出基于 MapReduce 和 Spark 的网络流量分析方法。Wang 等提出利用 Sketch 数据结构快速检测和缓解应用层 DDoS 攻击，只对用户造成有限的影响。Yu 等提出利用云计算丰富的资源和动态可扩展的特性在短时间内快速缓解 DDoS 攻击，但该方法也可能进一步加剧攻击的影响。基于新型网络架构 SDN 和 NFV 进行网络部署为防御大数据环境下的 DDoS 攻击提供了新的解决方案。Wang 等利用 SDN 高度可编程的网络监视功能，实现对 DDoS 攻击的快速响应。相比于其他通过修改网络体系结构进行 DDoS 防御的方法，SDN 能够兼容当前的网络基础设施，实用性更强。然而，当前 SDN 主要用于防御网络/传输层的 DDoS 攻击，如何使用 SDN 防御应用层的 DDoS 攻击仍是亟待解决的难题。NFV 将网络功能虚拟化，基于 NFV 部署 DDoS 防御系统能降低基于专用硬件的防御机制的高昂成本。使用 NFV 动态部署 DDoS 防御网络代理以平衡攻击负载，但当攻击流量足够大时，上述两种方法仍有失效风险。

此外，基于大数据分析技术能够促进身份认证、访问控制等传统安全机制在大数据环境下的发展，并能够用于数据真实性分析等领域。但基于大数据分析的安全智能仍面临一些问题。例如，数据收集的全面性与可信性是大数据安全智能面临的一大难题，并直接影响分析结果的准确性。

第 19 章   区块链技术

区块链是一种源于数字加密货币——比特币(Bitcoin)的分布式总账技术，其发展已经引起了产业界与学术界的广泛关注。区块链具有去中心化、去信任、匿名、数据不可篡改等优势，突破了传统基于中心式技术的局限，具有广阔的发展前景。本章首先概述区块链的基本概念、系统框架、典型区块链平台、应用模式和领域，阐述区块链的关键技术，介绍目前区块链技术在身份认证、访问控制和数据保护领域的研究进展。

19.1   区块链概述

19.1.1   基本概念

区块链是一种按照时间顺序将数据区块以链条的方式组合形成的特定数据结构，并以密码学方式保证其不可篡改和不可伪造的去中心化、去信任的分布式共享总账系统。从数据的角度来看，区块链是一种实际上不可能被更改的分布式数据库。传统的分布式数据库仅由一个中心服务器节点对数据进行维护，其他节点存储的只是数据的备份。而区块链的"分布式"不仅体现为数据备份存储的分布式，也体现为数据记录的分布式，即由所有节点共同参与数据维护。单一节点的数据被篡改或被破坏不会对区块链所存储的数据产生影响，以此实现对数据的安全存储。从技术的角度来看，区块链并不是一项单一的技术创新，而是 P2P 网络技术、非对称加密技术、共识机制、链上脚本等多种技术深度整合后实现的分布式账本技术。区块链具有如下特点。

(1)开放共识。任何人都可以参与到区块链网络，每一台设备都能作为一个节点，每个节点都允许获得一份完整的数据库副本。

(2)去中心化。由众多节点共同组成一个端到端的网络，不存在中心化的设备和管理机构。网络的维护依赖网络中所有具有维护功能的节点共同完成，各节点地位平等，一个节点甚至几个节点的损坏不会影响整个系统的运作，网络具有很强的健壮性。

(3)去信任。节点之间无须依赖可信第三方事先建立信任关系，只要按照系统既定的规则运行即可在分布式节点间完成可信的协作与交互。同时，区块链的运行规则和节点间数据是公开透明的，没有办法欺骗其他节点。

(4)匿名性。区块链中的用户只与公钥地址相对应，而不与用户的真实身份相关联。用户无须暴露自己的真实身份即可完成交易、参与区块链的使用。

(5)不可篡改。区块链系统中，由于相连区块间后序区块对前序区块存在验证关系，若要篡改某个区块的数据，就要改变该区块及其所有后序区块数据，并且还须在共识机制的特定时间内改完。因此，参与系统的节点越多，区块链的安全性就越有保证。在比特币系统中，除非能控制整个系统中超过 51% 的节点同时修改，否则很难实现攻击。

(6)可追溯性。区块链采用带时间戳的链式区块结构存储数据，为数据增加了时间维度，并且区块上每笔交易都通过密码学方法与相邻两个区块相连，因此任何一笔交易都是可追溯的。

(7)可编程性。区块链支持链上脚本进行应用层服务的开发，并且用户能够通过构建智能合约实现功能复杂的去中心化应用。

19.1.2 系统框架

区块链系统利用加密的链式区块结构来验证和存储数据，利用 P2P 网络技术、共识机制实现分布式节点的验证、通信以及信任关系的建立，利用链上脚本能够实现复杂的业务逻辑功能来对数据进行自动化的操作，从而形成一种新的数据记录、存储和表达的方法。区块链系统框架如 19-1 所示，主要由数据层、网络层、共识层及应用层组成。

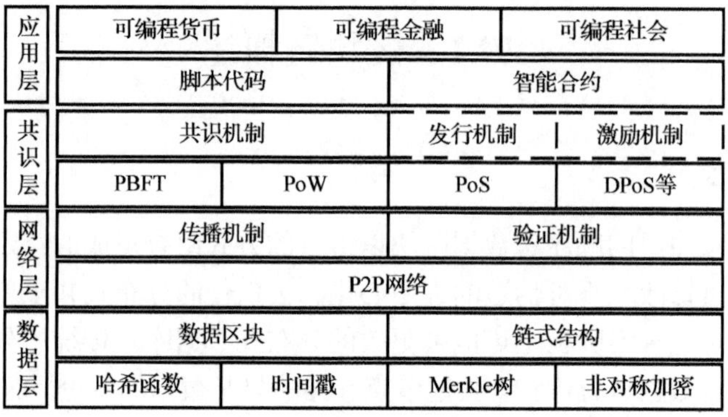

应用层	可编程货币	可编程金融	可编程社会
	脚本代码	智能合约	
共识层	共识机制	发行机制	激励机制
	PBFT	PoW	PoS	DPoS等
网络层	传播机制	验证机制	
	P2P网络		
数据层	数据区块	链式结构	
	哈希函数	时间戳	Merkle树	非对称加密

图 19-1　区块链系统框架

数据层包括底层数据区块及其链式结构，由哈希函数、时间戳、Merkel 树、非对称加密等相关技术做支撑，从而保护区块数据的完整性和可溯源性；网络层包括数据传播机制及交易验证机制，由 P2P 网络技术做支撑，完成分布式节点间数据的传递和验证；共识层主要包括共识机制，通过各类共识算法来实现分布式节点间数据的一致性和真实性，一些区块链系统如比特币中共识层还包括发行机制和激励机制，将经济因素集成到区块链技术，从而在节点间达成稳定的共识；应用层能够实现区块链的各种顶层的应用场景及相关系统的实现与落地，通过区块链支持的各类链上脚本算法及智能合约做支撑，提供了区块链可编程特性。

19.1.3 典型区块链平台

当前，成熟的区块链平台主要包括比特币、以太坊(Ethereum)和超级账本(Hyperledger)等。

比特币是一种基于区块链技术的去中心化加密货币。2008 年，中本聪在密码学论坛中发表的论文 *Bitcoin: A peer-to-peer electronic cash system* 对比特币的原理进行了详细的阐述。2009 年，真正可运行的比特币系统正式上线，随着比特币网络多年来的稳定运行与发展，比特币在全球逐渐流行起来，由此，比特币的底层技术区块链逐渐引起了产业界的广泛关注。比特币以公有链模式运行，与大多数货币不同，比特币无须依靠中心化的货币发行机构，而是依据特定的算法和计算实现货币的流通与发行。比特币系统运行在由众多 P2P 节点构成的分布式数据库中实现对所有交易行为的记录，并通过密码学技术保证货币在使用、流通各个环节的安全性，能够有效地解决数字货币长期所面临的拜占庭将军问题和双重支付问题，避免了人为操纵货币的可能。

以太坊是一种基于专用数据加密货币——以太币实现智能合约功能的开源公共区块链平台。以太坊的概念由 Vitalik Buterin 于 2013 年提出，意在打造"下一代加密货币与去中心化应用平台"，是仅次于比特币，市值第二高的数据加密货币。比特币协议中使用的是一套基于堆栈的脚本语言，该语言虽然具有一定的灵活性，但无法实现复杂业务逻辑功能，而以太坊设计了一种基于"VM 虚拟机"的图灵完备的脚本语言，解决了比特币扩展性不足的问题，极大地扩宽了区块链的应用领域。

超级账本 Hyperledger 是 Linux 基金会于 2015 年发起的推进区块链数字技术和交易验证的开源项目，由 IBM、英特尔、埃森哲等几十个不同的组织共同参与推进，目的是通过联盟链的形式实现跨行业跨组织的发展与协作，开发独立的开放协议与标准，以模块化的方法提供高可用性的企业级区块链服务，推进统一通用的区块链产业落地与相应标准的形成。Hyperledger 的应用涵盖金融、银行、物联网、供应链等多个领域。

19.1.4　应用模式

区块链主要包括公有链、私有链和联盟链三种应用模式，如图 19-2 所示。

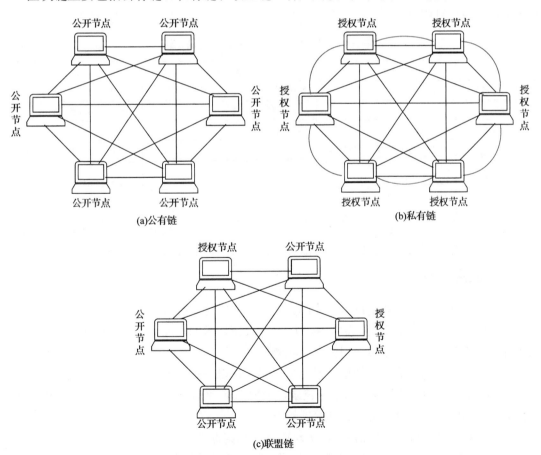

图 19-2　区块链的种类

(1)公有链。无中心化的官方组织及管理机构，参与的节点可自由进出网络，不受系统限制，任何节点间都能够基于共识机制建立信任，从而开展工作，网络中数据读写权限不受限制。

(2)私有链。建立在企业、政府等相关机构内部，网络中的所有节点被一个组织控制，系统的运行规则及共识机制由该组织自行决定，不同节点被授予不同的操作能力，写入权限仅限在该组织内部节点，读取权限有限对外开放。由少数高能力节点对全局节点进行管理，不同节点间的地位可能不平等，但同时保留区块链的不可篡改、安全和部分去中心化的特征。

(3)联盟链。由若干机构联合组成，部分节点可以任意接入，另一部分则必须通过授权才可以接入，介于公有链和私有链之间，具有多中心或部分去中心的特征，兼顾了公有链和私有链的特点。

如表 19-1 所示，相对于公有链，联盟链/私有链在企事业单位应用中具有一定的优势。例如，成员只要得到管理方的许可后，即可改变区块链运行规则，不需征求网络中其他节点的意见，效率较高。交易的确认只在联盟或机构内部人员间进行，不涉及大量低信任度的外部用户，因此共识成本会显著降低。由于联盟链/私有链使用过程不会匿名化，更容易被监管，监管机构也更支持其发展。但是，规则越容易修改，也就越容易给入侵者留下安全漏洞，系统的应用也将受到限制。

表 19-1　公有链、联盟链和私有链的比较

项目	公有链	联盟链	私有链
中心化程度	去中心化	多中心化	相对中心化
参与方	任何人	具有特殊特征的成员	中心指定的可参与成员
记账者	所有参与者	参与者协商决定	自定
优势	完全解决信任问题；可供全球用户访问，应用程序容易部署，进入壁垒最低	容易进行权限控制；具有很高的可扩展性，易于推广	能耗低；交易量大、交易速度快；节点通过授权进入，不存在51%攻击风险
缺点	交易量受限，对共识机制的安全性要求高	无法完全解决信任问题	接入节点受限，不能完全解决信任问题
使用场景	网络节点间没有信任的场景（如比特币、以太坊）	连接多个公司或中心化组织（如Hyperledger）	节点之间高度信任场景（如中心化交易所）

19.1.5　应用领域

比特币可以看作与区块链同时产生的第一个区块链的实际应用，所以在发展初期，区块链技术主要应用于数字货币及金融领域。随着区块链技术的发展以及人们对区块链特点的深入研究，区块链越来越多地被应用于非金融领域。

当前区块链技术在非金融领域的研究主要集中在以下三方面，如图 19-3 所示。

(1)信息记录及管理领域，如信用记录、公民及企业信息管理、资产管理、防伪技术、教育医疗信息管理、打分评价、合同签署等方向。

(2)信息安全领域，如认证技术、访问控制、数据保护等方向。

(3)其他领域，如共享经济、能源互联网、智能交通等方向。

其中信息安全领域是研究的一个重点，在云计算、物联网、移动网络、大数据等新技术条件下，对认证技术、访问控制、数据保护等信息安全技术提出了去中心、分布式、匿名化、轻量级、高效率、可审计追踪等更高要求，而区块链具有的开放共识、去中心、去信任、匿名性、不可篡改、可追溯性等特点正好与之相吻合，因此区块链技术能够解决很多传统信息安全技术无法很好解决的问题。

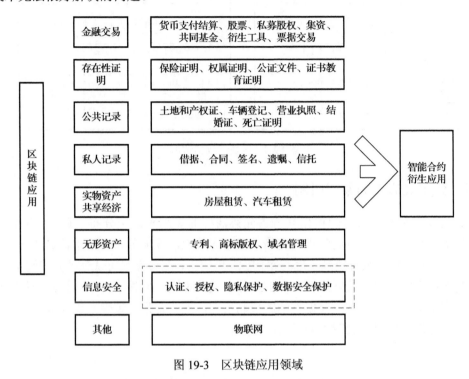

图 19-3　区块链应用领域

19.2　区块链关键技术

19.2.1　基于时间戳的区块链式结构

区块链通过数据区块和链式结构来存储数据。每个数据区块包括区块头和区块体两部分，都有唯一的哈希值作为区块地址与之对应，当前区块通过存储前一区块的哈希值与前一区块相连，从而形成链式结构，如图 19-4 所示。区块头中封装了前一区块链的哈希值、时间戳、Merkle 根等信息；区块体存储交易信息，即由区块链记录的数据信息，每笔交易都由交易方对其进行数字签名，从而确保数据未被伪造且不可篡改，每一笔已完成的交易都将被永久性地记录在区块体中，供全体用户查询。全部交易数据基于 Merkle 树的哈希过程生成唯一的 Merkle 根并存储在该区块的区块头，Merkle 树这种存储结构极大地提高了查询和校验交易信息的运行效率与扩展性。同时，每个区块生成时，都由区块的记账者为区块加盖时间戳，标明区块产生的时间。随着时间戳的增强，区块不断延长从而形成了一个拥有时间维度的链条，使得数据能够按时间进行追溯，从而保证数据的可追溯性。在比特币系统中，区块头还包括随机数、目标哈希值等信息，为比特币系统中 PoW 共识机制的运行提供数据支撑。

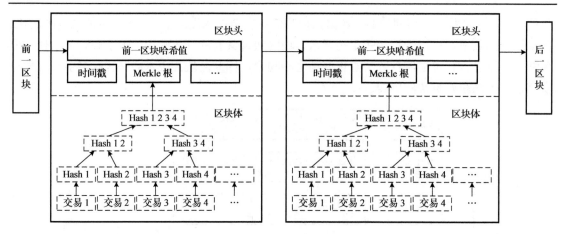

图 19-4　区块链数据结构

19.2.2　分布式节点的共识机制

共识机制是分布式节点间根据某一事先协商好的规则来确定分布式账本(即区块)的记账权归属的方法,以此使不同节点对交易数据达成共识,保障分布式账本数据的一致性和真实性。共识机制主要用来解决拜占庭将军问题。事实上,在可靠且可认证的同步通信条件下,拜占庭将军问题能够得到较好的解决,但在分布式异步通信条件下,很难找到一种有效的解决方案。在实际应用背景下,根据不同的限制条件,主要有强一致性共识和最终一致性共识两大类共识算法被提出,如图 19-5 所示。

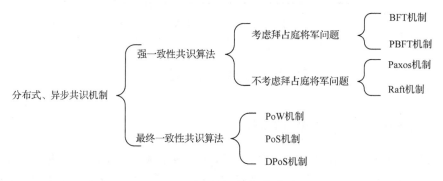

图 19-5　共识机制分类

基于强一致性共识算法的共识机制多用于节点数量相对较少且对一致性和正确性有更强要求的私有链/联盟链中,典型机制包括考虑拜占庭将军问题的传统分布式一致性算法BFT(Byzantine Fault Tolerance)机制、PBFT(Practical Byzantine Fault Tolerance)机制和不考虑拜占庭将军问题的 Paxos 机制和 Raft 机制。最终一致性共识算法多用于节点数量巨大且很难使所有节点达到 100%一致性和正确性的公有链,典型机制包括工作量证明(Proof of Work,PoW)、权益证明(Proof of Stake,PoS)和授权股份证明(Delegated Proof of Stake,DPoS)。表 19-2 为代表性共识机制的对比,通过对比可知,强一致共识算法安全性更强,但算法复杂度高,本质上是一种多中心机制。而最终一致性共识算法去中心化程度更高,且算法复杂度低,但安全性没有强一致共识算法高。比特币系统采用了 PoW 共识机制。

表 19-2　共识机制对比

共识机制	核心思想	优点	缺点
PBFT	主节点排序请求,从节点响应请求,多数节点响应结果为最终结果	能够解决拜占庭将军问题,共识结果的一致性和正确性程度高,共识达成时间快	去中心化程度不足,是一种多中心化机制,算法复杂度高,当节点数量过多时,运行效率较低
Raft	通过分布式节点选举出的领导人节点得到区块记账权	共识结果的一致性和正确性程度高,大幅缩短共识达成时间,可达到秒级验证	去中心化程度不足,是一种多中心化机制,算法复杂度较高
PoW	引入分布式节点算力竞争来保证数据的一致性和共识安全性	完全去中心化,节点自由进出,避免了建立和维护中心化信用机构的成本	资源大量浪费,挖矿激励机制造成矿池算力高度集中,背离了去中心化设计的初衷,共识达成周期较长,存在51%的攻击
PoS	系统中具有最高权益的节点(如币龄最长)获得区块记账权	缩短了共识达成的时间,减少了 PoW 机制的资源浪费	降低了网络攻击成本,节点共识受少数富裕账户支配,存在失去公平性的可能
DPoS	通过股东投票方式选出代表得到记账权	大幅缩短共识达成时间,可达到秒级验证	无法实现完全去中心化,若节点数量过少,投票选出的代表节点代表性不强

19.2.3　灵活可编程的链上脚本

链上脚本是区块链上实现自动验证、可编程、脚本合约自动执行的重要技术。早期比特币的脚本机制相对简单,是一个基于堆栈式、解释相关的 OP 指令引擎,能够解析少量脚本规则,无法实现复杂的业务逻辑,比特币脚本为区块链可编程能力提供了一个原型。在随后的发展过程中,很多区块链项目都深入强化了脚本机制,如第二大区块链平台以太坊设计了一种基于"EVM 虚拟机"的图灵完备脚本语言,能够实现复杂的业务逻辑功能,极大地扩宽了区块链的应用领域,第一次实现了区块链技术与智能合约的完美融合。链上脚本技术为区块链提供了应用层的扩展接口,任何开发人员都可基于底层区块链技术,通过脚本实现其所要实现的工作,为区块链的应用落地奠定了基础。

19.3　区块链技术在信息安全领域的应用

19.3.1　身份认证领域

1. 基于区块链的 PKI

基于数字证书的认证是一项重要的身份认证技术。但是,目前实现数字证书管理的集中式 PKI 在开放分布式环境中面临的最大问题是 CA 不可信的问题,从而导致实体身份不可信。CA 被攻击或恶意的 CA 签发证书将为信息系统带来重大安全隐患,黑客可以通过攻击用户所信任的 CA 来执行恶意操作签发包含虚假信息的用户证书,从而实现中间人攻击。用户无法对 CA 签发证书的过程进行验证,从而存在证书透明度问题。另外,由于中心式的 CA 管理架构,如果 CA 发生故障,将影响所有用户证书的使用,存在单点故障问题。区块链在身份认证方向的一项重要应用是基于区块链构建分布式 PKI,基于公共总账来建立 PKI,能够消除 PKI 的信任根,实现真正的分布式 PKI 建设。

2014 年,麻省理工学院学者 Conner 提出构建基于区块链技术的分布式 PKI 系统 Certcoin,

其核心思想是通过公共总账来记录用户证书，以公开的方式将用户身份与证书公钥相关联，从而实现去中心化的 PKI 建设，任何用户都可以查询证书签发过程，解决传统 PKI 系统所面临的证书透明度及 CA 单点故障的问题。Certcoin 架构如图 19-6 所示，通过以区块链交易的形式发布用户及其公钥来实现证书的注册、更新和撤销，通过区块链不可篡改的属性来保障 PKI 的正常运行，Merkle 根只记录交易的哈希值，用户无须下载全部区块链交易数据即可完成对证书的验证。

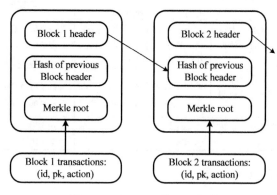

图 19-6　Certcoin 的 PKI 架构

2. 区块链交易中的身份认证

由于区块链有较好的匿名性，因此在公有链中可以帮助用户隐藏真实身份，有效地保护用户隐私信息。但在数字货币领域以及私有链/联盟链中需要保证区块中节点身份的真实性，过强的匿名性将会对洗钱、贩毒、组织内恶意攻击等违法活动带来庇护。基于此，Thomas 针对私有区块链和联盟区块链交易前的身份认证问题，提出了 ChainAchor 框架，ChainAchor 基于零知识证明理论为区块链中的实体提供匿名但可验证的身份认证服务，真实用户可以保留多个有效身份并且在交易过程中可有选择性地进行身份暴露，为实体在被授权的区块链中发起交易、读交易和验证交易提供保护服务。共识节点通过对匿名成员公开密钥列表进行查找来对共享许可的区块链实施管理，ChainAchor 的工作流程如图 19-7 所示。此外，为了更好地应用与推广数字货币，一些学者研究在比特币中引入集中式的证书管理，从而有利于国家及相关组织对数字货币持有人的身份实施有效监管。

综上所述，基于区块链对用户身份及证书信息进行管理，能够有效地解决证书透明度及单点故障的问题，并且能够有效降低中心 PKI 建设的成本，实现用户身份的轻量级认证；另外，将区块链的金融功能引入认证技术，将数字加密货币充当"身份令牌"，能够极大地减轻用户负担并降低隐私信息泄露的风险；基于区块链技术，能够在保证用户身份不被公开的前提下，实现对用户身份的匿名认证，这对于保护用户身份信息具有重要意义。

但是由于区块链中数据只增不删，对于用户身份和证书的更新及撤销就成为一个问题，Bui 提出将需要撤销证书的哈希值作为撤销信息单独存储在区块链中供用户查询。但是，由于区块链发布的证书更新及撤销操作需要多个新区块的确认，从而存在响应时延。当证书操作量大且实时性要求较高时，存在效率低下、更新及撤销操作不及时、操作流程复杂的不足，没有从根本上解决问题。

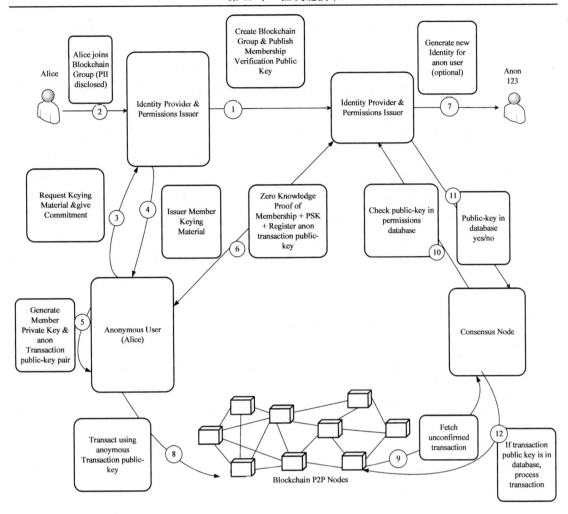

图 19-7　ChainAnchor 工作流程

19.3.2　访问控制领域

目前，基于区块链的访问控制技术研究主要包括基于交易的策略/权限管理和基于智能合约的访问控制两个方面。

1. 基于交易的策略/权限管理

区块链上记录的数据对所有用户可见且不可篡改，因此可以使用区块链来对访问控制的策略/权限进行管理，从而实现公开透明的访问控制。这就需要将传统访问控制中用户、角色、属性、资源、动作、权限、环境等概念与区块链中交易、账户、验证、合约等相关概念进行结合。

Damiano 探索了使用基于区块链交易的形式来创建、管理、执行访问控制策略的可行性，并通过比特币平台实现。该方法对 ABAC 模型的标准工作流进行了扩展，用区块链来代替传统的关系型数据库存储访问控制策略，通过交易的形式进行访问控制策略管理。交易类型包括策略创建交易(Policy Creation Transaction，PCT)和权限转移交易(Right Transfer Transaction，RTT)，PCT 用于实现策略的创建、更新、撤销，RTT 用于实现用户间权限的转移。由于区块链是一条数据只增不减的总账系统，Damiano 巧妙地通过对需要更新或撤销策略的 PCT 输出进行花费形成新的 PCT 来实现策略的更新和撤销，从而对相应策略形成了一条交易链，实现对策略的全周期管理。策略和权限的转移保存在公开可见的区块链中，还实现了分布式、不可篡改的日志审计功能，防止参与方以欺诈方式拒绝承认已被策略授予的权限。

FairAccess 将策略以(Resource，Requester)的形式存储在区块链交易中，引入比特币中的 Wallet 概念，为不同的 IoT 设备安装自己的 Wallet，Wallet 起到访问控制代理的功能。通过向被授权的访问请求方账户发送授权令牌的形式进行权限管理，授权令牌代表了能够访问对应资源的权利，令牌由资源拥有者使用请求方公钥进行签名来保证其不可伪造。通过授权令牌能够有效减轻计算资源受限的 IoT 设备处理访问控制信息的开销，且仅通过验证交易签名即可实现对权限的验证。在比特币系统中，不同用户间比特币交易通过未花费的交易输出(Unspent Transaction Output，UTXO)实现，交易的输入是请求方被锁定的 UTXO，输出是被交易新创建的 UTXO。与比特币这种基于 UTXO 的交易机制类似，FairAccess 使用授权令牌来代表 UTXO，通过 GrantAccess Transaction、GetAccess Transaction、DelegateAccess Transaction 这三种交易类型实现授权、获取权限、委派权限。权限的撤销由令牌的时间戳和失效时间进行控制，当令牌超过有效期时，令牌所记录的权限被撤销。从而，实现了由用户驱动、透明化的访问控制。

基于区块链的访问控制机制，通过交易来对访问控制策略/权限进行管理能够有效地保护用户资源，实现资源由用户驱动、公开、透明的访问控制。并且，通过将区块链与当前主流的访问控制模型相结合，兼容性高，易于实现。但是由于当前主流的区块链共识机制是基于算力的，单独运行区块链来提供访问控制服务存在较大的计算开销。并且，区块生成需要一定时间，存在着难以实现策略的实时更新问题。

2. 基于智能合约的访问控制

针对当前医疗数据碎片化严重、共享效率低、传输过程不安全、缺乏数据完整性校验及隐私信息保护不足的问题，研究人员提出了基于以太坊平台并使用智能合约实现对医疗数据的访问控制。其中，最有代表性的是 MedRec 框架，该框架将智能合约与访问控制相结合进行自动化的权限管理，实现了对不同组织的分布式医疗数据的整合和权限管理。如图 19-8 所示，MedRec 的智能合约框架包括三个层次的合约：Registrar Contract 用来管理患者身份信息，Patient Provider Relationship 用来进行数据的权限管理，Summary Contract 将患者的身份信息和权限信息相关联。

MedRec 框架的优点是基于区块链技术实现跨医疗组织的医疗数据的去中心化整合，使得医疗数据真正地受患者自己控制，依据合约，医疗组织无法在没有征得患者同意的情况下私自使用患者医疗数据，有效地实现了对患者隐私数据的保护。MedRec 框架使用 PoW 共识机制，维持区块链一致性需要较大的计算开销。基于此，MDSN 框架对共识机制进行创新，使用 DPoS 共识机制来减轻节点计算压力，并为不同节点引入信誉体系，采用代理重加密的方法来对医疗数据进行访问控制，在保护隐私的同时，有效提高了数据共享效率，但也存在数据存储能力有限的不足。

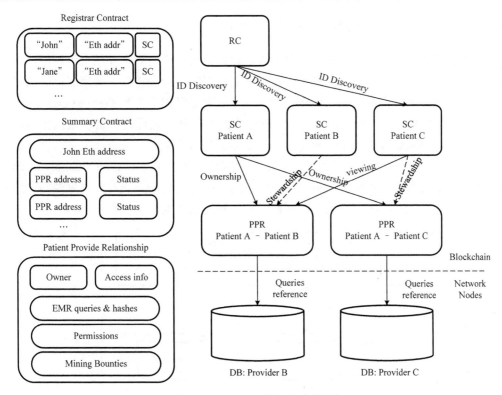

图 19-8　MedRec 的智能合约框架

综上所述，将区块链技术应用于访问控制领域主要有如下 5 个优点：

(1)策略被发布在区块链上，能够被所有的主体可见，不存在第三方的越权行为。

(2)访问权限能够基于区块链通过与权限拥有者进行交易，实现被访问资源权限更容易地从一个用户转移给另一个用户，资源拥有者无须介入用户之间，权限管理更加灵活。

(3)权限最初由资源拥有者通过交易定义，整个权限的交易过程在区块链上公开，便于审计。

(4)资源的管理使用权真正掌握在用户手中。

(5)基于智能合约能够实现对资源自动化的访问控制保护。

但是，也存在一些亟待解决的问题：

(1)由于被区块链记录的交易不可撤销，访问控制策略及权限不易更新。

(2)区块容量有限，单个交易无法存储较大规模的数据，使其应用受限。

(3)所有策略及权限交易信息都公开存放在区块链上，容易被入侵者利用产生安全风险，需要有效的方法对交易信息进行保护。

(4)区块链技术交易确认需要时间(如比特币 10min 左右才产生新的区块)，无法对实时请求进行响应。

19.3.3　其他数据保护领域

区块链是一种分布式的共享总账系统，但由于区块容量有限，难以存储大规模的数据，针对数据规模的不同分别采取链上数据保护和链上链下相结合两类数据保护方案。

1. 基于区块链追溯特性的数据使用流程监控

区块链上记录的数据只增不减且不可篡改，该特性可用于对数据使用全流程的监控，实现不可篡改的数据记录，用于日志审计、数据真实性保障、合同管理、数字取证等领域。

2016 年，欧洲议会批准了商讨四年之久的《通用数据保护条例》(General Data Protection Regulation，GDPR)，该条例要求针对欧盟公民数据的控制、处理过程实现全流程可追踪、可审计。基于此，Ricardo 提出了一种基于区块链数据的管控方法，该方法支持数据问责和来源追踪。如图 19-9 所示，该方法依赖于部署在区块链上的公开审计合约 Pubilcly Auditable Contracts 的使用，将数据的控制策略写入智能合约，由合约自动完成对数据来源的追踪并对数据使用流程记录日志，从而增加了数据使用和访问的透明度。

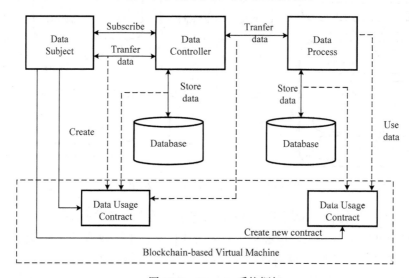

图 19-9　Ricardo 系统框架

2. 区块链中数据的隐私保护

由于区块链中存储的交易信息与智能合约直接暴露在区块链中，所有用户都可对其进行查看，这就带来了交易数据隐私暴露的问题。Hawk 是一个基于密码学的区块链合约开发平台，用来解决区块链上隐私和智能合约安全保护的问题，不把隐私交易信息直接存储于区块链。和传统智能合约开发相似，Hawk 允许程序员以直观的方式编写具有隐私保护需求的智能契约，而不必考虑加密的实现，由 Hawk 编译器自动生成高效的基于零知识证明的加密协议来与区块链进行交互。如图 19-10 所示，Public 用来处理不涉及隐私数据的代码，Private 用来处理隐私数据的代码，对 Private 处理的数据进行加密保护。

综上所述，由于区块链的高度安全性及时间维度，因此链上数据拥有极高的数据抗篡改特性，能够有效保障数据的完整性，且成本低廉、易于实施，可广泛应用于物联网设备数据保护、大数据隐私保护、数字取证、审计日志记录等多个技术领域。

3. 链上链下结合的数据保护

针对区块链未对交易数据进行加密保护，并且区块链的存储容量和计算资源受限的问

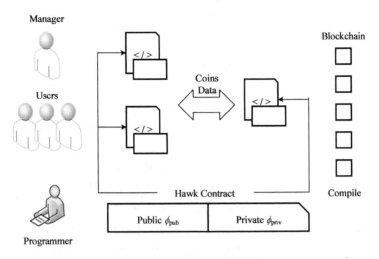

图 19-10　Hawk 系统架构

题，MIT 的研究团队提出了一种能够实现安全数据保护的分布式计算框架 Enigma，将数据的管理与存储分离，依靠区块链通过 DHT（Distributed Hash-Table）存储数据索引来管理数据，依靠计算和存储能力更强的链下计算节点来存储数据。每个节点可以存储非加密的共享数据和已加密的隐私数据。Enigma 将数据访问分为 Public Ledger、DHT、MPC（Multi-Party Compution）三种类型。Public Ledger 将数据存储在区块链中面向所有用户公开，DHT 和 MPC 只在区块链中存储数据的索引，在索引指向的地址中存储加密数据。区块链技术用来确保数据的完整性，DHT 链下存储用来确保数据的机密性，在数据共享的过程中，仅共享数据的地址，而不是共享数据的内容，从而实现了对数据的保护。Enigma 框架也能用于完成复杂的分布式计算任务。

　　由于区块链容量有限，区块链技术应用于数据保护，通常使用数据存储与数据管理分离的方式，数据索引及操作权限由区块链进行管理，真实数据并不存储在区块链中，而是集中存储于专用的数据服务器。通过区块链分布式总账来保证数据完整性，数据服务器保证数据机密性。但是，这种方法也存在一些共性问题：①数据的管理寄托于区块链自身的安全机制，若区块链遭遇共识攻击（如 51%攻击），则数据的安全性将无从谈起；②用户身份与区块链中的公钥地址唯一对应，若用户私钥丢失，将无法找回，与用户相关的数据资源也将全部丢失。因此，如何保证区块链的共识安全、账户安全还有待于进一步的研究。

参 考 文 献

曹珍富, 董晓蕾, 周俊, 等, 2016. 大数据安全与隐私保护研究进展[J]. 计算机研究与发展, 53(10): 2137-2151.

陈性元, 高元熙, 唐慧林, 等, 2020. 大数据安全技术研究进展[J]. 中国科学(F辑), 50(1): 25-66.

陈性元, 杨艳, 任志宇, 2008. 网络安全通信协议[M]. 北京: 高等教育出版社.

陈越, 寇红召, 费晓飞, 等, 2015. 数据库安全[M]. 北京: 国防工业出版社.

陈左宁, 王广益, 胡苏太, 等, 2015. 大数据安全与自主可控[J]. 科学通报, 60(Z1): 427-432.

董西成, 2018. 大数据技术体系详解: 原理、架构与实践[M]. 北京: 机械工业出版社.

EMC Education Services, 2016. 数据科学与大数据分析[M]. 曹逾, 刘文苗, 李枫林, 译. 北京: 人民邮电出版社.

方滨兴, 2015. 从层次角度看网络空间安全技术的覆盖领域[J]. 网络与信息安全学报, 1(1): 2-7.

冯登国, 2001. 公开密钥基础设施——概念、标准和实施[M]. 北京: 人民邮电出版社.

冯登国, 张敏, 李昊, 2014. 大数据安全与隐私保护[J]. 计算机学报, 37(1): 246-258.

冯登国, 张敏, 张妍, 等, 2011. 云计算安全研究[J]. 软件学报, 22(1): 71-83.

FREEMAN R G, HART M, 2017. Oracle Database 12c Oracle RMAN 备份与恢复[M]. 4版. 李晓峰, 译. 北京: 清华大学出版社.

付钰, 李洪成, 吴晓平, 等, 2015. 基于大数据分析的APT攻击检测研究综述[J]. 通信学报, 36(11): 1-14.

韩道军, 高洁, 翟浩良, 等, 2010. 访问控制模型研究进展[J]. 计算机科学, 37(11): 29-33, 43.

惠榛, 李昊, 张敏, 等, 2015. 面向医疗大数据的风险自适应的访问控制模型[J]. 通信学报, 36(12): 190-199.

JUSTIN C, 2010. SQL注入攻击与防御[M]. 2版. 施宏斌, 叶愫, 译. 北京: 清华大学出版社.

李发根, 胡予濮, 李刚, 2006. 一个高效的基于身份的签密方案[J]. 计算机学报, 29(9): 1641-1647.

李凤华, 苏铓, 史国振, 等, 2012. 访问控制模型研究进展及发展趋势[J]. 电子学报, 40(4): 805-813.

李昊, 张敏, 冯登国, 等, 2017. 大数据访问控制研究[J]. 计算机学报, 40(1): 72-91.

李建华, 邱卫东, 孟魁, 等, 2015. 网络空间安全一级学科内涵建设和人才培养思考[J]. 信息安全研究, 1(2): 149-154.

李小勇, 桂小林, 2007. 大规模分布式环境下动态信任模型研究[J]. 软件学报, 18(6): 1510-1521.

李学龙, 龚海刚, 2015. 大数据系统综述[J]. 中国科学: 信息科学, 45(1): 1-44.

李欲晓, 谢永江, 2016. 世界各国网络安全战略分析与启示[J]. 网络与信息安全学报, 2(1): 1-5.

林子雨, 2017. 大数据技术原理与应用[M]. 2版. 北京: 人民邮电出版社.

刘敖迪, 杜学绘, 王娜, 等, 2019. 基于区块链的大数据访问控制机制[J]. 软件学报, 30(9): 2636-2654.

刘洪亮, 杨志茹, 2019. 信息安全技术[M]. 北京: 人民邮电出版社.

刘建伟, 王育民, 2017. 网络安全——技术与实践[M]. 3版. 北京: 清华大学出版社.

刘念, 2010. DAS模型中的数据库加密与密文检索研究[D]. 北京: 北京邮电大学.

陆臻, 沈亮, 宋好好, 2011. 安全隔离与信息交换产品原理及应用[M]. 北京: 电子工业出版社.

路晓明, 冯登国, 2006. 一种基于身份的多信任域网格认证模型[J]. 电子学报, 34(4): 577-582.

毛嘉莉, 金澈清, 章志刚, 等, 2017. 轨迹大数据异常检测: 研究进展及系统框架[J]. 软件学报, 28(1): 17-34.

梅宏, 2020. 数据治理之论[M]. 北京: 中国人民大学出版社.

美国国家安全局, 2002. 信息保障技术框架[M]. 北京: 北京中软电子出版社.

PFLEEGER C P, PFLEEGER S L, MARGULIES J, 2016. 信息安全原理与技术[M]. 5 版. 李毅超, 译. 北京: 电子工业出版社.

钱卫宁, 邵奇峰, 朱燕超, 等, 2018. 区块链与可信数据管理: 问题与方法[J]. 软件学报, 29(1): 150-159.

SCHNEIER B, 2000. 应用密码学[M]. 吴世忠, 等译. 北京: 机械工业出版社.

邵奇峰, 金澈清, 张召, 等, 2018. 区块链技术: 架构及进展[J]. 计算机学报, 41(5): 969-988.

沈昌祥, 左晓栋, 2018. 网络空间安全导论[M]. 北京: 电子工业出版社.

沈晴霓, 卿斯汉, 2013. 操作系统安全设计[M]. 北京: 机械工业出版社.

斯雪明, 徐蜜雪, 苑超, 2018. 区块链安全研究综述[J]. 密码学报, 5(5): 458-469.

STALLINGS W, 2014. 网络安全基础应用与标准[M]. 5 版. 白国强, 等译. 北京: 清华大学出版社.

STALLINGS W, BROWN L, 2019. 计算机安全: 原理与实践(原书第 4 版)[M]. 贾春福, 高敏芬, 等译. 北京: 机械工业出版社.

孙奕, 2015. 数据安全交换若干关键技术研究[D]. 北京: 北京交通大学.

王璐, 孟小峰, 2014. 位置大数据隐私保护研究综述[J]. 软件学报, 25(4): 693-712.

王珊, 萨师煊, 2014. 数据库系统概论[M]. 5 版. 北京: 高等教育出版社.

王小明, 付红, 张立臣, 2010. 基于属性的访问控制研究进展[J]. 电子学报, 38(7): 1660-1667.

王志芳, 2015. 消息鉴别与生物认证[M]. 北京: 人民邮电出版社.

WHITE T, 2017. Hadoop 权威指南: 大数据的存储与分析[M]. 王海, 华东, 刘喻, 等译. 北京: 清华大学出版社.

吴泽智, 陈性元, 杜学绘, 等, 2018. 基于双层信息流控制的云敏感数据安全增强[J]. 电子学报, 46(9): 2245-2250.

徐震, 2004. 支持多策略的安全数据库系统研究[D]. 北京: 中国科学院软件研究所.

闫怀志, 2018. 网络空间安全原理、技术与工程[M]. 北京: 电子工业出版社.

曾诗钦, 霍如, 黄韬, 等, 2020. 区块链技术研究综述: 原理、进展与应用[J]. 通信学报, 41(1): 134-151.

张焕国, 杜瑞颖, 2019. 网络空间安全学科简论[J]. 网络与信息安全学报, 5(3): 4-18.

郑垚, 倪子伟, 2007. 一种无需可信中心的跨信任域身份签密方案[J]. 计算机应用, 27(S2): 121-122, 124.

祝烈煌, 高峰, 沈蒙, 等, 2017. 区块链隐私保护研究综述[J]. 计算机研究与发展, 54(10): 2170-2186.

AL-BASSAM M, 2017. SCPKI: A smart contract-based PKI and identity system[C]. Proceedings of the ACM Workshop on Blockchain, Cryptocurrencies and Contracts, New York: 35-40.

AXON L, GOLDSMITH M, 2017. PB-PKI: A privacy-aware blockchain-based PKI[C]. 14th International Conference on Security and Cryptography, Madrid.

CHRISTIDIS K, DEVETSIKIOTIS M, 2016. Blockchains and smart contracts for the internet of things[J]. IEEE Access, 4: 2292-2303.

DERBEKO P, DOLEV S, GUDES E, et al. , 2016. Security and privacy aspects in MapReduce on clouds: A survey [J]. Computer Science Review, 20(3): 1-28.

di FRANCESCO MAESA D, MORI P, RICCI L, 2017. Blockchain based access control[C]. IFIP International Conference on Distributed Applications and Interoperable Systems, Springer: 206-220.

FUCHS L, PERNUL G, SANDHU R, 2011. Roles in information security-A survey and classification of the research area[J]. Computers & Security, 30(8): 748-769.

GAJJAR H, 2013. Securing user's data in HDFS [J]. International Journal of Computer Trends & Technology, 4 (5): 1325-1333.

HU V C, FERRAIOLO D, KUHN R, et al., 2014. Guide to attribute based access control (ABAC) definition and considerations[J]. NIST special publication 800-162, January 21.

JIN X, KRISHNAN R, SANDHU R, 2012. A unified attribute-based access control model covering DAC, MAC and RBAC[C]//IFIP Annual Conference on Data and Applications Security and Privacy. Berlin: Springer : 41-55.

KANG M H, MOSKOWITZ I S, CHINCHECK S, 2005. The pump: A decade of covert fun[C]. Proceedings of the 21st Annual Computer Security Applications Conference, Tucson: 352-360.

LI B L, BU X D, GUO Y F, 2012. Study on the security isolation technology of power soft-switch system[C]. 2012 China International Conference on Electricity Distribution (CICED), Shanghai: 1-5.

MATSUMOTO S, REISCHUK R M, 2017. IKP: Turning a PKI around with decentralized automated incentives[J]. IEEE Symposium on Security and Privacy: 410-426.

NIELES M, DEMPSEY K, PILLITTERI V, 2020. An introduction to information security (NIST SP 800-12 Rev. 1) [OL]. https: //csrc. nist. gov/publications/detail/sp/800-12/rev-1/final.

OUADDAH A, ABOU ELKALAM A, AIT OUAHMAN A, 2016. Fairaccess: a new blockchain‐based access control framework for the internet of things[J]. Security & Communication Networks, 9(18): 5943-5964.

OUADDAH A, ELKALAM A A, OUAHMAN A A, 2017. Towards a novel privacy-preserving access control model based on blockchain technology in IoT[J]. Springer International Publishing, 520: 523-533.

PARK S, LEE Y, 2013. Secure Hadoop with Encrypted HDFS [M]. Berlin: Springer.

RALUCA A P, CATHERINE M S R, NICKOLAI Z, et al., 2011. CryptDB: Protecting confidentiality with encrypted query processing[C]. ACM SOSP, Cascais.

RAO W X, CHEN L, HUI P, et al., 2012. MOVE: A large scale keyword-based content filtering and dissemination system[C]. 2013 IEEE 33rd International Conference on Distributed Computing Systems, Macao: 445-454.

SADEGHI A R, SCHNEIDER T, WINANDY M, 2010. Token-based cloud computing: Secure outsourcing of data and arbitrary computations with lower latency[C]. Proceedings of the 3rd International Conference on Trust and Trustworthy Computing. Berlin: Springer-Verlag: 417-429.

SANTOS N, GUMMADI K P, RODRIGUES R, 2009. Towards trusted cloud computing[C]. USENIX Association Proceedings of the Workshop on Hot Topics in Cloud Computing, San Diego.

SHIREY R, 2020. Internet security glossary, version 2(IETF RFC 4949)[OL]. https://datatracker.ietf. org/doc/rfc4949.

SHMUELI E, VAISENBERG R, ELOVICI Y, 2010. Database encryption: An overview of contemporary challenges and design considerations[J]. SIGMOD record, 38(3): 29-34.

ZYSKIND G, NATHAN O, PENTLAND A S, 2015. Decentralizing privacy: Using blockchain to protect personal data[J]. IEEE Security and Privacy Workshops: 180-184.